实验动物科学丛书

丛书主编/秦　川

实验动物比较组织学彩色图谱

秦　川　主编

科学出版社

北　京

内容简介

本书的编写基于作者长期在实验动物方面的研究实践以及多年来在GLP安评病理诊断中积累的经验。本书共分10章，对常用实验动物各脏器组织学结构和相应的功能进行了详细地描述，并进行了比较组织学分析。本书配备组织学彩色照片700余张，组织切片采用了HE染色、特殊染色、免疫组化、电镜等技术进行辅助诊断，所用动物涉及常用的小鼠、大鼠、大耳白兔和豚鼠。

本书是一部以实验动物正常组织学为主的专业书籍，理论知识丰富、内容系统全面、文字简洁明了、图片清晰准确，是一本理论与实际并重，图文并茂、实用性强的实验动物组织学指导教材，不仅对实验动物病理学研究有重要参考价值，也是临床及基础研究工作者很好的参考用书。

图书在版编目（CIP）数据

实验动物比较组织学彩色图谱 / 秦川主编．—北京：科学出版社，2017.1
（实验动物科学丛书 / 秦川主编）
ISBN 978-7-03-048450-5
Ⅰ. ①实… Ⅱ. ①秦… Ⅲ. ①实验动物 - 动物组织学 - 图谱 Ⅳ. ① Q954.6-64
中国版本图书馆CIP数据核字（2016）第119675号

责任编辑：罗　静　刘　晶 / 责任校对：李　影
责任印制：徐晓晨 / 封面设计：图阅盛世

科学出版社出版
北京东黄城根北街16号
邮政编码：100717
http://www.sciencep.com
北京建宏印刷有限公司 印刷
科学出版社发行　各地新华书店经销
*
2017年1月第　一　版　开本：890×1240　A4
2019年5月第三次印刷　印张：16 1/4
字数：520 000

定价：180.00元
（如有印装质量问题，我社负责调换）

《实验动物比较组织学彩色图谱》
编委会名单

主　编　秦　川

副主编　邓　巍　徐艳峰

其他编者

黄　澜　朱　华　刘　颖　李彦红　于　品　代小伟　宗园媛

王晓映　贾春实　马春梅　李佳美　王海林　刘　鹏　徐玉环

序

FORWARD

实验动物科学经过百年的发展，至今已成为驱动现代科技革命的原动力，在生命科学、医学、药学、中医药、农业、军事、环境、食品和生物安全等领域起着科技支撑和重大战略保障作用。

在实验动物学不断丰富的理论知识体系当中，实验动物组织学一直占有独特的地位。它研究的内容不仅是每种实验动物各器官系统的结构层次、相互关系及其功能，更重要的是把实验动物各器官系统之间，以及与人类相应的组织之间进行比较分析，探寻异同。因而，实验动物组织学不仅是研究实验动物本身病理性改变的正常参照系，也是研究人体病理性改变的比较参照系。实验动物组织学为从事动物实验的学者提供基础资料，为实验动物病理学研究提供基础工具，为发挥实验动物学科的使命提供比较组织医学基础，为医学研究和应用等提供了丰富的组织学基础材料，对医学事业的发展具有重要的意义。

秦川教授及其团队长期从事实验动物组织病理学专业研究和教学工作，在实验动物组织学及应用研究方面成绩斐然，且积累了丰富的组织学材料，她们历经多年的辛勤工作，编写了这本专著。这是我国实验动物学学科建设的一项基础工程，也是我国实验动物组织病理工作者近年来做出的一项重要贡献。编写一本实验动物的组织学图谱，是我从业60余年以来一直的愿望，因为种种原因没有实现，今天见到这本书的出版并为其作序，夙愿得偿，备感欣慰。

该书内容丰富、科学性强、准确性高、特点鲜明、重点突出、图文并茂。书中全面系统地介绍了常用实验动物各器官系统的组织学及其功能，制作了大量实验动物基本组织学的珍贵图片，更采用拍摄图片和手绘图的方式阐述了组织的功能特点并加以比较，具有内容详实、图片质量高、染色方法多、实用性强、突出组织比较性差异等特点，确实为一本难得的学术专著，具有非常实用的学术参考价值。同时，该书内容也为制定实验动物病理组织学检测国家标准奠定了组织基础。这是我们行业专业人士急需的工具书，也适合相关学科研究人员使用，相信生命科学爱好者也会对此书感兴趣。

该书的出版是我国实验动物学界的重要基础成果，将极大地推动实验动物科学的进步，也有助于发挥该学科对其他学科的支撑作用。

卢耀增

中国医学科学院医学实验动物研究所　前所长

中国协和医科大学实验动物学部　前主任

中国实验动物学会　前理事长

实验病理学家

2016年7月27日

前　言

PREFACE

实验动物组织学是实验动物学的一门基础学科，是实验动物学科技术体系的重要组成部分，也是比较病理学的基础学科，是开展致病机制研究和药理、毒理学研究必须具备的理论体系。目前，大多数医学科研实验都是借助实验动物完成的，但是，实验动物在形态功能上多大程度能够代替人类？或者说通过实验动物得到的科学数据有哪些是可以借鉴给人类的？实验动物组织学是解答这一问题的重要依据。作为真实写照的图片，在组织学、病理学等形态学教学当中发挥着其他教学手段难以代替的作用。鉴于目前尚无实验动物组织学较全面系统的专著，我们特编写了这部《实验动物比较组织学彩色图谱》。

本书主要针对常用实验动物（小鼠、大鼠、豚鼠、兔）的各种组织器官，阐述其组织形态学以及器官、组织、细胞功能，并插入了大量的彩色图片，特别是针对各种实验动物之间以及实验动物与人之间的相同或相近组织器官进行比较组织形态描述和功能比较，以供实验动物学科研、药物安全评价、实验动物检测等各领域以及基础医学、临床医学、药理学、毒理学等各学科的工作者参考。

本书根据不同组织器官分为十章，全面系统地介绍了常用实验动物各系统各脏器的组织学形态特点、功能描述以及比较差异。组织切片除大量采用常规的HE染色外，部分组织器官还进行了特殊染色方法以及针对特异抗原的免疫组织化学染色方法，力求更加全面地展示实验动物各组织的结构和功能。此外，针对一些比较难于理解且很难拍摄的结构和功能，加入了一些手绘的模式图，以方便读者的理解。在各章节的最后部分，我们还总结了实验动物间以及实验动物和人类间的比较组织学及功能方面的差异。希望本书能够对实验动物从业人员、学生以及广大的医学科研工作者有所帮助。

衷心感谢卢耀增教授在本书编写过程中提出的宝贵建议，以及重大传染病防治专项和863项目对本书的大力支持。

本图谱是一部利用本单位实验动物资源获得的材料，经积累加工而成的专著，在此献给广大的实验动物工作者。由于编写人员能力和摄影技术水平有限，敬请同仁和读者批评指正，以便再版时更臻完善。

秦川

中国医学科学院医学实验动物研究所　所长

中国协和医科大学比较医学中心　主任

中国实验动物学会　理事长

全国实验动物标准化技术委员会　主任委员

亚洲实验动物学会联合会　副主席

国际实验动物科学理事会　科学家理事

国际实验动物科学理事会　教育培训委员会主任委员

2016年5月

目 录

CONTENTS

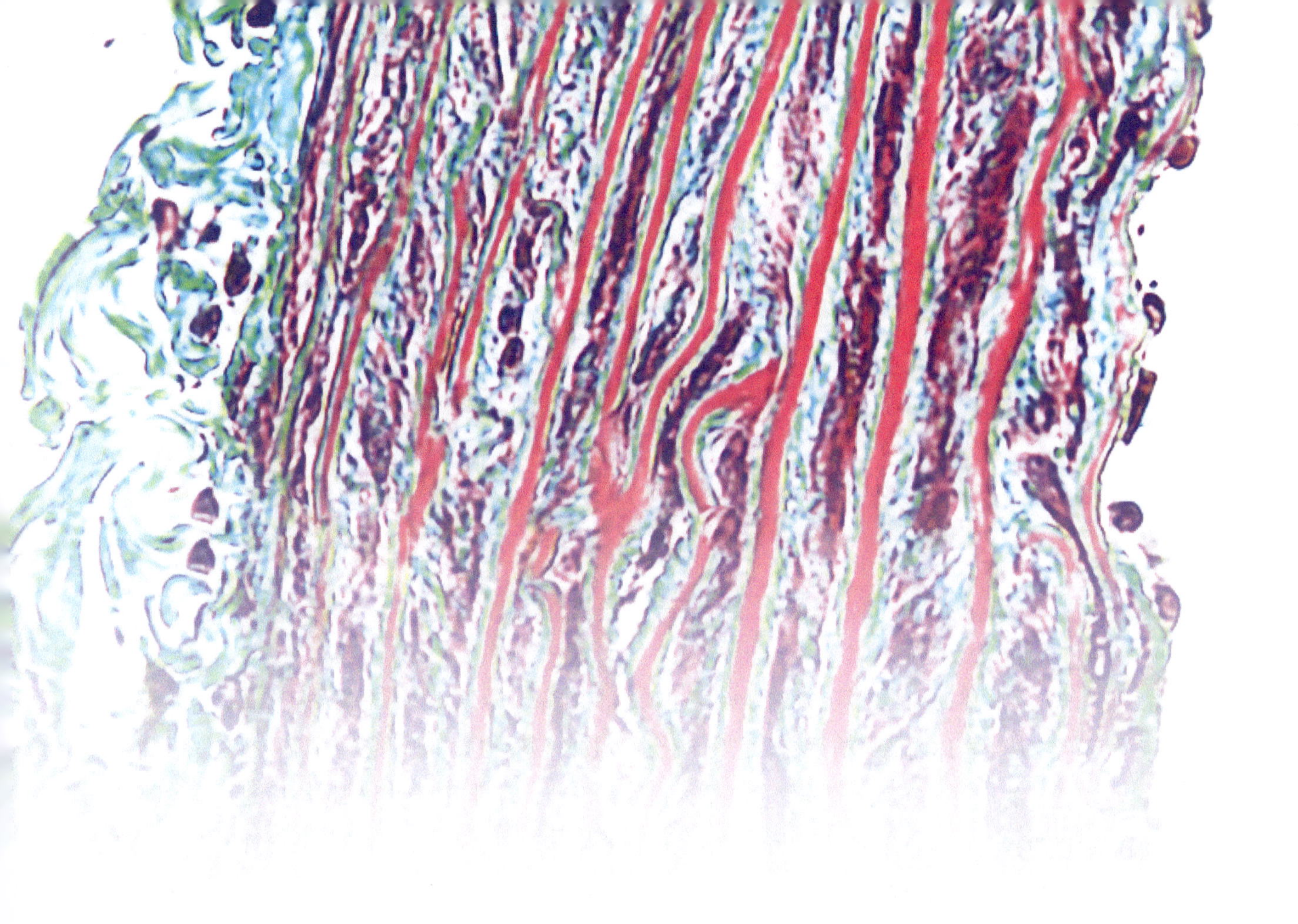

第 1 章 CHAPTER 1 CIRCULATORY SYSTEM

循环系统

循环系统是生物体的细胞外液（包括血浆、淋巴和组织液）及其借以循环流动的管道组成的系统。循环系统是生物体内的运输系统，它将消化道吸收的营养物质和肺吸进的氧输送到各组织器官，并将各组织器官的代谢产物通过同样的途径输入血液，经肺、肾排出。它还输送热量到身体各部以保持体温，输送激素到靶器官以调节其功能。哺乳动物的循环系统是连续而封闭的分支管道系统，包括心血管系统和淋巴系统两个部分。心血管系统由心脏、动脉、毛细血管和静脉组成。心脏是推动血液流动的动力器官，动脉和静脉是输送血液的管道。毛细血管的管壁薄，血液在此与周围组织进行物质交换；静脉起始端也参与物质交换，但主要在毛细血管进行。淋巴管系统是一个辅助的循环管道，由毛细淋巴管、淋巴管和淋巴导管组成。毛细淋巴管起始于盲端，收集回流的细胞间液到淋巴管，进入毛细淋巴管的组织液称为淋巴。淋巴流经粗细不等的淋巴管，最后汇合成右淋巴导管或胸导管，导入大静脉。

第一节　心　　脏

心脏（heart）主要由心肌构成，作用是推动血液流动，向器官、组织提供充足的血流量，以供应氧和各种营养物质，并带走代谢的终产物（如二氧化碳、尿素和尿酸等），使细胞维持正常的代谢和功能。体内各种内分泌的激素和一些其他体液因素，也要通过血液循环将它们运送到靶细胞，实现机体的体液调节，维持机体内环境的相对恒定。此外，血液防卫机能的实现，以及体温相对恒定的调节，也都要依赖血液在血管内的不断循环流动，而血液的循环是由于心脏“泵”的作用实现的。心脏位于胸腔内，两肺之间（图 1-1）。心脏的内腔被房间隔（interatrial septum, IAS）和室间隔（interventricular septum, IVS）分隔为左右不相通的两半。心腔可分为左心房（left atrium, LA）、左心室（left ventricle, LV）、右心房（right atrium, RA）、右心室（right ventricle, RV）四个部分（图 1-2 和图 1-3）。左心房和左心室借左房室口相通，右心房和右心室借右房室口相通，同时在左房室口周围附有二尖瓣、右房室口周围附有三尖瓣，其主要作用是防止血液从心室倒流回心房。右心房有前腔静脉（cranial vena cava）、后腔静脉（caudal vena cava）和冠状窦的开口，左心房上有肺静脉（pulmonary vein）的开口。

心脏壁由三层膜组成，从内向外依次为心内膜（endocardium, End）、心肌膜（myocardium, My）和心外膜（epicardium, Ep）。（图 1-4 和图 1-5）。

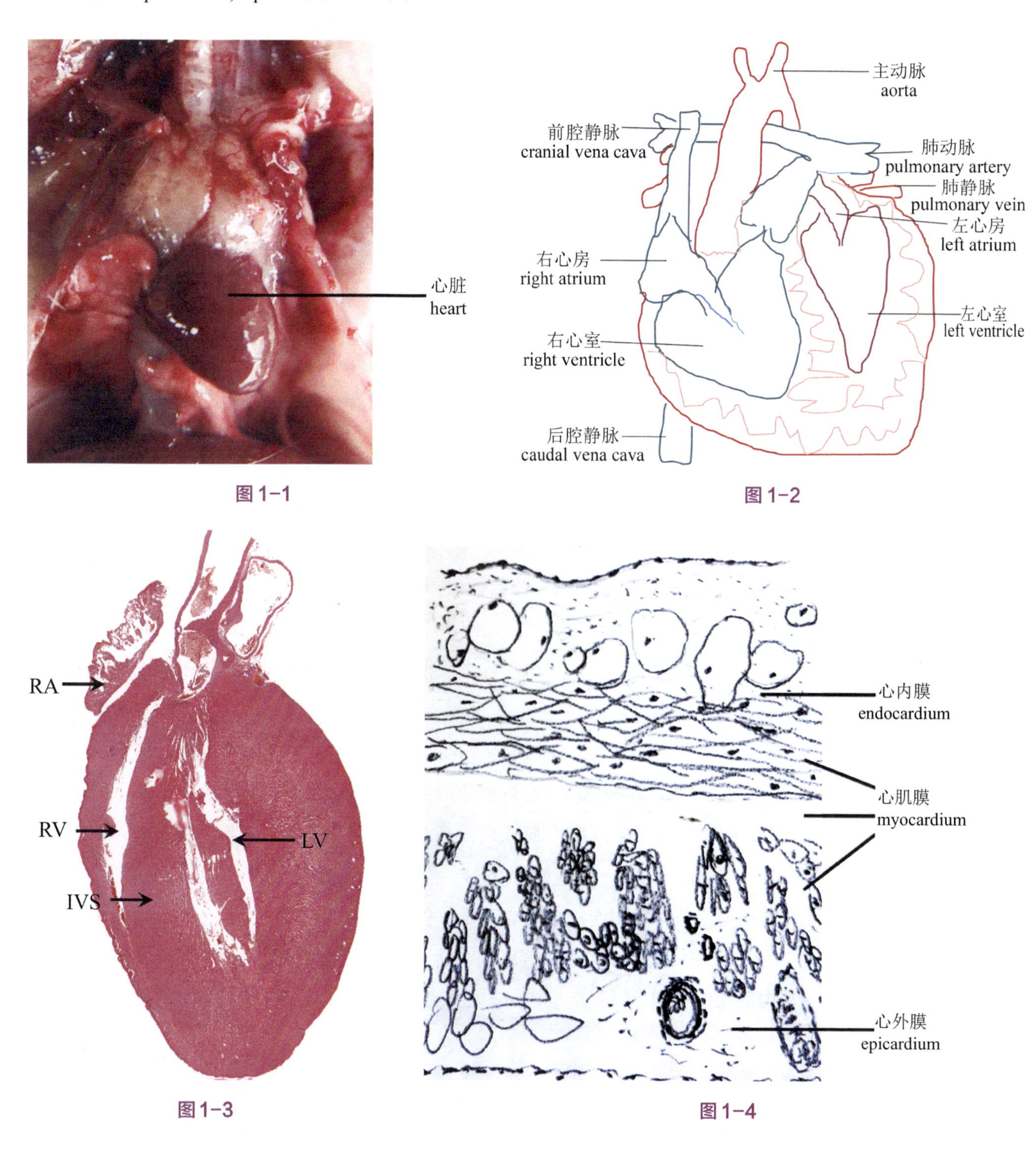

图1-1

图1-2

图1-3

图1-4

图 1-1 KM 小鼠心脏的解剖结构

图 1-2 心脏示意图

图 1-3 SD 大鼠心脏矢状切面（HE，40×）

图 1-4 心脏壁结构示意图

RA/ 右心房
RV/ 右心室
IVS/ 室间隔
LV/ 左心室

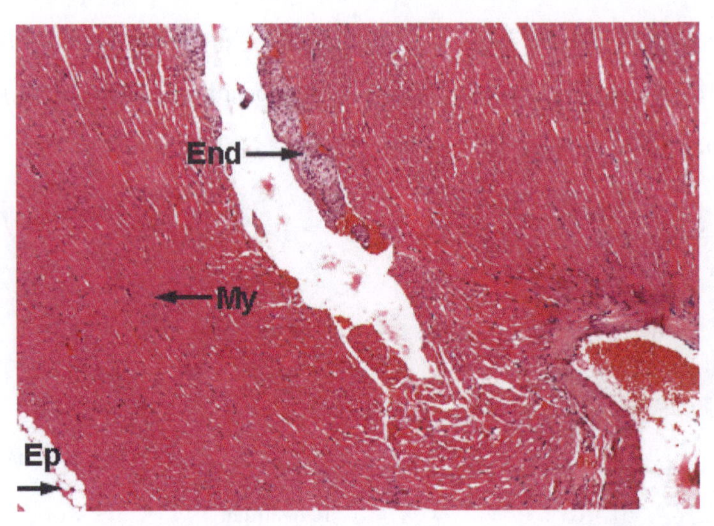

图 1-5 SD 大鼠心壁各层（HE，100×）

End/ 心内膜
My/ 心肌膜
Ep/ 心外膜

（一）心内膜

心内膜（endocardium）表面是内皮（epithelium），它是一层不规则的多角形内皮细胞（endothelial cell, EC），胞核为椭圆形，与大血管的内皮相连续，位于薄层连续的基膜上。心内膜的内皮细胞在不同部位的密度和大小有差异，可能与其不同的功能状态有关。心的各瓣膜均是由心内膜向内腔折叠而成。心室和心耳的内膜较薄，主动脉口和肺动脉口处的最厚。内皮下为内皮下层（subendothelial layer, StL）。组成内皮下层的结缔组织可分为内、外两层。内膜薄，是由成纤维细胞、胶原纤维、弹力纤维构成的致密结缔组织，含少量平滑肌束。

内皮下层与心肌膜之间是心内膜下层（subendocardial layer, ScL），由较疏松的结缔组织组成，其中含血管和神经（图 1-6A）。Masson 染色可见心内膜下红染的平滑肌组织和蓝绿色的结缔组织。心内膜下层与心肌膜的结缔组织相连。在乳头肌和腱索处没有心内膜。心室的心内膜下层还有心脏传导系的分支——浦肯野纤维（Purkinje fiber, PF）（图 1-6B）。生理学研究证明，此种细胞能快速传导冲动。房室束分支末端的细胞与心室肌纤维相连，将冲动传到心室各处。

脊椎动物的心内膜与大血管的内膜形态上连续，功能上相似，但发生上来源不同：心内膜位于心脏原基的边缘并受前内胚层的影响，被包绕在初始的心血管内。

（二）心肌层

心肌层（myocardium）是心脏的主体，主要由心肌构成。心房的心肌较薄，在年龄较大的心房可观察到微小的区域性心肌纤维缺失，只剩内、外膜相贴。心室的心肌较厚，其中左心室比右心室厚 2 ～ 3 倍。心肌纤维呈螺旋状排列，大致可分为内纵、中环和外斜三层。心肌纤维多集合成束，肌束间有较多的结缔组织和丰富的毛细血管。心房向心腔内突出的肌束呈网格状，较细小，命名为界嵴或梳状肌。心室侧比较粗大，被称为肉柱、乳头肌或节制索。心房肌位于纤维环上方，心室肌附着于纤维环下面，

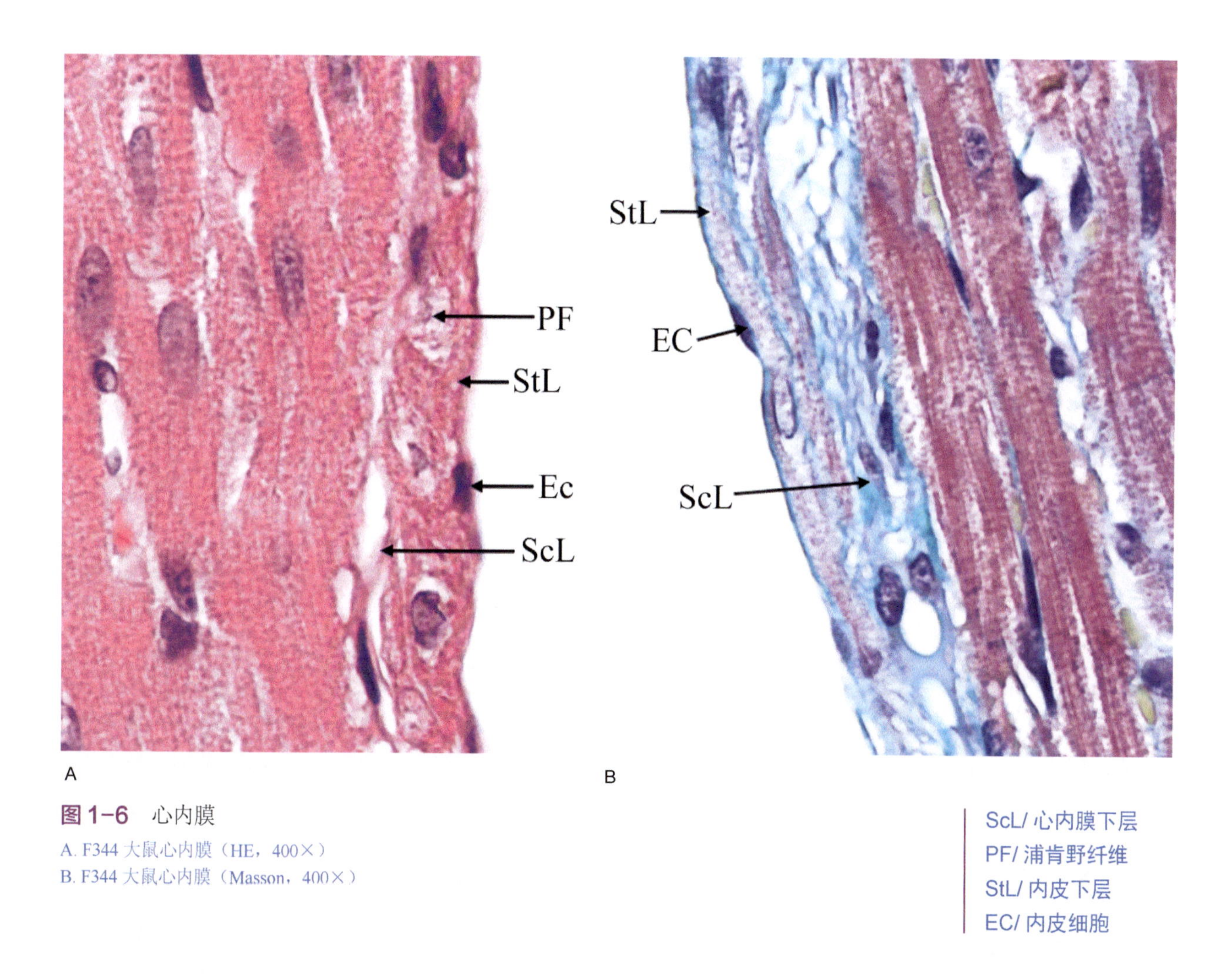

图 1-6 心内膜

A. F344 大鼠心内膜（HE，400×）
B. F344 大鼠心内膜（Masson，400×）

ScL/ 心内膜下层
PF/ 浦肯野纤维
StL/ 内皮下层
EC/ 内皮细胞

二者不直接相连，保证了心房和心室的各自收缩。而且心房入口的心肌比心室多，尤其是右心房有上、下腔静脉口和冠状静脉窦口，左心房有四条肺静脉入口，增加了心房肌排列的复杂性，可能是心房纤颤电折返的解剖学基础（图 1-7A, B）。

心房与心室肌的结构有一定的差异。心房肌纤维较细短［（6 ～ 8）μm×（20 ～ 30）μm］，无分支；心室的肌纤维较粗较长［（10 ～ 15）μm×100μm］，有分支。一般光镜下心房肌比心室肌染色稍淡，可能与心房肌的细胞器较少有关。心房和心室的肌纤维内部都有丰富的肌原纤维，具有收缩功能。Masson 染色显色，肌纤维内部有丰富的肌原纤维（红色）以及肌纤维间少量的胶原纤维（蓝绿色）。相邻心房肌纤维侧面的细胞膜彼此之间有连接，构成桥粒和缝管连接；另外，心房肌纤维比较细，横小管较少，这些特点可能与其具有的较快传导速率和较高内在节律有关（图 1-7）。

心钠素又称心房钠尿肽（atrial natriuretic peptide，ANP），是近年来发现的一种多肽，具有抑制血管升压素和血管紧张素的作用，并可调节垂体激素的释放与儿茶酚胺的代谢，有利尿、排钠、扩张血管、降低血压等作用，是参与机体水、盐代谢调节的物质。其主要分布在心房和心室的心肌纤维内，心房含量最高，室间隔内较低。免疫组化染色显示心钠素为位于心肌细胞核周围的棕黄色颗粒，核的两极处较多（图 1-8）。

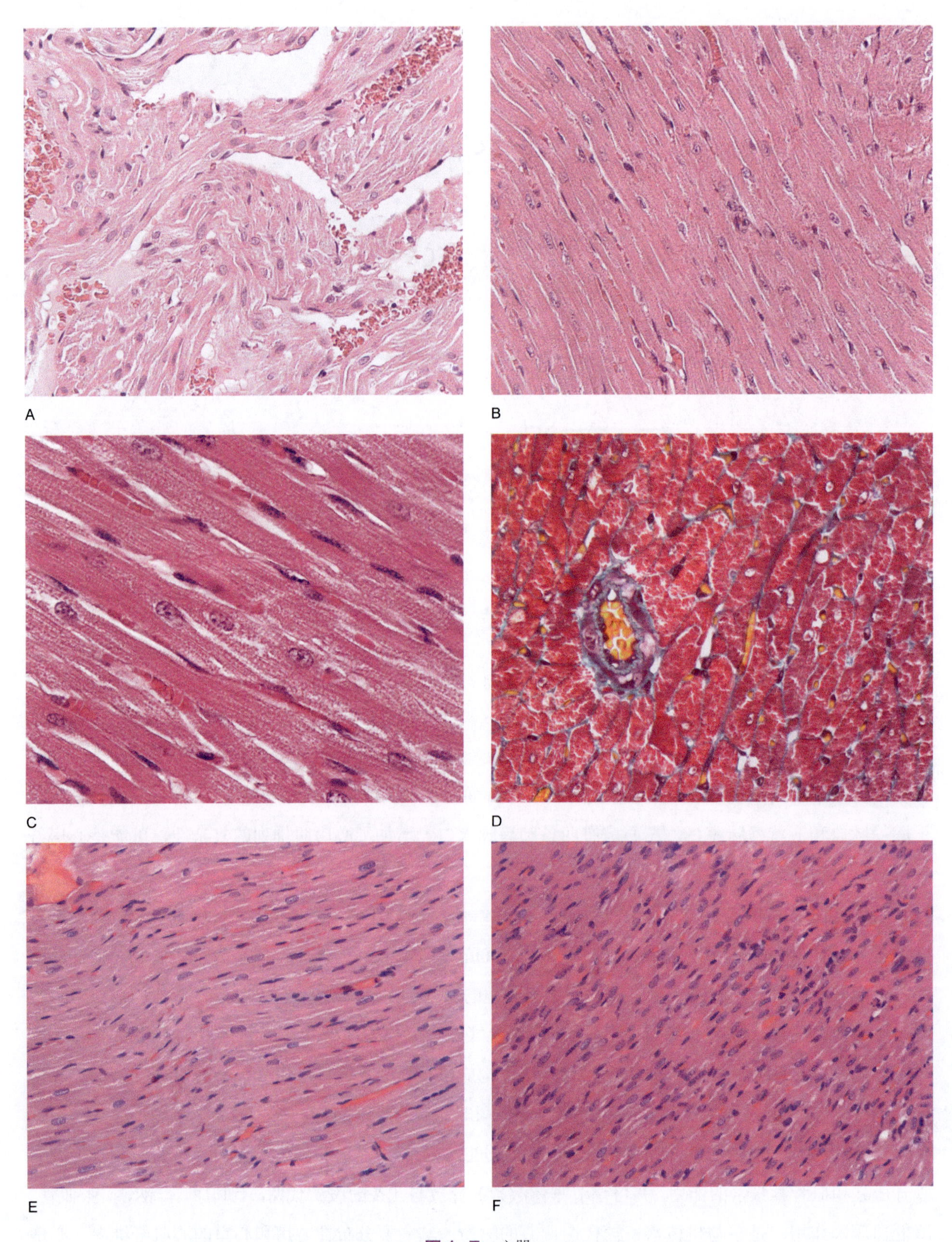

图 1-7 心肌

A. SD 大鼠心房心肌（HE，200×）；B. SD 大鼠心室心肌（HE，200×）；C. SD 大鼠心室心肌有分支（HE，400×）
D. SD 大鼠心肌间质（Masson，400×）；E. 兔心室心肌（HE，200×）；F. 豚鼠心室心肌（HE，200×）

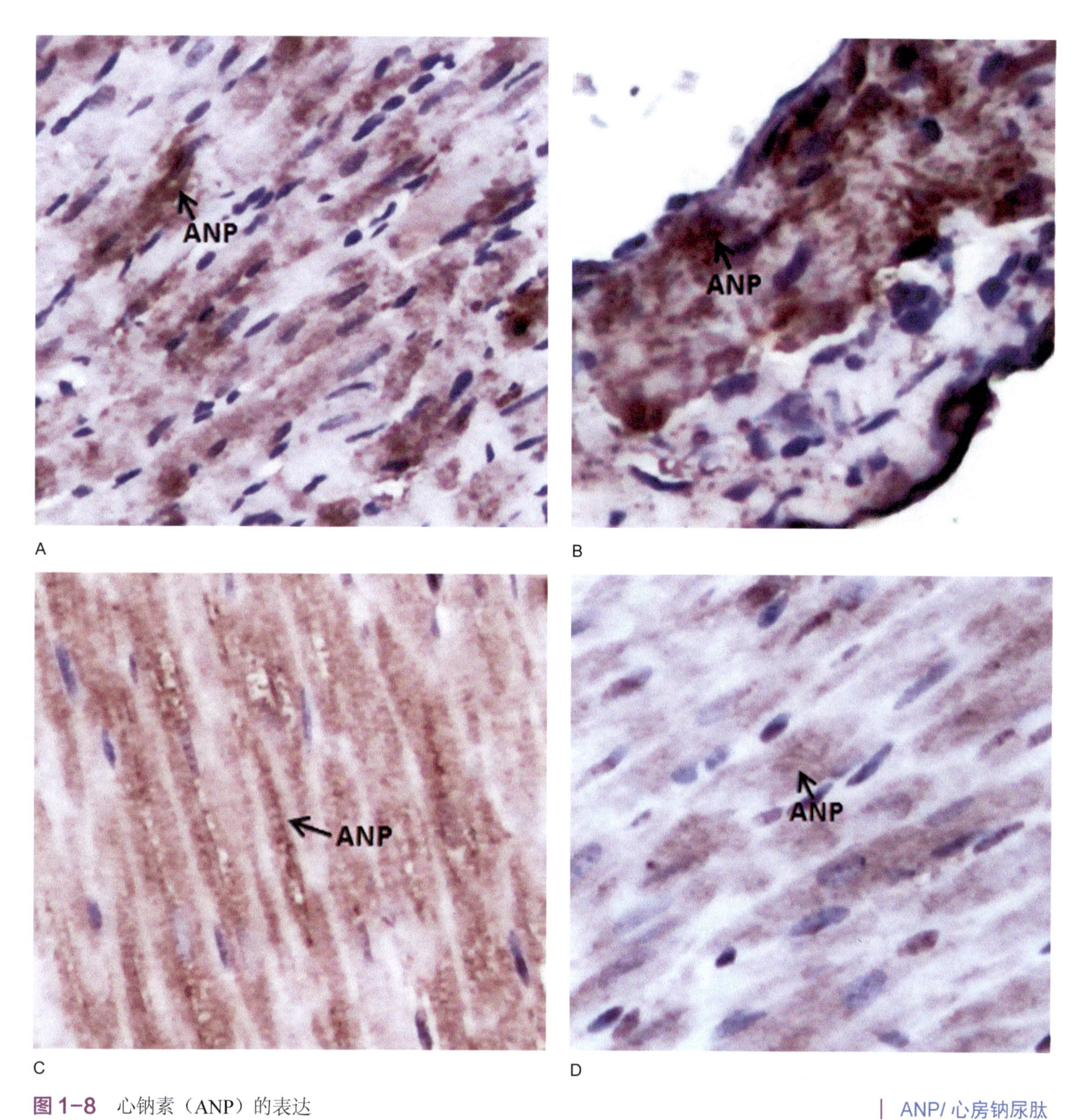

图 1-8　心钠素（ANP）的表达

A. F344 大鼠心室（IHC，400×）；B. KM 小鼠心房（IHC，400×）
C. 心室（IHC，400×）；D. 豚鼠心室（IHC，400×）

| ANP/ 心房钠尿肽

（三）心外膜

心外膜（epicardium）是心包膜的脏层，其结构为浆膜（serous membrane），它的表层是间皮（mesothelium cell, MC），间皮下面是薄层结缔组织，与心肌膜相连。心外膜中含血管和神经，并常有脂肪组织。心外膜可分为 5 层，最表层为扁平上皮细胞构成的间皮；第二层是基膜；下面三层分别为浅胶原纤维、弹力纤维和深胶原纤维。心外膜中的胶原纤维走向有上下、左右、斜行、与间皮垂直等，这种互相穿插的复杂走向，结合弹力纤维，形成保护性网络，对防止心脏过度扩张、帮助心肌回弹有重要意义（图 1-9）。

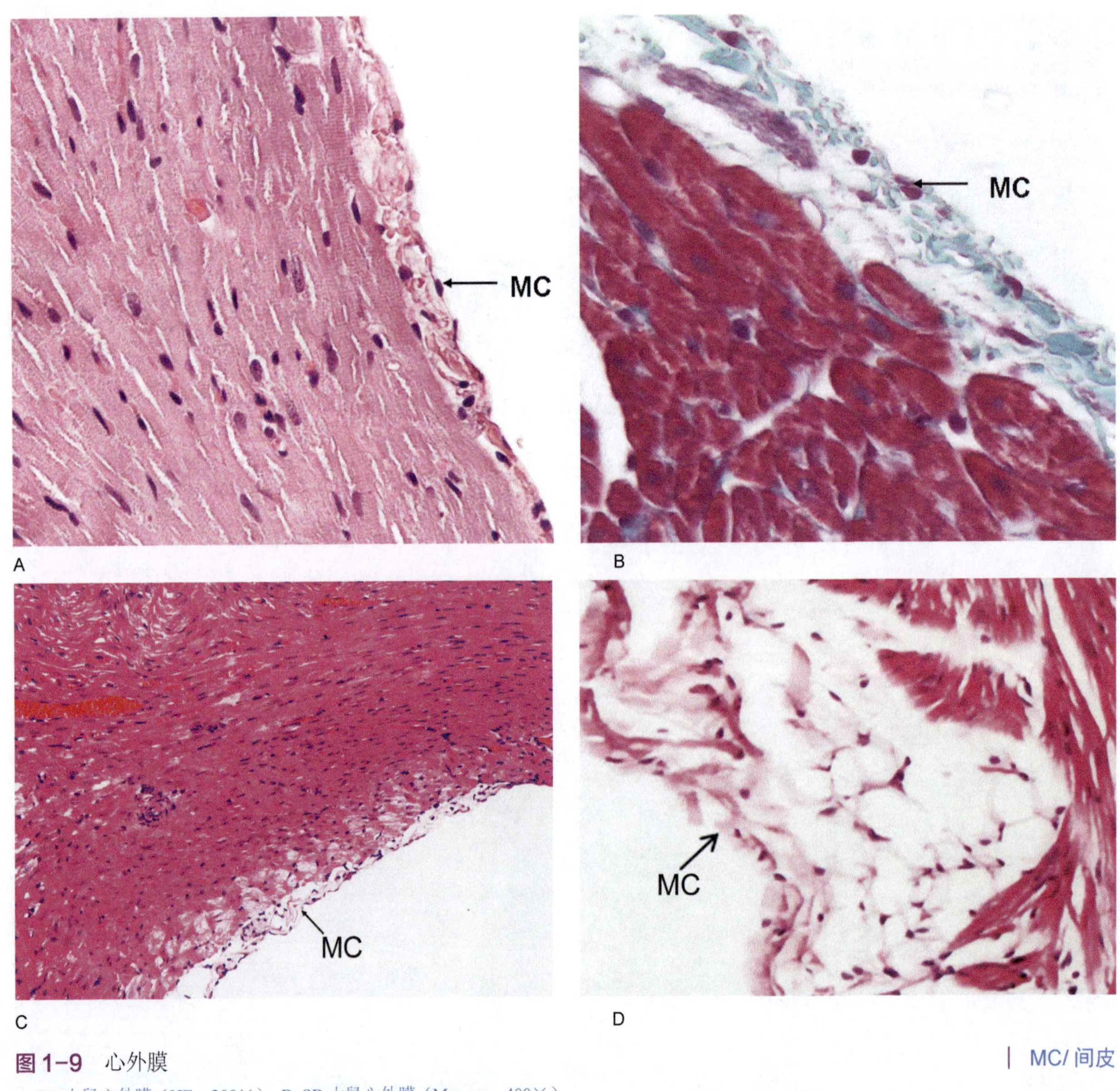

图 1-9 心外膜

A. SD 大鼠心外膜（HE，200×）；B. SD 大鼠心外膜（Masson，400×）
C. 豚鼠心外膜（HE，200×）；D. 兔心外膜（HE，200×）

MC/ 间皮

（四）心骨骼

在心房肌和心室肌之间，有由致密的结缔组织组成的支持性结构，构成心脏的支架，也是心肌和心瓣膜的附着处，称为心骨骼（cardiac skeleton, CS），Masson 染色显示呈蓝绿色。不同动物的心骨骼存在组织结构上的差异，犬、猪为软骨组织；在兔可以观察到软骨样细胞；小鼠的心骨骼较小，不易观察到，主要由结缔组织构成。心房和心室的心肌分别附着于心骨骼，两部分的心肌不相连。大鼠及小鼠心脏内主动脉出口部位的纤维环（anulus fibrosus, AF）内有软骨结构，为主动脉瓣的支架。心脏软骨为出生后由主动脉纤维环结缔组织内未分化的细胞成分演化而成（图 1-10）。

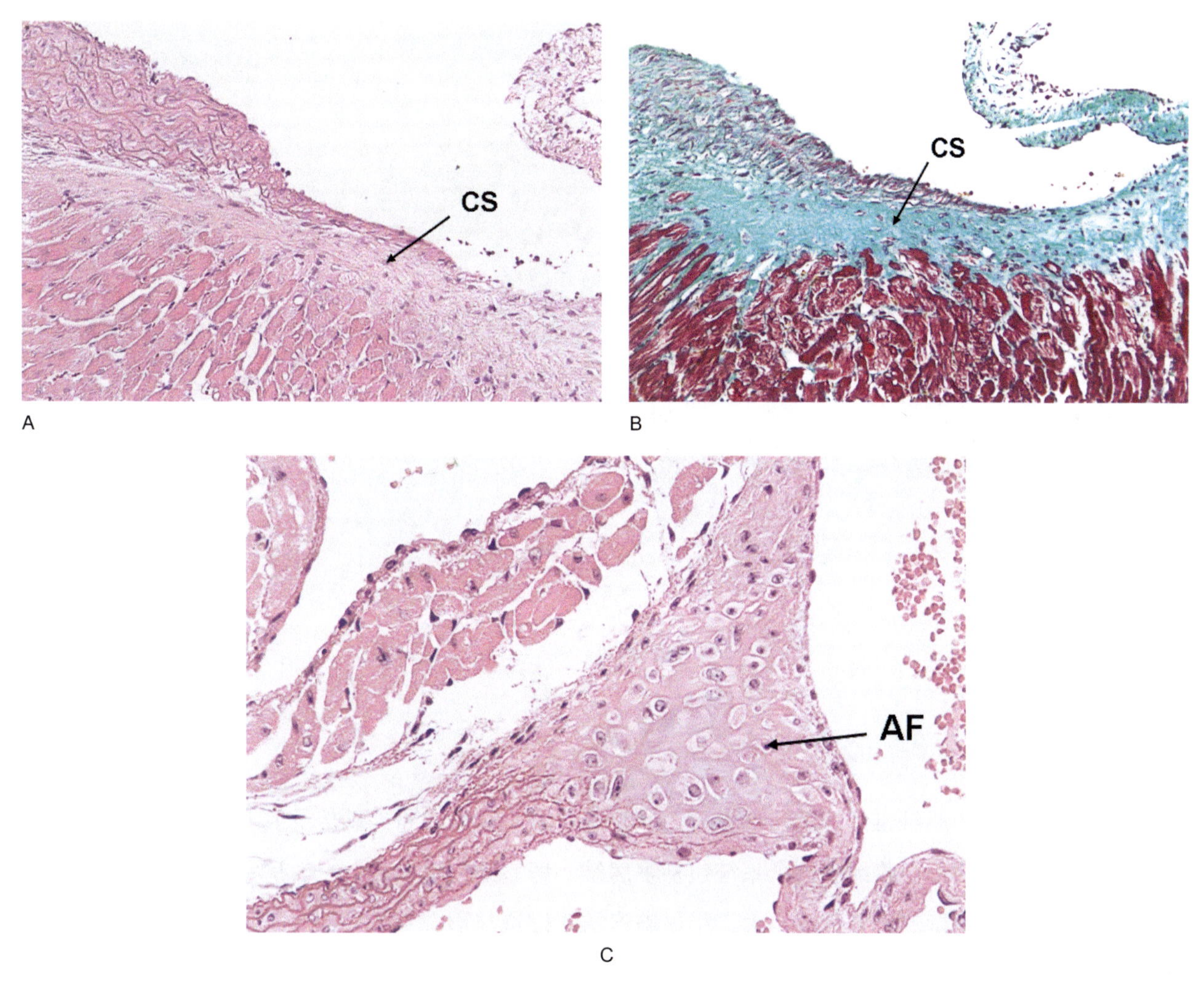

图1-10　心骨骼

A. F344 大鼠心骨骼（HE，100×）；B. F344 大鼠心骨骼（Masson，100×）
C. KM 小鼠纤维环（HE，200×）

CS/ 心骨骼
AF/ 纤维环

（五）心瓣膜

心脏的房室孔和动脉口处有由心内膜折叠而成的瓣膜，称为心瓣膜（cardiac valve, CV）。心瓣膜与心骨骼的纤维环（anulus fibrasus, AF）连接，瓣膜表面被覆以内皮（endothelial cell, EC），内部为致密结缔组织，瓣膜的基部可见少许平滑肌及巨噬细胞（图 1-11）。房室瓣包括位于左房室口的二尖瓣和右房室口的三尖瓣，由心内膜折叠而成。瓣膜的游离缘连接腱索和乳头肌，三者共同作用维持正常房室瓣的开闭功能，因此应将他们看成是一个功能单位。大鼠的二尖瓣全部由心肌构成并具有典型的横纹和闰盘。动脉瓣包括主动脉瓣和肺动脉瓣，在朝向动脉瓣的一面有丰富的胶原纤维和弹力纤维，起到加强弹性以抵抗瓣膜关闭时的逆向血流压力的作用。

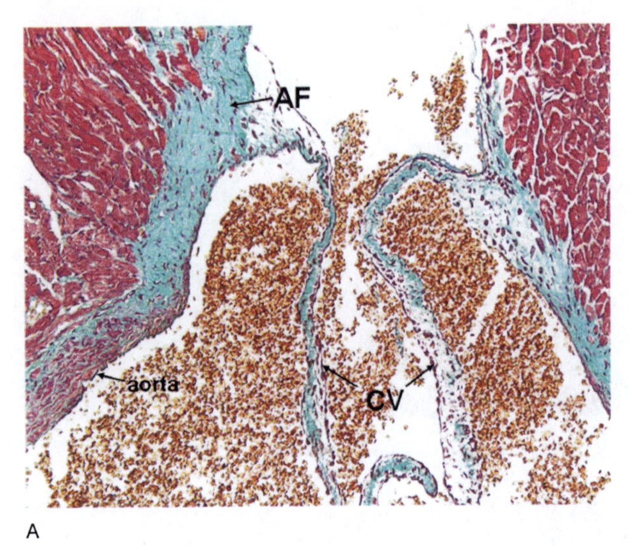

A

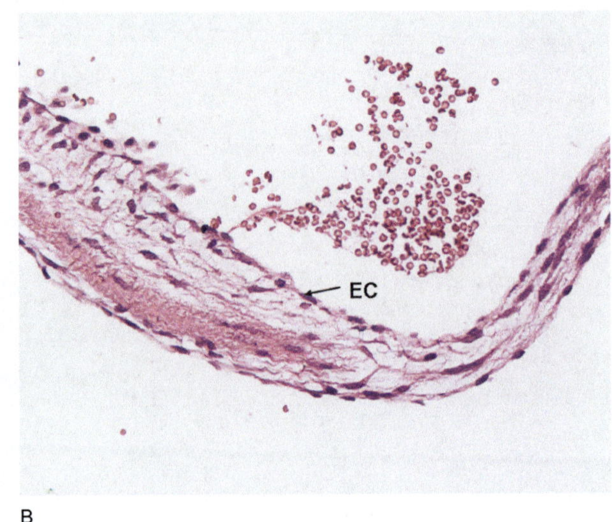

B

图 1-11 心瓣膜图

A. KM 小鼠心瓣膜（Masson，100×）
B. KM 小鼠心瓣膜（HE，200×）

CV/ 心瓣膜
AF/ 纤维环
aorta/ 主动脉
EC/ 内皮细胞

（六）心脏传导细胞

心脏是由特殊心肌纤维组成的传导系统，其功能是发生冲动并将冲动传导到心脏的各部，使心房肌和心室肌按一定的节律收缩。这个系统包括窦房结、房室结、房室束、左右房室束分支，以及分布到心室乳头肌和心室壁的许多分支。大、小鼠窦房结的位置与形态基本相似，位于上腔静脉与右心房交界处以上的上腔静脉近段壁内，呈马蹄形。豚鼠的窦房结位于上腔静脉与右心耳交界处外侧壁，起搏细胞、移行细胞多，心肌细胞少。兔的窦房结位于界沟中部，静脉窦侧，起搏细胞所占比例大，无中央动脉。组成这个系统的心肌纤维聚集成结和束，受交感、副交感和肽能神经纤维支配，并有丰富的毛细血管。组成心脏传导系统的心肌纤维类型有以下三种：起搏细胞、移行细胞和浦肯野纤维。起搏细胞（pacemaker cell, PC）简称 P 细胞，组成窦房结和房室结，细胞较小，呈梭形或多边形，包埋在一团较致密的结缔组织中（图 1-12A）。胞质内的细胞器较少，无闰盘，有少量的肌丝和吞饮小泡，含糖原较多（PAS 染色阳性），是心肌兴奋的起搏点（图 1-12B）。移行细胞（transitional cell）主要存在于窦房结和房室结的周边及房室束，形态结构介于起搏细胞与心肌纤维之间，呈细长形，比心肌纤维短而细，胞质内含较多的肌原纤维。这种细胞起传导冲动的作用。浦肯野纤维（Purkinje fiber）又称束细胞，广泛分布于心内膜下层。这种细胞比心肌纤维短而粗，细胞中央有 1 ～ 2 个核，胞质中有丰富的线粒体和糖原，但肌原纤维较少，束细胞之间由较发达的闰盘相连。此种细胞能够快速将冲动传导至普通心肌纤维。

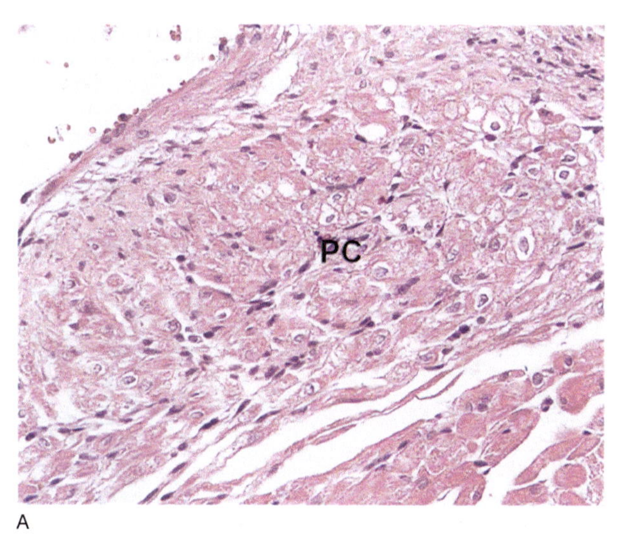

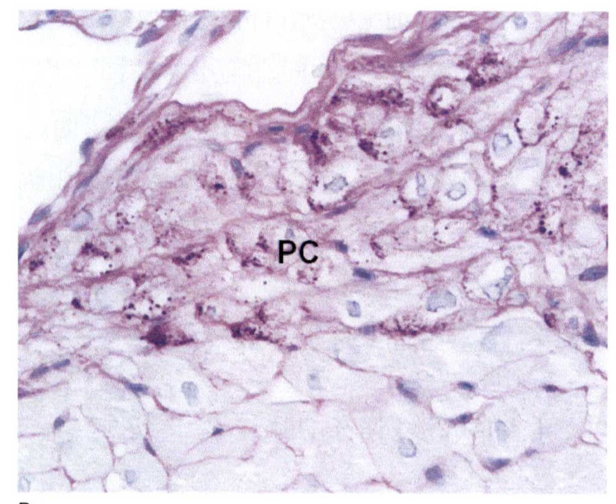

图 1-12　心脏传导细胞

PC/ 起搏细胞

A. F344 大鼠起搏（P）细胞（HE，200×）
B. F344 大鼠起搏（P）细胞（PAS，400×）

第二节　血　　管

血管（blood vessel）包括动脉、静脉和毛细血管等（图 1-13）。除毛细血管以外，血管壁从管腔面向外一般依次分为内膜、中膜和外膜。血管壁内还有营养血管和神经分布。

（一）动脉

动脉（artery）的结构特点是富含弹性膜和弹力纤维，主要功能是输送血液。根据管壁的结构特点和管径的大小，动脉可分为大动脉、中动脉、小动脉和微动脉，各类动脉之间逐渐移行，没有明显的界限。

动脉分为内膜、中膜和外膜三层结构。内膜（tunica intima, TI）是管壁的最内层，由内皮（endothelial cell）和内皮下层组成，是三层中最薄的一层，有较厚的内皮下层，内皮下层之外为多层弹性膜组成的内弹性膜（internal elastic membrane, IEM），由于内弹性膜与中膜的弹性膜相连，故内膜与中膜的分界不清晰。内皮为衬贴于血管腔的单层

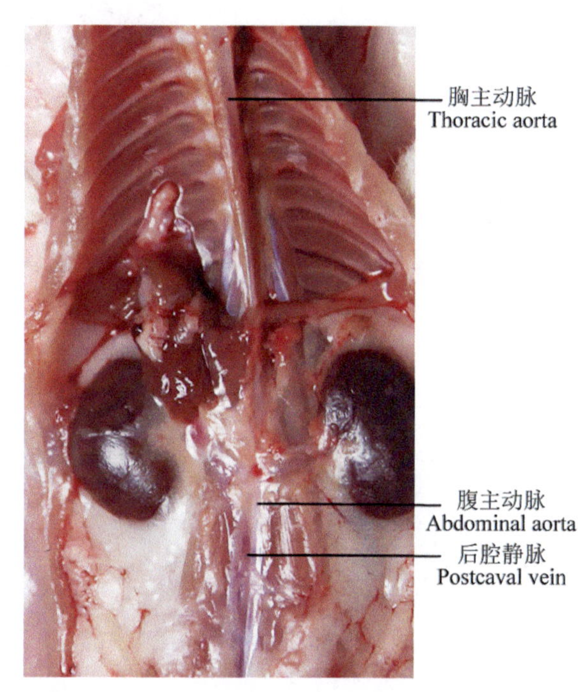

图 1-13　KM 小鼠胸腹主动脉及后腔静脉解剖结构

扁平上皮。内皮细胞核所在部位略隆起，细胞基底面附着于基板上。内皮下层（subendothelial layer）是位于内皮和内弹性膜之间的薄层结缔组织，内含少量胶原纤维、弹性纤维，有时有少许纵行平滑肌。中膜（tunica media, TM）位于内膜和外膜之间，大动脉以弹性膜为主，间有少许平滑肌；中动脉主要由平滑肌组成。外膜（tunica adventitia, TA）由疏松结缔组织（connective tissue, CT）组成，没有明显的外弹性膜，动脉周边还常有脂肪组织（adipose tissue, AT）存在。血管壁的结缔组织细胞以成纤维细胞为主，具有修复外膜的能力。外膜逐渐移行为周围的疏松结缔组织。在动脉周围通常会见到管径较小的小静脉（small vein, SV）。

1. 大动脉（弹性动脉）

大动脉管壁的中膜有多层弹性膜和大量弹性纤维，平滑肌纤维较少，又称弹性动脉。

大动脉内膜有较厚的内皮下层，内皮下层之外为多层弹性膜组成的内弹性膜，由于内弹性膜与中膜的弹性膜相连，故内膜与中膜的分界不清楚。大动脉的中膜有十余层至几十层弹性膜（elastic membrane, EM），各层弹性膜由弹性纤维相连，弹性膜之间有环形平滑肌、少量胶原纤维和弹性纤维。醛品红染色显示弹性膜为深蓝色波浪状。中膜基质的主要成分为硫酸软骨素。外膜较薄，没有明显的外弹性膜。外膜逐渐移行为周围的疏松结缔组织（图 1-14）。

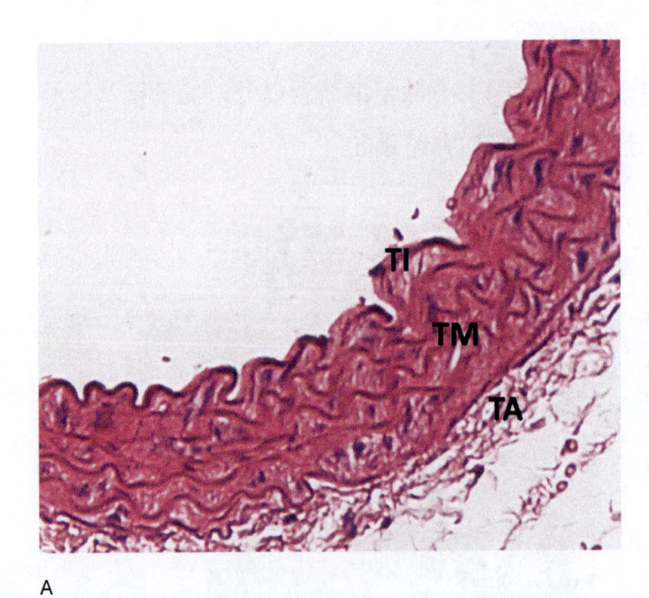

A

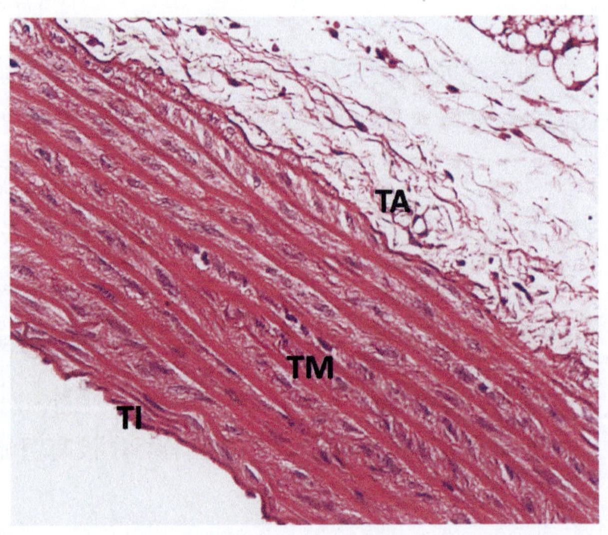

B

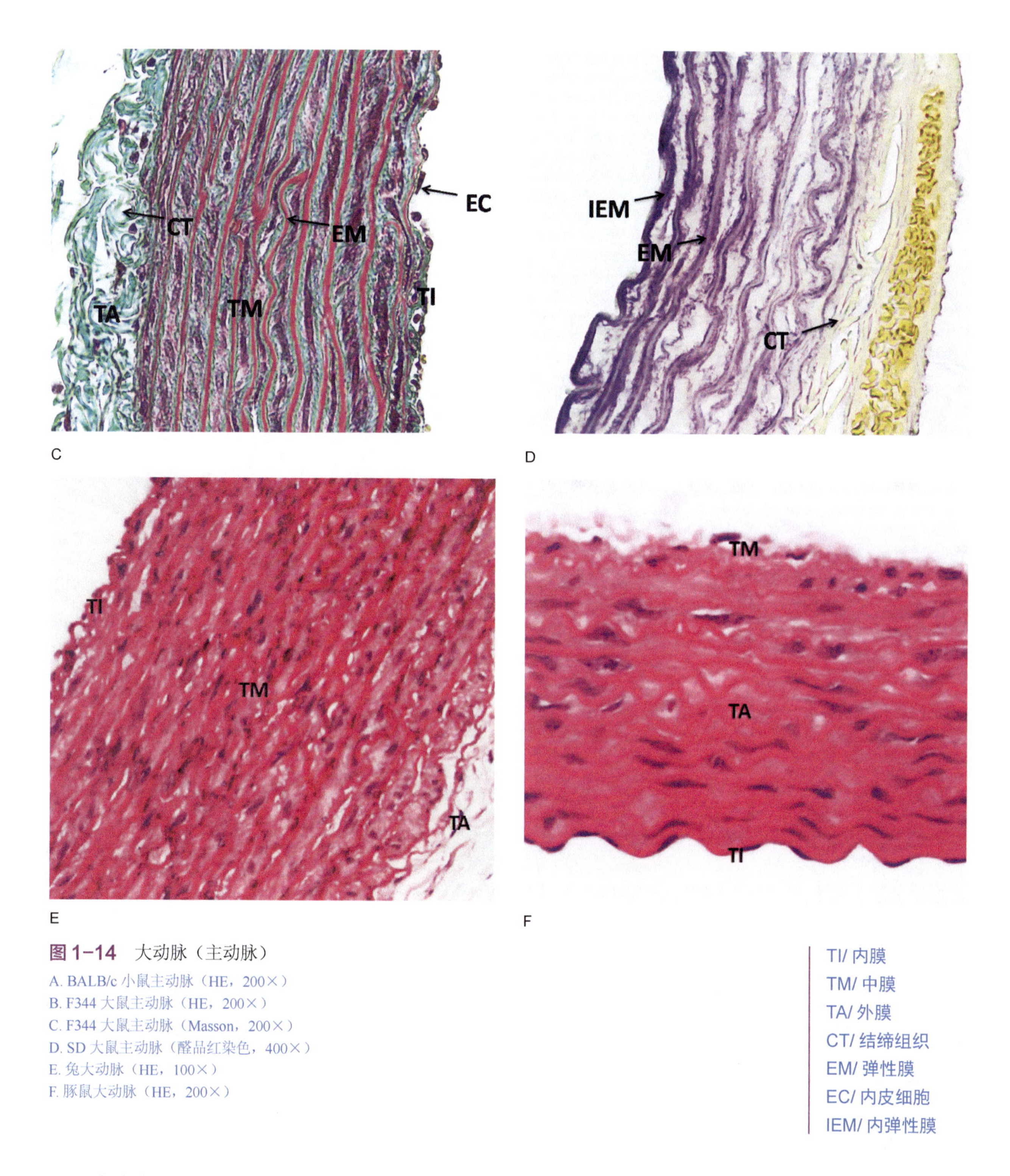

图 1-14 大动脉（主动脉）

A. BALB/c 小鼠主动脉（HE，200×）
B. F344 大鼠主动脉（HE，200×）
C. F344 大鼠主动脉（Masson，200×）
D. SD 大鼠主动脉（醛品红染色，400×）
E. 兔大动脉（HE，100×）
F. 豚鼠大动脉（HE，200×）

TI/ 内膜
TM/ 中膜
TA/ 外膜
CT/ 结缔组织
EM/ 弹性膜
EC/ 内皮细胞
IEM/ 内弹性膜

内皮素（ET）是一种主要产于内皮细胞的多功能肽，包括三种异构体，即 ET-1、ET-2、ET-3，能引起动静脉平滑肌收缩，对心血管、神经内分泌、肾脏、胃肠道等具有多效性。免疫组化结果显示 ET-1 在大鼠大动脉中的表达较小鼠增多（图 1-15）。

2. 中动脉（肌性动脉）

中动脉（medium-sized artery）管壁中膜的平滑肌相当丰富，故又名肌性动脉。中动脉管壁有典型

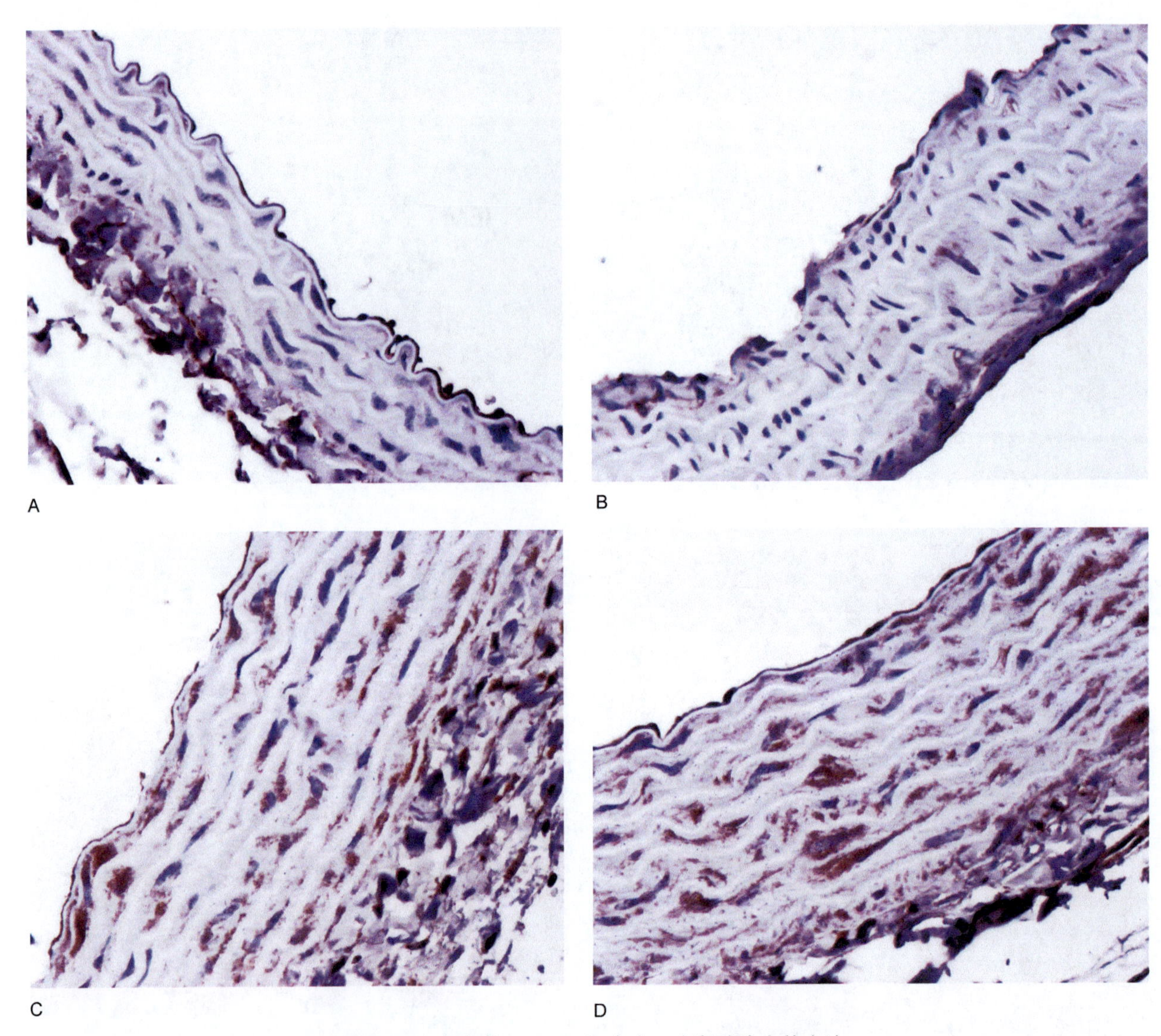

图 1-15 内皮素 -1（ET-1）在大、小鼠动脉中的表达

A. BALB/c 小鼠主动脉（IHC，200×）；B. KM 小鼠主动脉（IHC，200×）
C. F344 大鼠主动脉（IHC，200×）；D. SD 大鼠主动脉（IHC，200×）

的三层结构。中动脉内膜的内皮下层较薄，内弹性膜明显。中膜较厚，由多层环形排列的平滑肌组成，肌间有一些弹性纤维和胶原纤维。外膜厚度与中膜相等，多数中动脉的中膜和外膜交界处有明显的外弹性膜（external elastic membrane, EEM）（图 1-16）。

3. 小动脉（肌性动脉）

较大的小动脉（small artery），内膜有明显的内弹性膜，随着管径变细，内弹性膜逐渐消失。中膜有几层平滑肌，Masson 染色显示为红色。外膜与中膜厚度接近，一般没有外弹性膜（图 1-17）。

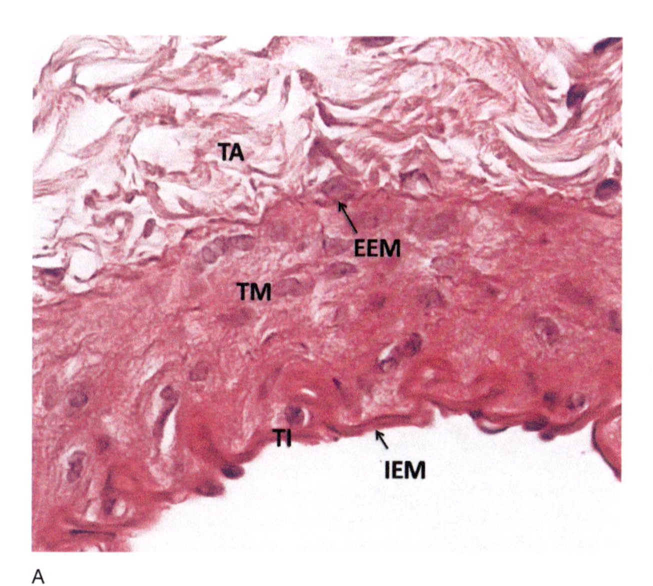

A

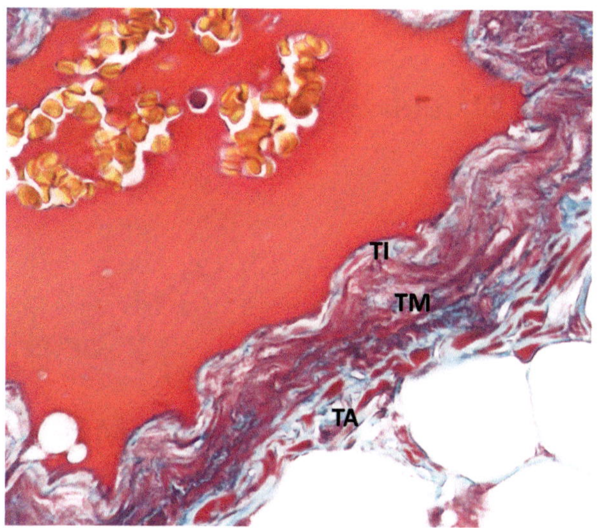

B

图 1-16

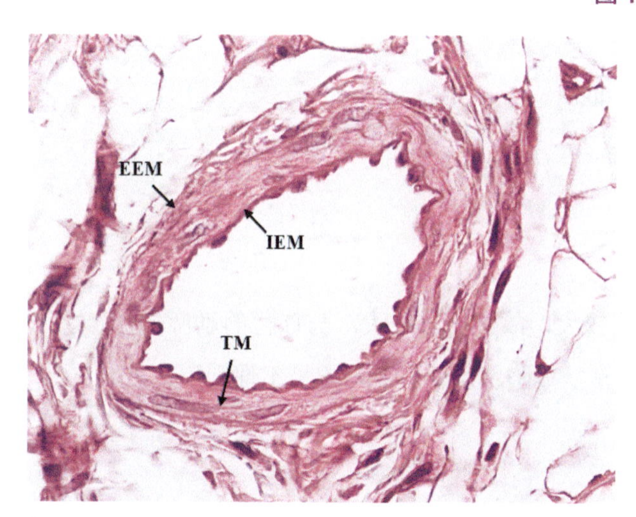

A

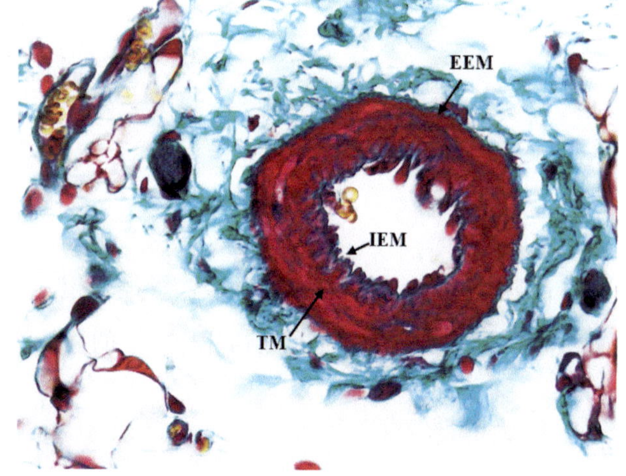

B

图 1-16　中动脉

A. F344 大鼠（HE，400×）；
B. F344 大鼠（Masson，200×）

图 1-17　小动脉

A. F344 大鼠（HE，400×）；
B. F344 大鼠（Masson，400×）；
C. 兔小动脉、小静脉（HE，200×）

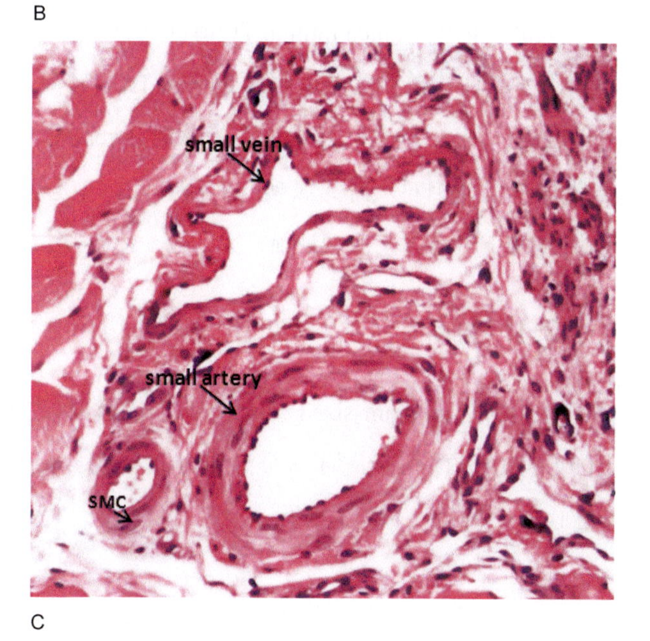

C

图 1-17

TI/ 内膜
TM/ 中膜
TA/ 外膜
EEM/ 外弹性膜
IEM/ 内弹性膜
SMC/ 平滑肌细胞
small artery/ 小动脉
small vein/ 小静脉

4. 微动脉

微动脉（arteriole）内膜无内弹性膜，中膜有 1 ～ 2 层平滑肌细胞（smooth muscle cell, SMC）（图 1-18）。

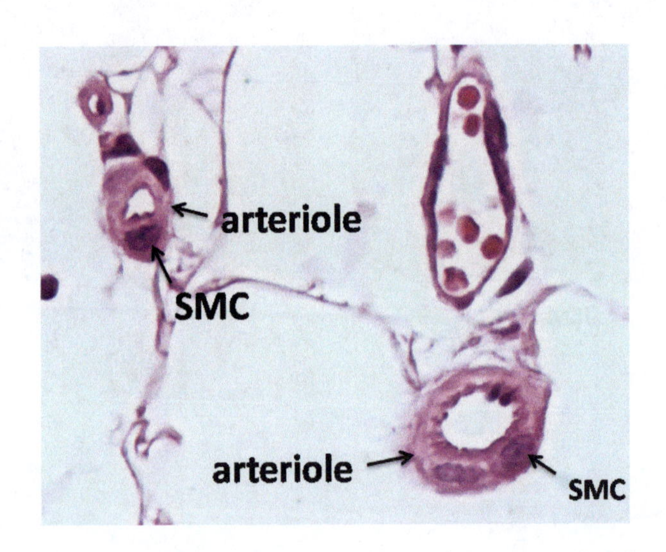

图 1-18 F344 大鼠微动脉（HE，400×） arteriole/ 微动脉 SMC/ 平滑肌细胞

（二）静脉

静脉（vein）的数量比动脉多，管径较粗，管腔较大，故容血量较大。与伴行的动脉相比，静脉管壁薄而柔软，弹性也小，故切片标本中的静脉管壁常呈塌陷状，管腔变扁或呈不规则形。

1. 大静脉

大静脉内膜（tunica intima, TI）薄；中膜（tunica media, TM）很不发达，为几层排列疏松的环形平滑肌，有时无平滑肌。外膜（tunica adventitia, TA）较厚，结缔组织内常有较多的纵形平滑肌（smooth muscle cell, SMC）束。稍大的静脉常有静脉瓣（venous valve, VV），由内膜突入管腔折叠而成，为两个半月形薄片，彼此相对，游离缘朝向血流方向，中心为含弹性纤维的结缔组织，表面覆以内皮（图 1-19）。静脉瓣的作用是防止血液逆流。

2. 中静脉

中静脉（medium-sized vein, MSV）内膜薄，内弹性膜不明显。中膜比伴行的中动脉（medium-sized artery, MSA）薄得多，环形平滑肌分布稀疏。外膜一般比中膜厚，由结缔组织组成，没有外弹性膜（图 1-20）。

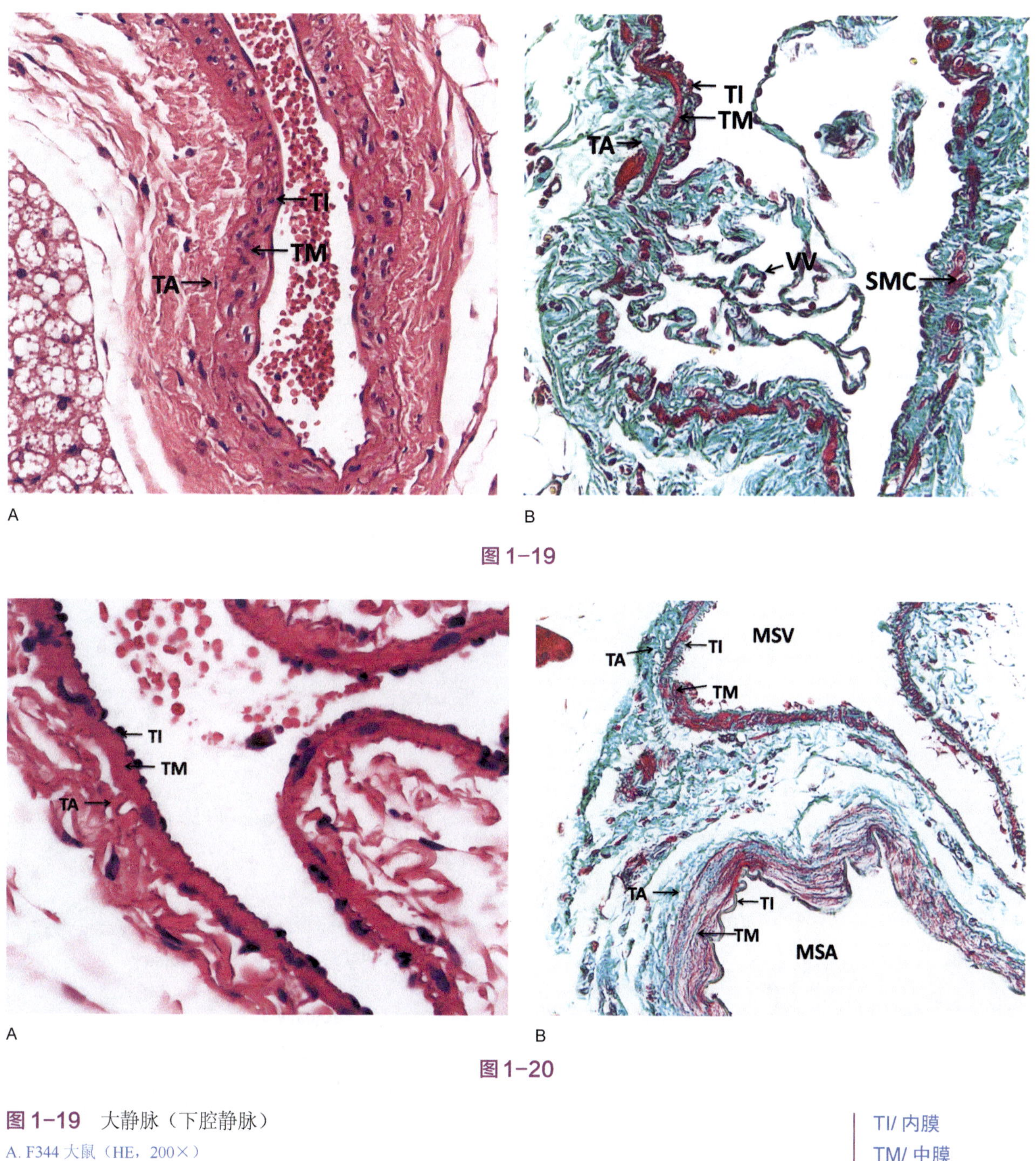

图 1-19

图 1-20

图 1-19　大静脉（下腔静脉）

A. F344 大鼠（HE，200×）

B. SD 大鼠（Masson，200×）

图 1-20　中静脉

A. SD 大鼠（HE，400×）

B. SD 大鼠（Masson，200×）

TI/ 内膜
TM/ 中膜
TA/ 外膜
VV/ 静脉瓣
SMC/ 平滑肌细胞
MSV/ 中静脉
MSA/ 中动脉

3. 小静脉

小静脉（small vein）内皮外一般有一层较完整的平滑肌。较大的小静脉有一至数层平滑肌。外膜与微静脉相比也逐渐变厚（图 1-21）。

4. 微静脉

微静脉（venule）管腔不规则，管壁结构与毛细血管相似，内皮外只有薄层结缔组织，但管径略粗。随着微静脉的管径增大，内皮和结缔组织之间出现稀疏的平滑肌，外膜薄（图 1-22）。

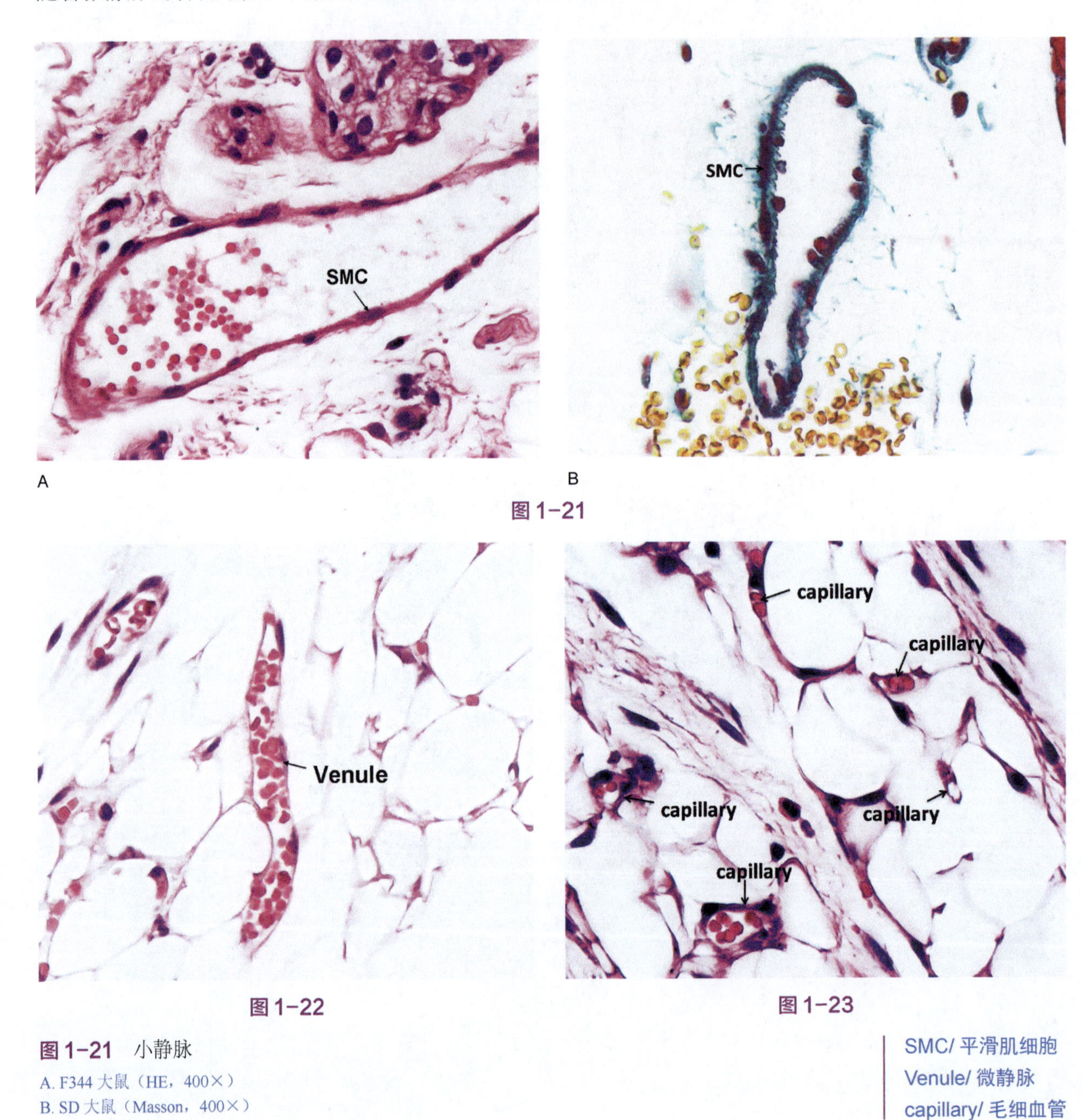

图 1-21

图 1-22

图 1-23

SMC/ 平滑肌细胞
Venule/ 微静脉
capillary/ 毛细血管

图 1-21 小静脉
A. F344 大鼠（HE，400×）
B. SD 大鼠（Masson，400×）

图 1-22 BALB/c 小鼠微静脉（HE，400×）

图 1-23 BALB/c 小鼠毛细血管（HE，400×）

（三）毛细血管

毛细血管（capillary）主要由内皮和基膜组成。细的毛细血管仅由 1 个内皮细胞围成，较粗的毛细血管由 2 ～ 3 个内皮细胞围成。基膜外有少许结缔组织。在内皮细胞和基膜之间有一种扁平而有突起的细胞，细胞突起紧贴在内皮细胞基底面，称为周细胞（pericyte）（图 1-23）。

（四）内皮细胞特有颗粒

血管内皮细胞内有一种特有颗粒，称为怀布尔 - 帕拉德体（Weibel-Palade body, W-P 小体），又名细管小体（tubular body）。心血管系统内皮细胞内的 W-P 小体含量因部位而有不同，距心脏越近的血管，其内皮细胞内 W-P 小体越多，肺循环血管内皮细胞 W-P 小体多于体循环，管径大的血管多于管径小的。四种动物中，与其他三种动物相比，豚鼠 W-P 小体含量较高（图 1-24 和图 1-25）。

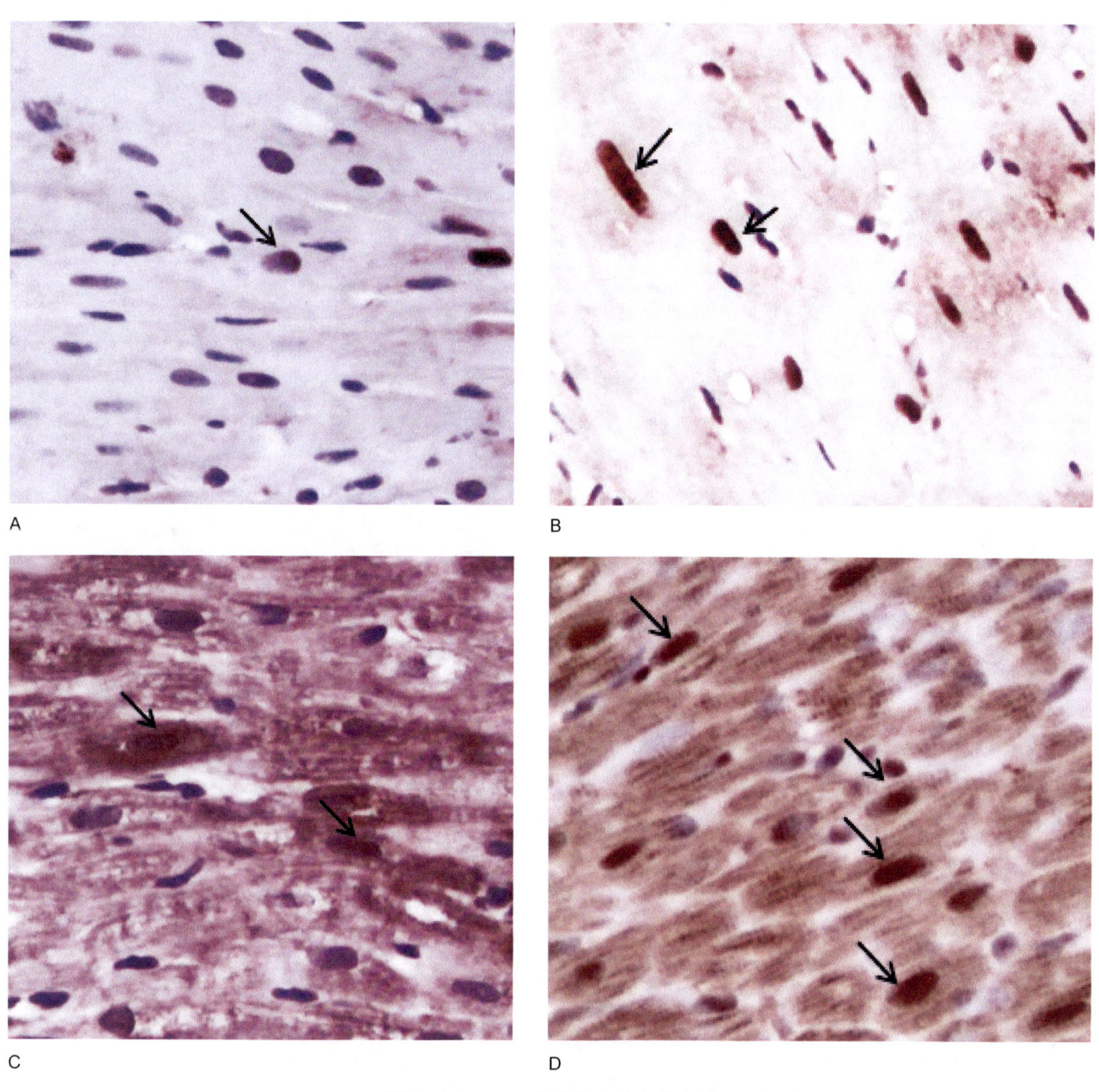

图 1-24　W-P 小体在心脏中的表达

A. F344 大鼠心室（IHC，400×）；B. KM 小鼠心室（IHC，400×）；C. 兔心室（IHC，400×）；D. 豚鼠心室（IHC，400×）

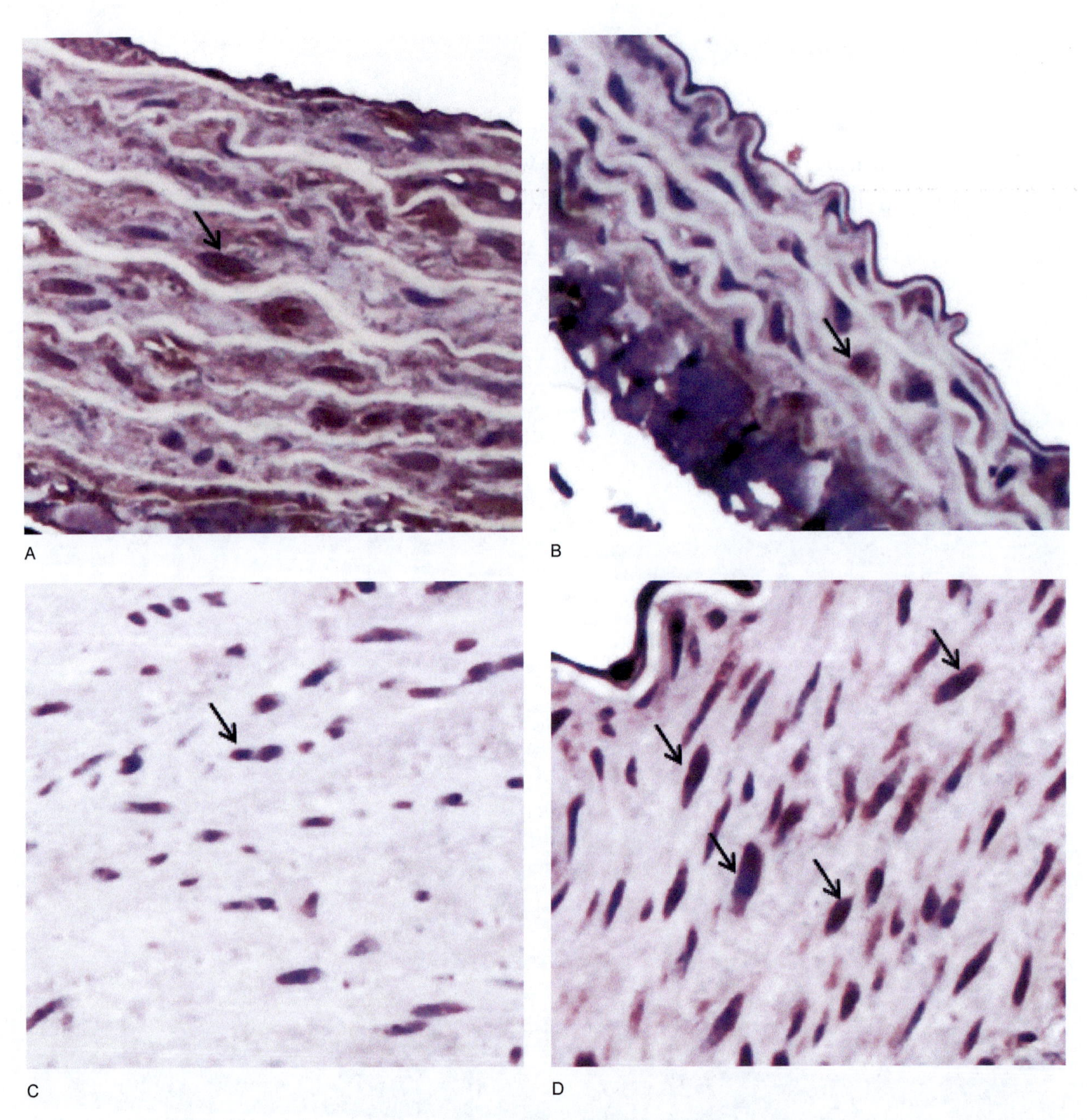

图 1-25 W-P 小体在主动脉中的表达

A. F344 大鼠（IHC，400×）；B. BALB/c 小鼠（IHC，400×）；C. 兔（IHC，400×）；D. 豚鼠（IHC，400×）

—— 比较组织学 ——

（1）兔的大动脉管壁相对豚鼠、大鼠、小鼠的厚。

（2）不同动物的心骨骼存在组织结构上的差异，犬、猪为软骨组织；在兔可以观察到软骨样细胞；小鼠的心骨骼较小，不易观察到，主要由结缔组织构成。心房和心室的心肌分别附着于心骨骼，两部分的心肌不相连。大鼠及小鼠心脏内主动脉出口部位的纤维环内有软骨结构，为主动脉瓣的支架。

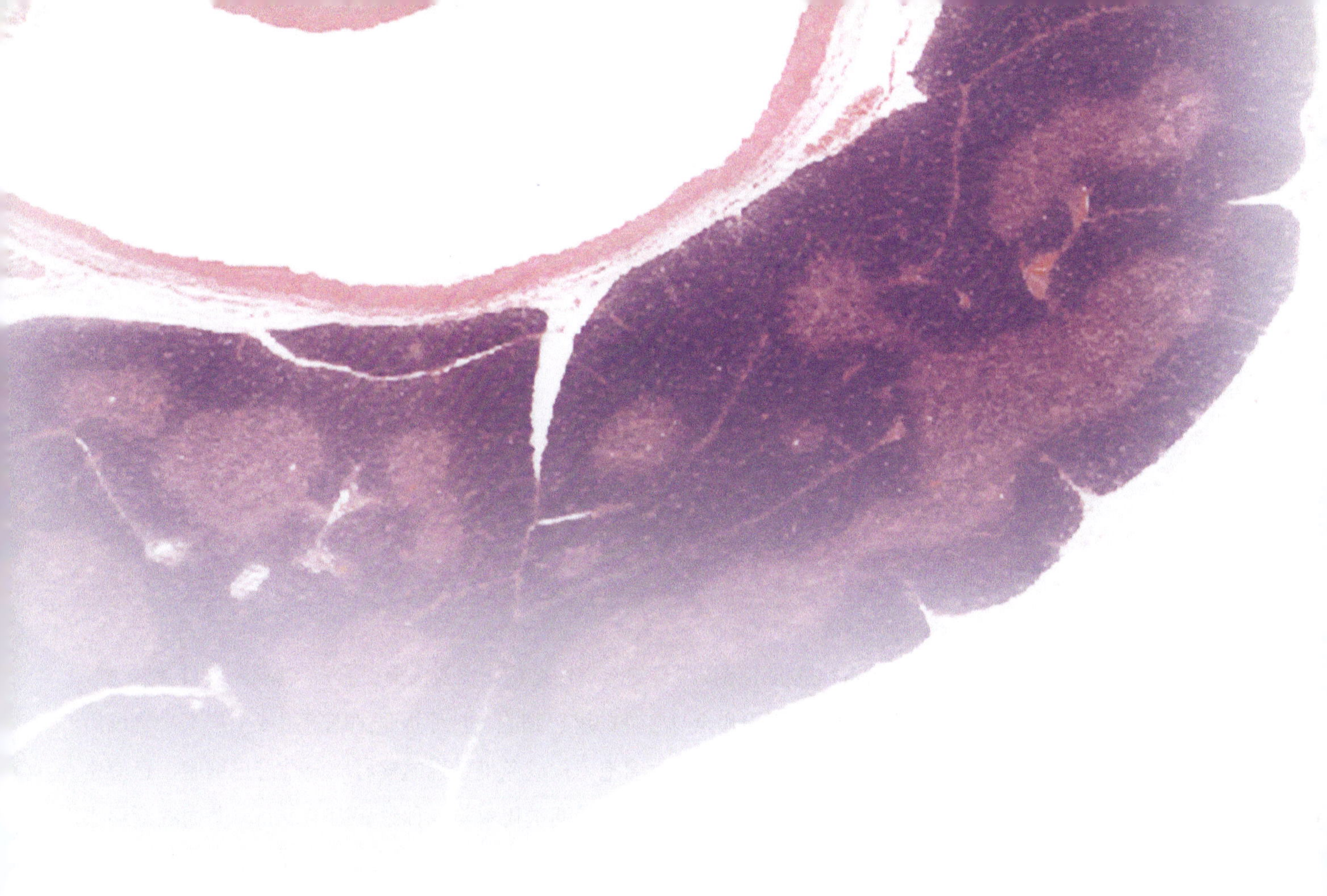

第2章 CHAPTER 2 IMMUNE SYSTEM
免疫系统

免疫系统（immune system）是机体保护自身的防御性结构，主要由淋巴器官（胸腺、淋巴结、脾、扁桃体）、其他器官内的淋巴组织和全身各处的淋巴细胞、抗原提呈细胞等组成；广义上也包括血液中其他白细胞及结缔组织中的浆细胞和肥大细胞。构成免疫系统的核心成分是淋巴细胞，它使免疫系统具备识别能力和记忆能力。免疫系统是生物在长期进化中与各种致病因子不断斗争而逐渐形成的，在个体发育中也需要抗原的刺激才能发育完善。免疫系统的功能主要有两个方面：①识别和清除侵入机体的微生物、异体细胞或大分子物质（抗原）；②监护机体内部的稳定性，清除表面抗原发生变化的细胞（肿瘤细胞和病毒感染的细胞等）。

淋巴器官是以淋巴组织为主构成的器官，依据结构和功能的不同分为两类。①中枢淋巴器官（central lymphoid organ），包括胸腺和骨髓，它们是淋巴细胞早期分化的场所。②周围淋巴器官（peripheral lymphoid organ），如淋巴结、脾，它们在机体出生后数月才逐渐发育完善。

中枢淋巴器官和周围淋巴器官的主要区别有以下 4 个方面。①中枢淋巴器官的微细支架为上皮网状结构，起源于内胚层上皮，可分泌激素和诱导淋巴细胞分裂。周围淋巴器官的微细支架是网状结构，可形成网状纤维支持营养其他游离细胞成分。②中枢淋巴器官发生、退化较早，周围淋巴器官发生、退化较迟。③中枢淋巴器官的分裂与分化受激素影响，分裂所得两个子细胞及其亚群的特异性不同。周围淋巴器官内淋巴细胞的分裂和分化与抗原刺激有关，产生的是大量单一品种的细胞。④中枢淋巴器官是培育淋巴细胞的“苗圃”，能连续不断地向周围淋巴器官及淋巴组织输送处女型淋巴细胞，为机体的免疫功能做好准备。周围淋巴器官是进行免疫应答的主要场所，无抗原刺激时其体积相对较小，受抗原刺激后则迅速增大，结构也发生变化，抗原被清除后又逐渐恢复原状。

免疫系统另外一个重要功能是造血。造血器官包括骨髓、脾脏、淋巴结和胸腺。造血器官是生成多种血细胞的场所，哺乳动物胚胎时期的卵黄囊、肝脏、脾脏、胸腺和骨髓均能造血；红骨髓是终身主要的造血器官，出生后发育早期即由骨髓造血，但猪在出生时仍然以肝脏造血。小鼠一生脾脏中都有造血细胞；大鼠脾脏中也有少量造血细胞；其他哺乳动物，在需要时，脾脏重新恢复造血功能。造血组织都具有同一种结构特征，即含有较轻的间质结构，蛋白纤维在小血管表面呈树枝状交叉排列；主要由网状组织、基质细胞和造血细胞组成，组成网状组织的网状细胞和网状纤维构成造血组织的网架，网眼内充满不同发育阶段的各种血细胞（包括造血干细胞，形态上可识别的原始、幼稚和成熟等不同阶段的血细胞）和巨噬细胞、成纤维细胞、脂肪细胞、间充质细胞等细胞成分。血液中的有形成分是红细胞、白细胞和血小板。血细胞数量最多的是红细胞，成熟红细胞无细胞核，往返于机体组织运送氧气和二氧化碳。红细胞发生起始于红系祖细胞，经原红细胞、早幼红细胞、中幼红细胞、晚幼红细胞，后者脱去细胞核成为网织红细胞，最终成为成熟红细胞。粒细胞发生经原粒细胞、早幼粒细胞、中幼粒细胞、晚幼粒细胞，进而分化为成熟的杆状核粒细胞和分叶核粒细胞进入外周血。血小板的发生始于巨核细胞系祖细胞，经原巨核细胞、幼巨核细胞发育为成熟巨核细胞，巨核细胞胞质脱落形成血小板。单核细胞起源于粒细胞单核细胞系祖细胞，经原单核细胞、幼单核细胞变为成熟的单核细胞，骨髓中的单核细胞储存量不多，一旦机体需要，幼单核细胞即加速分裂增殖以提供足量的单核细胞，进入组织转变为巨噬细胞。淋巴细胞起源于淋巴系祖细胞，一部分淋巴干细胞迁入胸腺后，发育成早期胸腺细胞，继而增殖，开始出现T抗原受体，且渐表达CD4和CD8抗原；另一部分淋巴干细胞在骨髓微环境中先分化为前B细胞，经几次分裂后胞质内已开始合成膜抗体分子，继续分裂成为处女型B细胞，经血液循环迁移到周围淋巴组织，形成单克隆细胞群。循环中的各种血细胞，每天都有一定的衰老和死亡，同时又有相同数量的生成和补充，从而保持其数量和质量的动态平衡。

第一节　淋　巴　结

只有哺乳动物才有发达的淋巴结（lymph node），其他种类动物均不发达。淋巴结是哺乳类特有的淋巴器官，呈豆形，位于淋巴回流的通路上，常成群分布于肺门、腹股沟及腋下等处，是滤过淋巴和产生免疫应答的重要器官。

淋巴结表面有薄层致密结缔组织构成的被膜，数条输入淋巴管（afferent lymphatic vessel）穿过被膜通入被膜下淋巴窦。被膜结缔组织伸入实质形成小梁（trabecula）。淋巴结的一侧凹陷称为门部（hilus），此处有较疏松的结缔组织伸入淋巴结内，血管、神经和输出淋巴管（efferent lymphatic vessel）由此进出淋巴结。一般淋巴结门部位的被膜都较厚，从门部分支形成的小梁与从被膜伸入的小梁相互连接，构成淋巴结的粗支架，粗的网状支架之间充填着网状组织，构成淋巴结的微细支架。

淋巴结分为皮质（cortex）和髓质（medulla）两部分。皮质位于被膜（capsule, Cap）下方，由浅层皮质（superfacial cortex）、副皮质区（paracortex zone, PZ）及皮质淋巴窦构成。浅层皮质（superfacial cortex）为皮质的B细胞区，由薄层的弥散淋巴组织及淋巴小结（lymphatic nodule, LN）组成。淋巴小结由许多淋巴细胞组成，通常呈圆形或梨形，在薄层淋巴组织中发育而成，增大后嵌入深部的副皮质区。皮质淋巴窦包括被膜下淋巴窦（subcapsular sinus, SS）和一些末端常为盲端的小梁周窦（peritrabecular sinus, PS）。淋巴窦壁由扁平的内皮细胞衬里，内皮外有薄层基质、少量网状纤维及一些扁平的网状细胞。许多巨噬细胞附着于内皮细胞。淋巴在淋巴窦内流动，有利于巨噬细胞清除异物（图2-1）。

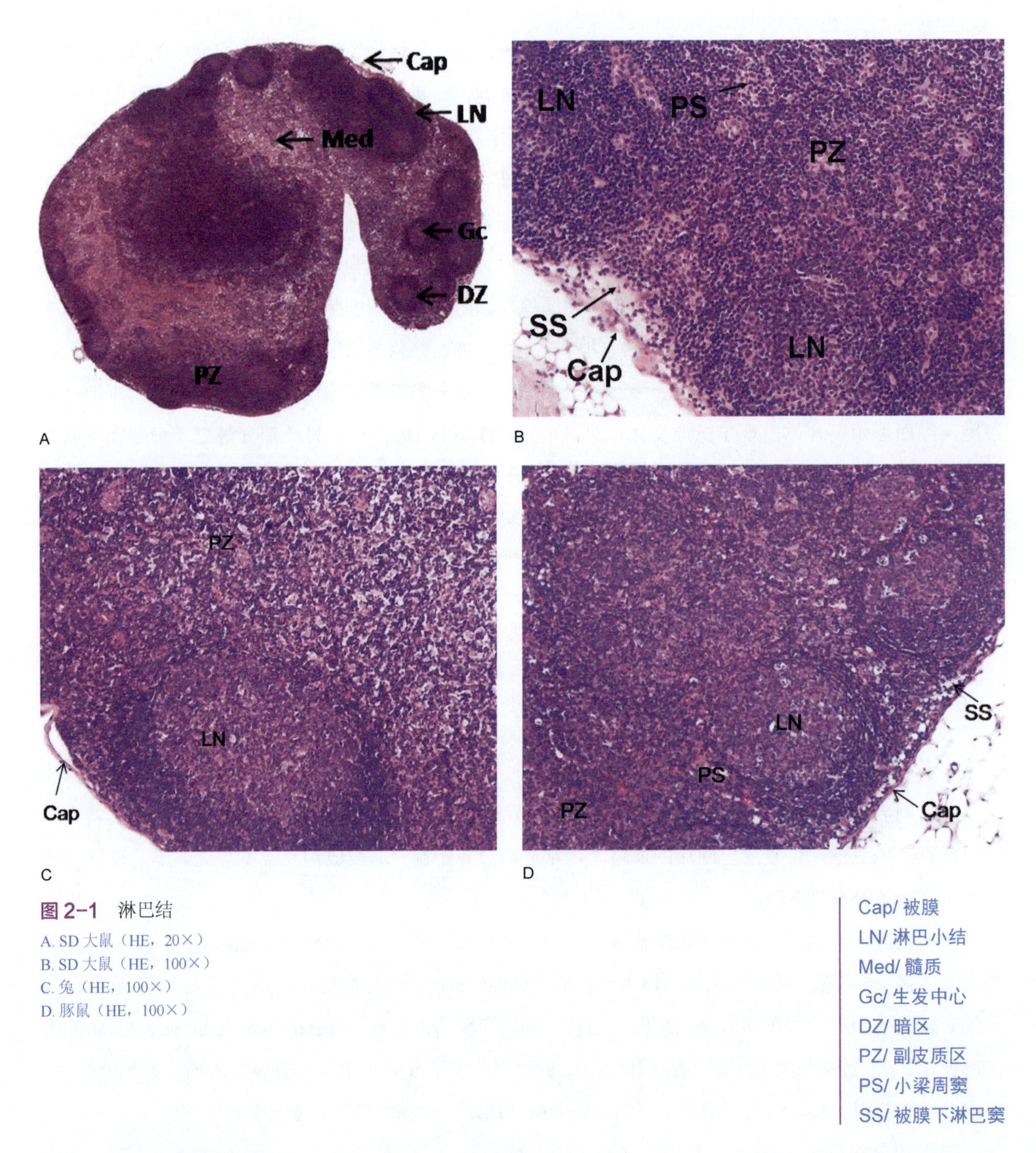

图 2-1 淋巴结

A. SD 大鼠（HE，20×）
B. SD 大鼠（HE，100×）
C. 兔（HE，100×）
D. 豚鼠（HE，100×）

Cap/ 被膜
LN/ 淋巴小结
Med/ 髓质
Gc/ 生发中心
DZ/ 暗区
PZ/ 副皮质区
PS/ 小梁周窦
SS/ 被膜下淋巴窦

（一）淋巴小结

淋巴小结是具有一定形态结构的致密淋巴组织，呈圆形或椭圆形。未受刺激时体积较小，称为初级淋巴小结；受到抗原刺激后增大并产生生发中心，称为次级淋巴小结。生发中心（germinal center, GC）着色浅，分为深部的暗区（dark zone, DZ）和浅部的明区（light zone, LZ）两部分；明区淡染，呈圆形或梨形，是产生淋巴细胞的地方，为 B 细胞区；暗区较小，位于生发中心的基部，主要由许多转化的大 B 细胞组成，细胞的胞质较丰富，嗜碱性强而着色较深。它们经过数次分裂和膜抗体结构突变过程，形成许多中等大小的 B 细胞。生发中心的顶部及周围有一层密集的小淋巴细胞，以顶部最厚，称为小结帽（cap），帽部主要为处女型 B 细胞，其功能尚未明确（图 2-2）。

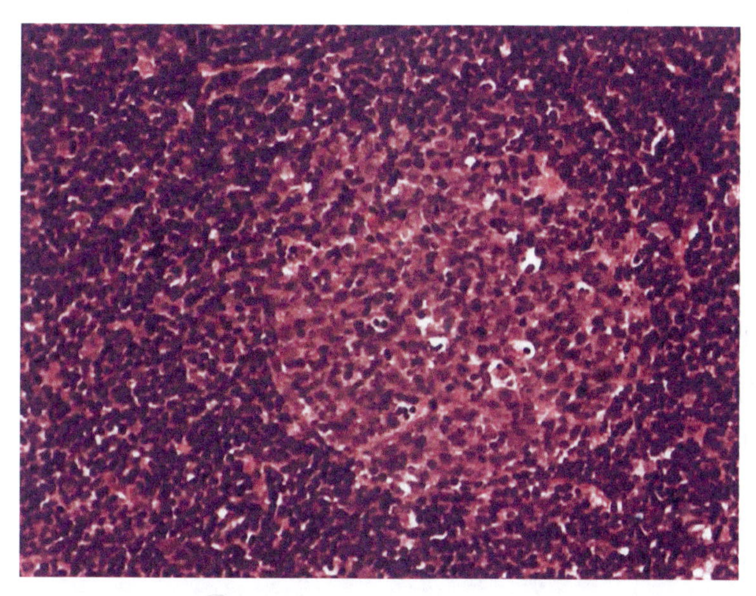

图 2-2　SD 大鼠淋巴小结（HE，200×）

（二）副皮质区

副皮质区（paracortex zone, PZ）位于皮质的深层，为较大片的弥散淋巴组织，由较密集的大、中、小淋巴细胞及巨噬细胞组成，又称深层皮质单位（deep cortex unite），主要由 T 细胞聚集而成，因此又称胸腺依赖区。深层皮质单位可分为中央区和周围区，中央区含有大量的 T 细胞和交错突细胞，细胞较密集，在细胞免疫应答时，此区细胞的分裂相增多，并迅速扩大，形成 T 小结。T 小结无明显界限，无生发中心和帽。周围区为包围中央区的一层较稀疏的弥散淋巴组织，含 T 细胞及 B 细胞，毛细血管丰富，还有许多高内皮的毛细血管后微静脉，又称高内皮静脉（high endothelial venule, HEV），它是血液内淋巴细胞进入淋巴组织的重要通道。高内皮微静脉内皮细胞核较一般内皮大，异染色质少，核仁明显，胞质中有时还可见正在穿越的淋巴细胞（lymphocyte, Lc）（图 2-3）。

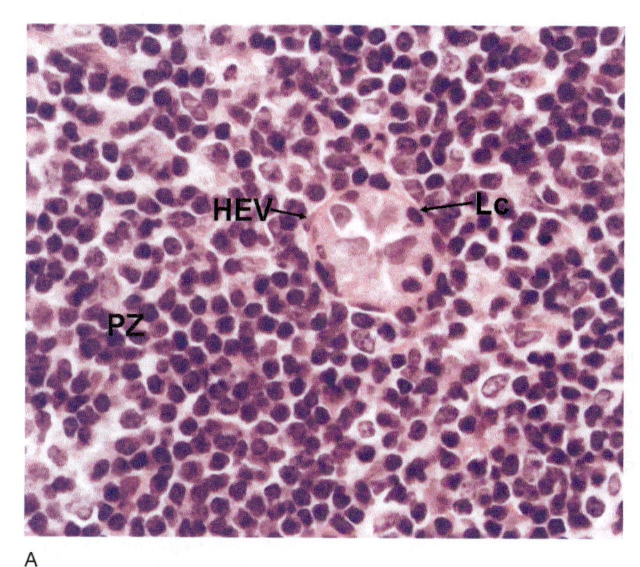

A

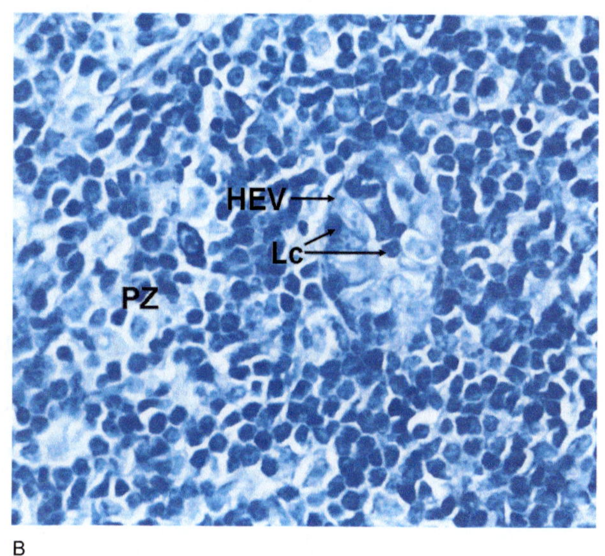

B

图 2-3　淋巴结副皮质区

A. SD 大鼠（HE，400×）
B. SD 大鼠（甲苯胺蓝染色，400×）

HEV/ 高内皮静脉
Lc/ 淋巴细胞
PZ/ 副皮质区

（三）髓质

淋巴结髓质位于淋巴结的中央，门部结缔组织与副皮质区之间，由髓索及其间的髓窦组成。髓索（medullary cord, MC）是相互连接的索状淋巴组织，与髓窦相间排列，边缘以扁平的内皮细胞为界，索内含 B 细胞及浆细胞、肥大细胞、嗜酸性粒细胞及巨噬细胞等。髓索中央常有一条扁平内皮的毛细血管后微静脉（postcapillary venule, PCV），是血内淋巴细胞进入髓索的通道。当淋巴回流区有慢性炎症时，淋巴结髓索内的浆细胞明显增多。髓窦（medullary sinus, MS）周围与髓索交界处或小梁交界处有一层扁平内皮细胞构成窦壁。窦内含较多星形的网状纤维及网状细胞，腔内的巨噬细胞较多，故有较强的滤过作用（图 2-4）。

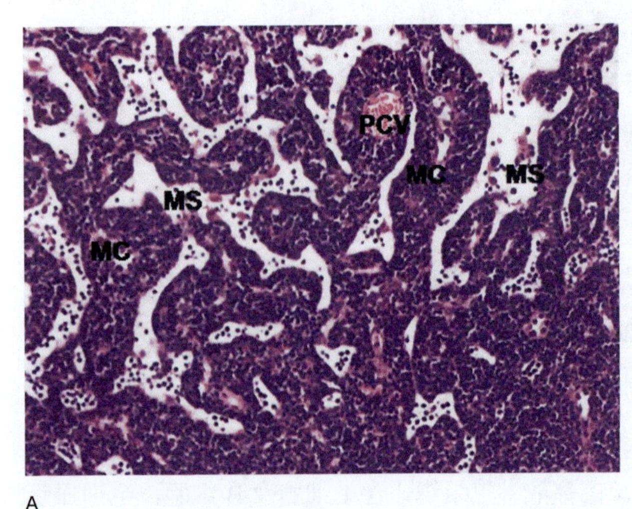

A

B

图 2-4 淋巴结髓质

A. BALB/c 小鼠（HE，100×）
B. SD 大鼠（HE，400×）

MC/ 髓索
MS/ 髓窦
PCV/ 毛细血管后微静脉

第二节 脾 脏

脾脏（spleen）是哺乳动物体内最大的周围淋巴器官，位于血液循环的通路上，有滤过血液、造血、储血和对侵入血内的抗原起免疫应答等功能（图 2-5）。脾脏在受到抗原刺激后能产生相应的致敏淋巴细胞和特异性抗体，还能制造补体 C5、C8 等。脾脏内也含有大量淋巴组织，但其淋巴组织的分布规律与淋巴结不同。脾脏没有输入和输出淋巴管，只有血窦，无淋巴窦。

脾无皮质髓质之分，分为白髓（white pulp, WP）、红髓（red pulp, RP）和边缘区（marginal zone, MZ）三部分（图 2-6）。

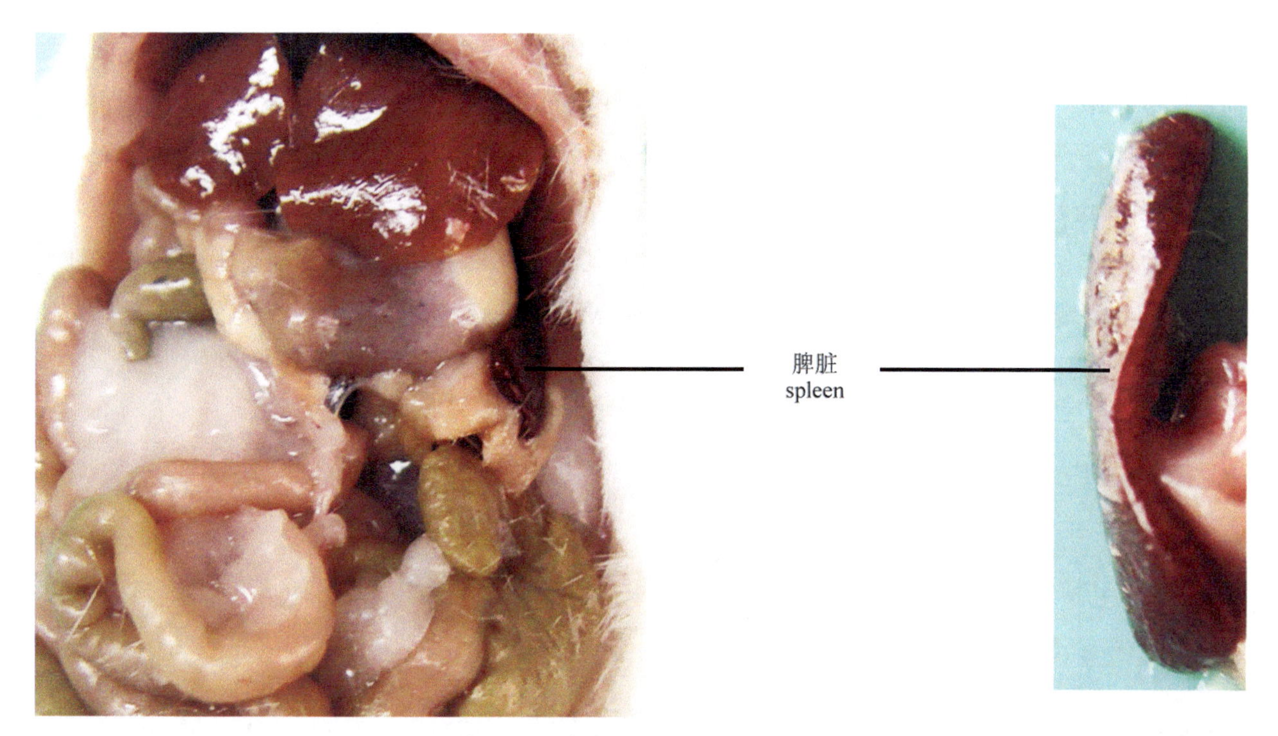

图 2-5　KM 小鼠脾脏解剖结构及大体形态

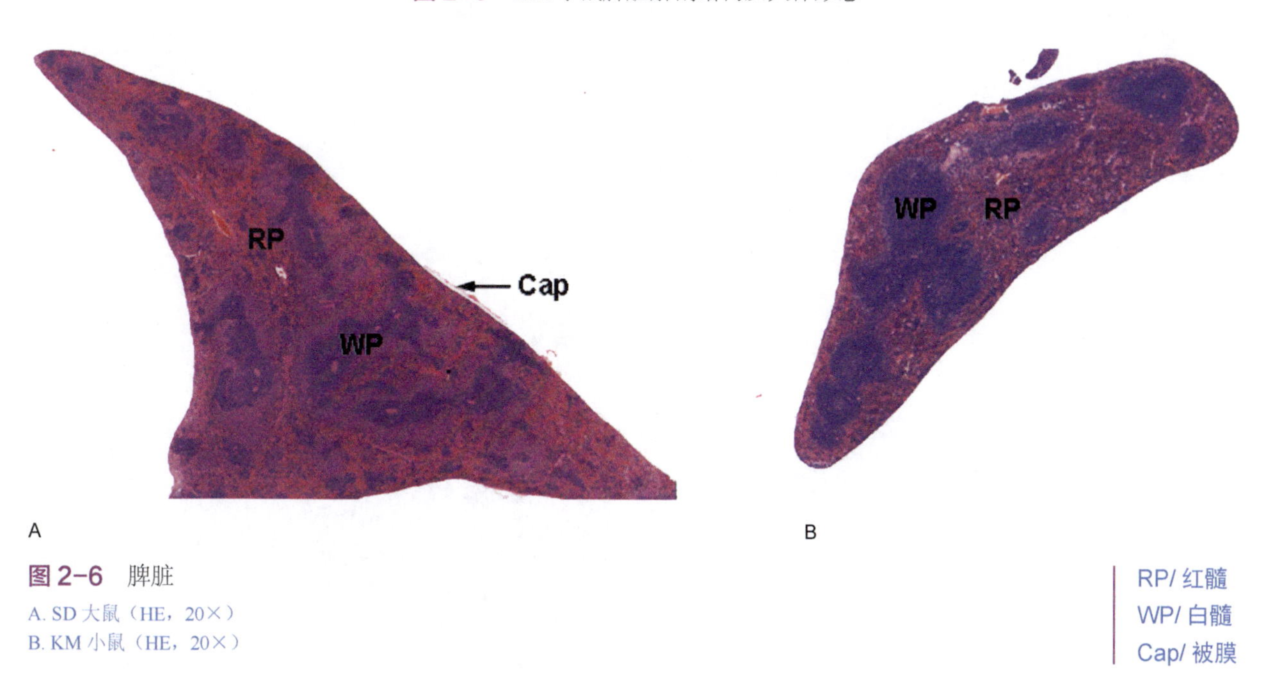

图 2-6　脾脏
A. SD 大鼠（HE，20×）
B. KM 小鼠（HE，20×）

RP/ 红髓
WP/ 白髓
Cap/ 被膜

（一）白髓

白髓（white pulp, WP）主要由淋巴细胞密集的淋巴组织构成，在新鲜脾的切面上呈分散的灰白色小点状，故称白髓。它又分为动脉周围淋巴鞘和淋巴小结两部分。动脉周围淋巴鞘（periarterial lymphatic sheath, PALS）是围绕在中央动脉（central antery, CA）周围的厚弥散淋巴组织，由大量 T 细胞、少量巨噬细胞与交错突细胞等构成。此区相当于淋巴结内的副皮质区，是胸腺依赖区，但无高内皮毛细管后微静脉。中央动脉旁有一条伴行的小淋巴管，它是鞘内 T 细胞经淋巴迁出脾的重要通道。当发生细胞免疫应答时，动脉周围淋巴鞘内的 T 细胞分裂增殖，鞘也增厚。淋巴小结又称脾小体（splenic corpuscle, SCor），是脾的非胸腺依赖区，结构与淋巴结的淋巴小结相同，主要由大量 B 细胞构成，发育较大的淋巴小结也呈现生发中心的明区与暗区，帽部朝向红髓。当抗原侵入脾内引起体液免疫应答时，淋巴小结大量增多，它出现于边缘区（marginal zone, MZ）和动脉周围淋巴鞘之间，使中央动脉常偏向鞘的一侧（图 2-7）。

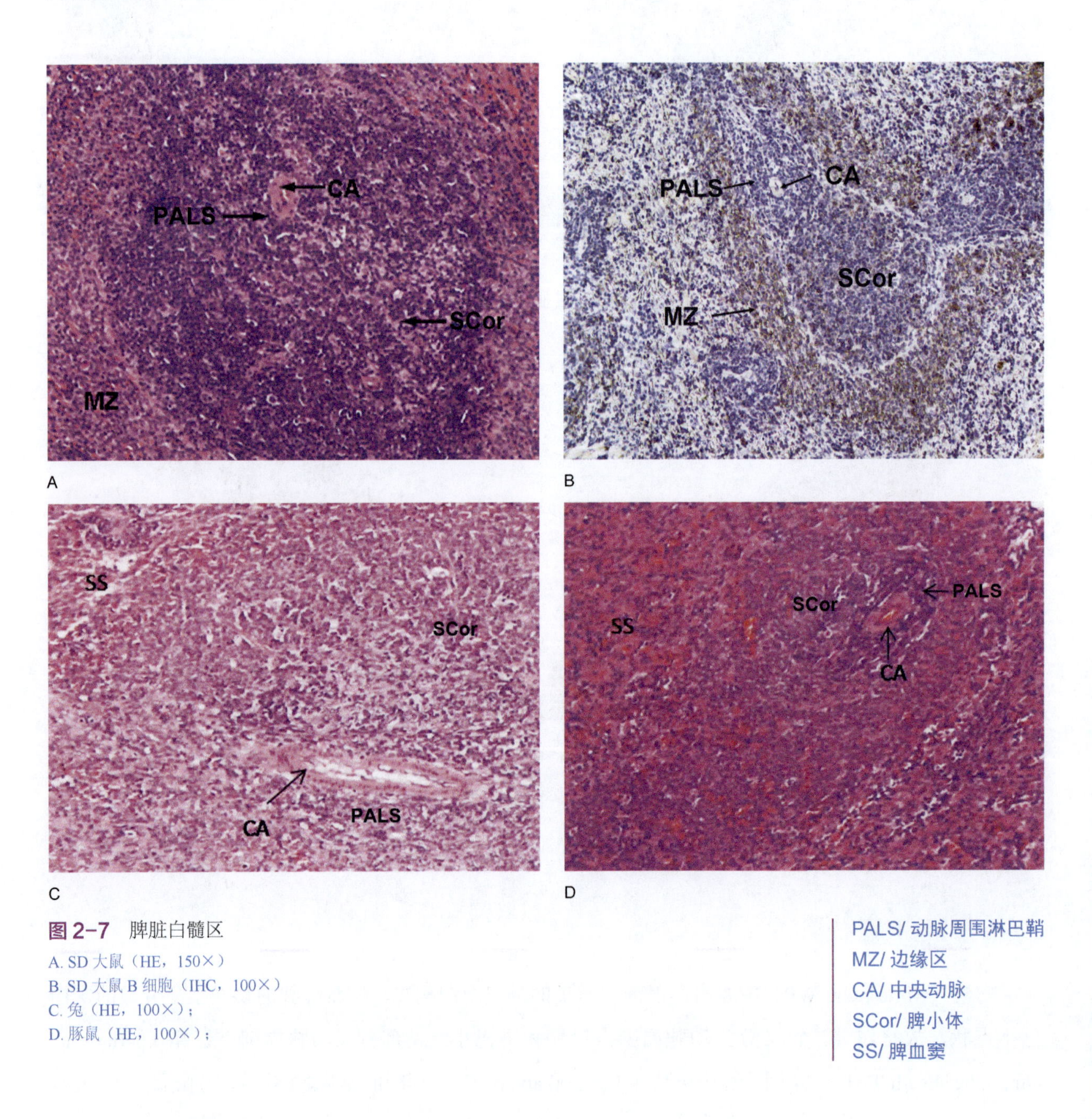

图 2-7 脾脏白髓区

A. SD 大鼠（HE，150×）
B. SD 大鼠 B 细胞（IHC，100×）
C. 兔（HE，100×）；
D. 豚鼠（HE，100×）；

PALS/ 动脉周围淋巴鞘
MZ/ 边缘区
CA/ 中央动脉
SCor/ 脾小体
SS/ 脾血窦

（二）红髓

红髓（red pulp）位于白髓周围、被膜下方及小梁周围，约占脾的 2/3，因含有大量血细胞，在新鲜脾切面上呈现红色。红髓由边缘区、脾索及血窦组成。边缘区是白髓与红髓移行的部分，淋巴白细胞呈弥散状。从白髓来的毛细血管终末开口于此区。边缘区是抗原物质进入脾内与各种细胞接触引起免疫反应的重要场所，也是淋巴细胞进入白髓及红髓的重要通道。脾索（splenic cord, SC）由富含血细胞的索状淋巴组织构成，脾索在血窦之间相互连接成网，索内含有T细胞、B细胞和浆细胞，以及许多其他血细胞和巨噬细胞，是脾进行滤血的主要场所。脾索内各类细胞的分布并不均匀一致。当中央动脉末端分支进入脾索成为髓微动脉时，其周围有薄层密集的淋巴细胞，在鞘毛细血管周围则有密集的巨噬细胞，至毛细血管末端开放于脾索时含血细胞和巨噬细胞较多，而不含血管的脾索部分则散在的淋巴细胞和浆细胞相对较多。脾血窦（splenic sinus, SS）是一种静脉性血窦，宽12～40μm，形态不规则，相互连接成网。窦壁由一层长杆状的内皮细胞平行排列而构成。内皮细胞之间常见许多0.2～0.5μm宽的间隙，脾索内的血细胞可经此穿越进入血窦内皮，外有不完整的基膜及环行网状纤维围绕，故血窦壁如同一种多孔隙的栏栅状结构。在血窦的横切面上，可见杆状内皮细胞沿血窦壁呈点状排列，较粗大的内皮细胞断面中可见有细胞核，并突入管腔。血窦外侧有较多的巨噬细胞。脾脏被膜表面大部分覆有浆膜，被膜和脾门的结缔组织伸入脾的实质，形成许多小梁（trabecula, T），形成了脾脏的粗支架。小梁间的网状组织结构形成了脾淋巴组织的细微支架（图2-8）。

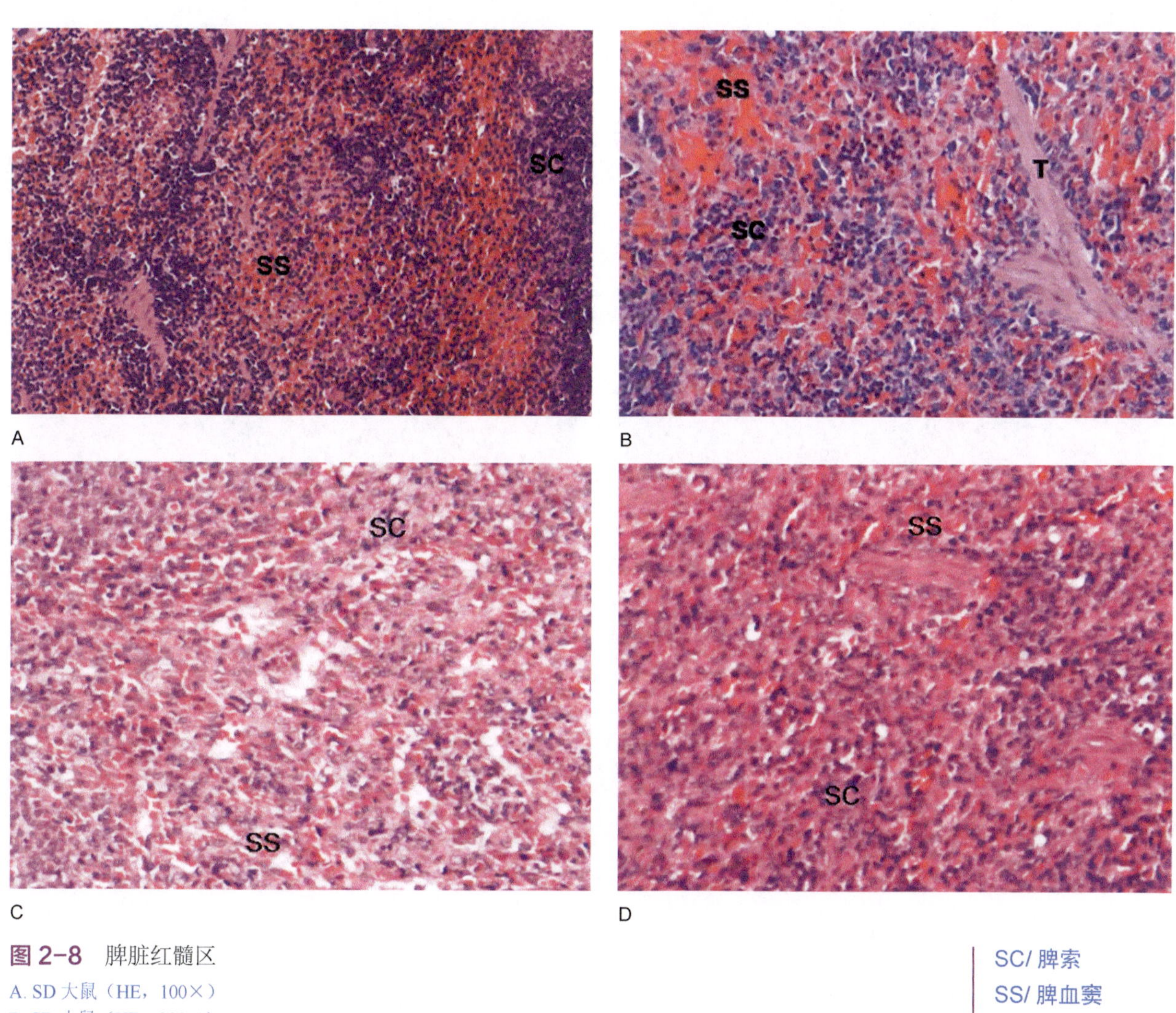

图2-8　脾脏红髓区

A. SD大鼠（HE，100×）
B. SD大鼠（HE，200×）
C. 兔（HE，100×）
D. 豚鼠（HE，100×）

SC/ 脾索
SS/ 脾血窦
T/ 小梁

在大多数物种中，红髓也包含了髓外造血巢，组织学检查以巨核细胞（megakaryocyte, Mkc）和幼红细胞为特征性表现。在骨髓损害，如骨髓纤维变性或骨髓癌肿转移时，脾脏、肝脏、淋巴结等组织器官可替代骨髓发生髓外造血，重新生成红细胞、白细胞及血小板。组织学上，可以观察到成红细胞系形成红细胞岛（erythroblastic islet, EI）、粒细胞（myelocyte, Mc）集团以及巨核细胞。发生炎症性疾患时，其细胞组成则以骨髓粒细胞系为主体，并可见在脾脏、肾上腺，以及淋巴结的髓外造血；如在肝脏中具有髓外造血时，表示其体内造血旺盛；当患有出血性疾患时，其细胞组成为成红细胞系（图 2-9）。小鼠一生脾脏中都有造血细胞，大鼠脾脏中也有少量造血细胞，其他哺乳动物的脾脏也可重新恢复造血功能。

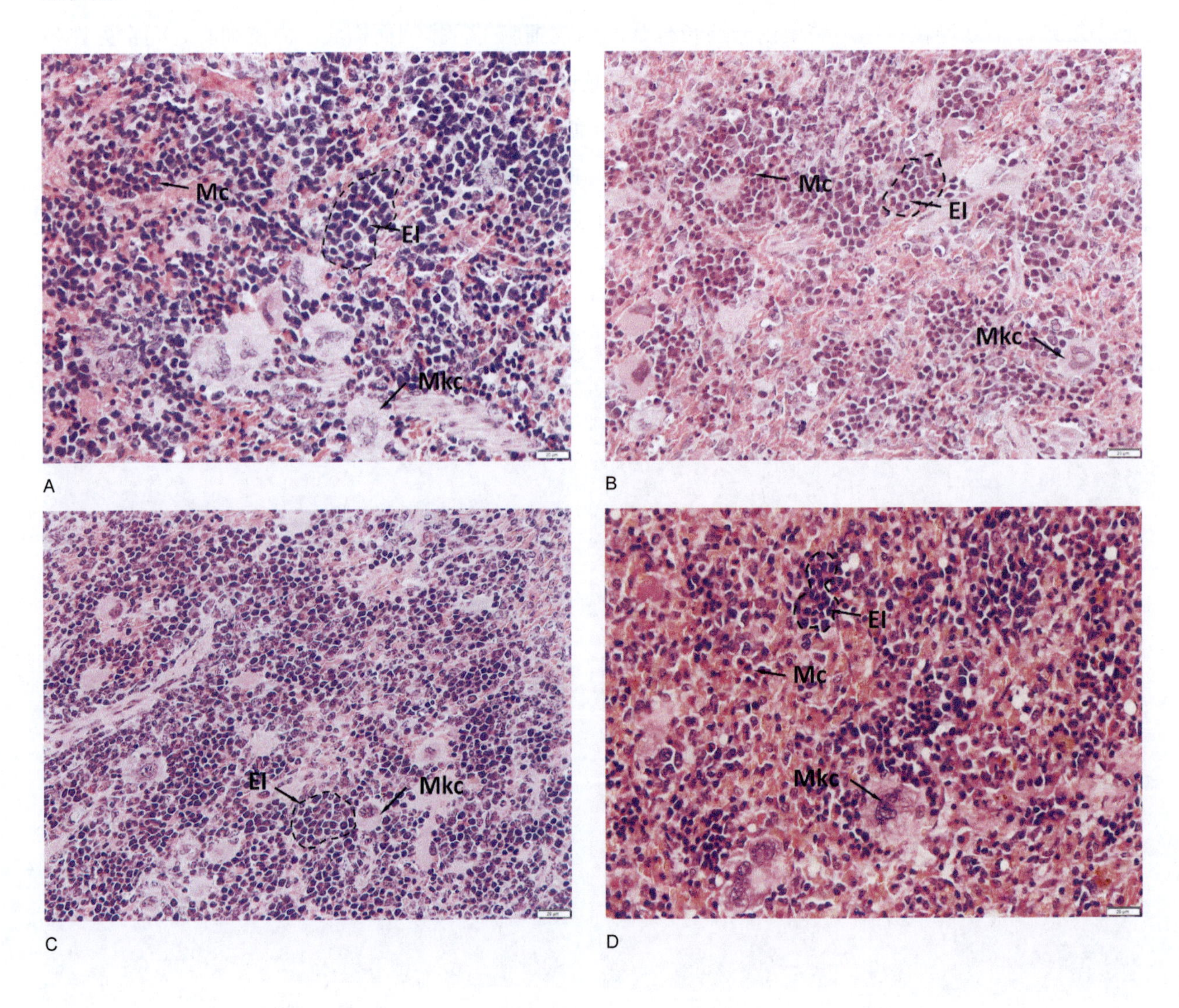

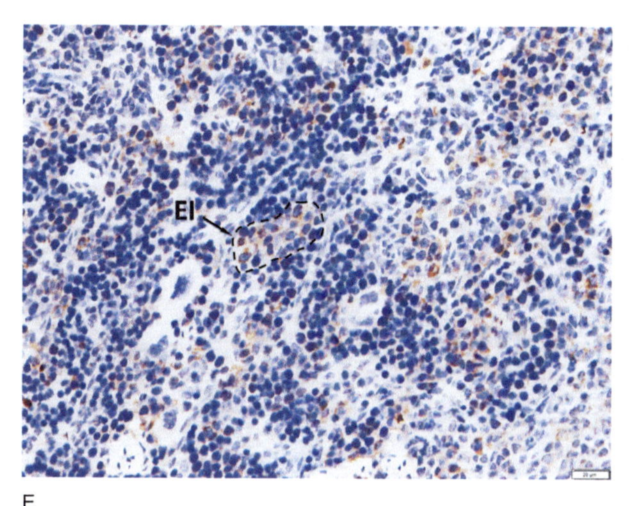

E

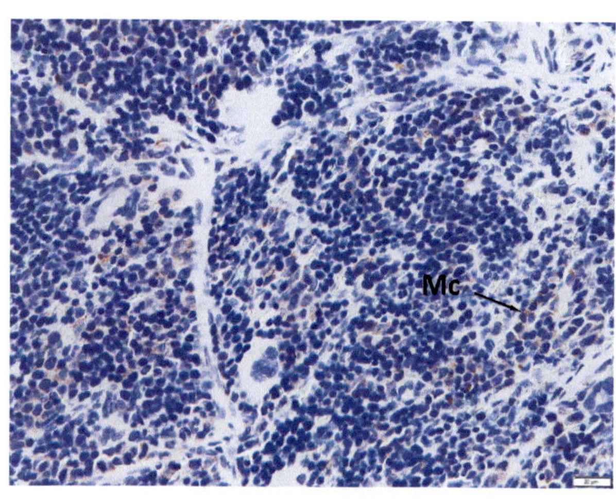

F

图 2-9 脾脏髓外造血

A. SD 大鼠 3 周龄脾脏（HE，400×）
B. F344 大鼠 3 周龄脾脏（HE，400×）
C. BALB/c 小鼠 3 周龄脾脏（HE，400×）
D. SD 大鼠 18 月龄脾脏（HE，400×）
E. F344 大鼠 3 周龄脾脏（CD235a IHC，400×）
F. SD 大鼠 3 周龄脾脏（MPO IHC，400×）

Mc/ 粒细胞
El/ 红细胞岛
Mkc/ 巨核细胞

第三节 胸　　腺

胸腺（thymus）位于胸腔前纵膈，心包膜附近血管部的前上方（图 2-10）。胸腺在胚胎早期由鳃沟外胚层和咽囊内胚层的上皮发生而成，故其早期原基是含有外胚层和内胚层的上皮组织；在淋巴干细胞迁入后，渐变为一种特殊的淋巴组织。胸腺为 T 细胞分化发育提供了独特的微环境，除大量胸腺细胞外，组成这一微环境的细胞主要是胸腺上皮细胞和游离细胞，包括巨噬细胞、交错突细胞、嗜酸性粒细胞、肥大细胞、成纤维细胞、肌样细胞等，称为胸腺基质细胞（thymic stromal cell）。胸腺是 T 细胞分化成熟的场所，胸腺基质细胞可分泌多种胸腺激素和细胞因子，是促进 T 细胞成熟的必要条件，具有重要的免疫调节功能。胸腺是一个易受损害的器官，急性疾病、肿瘤、大剂量照射或大剂量固醇类药物等均可导致胸腺的急剧退化，胸腺细胞大量死亡；但病愈或消除有害因子后，胸腺的结构可逐渐恢复。机体发育成熟后，随着年龄增长，胸腺逐渐缩小，至老年时，脂肪成分大大增多，仅存少量皮质和髓质。

哺乳动物的胸腺一般分为左、右两大叶，表面有薄层结缔组织被膜（capsule, Cap）。被膜结缔组织呈片状伸入胸腺实质形成小叶间隔（septum, Sp），将胸腺分成许多不完整的小叶。小叶的大小不等，形态也不规则。每个小叶分为皮质（cortex, COR）和髓质（medulla, MED）两部分。皮质内胸腺细胞密集，故着色较深，皮质以上皮细胞为支架，间隙内含有大量淋巴细胞（lymphocyte）和少量巨噬细胞（macrophage）等，胸腺上皮细胞有扁平上皮细胞（又称被膜下上皮细胞）和星形上皮细胞（又称上皮性网状细胞）两种。髓质含较多的上皮细胞（epithelioid cell）和一些成熟胸腺细胞、交错突细胞和巨噬细胞，故着色较浅，与皮质界限不甚明显。小叶髓质常在胸腺深部相互连接（图 2-11）。

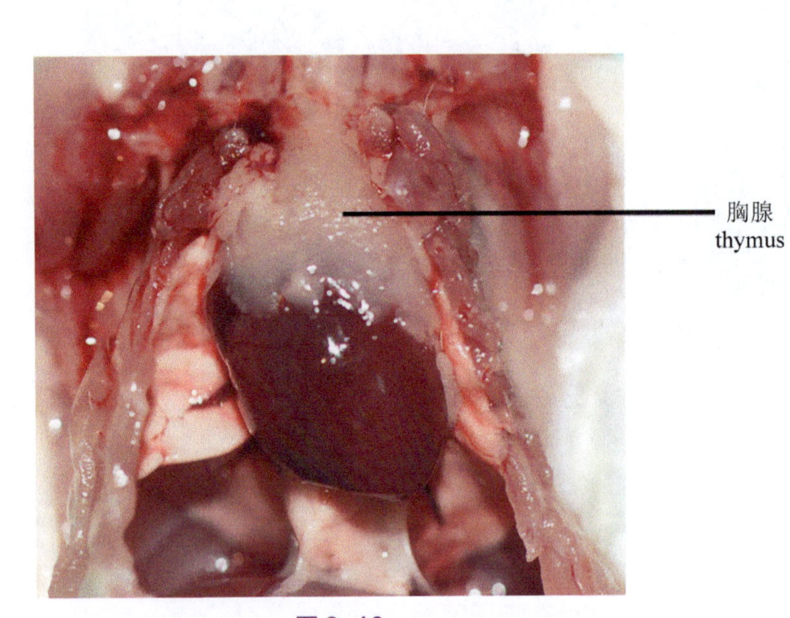

图 2-10

图 2-10 KM 小鼠胸腺解剖结构

图 2-11 胸腺

A. F344 大鼠胸腺（HE，10×）
B. 老年 SD 大鼠萎缩的胸腺（HE，100×）
C. 兔胸腺（HE，100×）
D. 豚鼠胸腺（HE，100×）

Sp/ 间隔
Cap/ 被膜
COR/ 皮质
MED/ 髓质

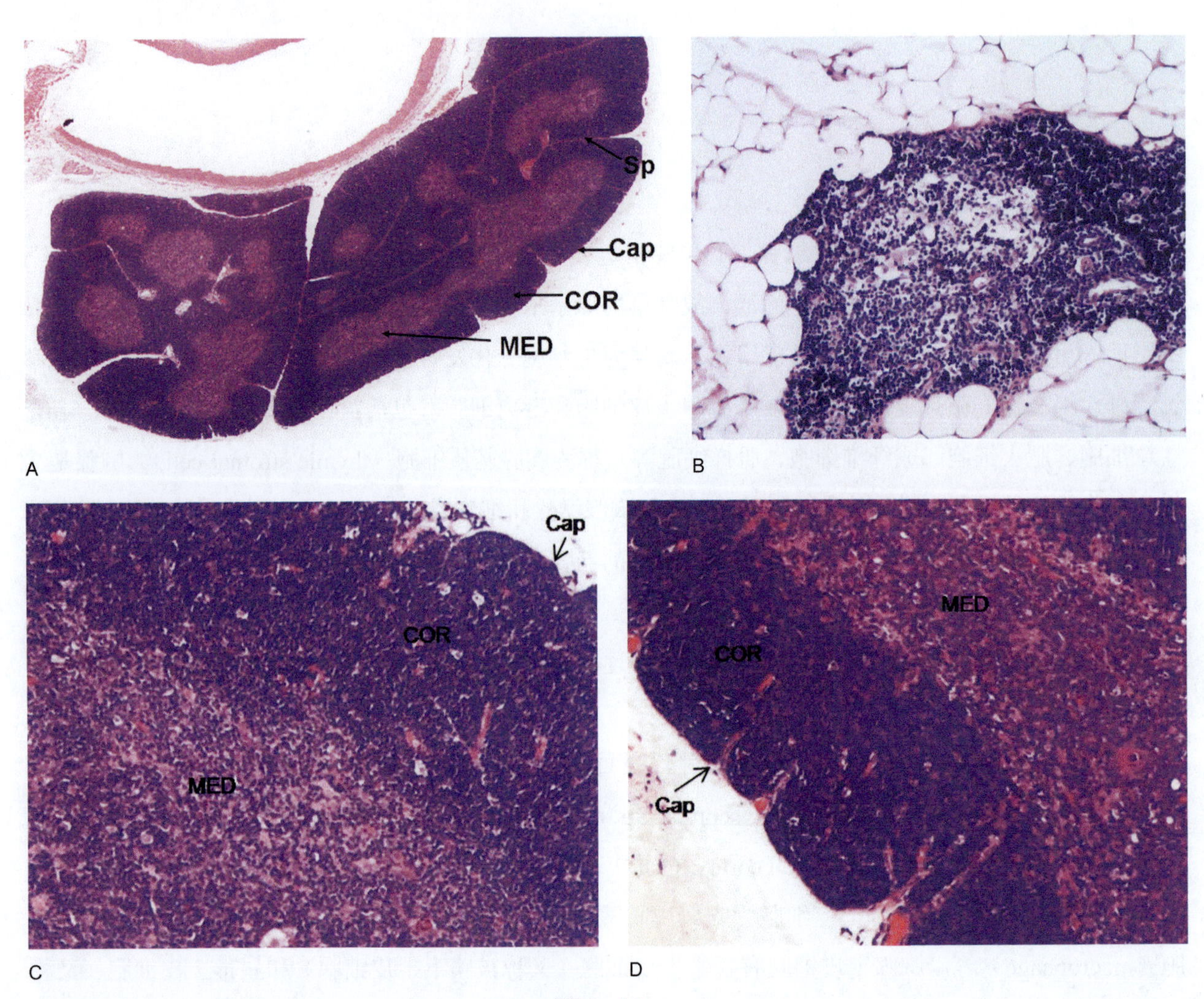

图 2-11

（一）皮质

胸腺皮质分浅、深两层，靠近被膜及小梁的部分为浅皮质层，约占皮质厚度的 1/4。经毛细血管后微静脉进入胸腺的干细胞先在这里分裂分化并逐渐向内皮质区移行。深皮质层较厚，以淋巴细胞为主。这两层以上皮性网状细胞（epithelial reticular cell, ERC）为支架。上皮性网状细胞分泌的趋化因子能吸引淋巴干细胞进入胸腺，还能分泌胸腺素和胸腺生成素，为胸腺细胞发育所必需。皮质内的淋巴细胞（lymphocyte, Lc）分布很密，密集成团，占胸腺皮质细胞总数的 85% ～ 90%（图 2-12）。淋巴干细胞迁入胸腺后，先发育为体积较大的早期胸腺细胞（约占 3%）。它们经增殖后成为较小的普通胸腺细胞，其特点为开始出现 T 细胞抗原受体（TCR），且渐表达 CD4 和 CD8 抗原，此种细胞约占胸腺细胞总数的 75%，它们对抗原尚无应答能力。普通胸腺细胞正处于被选择期，凡能与机体自身抗原相结合或与自身 MHC 抗原不相容的胸腺细胞（约占 95%）将被灭活或淘汰，少数选定的细胞则继续分化，从而建立符合机制需要的淋巴细胞 TCR 库，进一步成熟为普通的胸腺细胞，其 CD4 和 CD8 之中有一种增强，另一种减弱或消失，结果 CD4 阳性的细胞约占 2/3，CD8 阳性的细胞占 1/3。

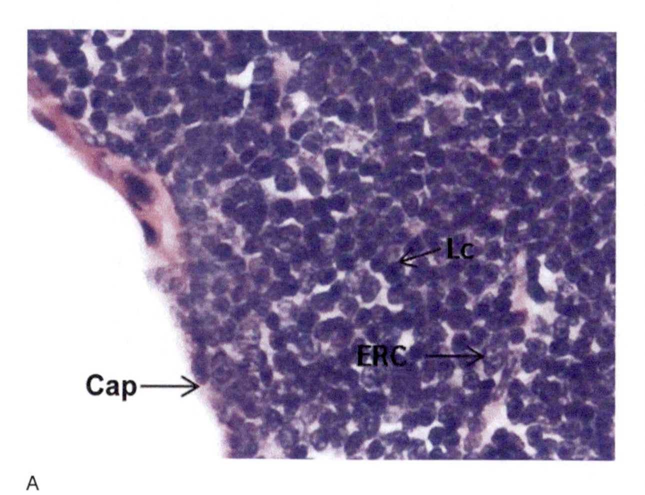

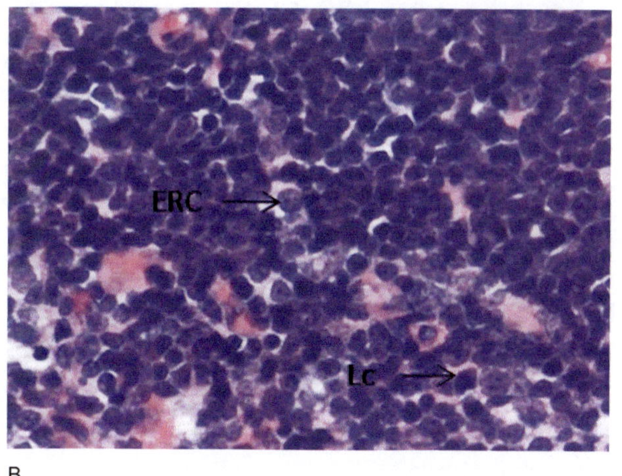

图 2-12　胸腺皮质

A.SD 大鼠胸腺外皮质层（HE，400×）
B. SD 大鼠胸腺深皮质层（HE，400×）

Lc/ 淋巴细胞
ERC/ 上皮性网状细胞
Cap/ 被膜

（二）髓质

髓质位于胸腺的中央，内含大量胸腺上皮细胞和一些成熟胸腺细胞、交错突细胞和巨噬细胞。髓质上皮细胞（medullary epithelial cell, MEC）呈球形或多边形，胞体较大，细胞间以桥粒相连，间隙内有少量胸腺细胞。髓质上皮细胞是分泌胸腺激素的主要细胞。成熟的胸腺细胞即淋巴细胞（lymphocyte, Lc）在髓质中数量稀少（图 2-13）。

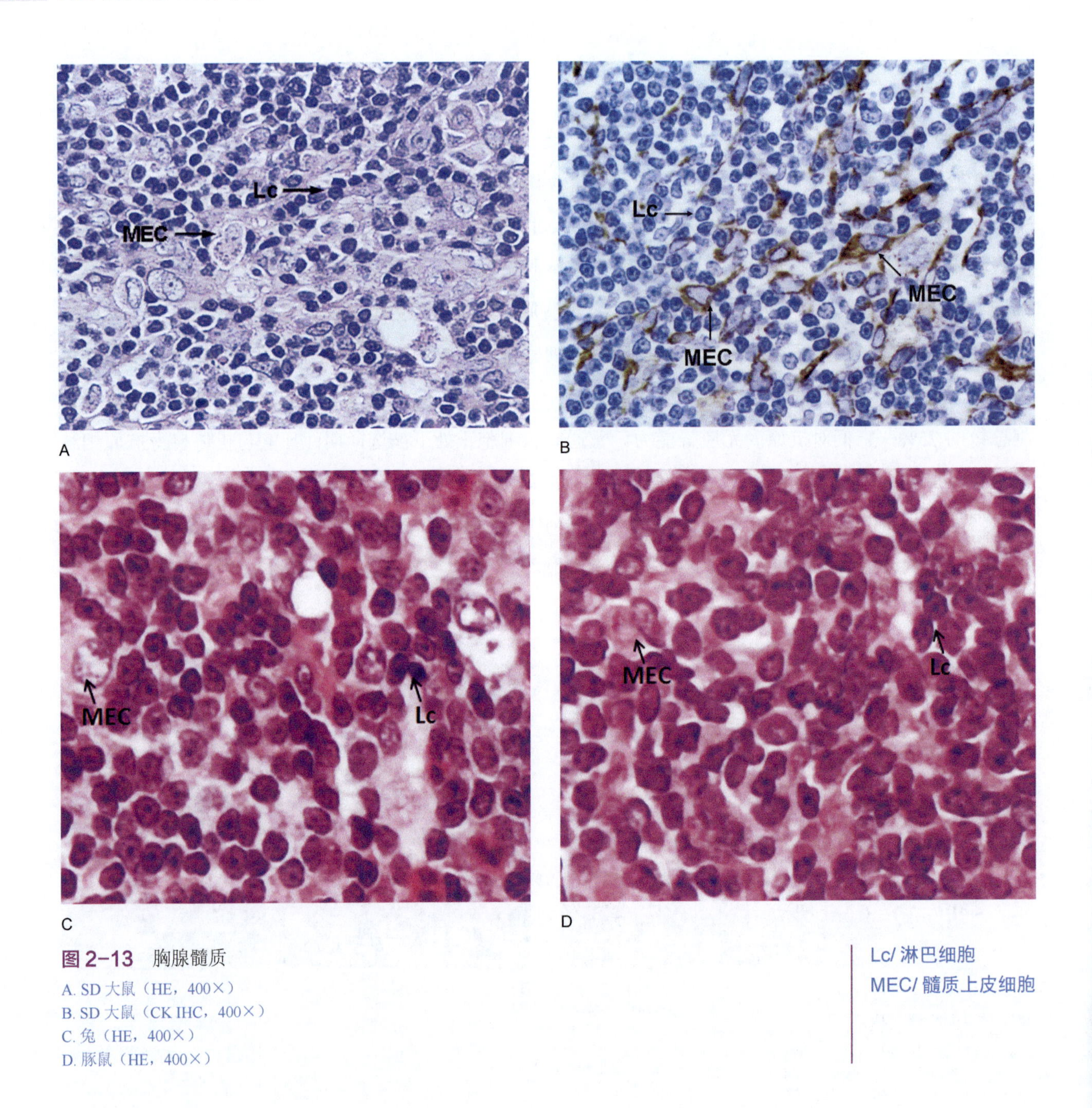

图 2-13 胸腺髓质

A. SD 大鼠（HE，400×）
B. SD 大鼠（CK IHC，400×）
C. 兔（HE，400×）
D. 豚鼠（HE，400×）

Lc/ 淋巴细胞
MEC/ 髓质上皮细胞

（三）胸腺小体

在胸腺的髓质中还有一些球形或椭圆形的胸腺小体（thymic corpuscle, TC），胸腺小体大小不一，直径 30 ～ 150μm，散在分布于髓质内，由上皮细胞呈同心圆状包绕排列而成，是胸腺结构的重要特征。肌样细胞呈圆形或椭圆形，胞质嗜酸性。胸腺内存在血-胸腺屏障，由连续毛细血管、血管内皮外的完整基膜、血管周隙内含有的巨噬细胞、胸腺上皮细胞的基膜和一层连续的胸腺上皮细胞构成。小体外周的上皮细胞较幼稚，细胞核明显，细胞可分裂；近小体中心的上皮细胞较成熟，胞质中含有较多的角蛋白，核渐退化；小体中心的上皮细胞则已完全角质化，细胞呈嗜酸性染色，有的已破碎呈均质透明状，中心还常见巨噬细胞或嗜酸性粒细胞。胸腺小体上皮细胞不分泌激素，功能未明，但缺乏胸腺小体的胸腺不能培育出 T 细胞。

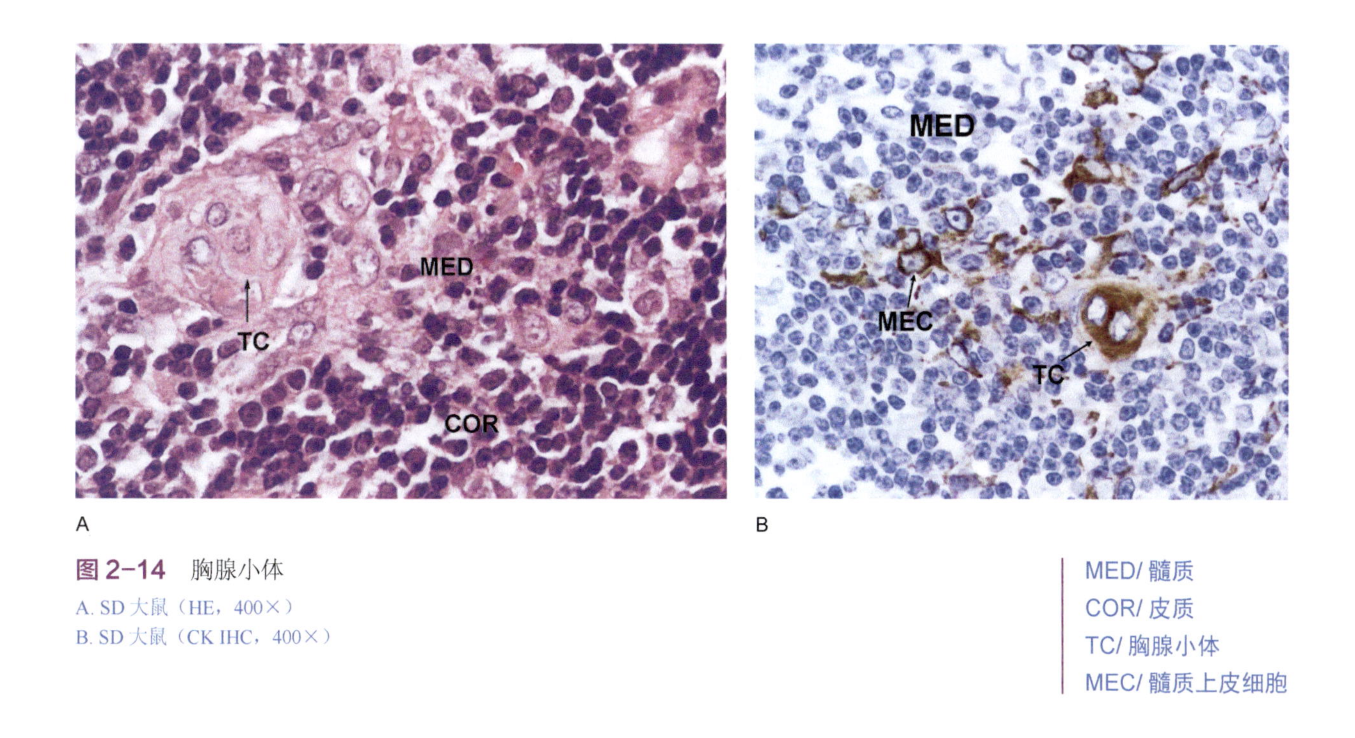

图 2-14 胸腺小体

A. SD 大鼠（HE，400×）
B. SD 大鼠（CK IHC，400×）

MED/ 髓质
COR/ 皮质
TC/ 胸腺小体
MEC/ 髓质上皮细胞

第四节 骨 髓

骨髓（marrow）位于骨髓腔中，分为红骨髓和黄骨髓。红骨髓主要由造血组织和血窦构成，黄骨髓主要为脂肪组织。随着年龄的增长而增多，逐渐由红骨髓变成黄骨髓，其造血功能也随之消失，但在黄骨髓中仍含有少量造血干细胞，当机体需要时可转变为红骨髓。有些部位的骨髓腔内红、黄骨髓兼而有之，并随机体状态和各种影响因素发生相互转变及替代。

在红骨髓里，造血组织主要由网状组织、基质细胞和造血细胞组成。组成网状组织的网状细胞和网状纤维构成造血组织的网架，网眼中充满不同发育阶段的各种血细胞。血窦是动脉毛细血管在骨髓内分支而成的不规则窦状腔隙。血窦内皮细胞是造血诱导微环境的重要组成成分，它能通过分泌黏附分子将造血干细胞黏附或固定，也可分泌多种调控因子参与血细胞发生的调节。血窦壁周围和窦腔内的巨噬细胞有吞噬清除血液中异物、细菌和衰老死亡血细胞的作用。骨髓的神经成分、微血管系统、纤维、细胞外基质与骨髓基质细胞，共同组成骨髓造血诱导微环境（hematopoietic inductive microenviroment, HIM）。在骨髓中，不同区域的造血微环境不尽一致，每一特定区域适应某种造血细胞增殖，并诱导其向特定方向分化。造血组织内不断成熟的血细胞通过血窦壁进入血液循环，血窦壁成为造血组织和血循环之间的特殊屏障结构，称为骨髓-血屏障（marrow-blood barrier, MBB）。

骨细胞（osteocyte, Oc）形成骨组织（bone tissue, BT）穿插其间，骨髓间质中有从滋养动脉发育形成的网状分支，连接到分布广泛的静脉窦（venous sinus, VS），静脉窦壁很薄，由内皮、基膜和外膜组成。骨髓中可见红细胞及不同发育阶段的各种血细胞，如粒细胞（myelocyte, Mc）、淋巴细胞（lymphocyte, Lc）、单核细胞（monocyte, Mo）、巨核细胞（megakaryocyte, Mkc）等，幼稚红细胞常位于血窦附近，形成红细胞岛（erythroblastic islet, EI）（图 2-15）。骨髓的髓细胞中约有 10% 属于淋巴细

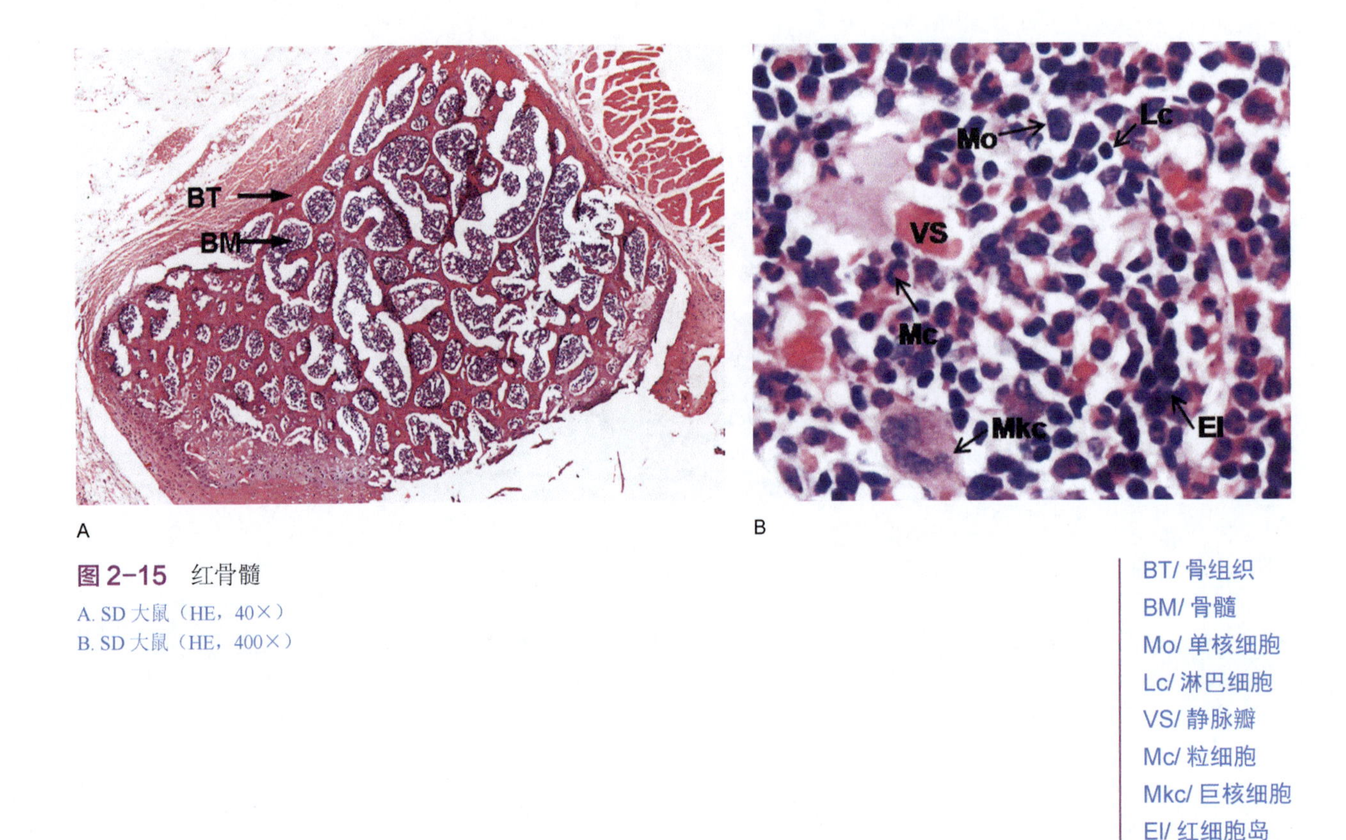

图 2-15 红骨髓

A. SD 大鼠（HE，40×）
B. SD 大鼠（HE，400×）

BT/ 骨组织
BM/ 骨髓
Mo/ 单核细胞
Lc/ 淋巴细胞
VS/ 静脉瓣
Mc/ 粒细胞
Mkc/ 巨核细胞
El/ 红细胞岛

胞系，主要为 B 细胞系的细胞，细胞散在分布，不形成 B 细胞岛。淋巴干细胞在骨髓的微环境中先形成大的前 B 细胞（pre-B cell），经过 4 ～ 8 次分裂成为中等大小的前 B 细胞，胞质内已开始合成膜抗体分子。细胞再继续分裂变小，成为幼 B 细胞（immature B cell），细胞膜上已出现膜抗体 SIgM。继而再进一步分化成处女型 B 细胞（virgin B cell），膜上有 SIgM 和 SIgD 分子。处女型 B 细胞经血循环迁至周围淋巴器官骨髓培育 B 细胞直至终身。骨髓产生的 B 细胞虽比胸腺产生的 T 细胞数量少，但较为恒定，也不因年龄的增长而减少。

造血干细胞是生成各种血细胞的原始细胞，出生后主要存在于红骨髓中，约占骨髓有核细胞的 0.5%，在一定的造血微环境和多种因子的调节下，先增殖为各类血细胞的祖细胞，造血祖细胞经定向增殖分化，形成各系的成熟或终末血细胞。血细胞的这一发生过程可分为原始阶段、幼稚阶段（又可分为早、中、晚三期）和成熟阶段。红细胞发生起始于造血干细胞，经原红细胞（proerythroblast, P）、早幼红细胞（basophilic erythroblast, N1）、中幼红细胞（polychromatophilic erythroblast, N2）、晚幼红细胞（orthochromatic erythroblast, N3），脱去细胞核成为网织红细胞，最后成为成熟红细胞。三种粒细胞起始于不同的祖细胞，但发育过程基本相同，均经原粒细胞（myeloblast）、早幼粒细胞（promyelocyte, M1）、中幼粒细胞（myelocyte, M2）、晚幼粒细胞（metamyloblast, M3），进而分化为杆状核粒细胞和分叶核粒细胞（stab cell, SC）进入外周血。单核细胞起源于粒细胞单核细胞系祖细胞，经原单核细胞（monoblast, Mo1）、幼单核细胞（promonocyte, Mo2）变成成熟的单核细胞（monocyte, Mo3）。单核细胞进入组织变成巨噬细胞。

单核吞噬细胞为来源于骨髓的幼单核细胞，均由血液中单核细胞分化而来，都有活跃的趋化性和吞噬功能，因此把它们归纳在一起称为单核吞噬细胞系统。系统包括结缔组织的组织细胞、肝的枯否细胞、肺的尘细胞、神经组织的小胶质细胞、骨组织的破骨细胞、表皮的郎格汉斯细胞、淋巴组织和淋巴器官的巨噬细胞及交错突细胞、胸膜腔和腹膜腔内的巨噬细胞等。单核吞噬细胞系统的功能有：①吞噬和杀伤病原微生物，识别和清除体内衰老损伤的自身细胞；②杀伤肿瘤细胞和受病毒感染的细胞；③摄取、加工、处理、提呈抗原给淋巴细胞，激发免疫应答；④分泌作用。

—— 比较组织学 ——

（1）与兔、豚鼠相比，大鼠及小鼠的胸腺小体不明显。

（2）小鼠脾脏的被膜和脾小梁不发达。

（3）小鼠一生脾脏中都有造血细胞，大鼠脾脏中也有少量造血细胞，其他哺乳动物脾脏内一般见不到造血细胞，但在机体需要时也可重新恢复造血功能。

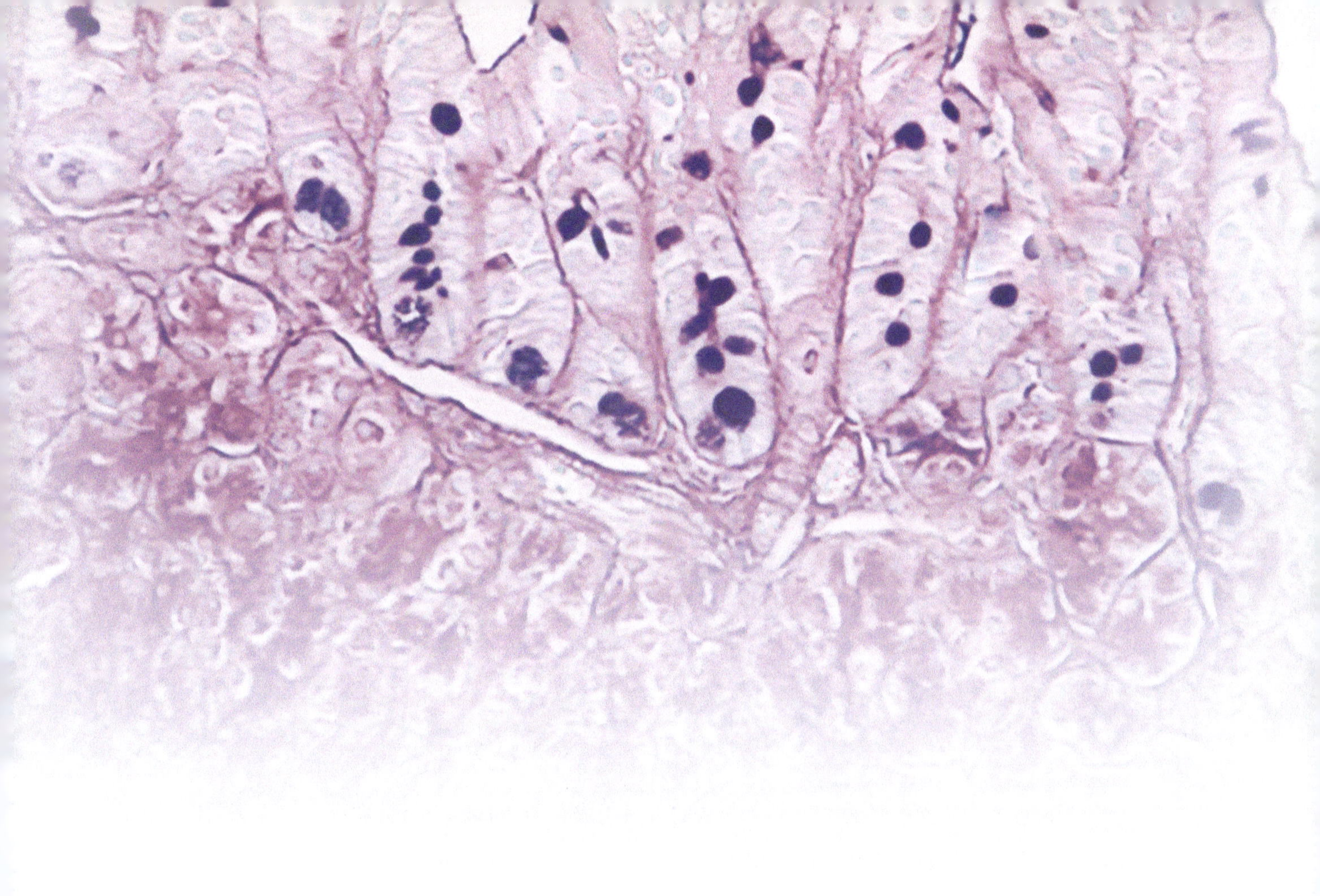

第 3 章 CHAPTER 3 DIGESTIVE SYSTEM

消化系统

第一节　舌

舌（tongue）由表面的黏膜和深部交织状的舌肌组成（图 3-1）。啮齿类动物舌的背部粗糙，覆以高度角化的复层鳞状上皮。固有层内的结缔组织（connective tissue, CT）与舌肌（muscle, M）内的结缔组织相连续，没有明显的分界，固有层下方为纵、横和垂直走形的骨骼肌纤维丝，其间有舌腺、血管（blood vessel, BV）、神经、结缔组织和白色脂肪。结缔组织中可见肥大细胞。舌背部黏膜形成许多乳头状突起，称舌乳头，主要有四种：丝状乳头（filiform papillae, Fip）、菌状乳头（fungiform papillae, Fup）、轮廓乳头（circumvallate papillae, Cip）和叶状乳头（foliate papillae, Fop）。丝状乳头数量最多，覆盖在舌前部和中部，呈细长圆锥状，乳头芯的结缔组织形成若干指状的次级乳头，上皮浅层的细胞角化，在乳头的顶部形成分支的角质丝，上皮内无味蕾。菌状乳头较少，散在于丝状乳头之间，形如蘑菇，位于舌的尖端和背部隆起黏膜，肉眼观为淡红色小点，略超出上皮表面，上皮比较薄，细胞很少角化，常含有味蕾（taste bud, TB）。轮廓乳头最大，位于舌根前，被半月形的环沟包围，味蕾位于沟壁的上皮层内，沟底有浆液性味腺开口（图 3-2）。在人类，沿着舌的外侧缘，位于第三臼齿水平处有一对叶状乳头，体积较大，含味蕾。大、小鼠和人的味蕾形态相似，但分布不同。人的味蕾大部分位于舌，软腭处味蕾的数量也较多，少量味蕾位于会厌、喉和咽。小鼠会厌、喉和咽的味蕾数量较多。兔舌背面上皮较厚，鳞状上皮不全角化。

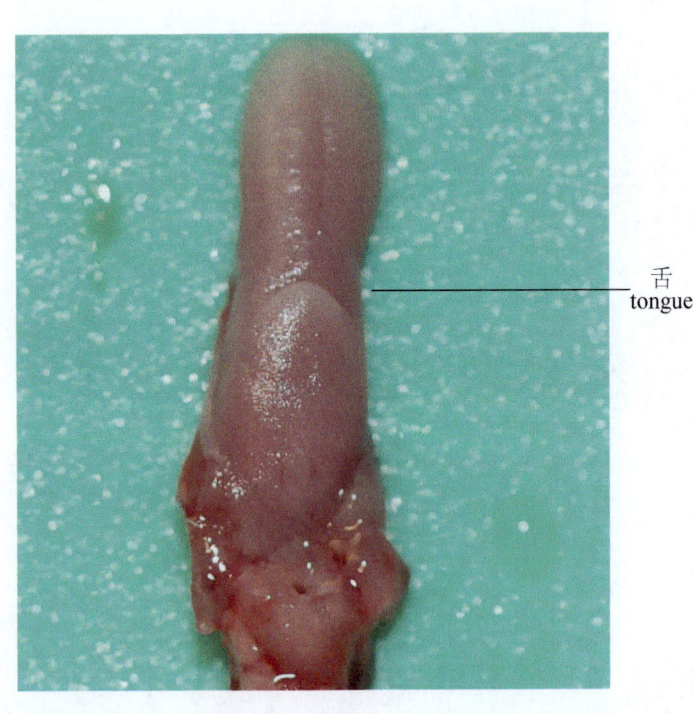

图 3-1　KM 小鼠舌解剖结构

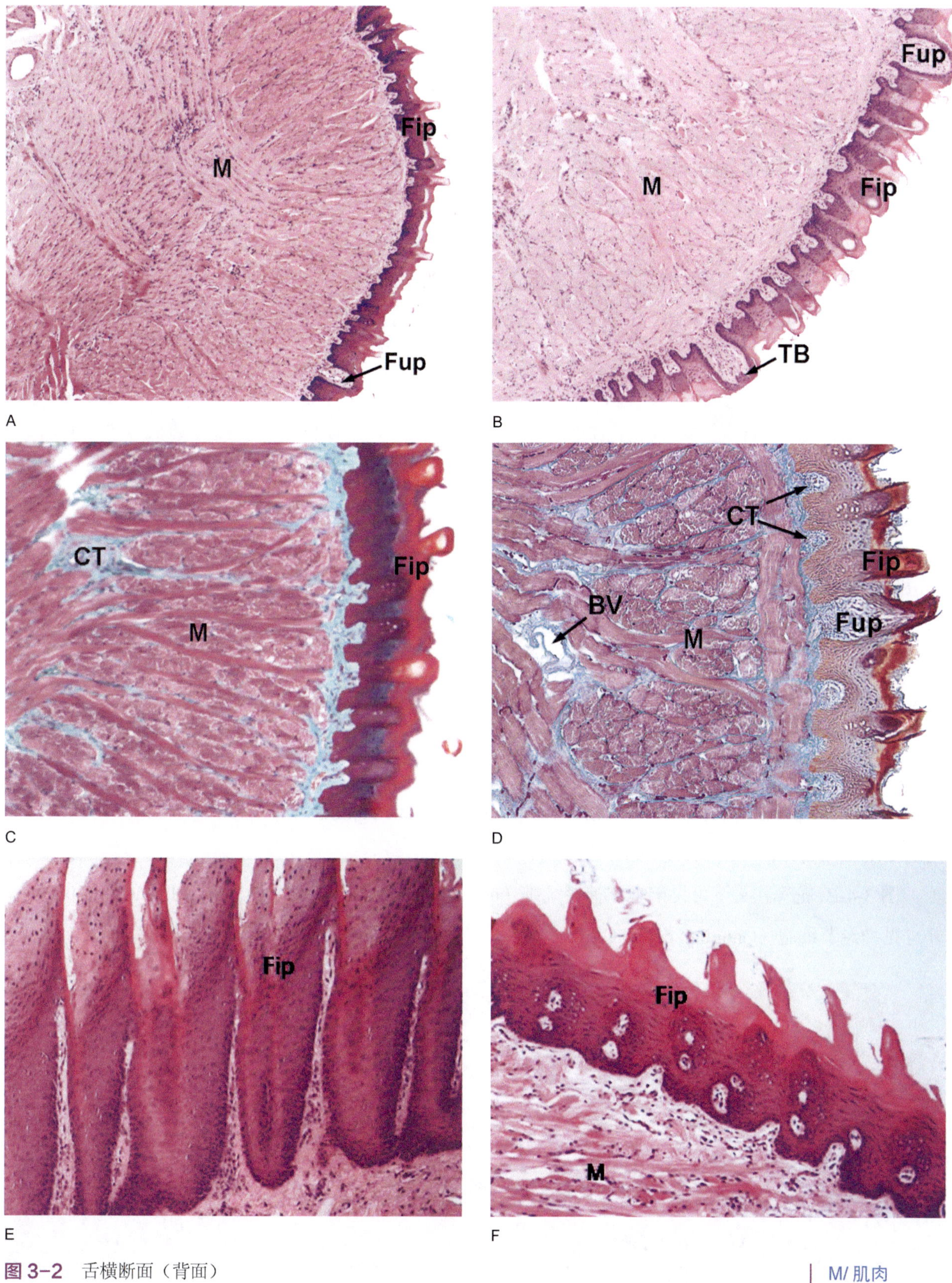

图 3-2　舌横断面（背面）

A. KM 小鼠（HE，40×）
B. F344 大鼠（HE，40×）
C. BALB/c 小鼠（Masson，100×）
D. F344 大鼠（Mallory，100×）
E. 兔（HE，100×）
F. 豚鼠（HE，100×）

M/ 肌肉
Fip/ 丝状乳头
Fup/ 菌状乳头
TB/ 味蕾
CT/ 结缔组织
BV/ 血管

（一）味蕾和乳头

味蕾为卵圆形小体，位于菌状乳头和轮廓乳头（在人类，味蕾还存在于舌两侧的叶状乳头），由 20 ～ 30 个上皮细胞分化形成，属于味觉感受器。组成味蕾的细胞可分为两大类，即味觉细胞（taste cell, TC）和支持细胞（supporting cell, SC）。味觉细胞多位于味蕾中央部，细胞游离端有味毛（taste hair, TH）伸入味孔。支持细胞多在味蕾的周边或味觉细胞之间（图 3-3）。

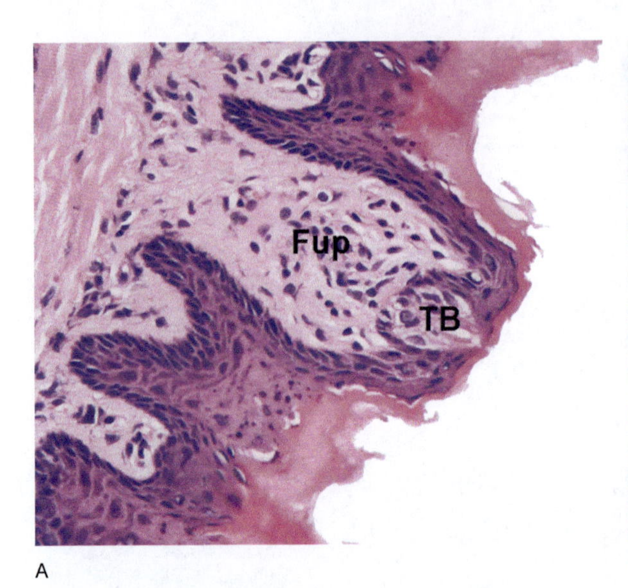

B

图 3-3 菌状乳头和味蕾

A. SD 大鼠（HE，200×）
B. SD 大鼠（HE，400×）

Fup/ 菌状乳头　SC/ 支持细胞
TB/ 味蕾　TH/ 味毛
TC/ 味觉细胞

图 3-4-A：在舌根前有巨大的单一轮廓乳头（circumvallate papillae, Cip），被半月形的环沟包围，沟内的上皮层内有味蕾。沟底有浆液性味腺的开口。

图 3-4-B：轮廓乳头下可见丰富的神经纤维（nerve fibre, NF），肥大细胞（mast cell, MC）数量较多，并可见神经节细胞（Ganglion cell, GC）。

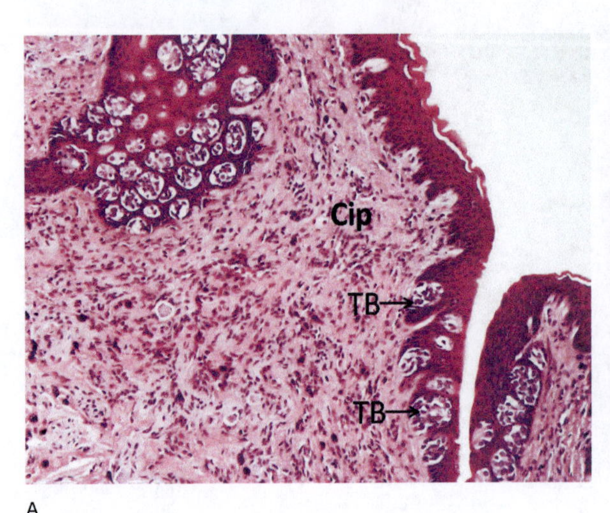

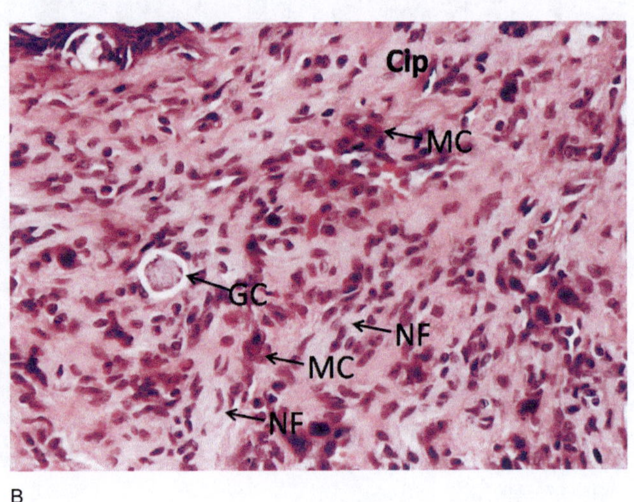

图 3-4 轮廓乳头

A. SD 大鼠（HE，100×）
B. SD 大鼠（HE，200×）

TB/ 味蕾　GC/ 神经节细胞
Cip/ 轮廓乳头　NF/ 神经纤维
MC/ 肥大细胞

（二）舌腺

浆液腺（serous gland, SG）又称 von Ebner's 腺或味腺，位于舌后部轮廓乳头下的固有层和舌肌（muscle, M）浅层，腺体的导管开口于乳头间的凹陷。分泌物可冲刷味蕾并使其保持湿润。舌根内的腺体多为黏液腺（mucosa gland, MG）（图 3-5）。

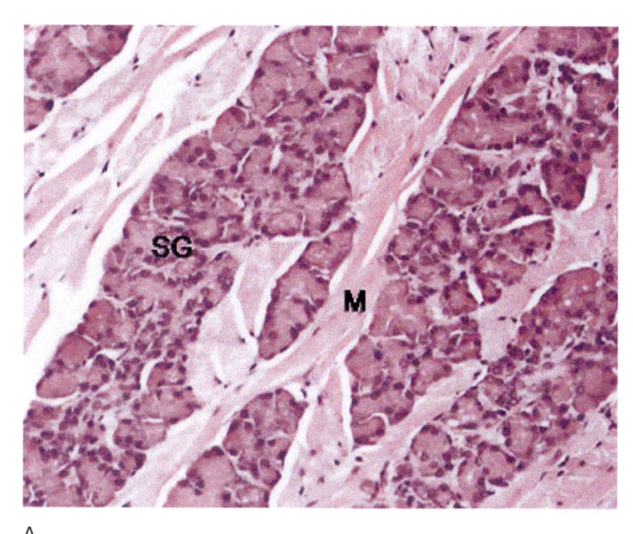

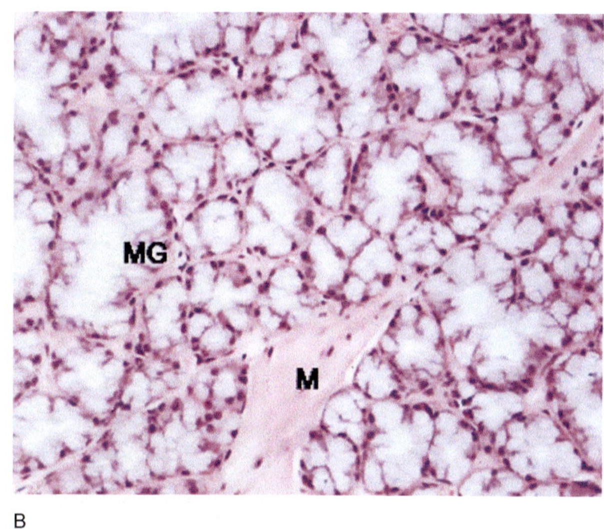

图 3-5　舌腺

A. SD 大鼠（HE，150×）
B. KM 小鼠（HE，100×）

SG/ 浆液腺
M/ 肌肉
MG/ 黏液腺

（三）舌腹面

舌腹面比较光滑，被覆复层扁平上皮（ stratified squamous epithelium, SSE ），大、小鼠的上皮轻度角化。固有层内有结缔组织（CT）与舌肌的结缔组织连续，二者无明显分界，固有层下方为交织状的骨骼肌纤维（muscular layer, M）（图 3-6）。

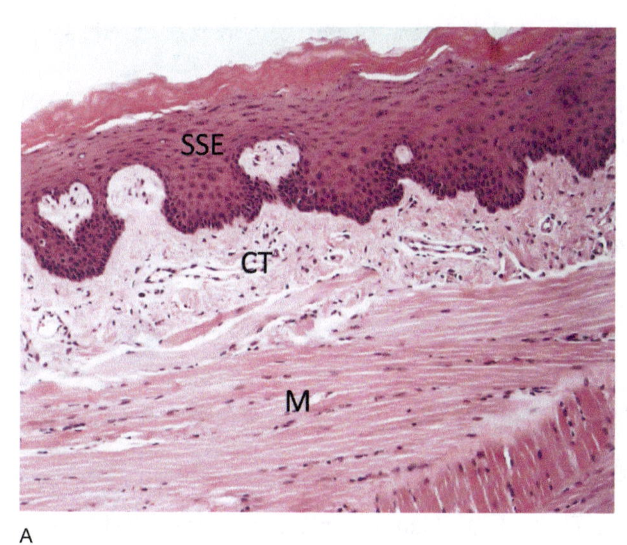

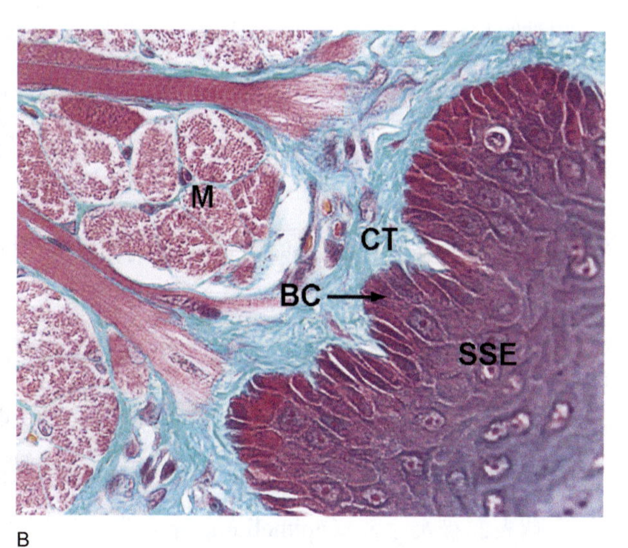

图 3-6　舌腹面

A. SD 大鼠（HE，100×）
B. SD 大鼠（Masson，200×）

M/ 肌肉　CT/ 结缔组织
SSE/ 复层扁平上皮　BC/ 上皮基底细胞

第二节 咽

咽（pharynx）是消化管和呼吸管道的交叉处，分口咽、鼻咽和喉咽，并没有明确的分界。一般来说，鼻咽位于颅底下方、软腭背侧，口咽位于软腭至会厌顶端，喉咽位于会厌顶端后方至食管起始处（图 3-7）。咽分为三层结构，即黏膜层、肌层、外膜。

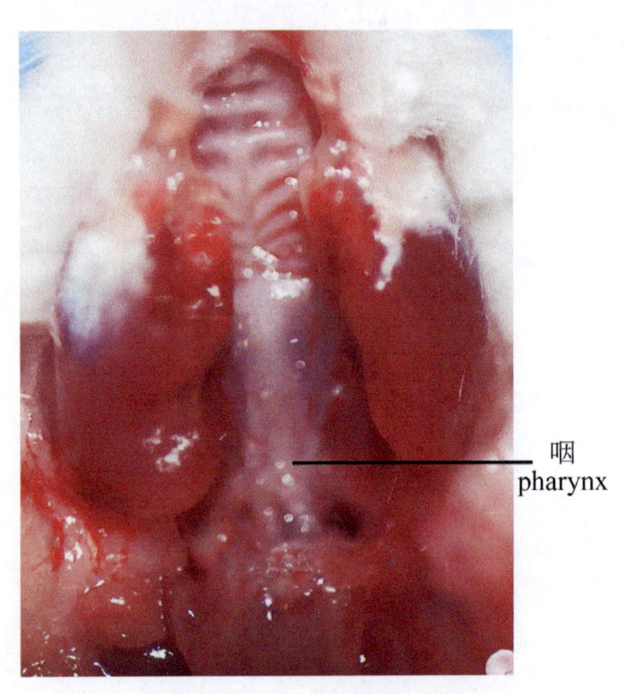

图 3-7 KM 小鼠咽解剖结构

（一）黏膜层

黏膜层由上皮和固有层组成。口咽与喉咽表面被覆复层扁平上皮，鼻咽主要为假复层纤毛柱状上皮。固有层的结缔组织内有丰富黏液腺或混合腺，深部有一层弹性纤维。

（二）肌层

肌层由内纵行与外斜或环行的骨骼肌组成，其间可有黏液腺。

（三）外膜

外膜为富有血管及神经纤维的结缔组织（纤维膜）。小鼠咽部与人的区别：人有咽扁桃体，而小鼠没有明确的扁桃体，黏膜下可见散在的淋巴细胞团。

咽表面被覆上皮（epithelium, Ep）为复层扁平上皮，固有层（lamina propria mucosa, LPM）纤维结缔组织丰富，肌层（muscular layer, ML）为纵形及斜形骨骼肌，其间有腺体，为黏液腺（mucous gland, MG）或以黏液腺为主的混合腺（mixed gland, MiG）（图 3-8）。

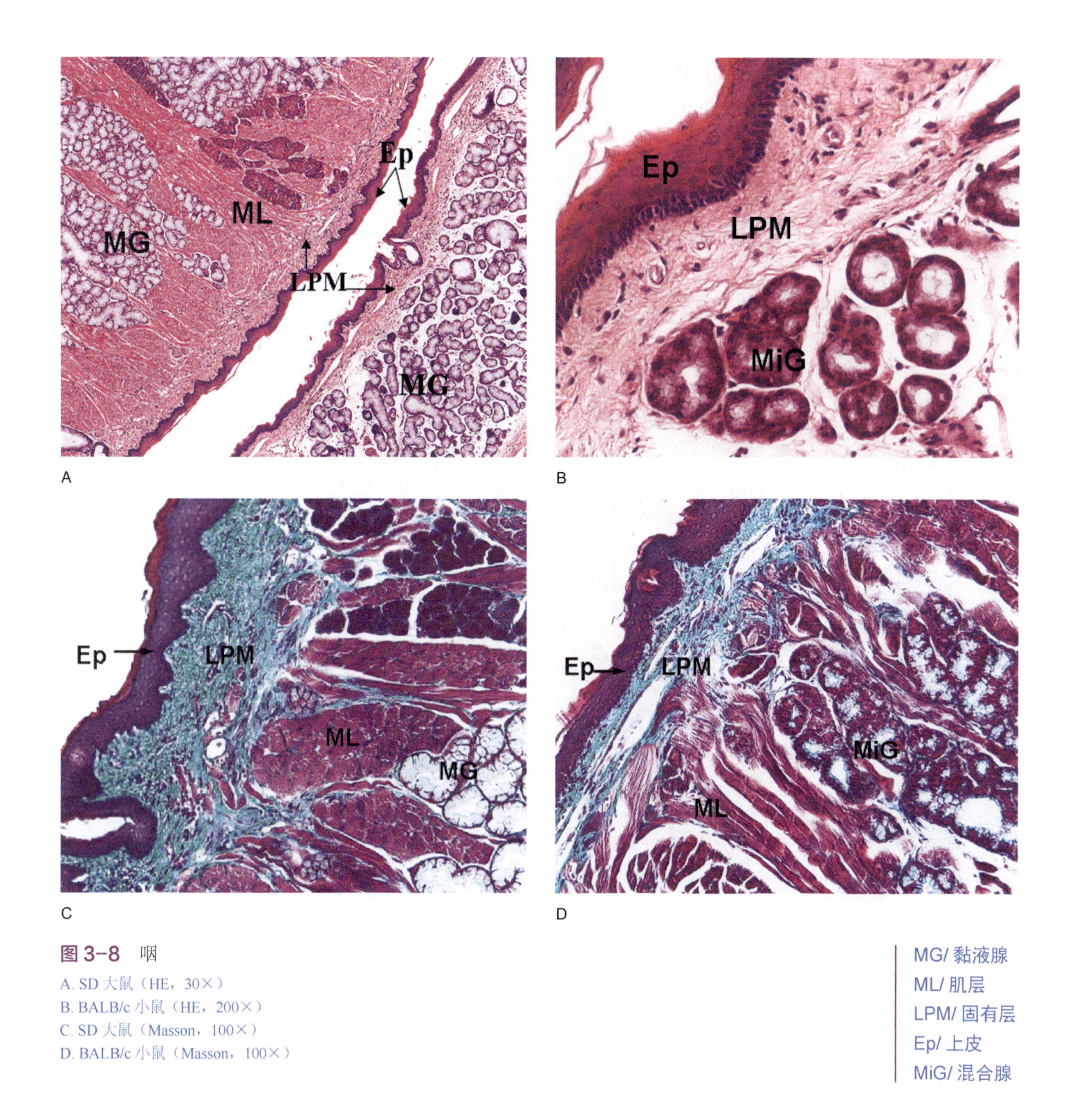

图3-8　咽

A. SD 大鼠（HE，30×）
B. BALB/c 小鼠（HE，200×）
C. SD 大鼠（Masson，100×）
D. BALB/c 小鼠（Masson，100×）

MG/ 黏液腺
ML/ 肌层
LPM/ 固有层
Ep/ 上皮
MiG/ 混合腺

第三节　食　管

食管（esophagus）起于喉背侧，穿过胸部，在中线偏左侧穿过膈肌的食管裂孔进入胃（图 3-9）。食管由内向外依次为黏膜层（mucosa, M）、黏膜下层（submucous layer, SmL）、肌层（muscular layer, ML）、外膜（adventitia, A）。黏膜层包括腔面被覆的复层扁平上皮（stratified squamous epithelium, Ep）、黏膜固有层（lamina propria mucosa, LPM）和黏膜肌层（lamina muscularis mucosa, LMM）（图 3-10）。食管上皮的角化程度与动物食物特性有关。摄取的食物越粗糙者，其食管上皮的角化程度也越高。在大鼠、小鼠、豚鼠、马等动物，食管上皮发生完全的角化；而猫、狗、兔则与人类一样，这层细胞始终保留浓缩的核，形成不完全角化。

大、小鼠食管的特点及与人食管的区别：①食管上端缺乏明确的黏膜肌层和黏膜下层，食管下端4层结构比较清楚；②食管黏膜上皮为3～5层厚的角化复层鳞状上皮；③缺乏黏膜下层黏液腺；④不能呕吐；⑤角化程度随进食状态变化：禁食时角化程度增加，并可见黏附的菌团。

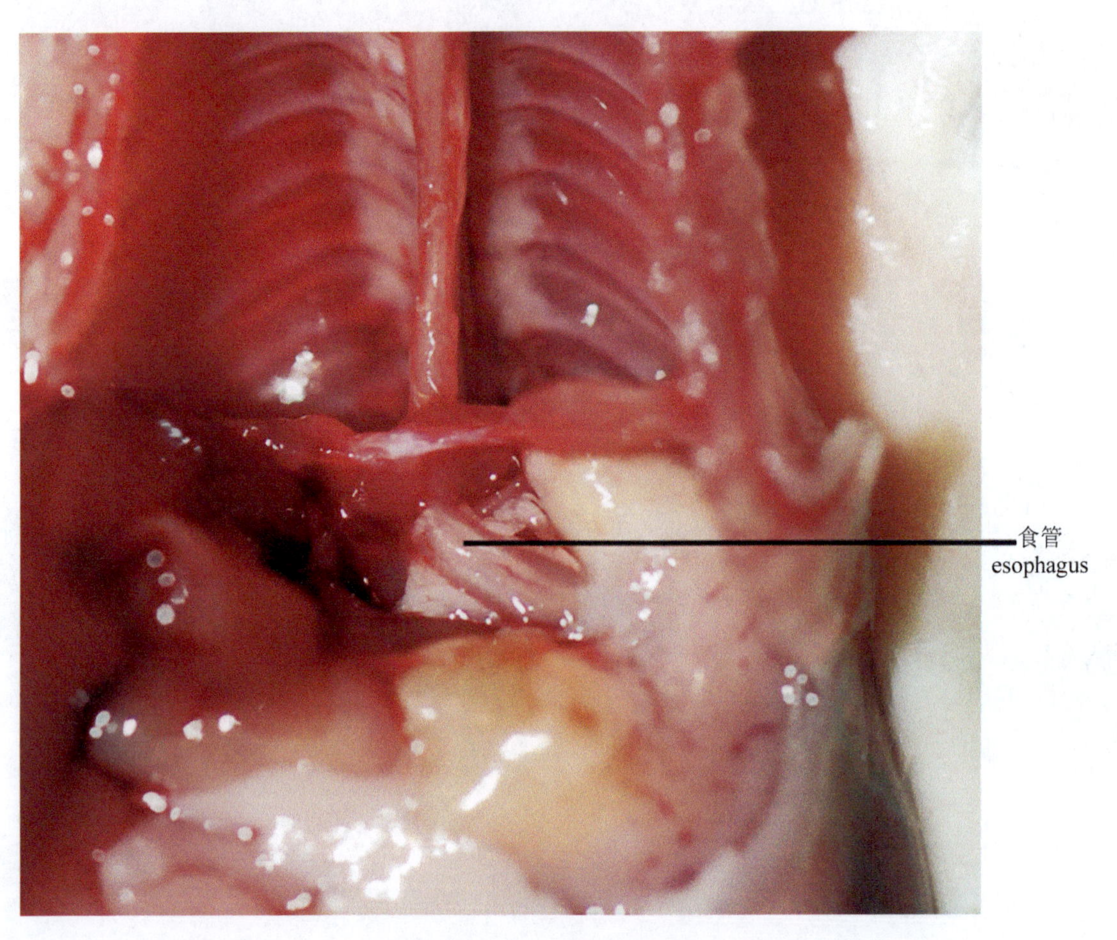

图 3-9 KM 小鼠食管解剖结构

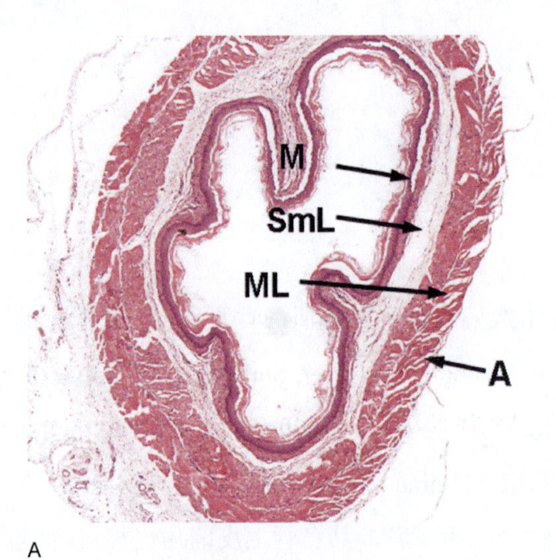

A

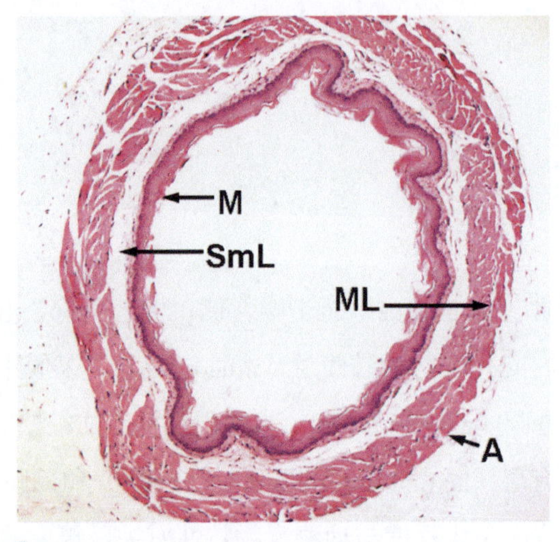

B

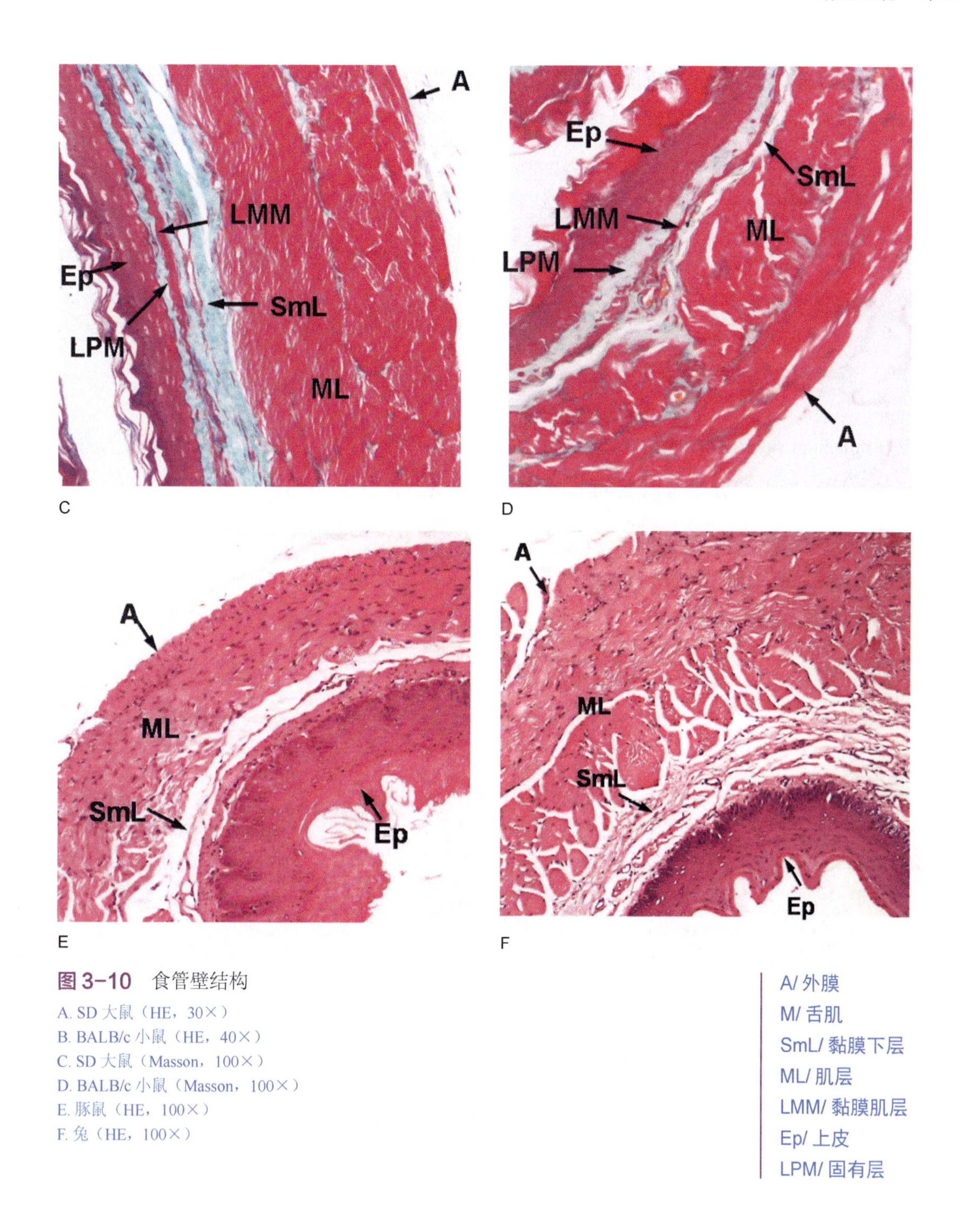

图3-10　食管壁结构

A. SD 大鼠（HE，30×）
B. BALB/c 小鼠（HE，40×）
C. SD 大鼠（Masson，100×）
D. BALB/c 小鼠（Masson，100×）
E. 豚鼠（HE，100×）
F. 兔（HE，100×）

A/ 外膜
M/ 舌肌
SmL/ 黏膜下层
ML/ 肌层
LMM/ 黏膜肌层
Ep/ 上皮
LPM/ 固有层

（一）黏膜层

黏膜层表面为复层扁平上皮，可分为基底层（stratum basale, SB）、棘细胞层（stratum spinosum, SS）、颗粒层（stratum granulosum, SG）和角质层（stratum corneum, SC）。基底层为上皮最深一层的立方或柱状细胞，位于基底膜上。细胞核较大，呈椭圆形，核膜不平整，有核仁。胞质呈强嗜碱性。棘细胞层由 3 ～ 8 层多边形细胞构成，深部细胞胞质仍为强嗜碱性，至浅层则染色变浅。颗粒层由薄层的扁平或梭形细胞构成。细胞核扁，染色质浓缩。此层细胞的特征是出现了透明角质颗粒，此颗粒在 HE 切片上呈强嗜碱性。角质层为最表浅的扁平细胞层，大、小鼠的角质层高度角化。黏膜固有层（lamina propria mucosa, LPM）形成许多结缔组织乳头突入上皮。食管的黏膜肌（lamina muscularis mucosa, LMM）主要由纵形的平滑肌束和其间的细弹性纤维网构成（图 3-11A）。

（二）黏膜下层

大小鼠的食管黏膜下层（submucous layer, SmL）为无食管腺，含有丰富的动脉、静脉、淋巴管和神经纤维，可见肥大细胞（图 3-11A）。

（三）肌层和外膜

肌层（muscular layer, ML）由内环、外纵两层肌组织构成。大、小鼠的肌层主要为骨骼肌。迷走神经与颈、胸交感干的分支及肌层间的神经元共同构成网状分布的肌间神经丛（myenteric plexus, MP）。外膜（adventitia, A）为纤维膜，由疏松结缔组织构成，内含血管、淋巴管和神经。表面为复层扁平上皮，可分为基底层、棘细胞层、颗粒层和角质层。角质层细胞不断脱落，由基底层细胞增殖分化补充。固有层为细密的结缔组织，并形成乳头突向上皮。黏膜肌层由纵行平滑肌束组成，大小鼠食管上端常缺乏黏膜肌层。外膜为纤维膜（图 3-11B）。

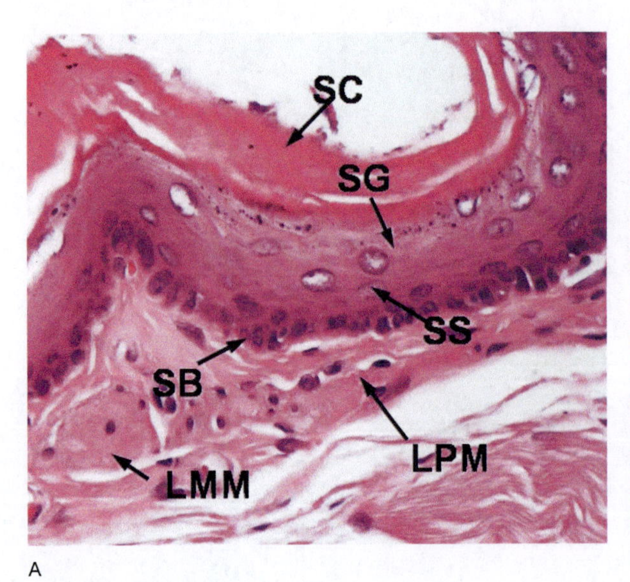

A

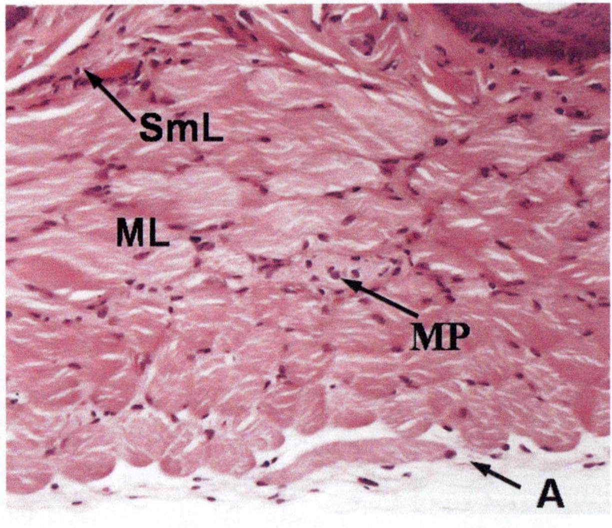

B

图 3-11 食管黏膜层及黏膜下层（A）和肌层和外膜（B）

A. SD 大鼠（HE，400×）
B. SD 大鼠（HE，200×）

SC/ 角质层
SG/ 颗粒层
SS/ 棘细胞层
SB/ 基底层
LMM/ 黏膜肌层
LPM/ 固有层
SmL/ 黏膜下层
ML/ 肌层
MP/ 肌间神经丛
A/ 外膜

第四节 胃

胃（stomach）可储存食物，初步消化蛋白质，吸收部分水、无机盐和醇类。大鼠和小鼠的胃为单室胃，大鼠和小鼠的胃以前胃黏膜隆起为分界线（limiting ridge, LR）分为前胃（part proventriculus, PP）和腺胃（part glandularis, PG）（图 3-12 和图 3-13）。胃由内向外分为黏膜层（mucosa, M）、黏膜下层（submucous layer, SmL）、肌层（muscular layer, ML）和外膜（adventitia）四层结构。前胃约占 2/3，连接食管，黏膜上皮为复层扁平上皮（stratified squamous epithelium, Ep），表面角化，固有层（lamina propria mucosa, LPM）薄，无腺体，黏膜肌层（lamina mu claris mucosa, LMM）发达。腺胃连接十二指肠，黏膜层被覆单层柱状上皮，固有膜内充满腺体。黏膜下层为疏松结缔组织，富含血管，肌层发达，其间可见神经节细胞，外膜为浆膜（serosa, S）（图 3-14）。胃空虚时为收缩状态，内面可见皱襞。进食后，肌组织舒张，皱襞消失。

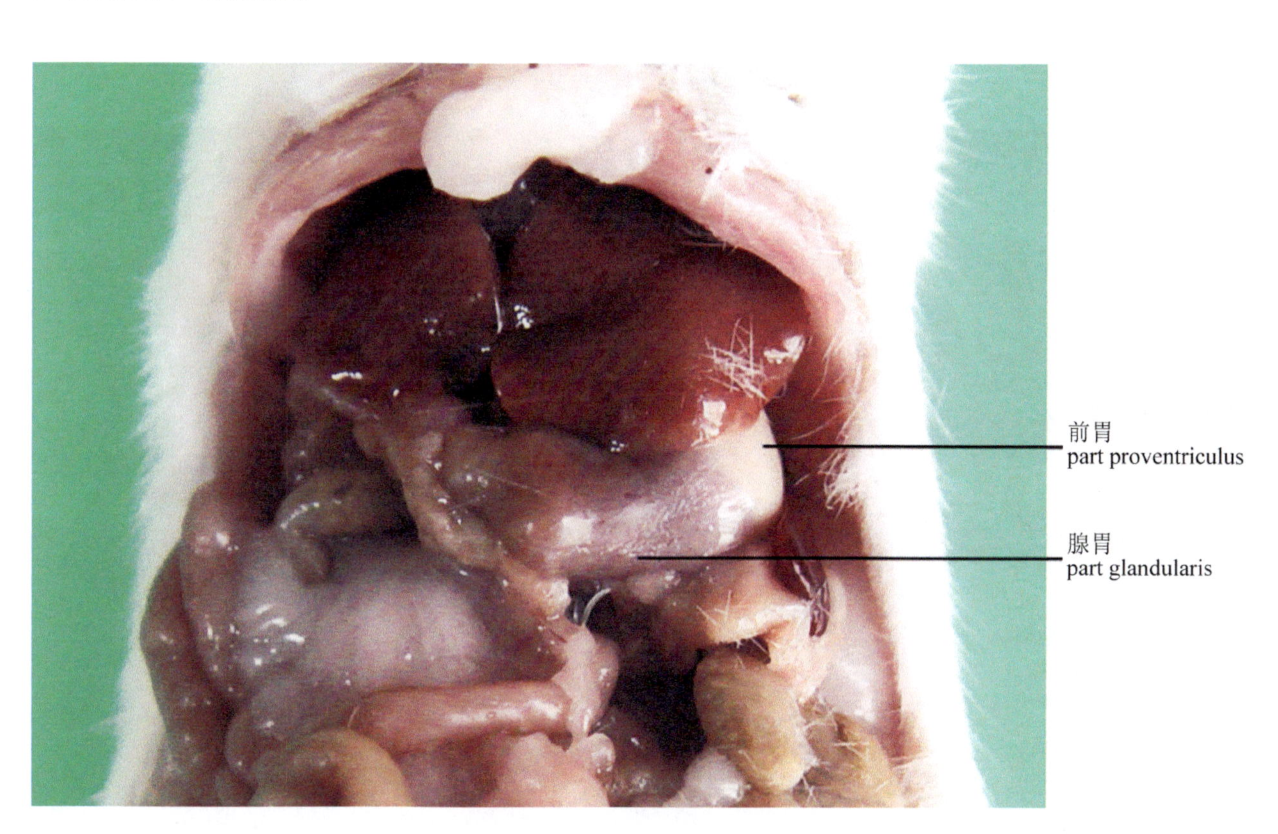

图 3-12 KM 小鼠胃解剖结构

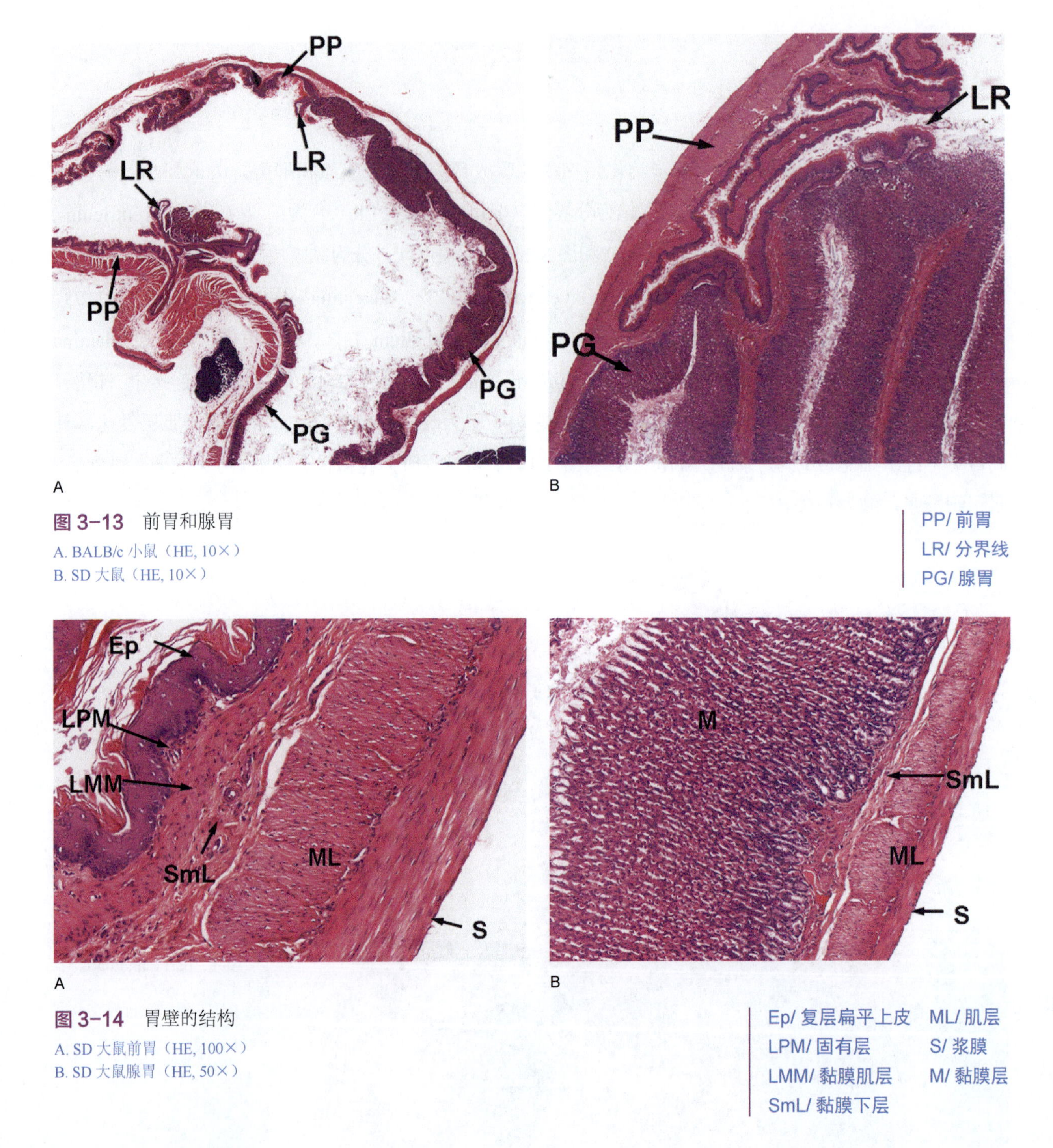

图 3-13 前胃和腺胃
A. BALB/c 小鼠（HE, 10×）
B. SD 大鼠（HE, 10×）

PP/ 前胃
LR/ 分界线
PG/ 腺胃

图 3-14 胃壁的结构
A. SD 大鼠前胃（HE, 100×）
B. SD 大鼠腺胃（HE, 50×）

Ep/ 复层扁平上皮
LPM/ 固有层
LMM/ 黏膜肌层
SmL/ 黏膜下层
ML/ 肌层
S/ 浆膜
M/ 黏膜层

（一）黏膜层

1. 上皮

前胃黏膜被覆上皮为复层扁平上皮，表面角化，与食管类似。腺胃黏膜被覆上皮为单层柱状上皮，主要由表面黏液细胞（surface mucous cell, SMC）组成，核椭圆形，位于细胞基部，顶部胞质内充满黏原颗粒，在 HE 染色切片上着色浅淡以至透明，PAS 染色阳性。此细胞分泌的黏液（mucinous, Mu）覆盖上皮，有重要保护作用。上皮与胃小凹（gastric pit, GP）相延续，胃小凹底部与胃腺（gastric gland, GG）通连。表面黏液细胞不断脱落，由胃小凹底部的细胞增殖补充（图 3-15）。

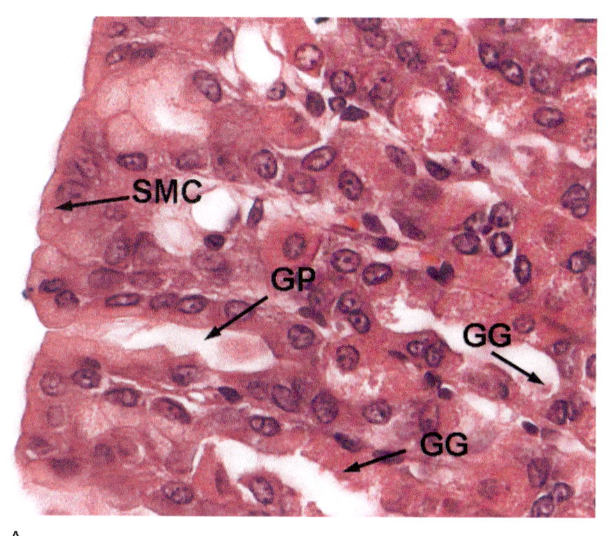

A

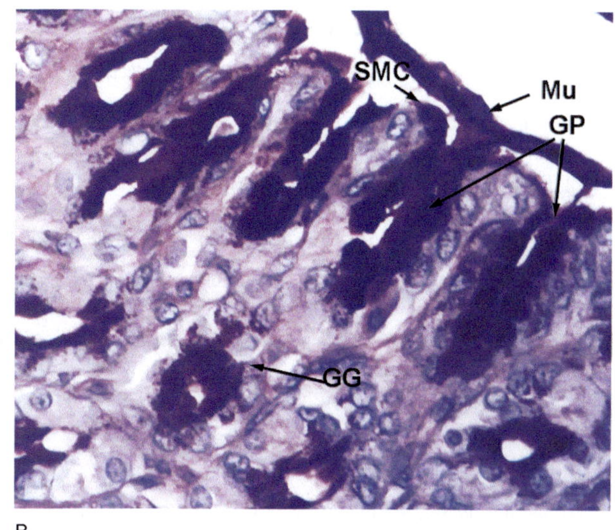

B

图 3-15　胃黏膜上皮

A. F344 大鼠（HE, 400×）

B. SD 大鼠（PAS 染色苏木素复染，400×）

SMC/ 表面黏液细胞
GP/ 胃小凹
GG/ 胃腺
Mu/ 黏液

2. 固有层

前胃固有层内没有腺体。腺胃固有层内有紧密排列的大量胃腺，根据其所在部位与结构的不同，分为胃底腺和幽门腺。胃腺之间及胃小凹之间有少量结缔组织，其纤维成分以网状纤维为主，细胞成分中除成纤维细胞外，还有较多淋巴细胞及一些浆细胞、肥大细胞、嗜酸性粒细胞等。此外，尚有丰富的毛细血管，以及由黏膜肌伸入的、分散的平滑肌纤维。

1）胃底腺（fundic gland, FG）

分布于胃底部，是数量最多、功能最重要的胃腺。腺体呈分支管状，上段比较直，开口于胃小凹（gastric pit, GP），下段分支，可分为颈部、体部与底部。胃底腺颈部短而细，细胞增殖活跃，可见核分裂（karyokinesis, K）；体部较长；底部略膨大，伸至黏膜肌层（lamina muscularis mucosa, LMM）。胃底腺由主细胞、壁细胞、颈黏液细胞及内分泌细胞组成（图 3-16）。

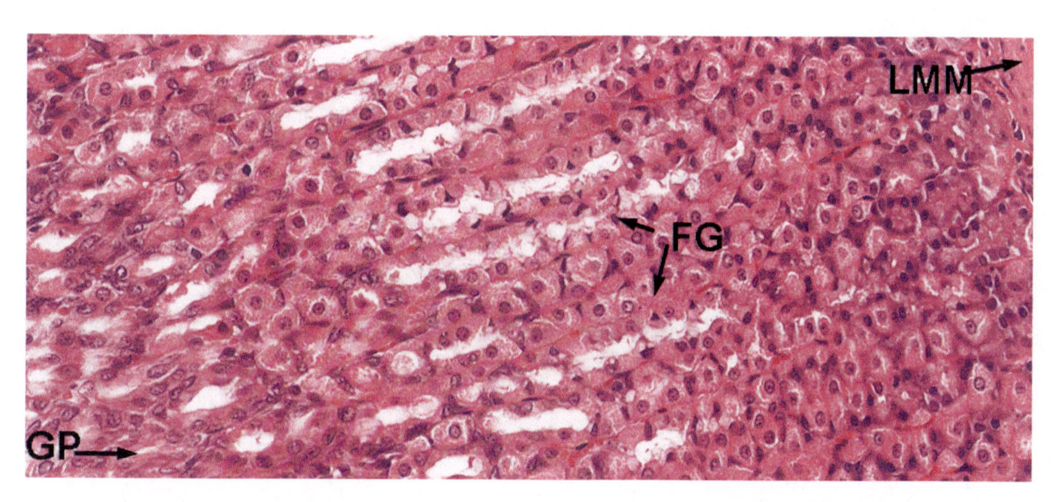

图 3-16　F344 大鼠胃底腺（HE，200×）

GP/ 胃小凹　FG/ 胃底腺　LMM/ 黏膜肌层

（1）主细胞（chief cell, CC）：又称胃酶细胞（zymogenic cell），数量最多，主要分布于腺体的体部、底部。主细胞具有典型的蛋白质分泌细胞的结构特点。细胞呈柱状，核圆形，位于基部；胞质基部呈强嗜碱性，顶部充满酶原颗粒，但在普通固定染色的标本上，此颗粒多溶解消失，使该部位呈泡沫状。主细胞分泌胃蛋白酶原（pepsinogen）。

（2）壁细胞（parietal cell, PC）：又称泌酸细胞（oxyntic cell），在腺的颈部、体部较多。此细胞较大，多呈圆锥形。核圆而深染，居中，可有双核；胞质呈均质而明显的嗜酸性。壁细胞能分泌盐酸，盐酸能激活胃蛋白酶原，使之成为胃蛋白酶，对蛋白质进行初步分解；盐酸还有杀菌作用。

（3）颈黏液细胞（neck mucous cell）：数量很少，位于腺颈部，多呈楔形夹于其他细胞间。核多呈扁平形，居细胞基底，核上方有很多黏原颗粒，HE 染色浅淡，故常不易与主细胞相区分，其分泌物为含酸性黏多糖的可溶性黏液（图 3-17）。

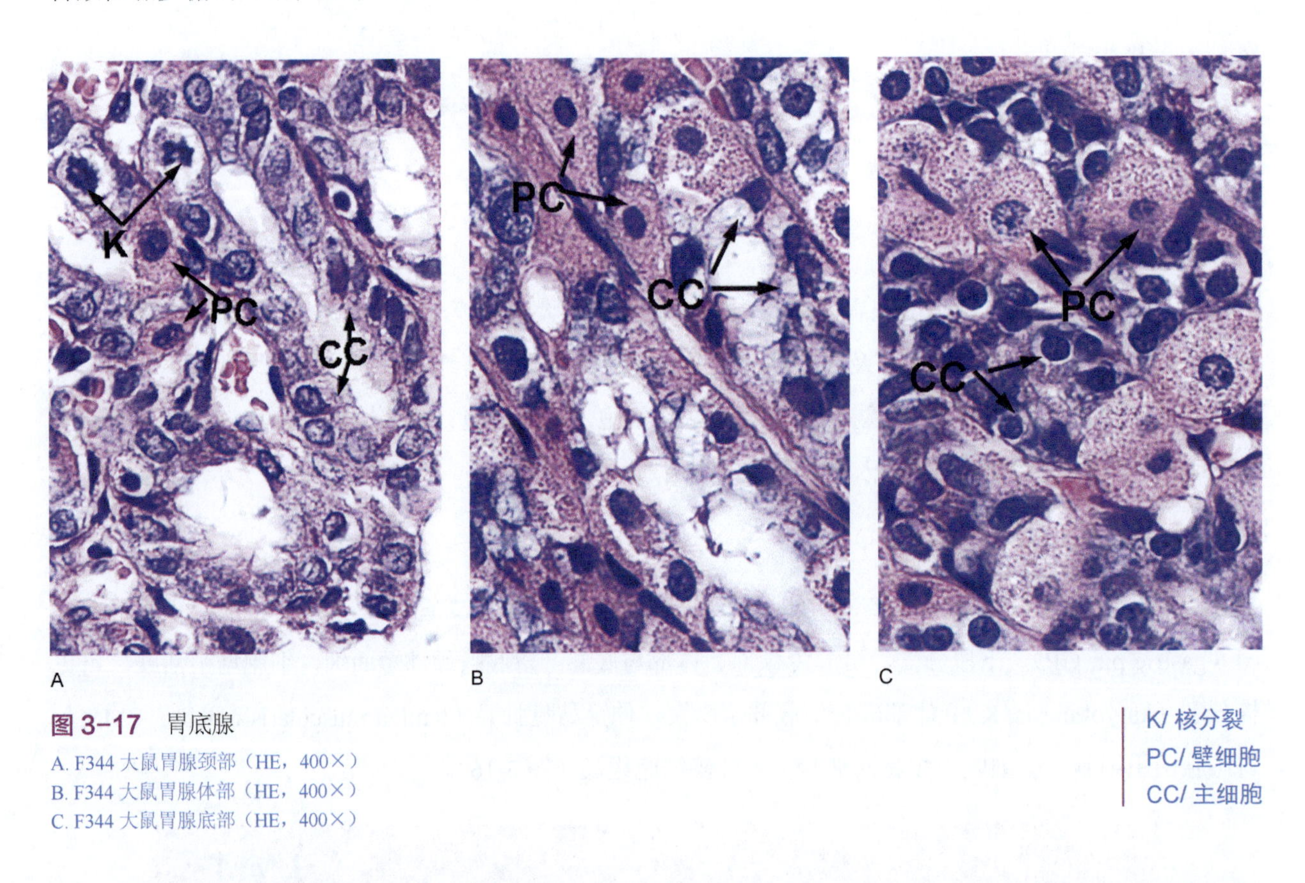

图 3-17 胃底腺

A. F344 大鼠胃腺颈部（HE，400×）
B. F344 大鼠胃腺体部（HE，400×）
C. F344 大鼠胃腺底部（HE，400×）

K/ 核分裂
PC/ 壁细胞
CC/ 主细胞

衰老的主细胞和壁细胞在胃底腺底部脱落，新增殖的细胞从颈部向底部缓慢迁移。由于在颈部尚未发现典型的未分化细胞，故目前一般认为颈黏液细胞可分化为其他胃底腺细胞；主细胞自身也具有一定的分裂能力。

（4）胃腺内分泌细胞（endocrine cell, EC）主要是肠嗜铬细胞（ECL 细胞，enterochromaffin cell）和 D 细胞（图 3-18）。肠嗜铬细胞分泌的组胺主要作用于邻近的壁细胞，强烈促进其泌酸功能。D 细胞分泌生长抑素，可抑制壁细胞的分泌。

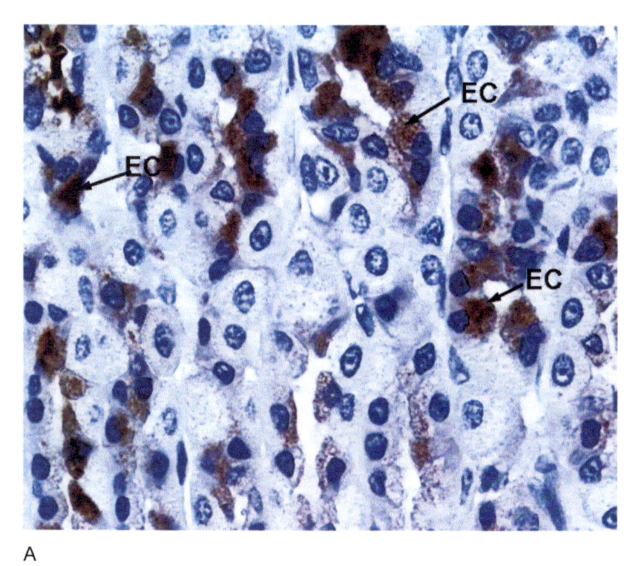

A

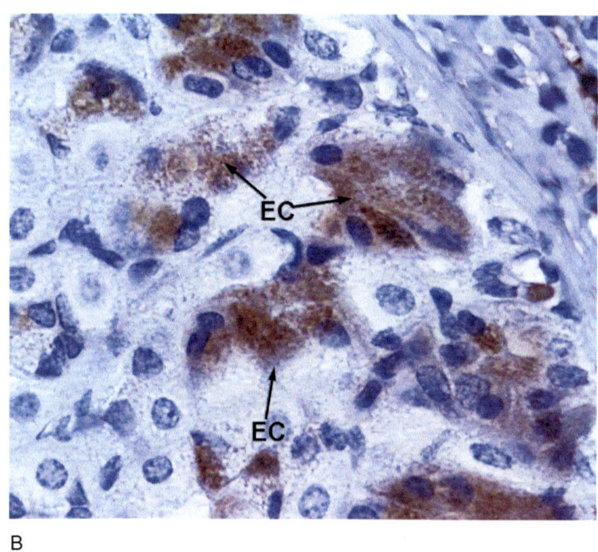

B

图 3-18　胃腺内分泌细胞

A. SD 大鼠（Synaptophysin IHC, 400×）

B. KM 小鼠（Synaptophysin IHC, 400×）

EC/ 内分泌细胞

2）幽门腺（pyloric gland, PyG）

分布于幽门部区域，此区胃小凹（gastric pit, GP）较深，胃黏膜表面覆盖中性黏液（mucus, Mu）。幽门腺主要为黏液细胞，分泌中性黏液（图 3-19）。

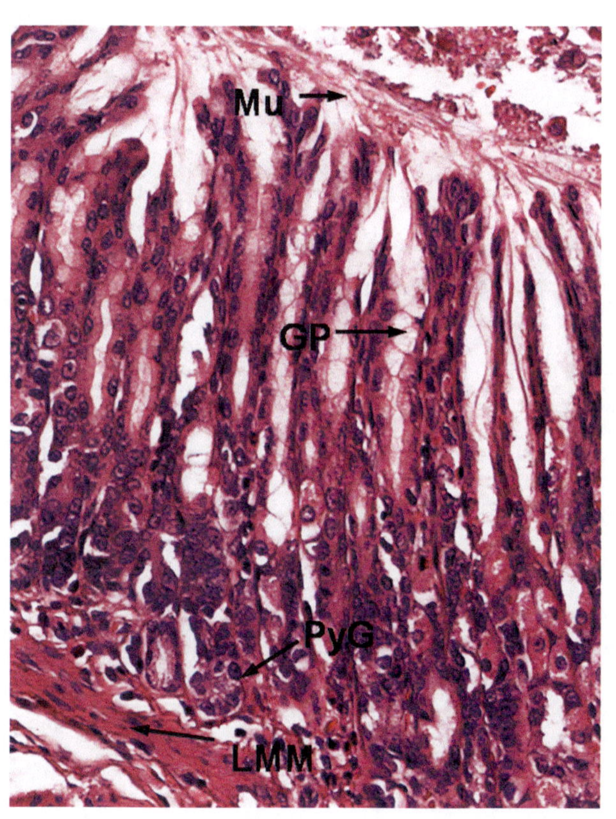

A

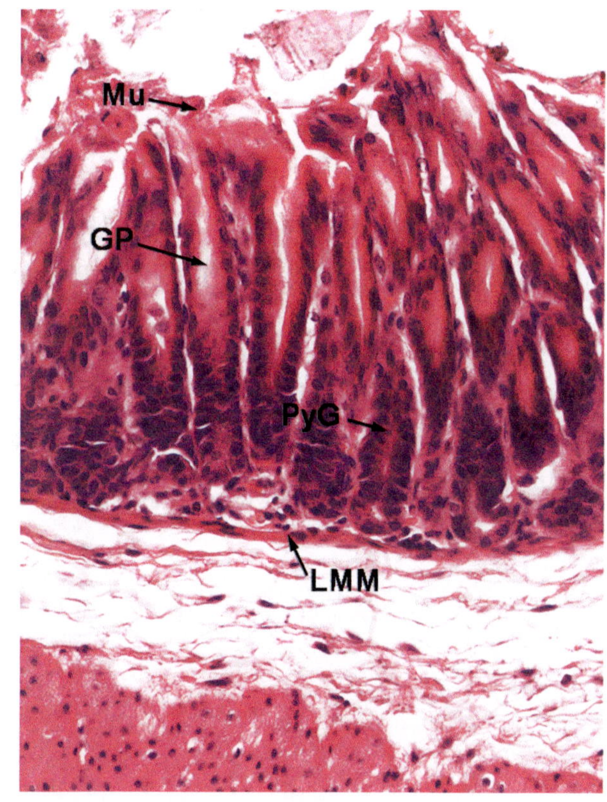

B

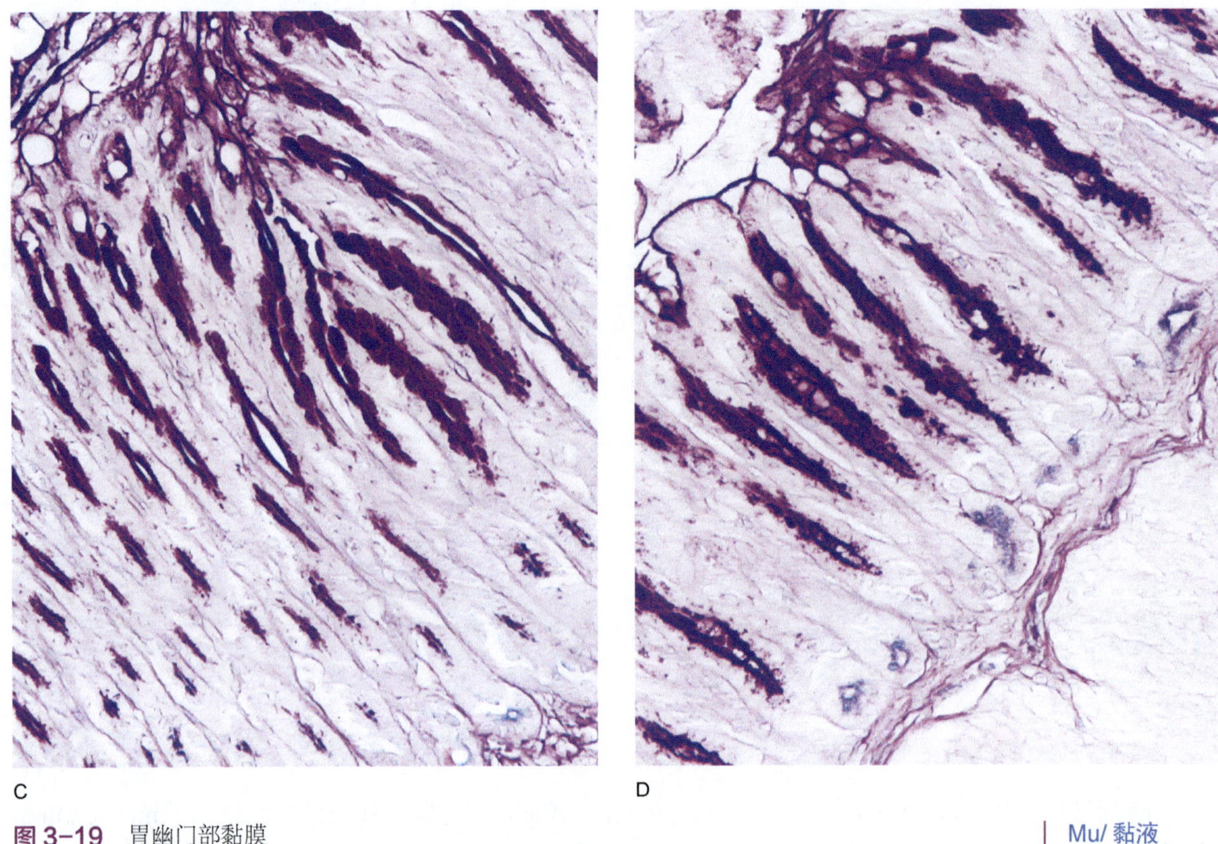

图 3-19 胃幽门部黏膜

A. SD 大鼠（HE, 200×）
B. BALB/c 小鼠（HE, 200×）
C. SD 大鼠（AB-PAS，200×）
D. BALB/c 小鼠（AB-PAS，200×）

Mu/ 黏液
GP/ 胃小凹
PyG/ 幽门腺
LMM/ 黏膜肌层

（二）黏膜下层

黏膜下层（submucous layer, SmL）为疏松结缔组织，位于发达黏膜肌层（lamina muscularis mucosa, LMM）下方，内含较粗的血管、淋巴管和神经，尚可见成群的脂肪细胞。

（三）肌层和外膜

肌层（muscular layer, ML）发达，一般由内斜行、中环行及外纵行三层平滑肌构成。其间可见肌间神经丛（myenteric plexus, MP）。外膜为浆膜（serosa, S）（图 3-20）。

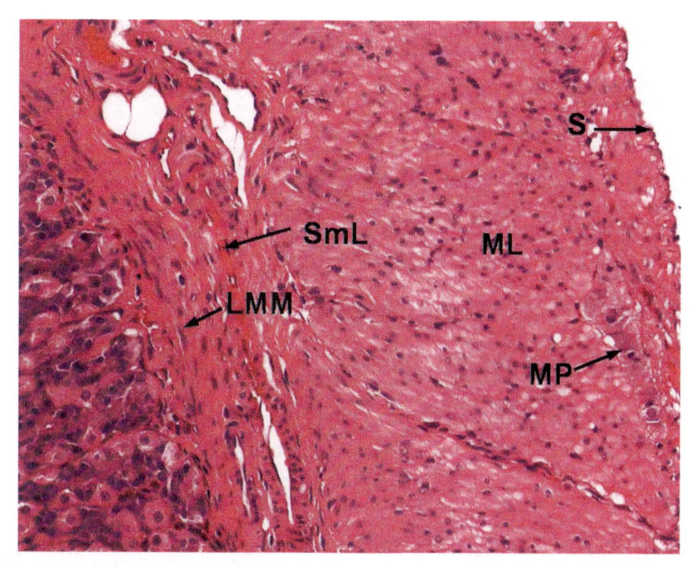

图 3-20　F344 大鼠胃肌层（HE，180×）

SmL/ 黏膜下层
LMM/ 黏膜肌层
ML/ 肌层
S/ 浆膜
MP/ 肌间神经丛

第五节　小　　肠

小肠（small intestine）是消化和吸收的主要部位，分为十二指肠（duodenum）、空肠（jejunum）和回肠（ileum）。十二指肠较短，有胆总管开口。空肠和回肠的比例约为 2∶3。小肠通过肠系膜固定于后腹壁，血液供应主要来自肠系膜上动脉（图 3-21）。

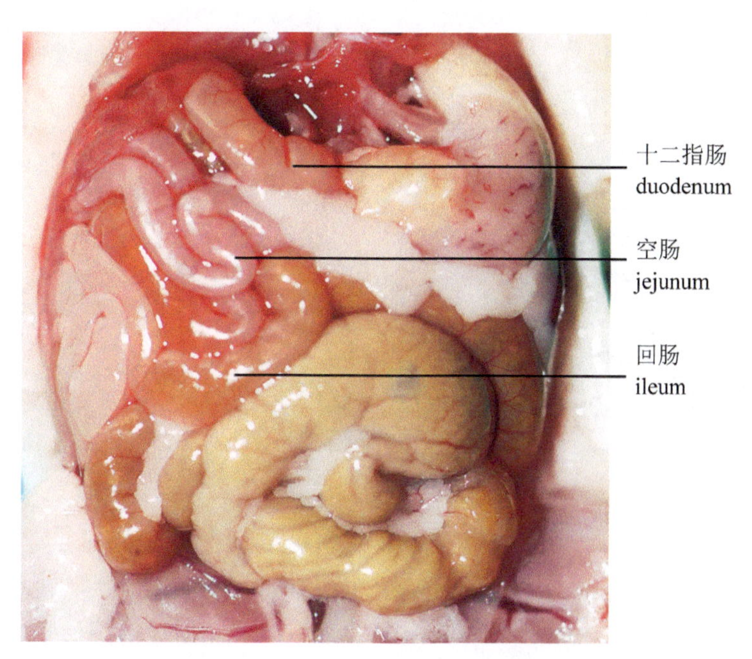

图 3-21　BALB/c 小鼠小肠解剖结构

小肠壁由内向外有4层结构，即黏膜层、黏膜下层、肌层、外膜。人的小肠有与长轴垂直的环形皱襞；大小鼠的小肠黏膜面较平滑，环形皱襞不明显，但小鼠小肠绒毛的相对长度比人类长，增加了吸收面积。

（一）黏膜

小肠黏膜表面有许多细小的肠绒毛（intestinal villus），是由上皮和固有层向肠腔突起而成，形状不一，以十二指肠和空肠头段最发达。绒毛的高度和宽度在走向回肠时逐渐降低。绒毛使小肠表面积扩大20～30倍。回肠绒毛顶部常见到纤维状的菌丝。绒毛根部的上皮下陷至固有层形成管状的小肠腺（small intestinal gland），又称肠隐窝（intestinal crypt），故小肠腺与绒毛的上皮是连续的，小肠腺直接开口于肠腔（图3-22）。

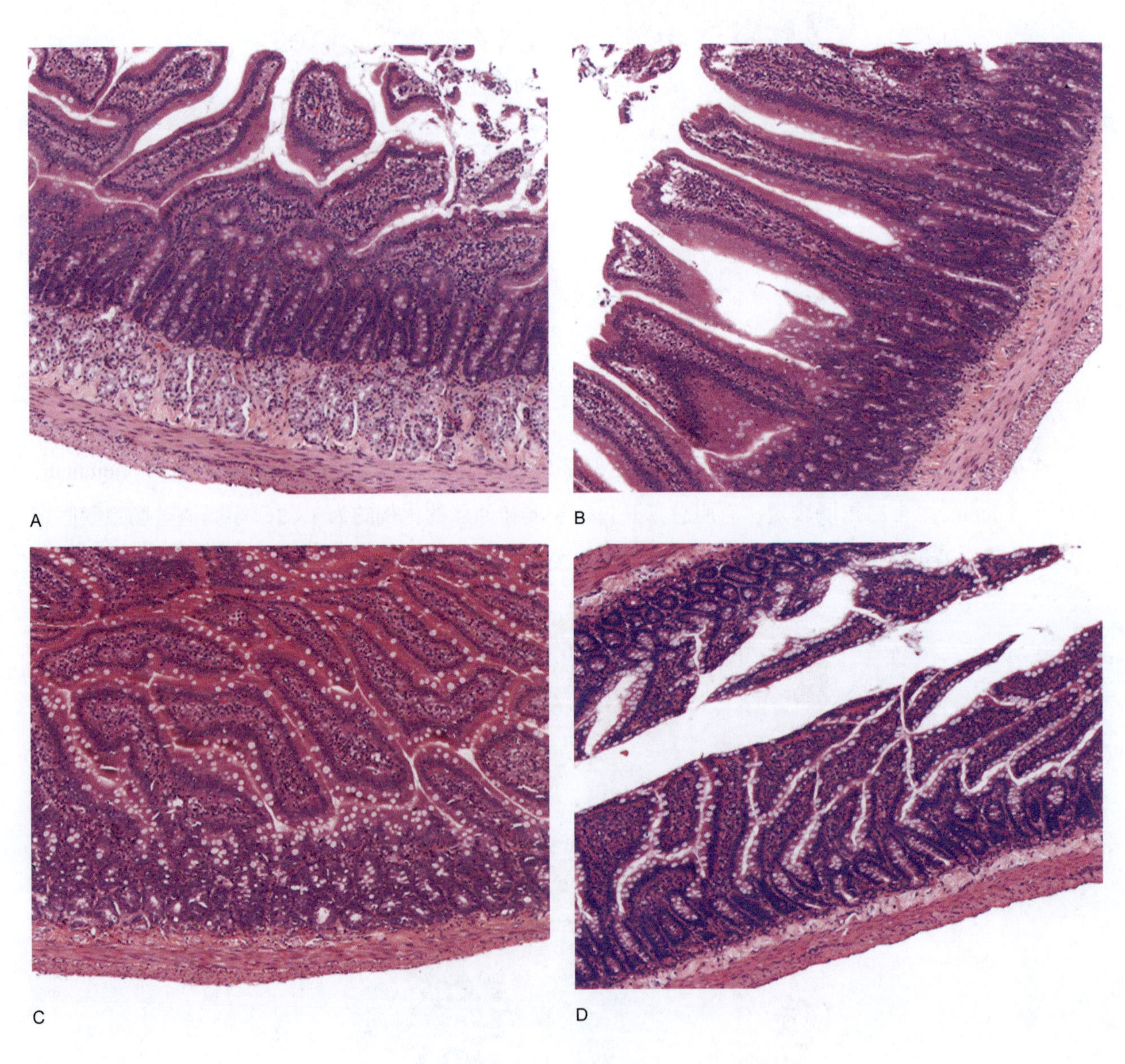

图3-22 小肠不同肠段

A. SD大鼠十二指肠上段（HE，50×）；B. SD大鼠十二指肠下段（HE，50×）；C. SD大鼠空肠（HE，50×）；D. SD大鼠回肠（HE，50×）

1. 上皮

小肠上皮为单层柱状。绒毛部上皮由吸收细胞、杯状细胞和少量内分泌细胞组成；小肠腺上皮除上述细胞外，还有潘氏细胞和未分化细胞。未分化细胞分裂很快，小鼠小肠上皮 2 ～ 3 天更新一次，人的小肠上皮 3 ～ 5 天更新一次，因此小肠上皮常可见核分裂象。

（1）吸收细胞（absorptive cell, AC）：最多，呈高柱状，核椭圆形，位于细胞基部。绒毛表面的吸收细胞游离面在光镜下可见明显的纹状缘，由密集而规则排列的微绒毛构成，使细胞游离面面积扩大约 20 倍。小肠腺的吸收细胞的微绒毛较少而短，故纹状缘薄。微绒毛表面尚有一层细胞衣，它是吸收细胞产生的糖蛋白，内有参与消化碳水化合物和蛋白质的双糖酶和肽酶，并吸附有胰蛋白酶、胰淀粉酶等，细胞衣是消化吸收的重要部位。

（2）杯状细胞（goblet cell, GC）：散在于吸收细胞间，形似高脚杯，顶部胞质内有大量黏原颗粒而膨隆，底部纤细，核小而不规则。杯状细胞分泌黏液（PAS 染色阳性），对肠上皮有润滑和保护作用。从十二指肠至回肠末端，杯状细胞逐渐增多。

（3）潘氏细胞（Paneth cell, PC）：是小肠腺的特征性细胞，位于腺底部，常三五成群。细胞呈锥体形，胞质顶部充满粗大嗜酸性颗粒，内含溶菌酶等，具有一定的灭菌作用，因此潘氏细胞是一种具有免疫功能的细胞。大鼠饥饿时潘氏细胞明显。

（4）内分泌细胞（endocrine cell, EC）：小肠内分泌细胞种类多，可分泌多种激素，如胆囊收缩素 - 促胰酶素、促胰液素等。

（5）未分化细胞（undifferentiated cell）：位于小肠腺下半部，散在于其他细胞之间。胞体较小，呈柱状，胞质嗜碱性。细胞不断增殖、分化、向上迁移，以补充绒毛顶端脱落的吸收细胞和杯状细胞。一般认为，内分泌细胞和潘氏细胞亦来源于未分化细胞（图 3-23 和图 3-24）。

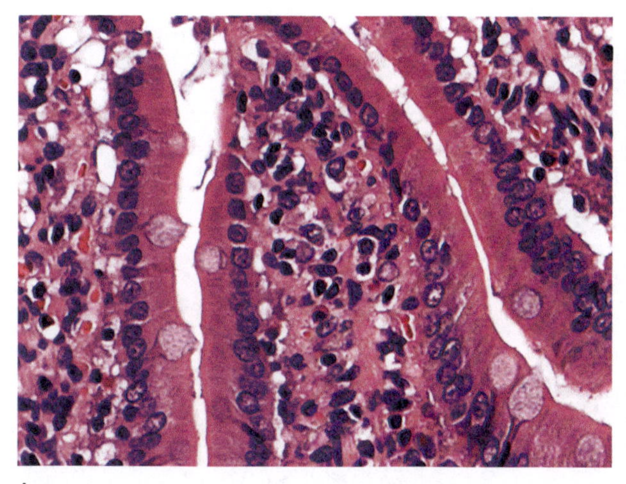

A

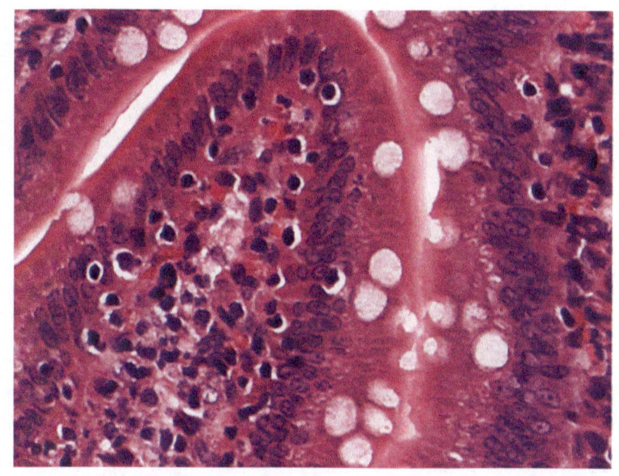

B

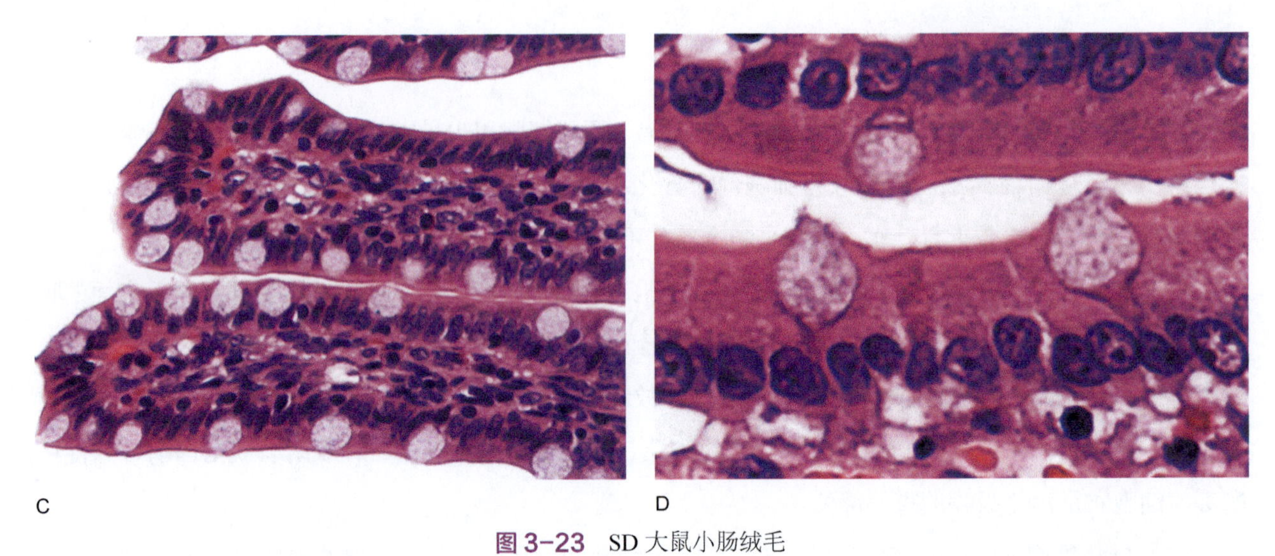

图 3-23 SD 大鼠小肠绒毛

A. 十二指肠（HE，400×）；B. 空肠（HE，400×）；C. 回肠（HE，400×）；D. 小肠绒毛上皮，D 图为 A 图的局部放大

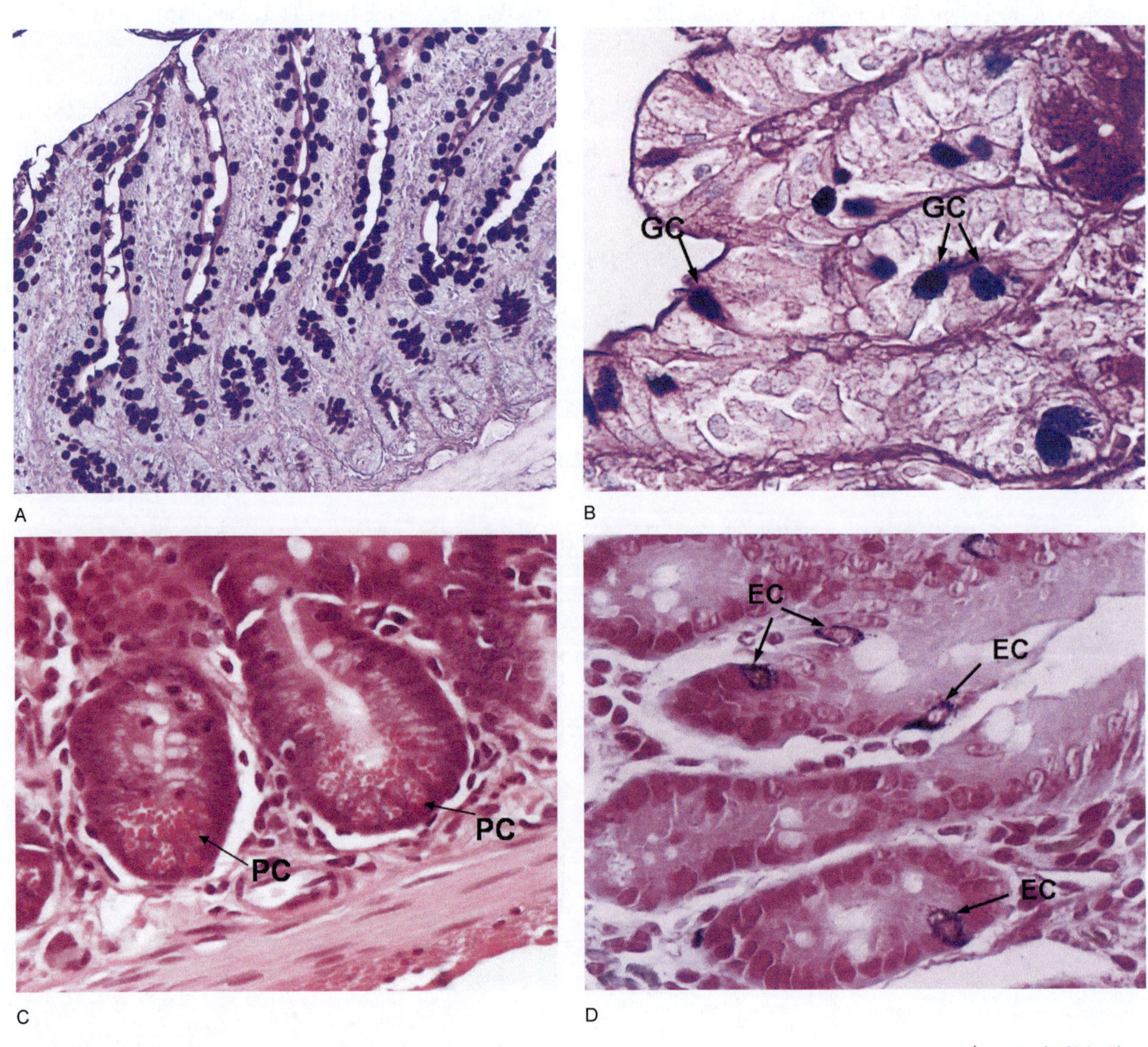

图 3-24 小肠腺杯状细胞、潘氏细胞和内分泌细胞

A. F344 大鼠空肠杯状细胞（PAS，100×）
B. SD 大鼠十二指肠杯状细胞（AB-PAS，400×）
C. KM 小鼠回肠潘氏细胞（HE，400×）
D. KM 小鼠空肠内分泌细胞（银染，400×）

GC/ 杯状细胞
PC/ 潘氏细胞
EC/ 内分泌细胞

2. 固有层

黏膜固有层细密的结缔组织中有大量小肠腺（small intestinal gland, SIG），其中的杯状细胞分泌酸性黏液（AB-PAS 染色为蓝色）。固有层还有丰富的游走细胞，如淋巴细胞、浆细胞、巨噬细胞、嗜酸性粒细胞等。绒毛中轴的固有层结缔组织内有 1 ～ 2 条纵行毛细淋巴管，称中央乳糜管（central lacteal），此管周围有丰富的有孔毛细血管网，肠上皮吸收的氨基酸、单糖等水溶性物质主要经此入血。绒毛内还有少量来自黏膜肌的平滑肌纤维，可使绒毛收缩，利于物质吸收和淋巴与血液的运行。固有层中除有大量分散的淋巴细胞外，尚有淋巴小结。肉眼观，大小鼠肠系膜对侧的浆膜下可见卵圆形灰白色的突起，为淋巴细胞集合，属于肠道相关淋巴组织（GALT），也称为 Peyer's 淋巴结。Peyer's 淋巴结位于固有层和黏膜下层，有时可穿过黏膜下层到达浆膜下。淋巴小结处的肠黏膜向肠腔隆起，无绒毛和小肠腺，有特化的上皮细胞（membranous cell, M 细胞），M 细胞可将许多大分子物质和微生物从肠腔转运到下面的淋巴组织中。淋巴小结内的细胞受抗原刺激后，可转变为浆细胞，产生免疫球蛋白 A，与吸收细胞基底面和侧面膜中的一种称为分泌片的镶嵌糖蛋白结合，形成分泌性免疫球蛋白（secretory IgA, sIgA），具有局部免疫作用（图 3-25）。

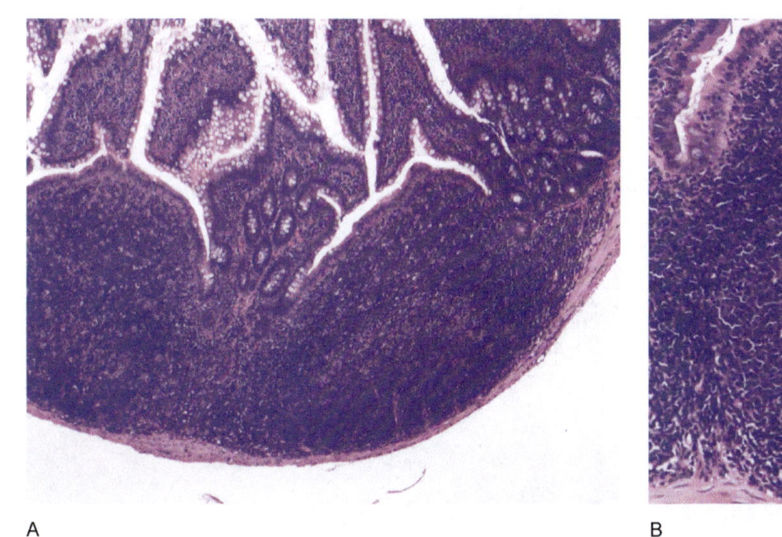

A

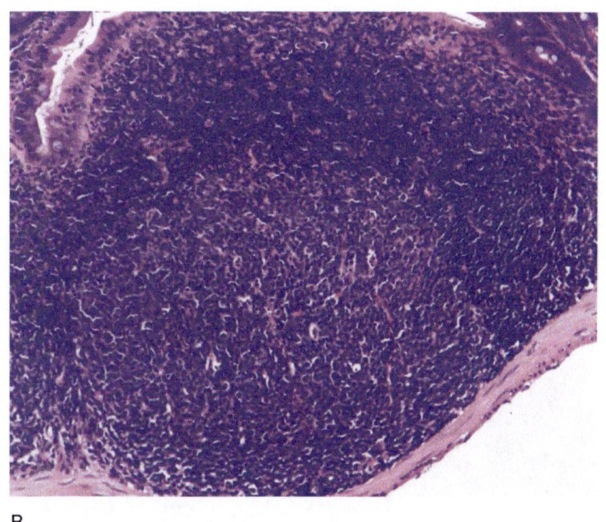

B

图 3-25　肠淋巴小结

A. F344 大鼠回肠淋巴小结（HE，40×）；B. BALB/c 小鼠空肠淋巴小结（HE，100×）

3. 黏膜肌层

黏膜肌层由内环行与外纵行两层平滑肌组成。

（二）黏膜下层

黏膜下层为疏松结缔组织，含较多血管和淋巴管。十二指肠的黏膜下层内有十二指肠腺（duodenal gland, DG），为复管泡状的黏液腺，其导管穿过黏膜肌开口于小肠腺底部。十二指肠腺分泌碱性黏液（AB-PAS 染色为紫红色），可保护十二指肠黏膜免受酸性胃液的侵蚀。回肠黏膜下层有黏膜下神经丛（submucosal plexus, SmP），由多极神经元与无髓神经纤维构成，可调节黏膜肌的收缩和腺体分泌（图 3-26）。

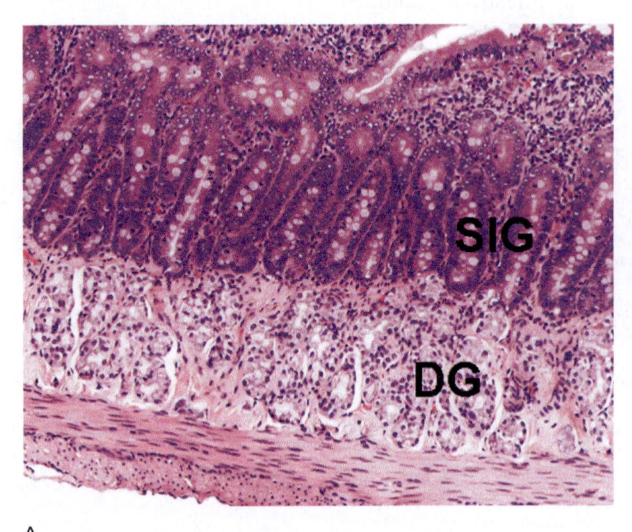

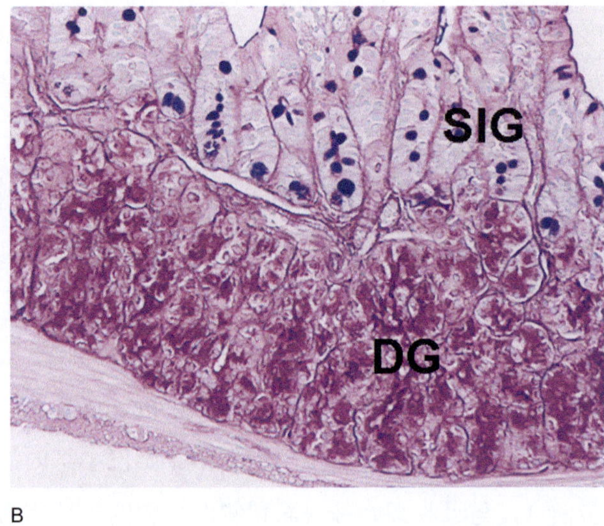

图 3-26 十二指肠腺

A. SD 大鼠（HE，100×）

B. BALB/c 小鼠十二指肠腺（AB-PAS，100×）

SIG/ 小肠腺

DG/ 十二指肠腺

（三）肌层和外膜

肌层由内环行与外纵行两层平滑肌组成。肌层间有肌间神经丛（myenteric plexus, MP），可调节肌层的运动。外膜为浆膜（图 3-27）。

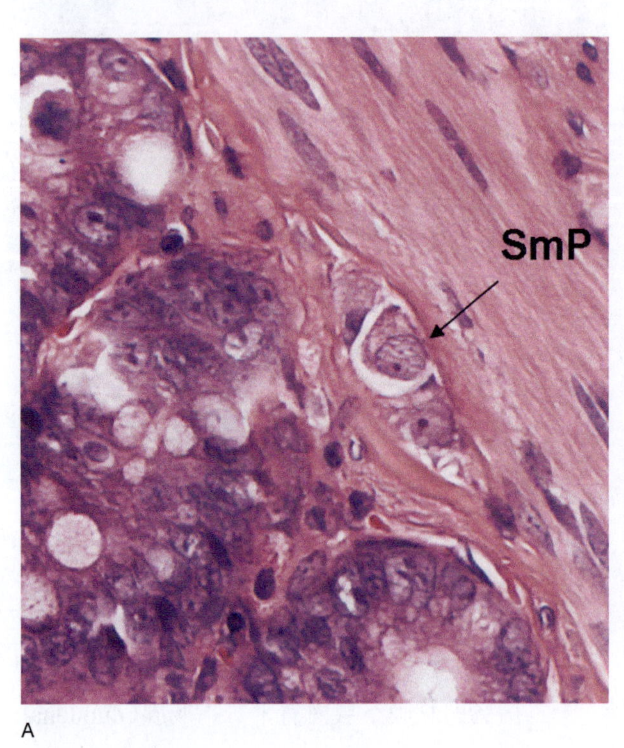

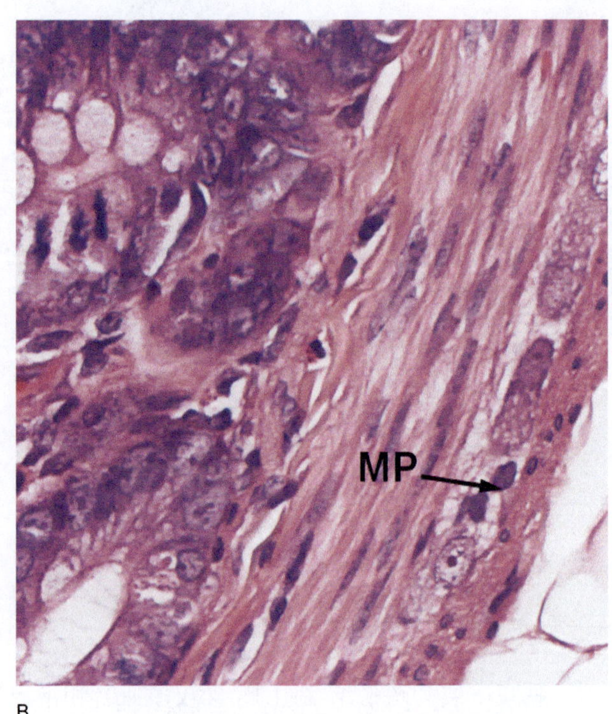

图 3-27 回肠神经丛

A. SD 大鼠回肠黏膜下神经丛（HE，400×）

B. SD 大鼠回肠肌间神经丛（HE，400×）

SmP/ 黏膜下神经丛

MP/ 肌间神经丛

第六节　大　　肠

大肠（large intestine）分为盲肠（cecum）、结肠（colon）和直肠（rectum），主要功能是吸收水分和电解质，将食物残渣形成粪便。大、小鼠大肠外观较平滑，没有结肠带和结肠袋；盲肠较大，而人类的盲肠相对较小（图 3-28）。盲肠的功能是发酵缸，有大量的共生菌，产生游离脂肪酸、维生素 K 和一些 B 族维生素。鼠通过食粪行为重新摄入这些维生素。小鼠的直肠很短，只有 1 ～ 2mm，在病理情况下很易脱垂。小鼠没有阑尾。兔盲肠非常发达，回肠与盲肠相接处膨大而形成的一个厚壁的圆囊，称为圆小囊，是兔重要的肠道相关淋巴组织。大肠组织学结构基本相同，除直肠外，由内向外依次为黏膜层（mucosa, M）、黏膜下层（submucous layer, SmL）、肌层（muscular layer, ML）、浆膜（serosa, S）。

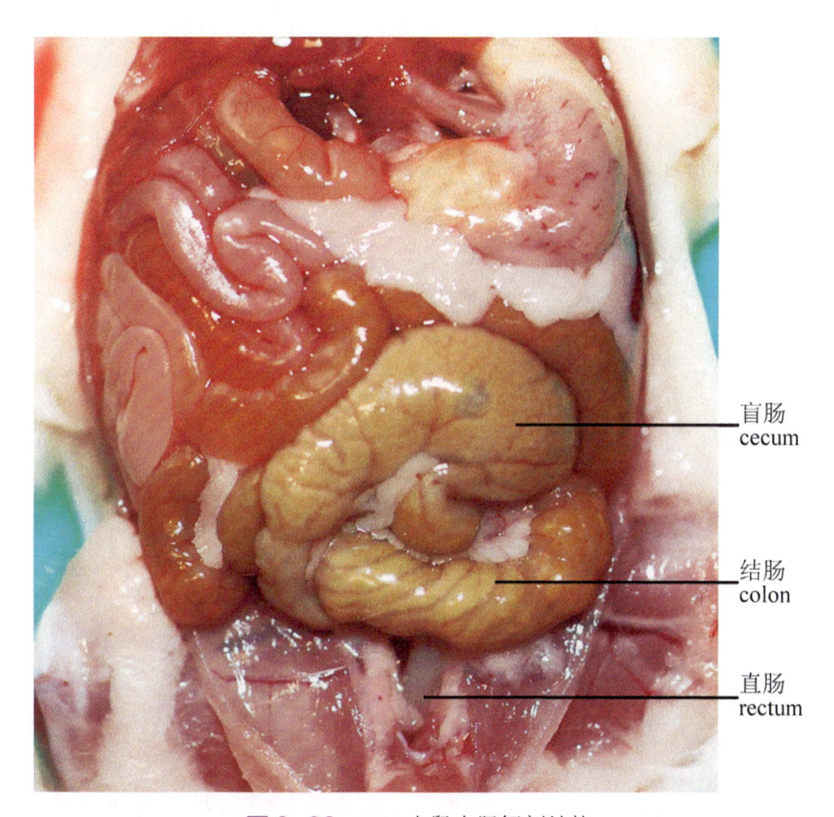

图 3-28　KM 小鼠大肠解剖结构

（一）黏膜层

结肠黏膜上皮（mucosa epithelium）由柱状细胞和杯状细胞组成，杯状细胞数量明显多于小肠。大、小鼠的黏膜至肛门处直接由单层柱状上皮移行为复层扁平上皮，而人的直肠与肛门移行处为过渡的复层柱状上皮。结肠固有层内有大量由上皮下陷而成的大肠腺（large intestinal gland, LIG），呈长单管状，大肠腺的杯状细胞分泌的黏液呈酸性(AB-PAS 染色为蓝色)。大肠腺的重要功能是分泌黏液、保护黏膜。大肠腺除含有柱状细胞、杯状细胞外，尚有少量未分化细胞和内分泌细胞（endocrine cell, EC）。人类盲肠和阑尾黏膜内有潘氏细胞，远端大肠无潘氏细胞；大、小鼠整段大肠黏膜均无潘氏细胞。固有层内有散在的孤立淋巴小结，还可见嗜酸性粒细胞、肥大细胞、巨噬细胞和少量中性粒细胞。

淋巴细弥散地分布在固有层（lamina propria mucosa, LPM），也可形成淋巴细胞集团或滤泡。与小肠的淋巴小结不同，大肠的淋巴小结内常可见腺体。兔的圆小囊囊壁主要由位于腔面的富含黏液腺的黏膜层及一厚层致密的淋巴组织组成。

（二）黏膜下层

黏膜下层（submucous layer, SML）不明显，为疏松结缔组织。有黏膜下神经丛。黏膜固有层及黏膜下层有较多嗜酸性粒细胞。

（三）肌层和外膜

肌层（muscular layer, ML）由内环行与外纵行两层平滑肌组成，有肌间神经丛（myenteric plexus, MP）。盲肠和结肠的外膜为浆膜（serosa, S），浆膜外有较多脂肪细胞（图 3-29 ～图 3-32）。

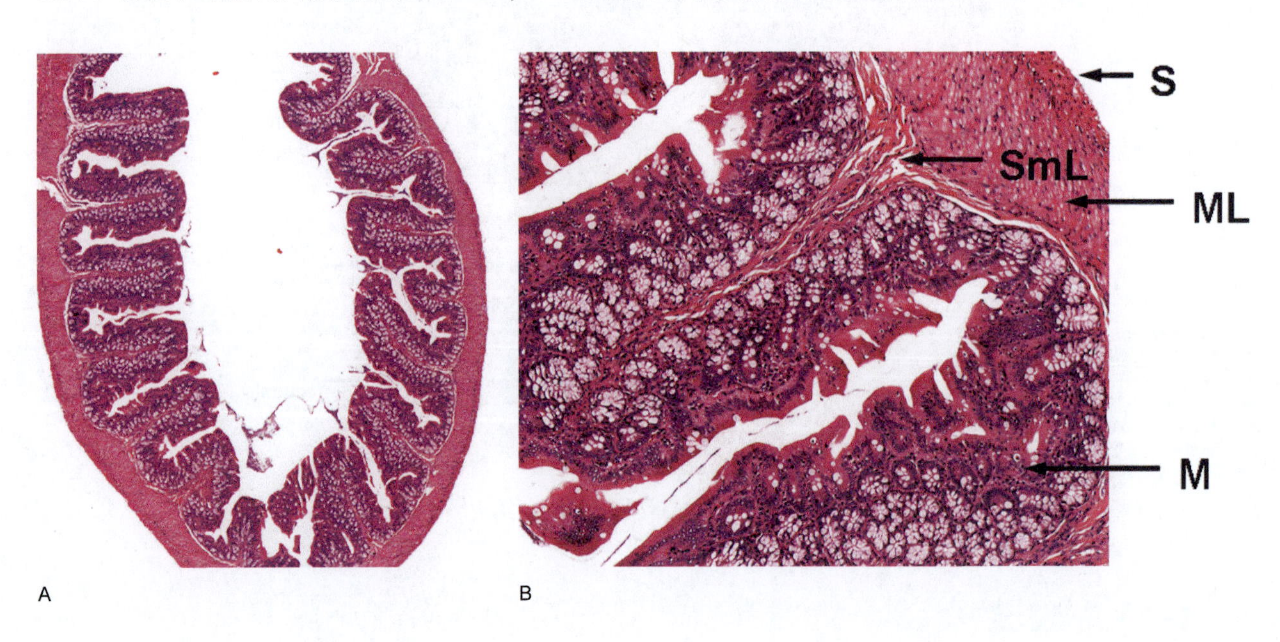

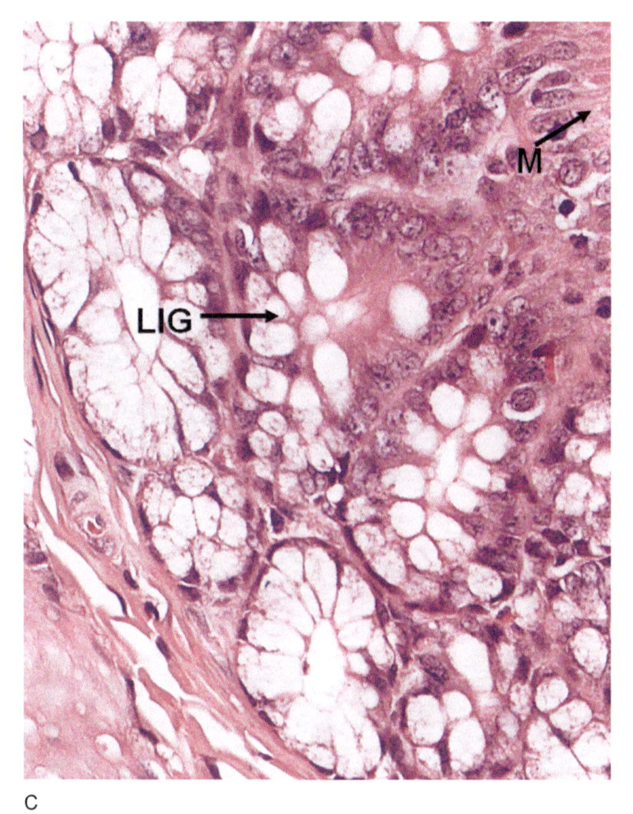

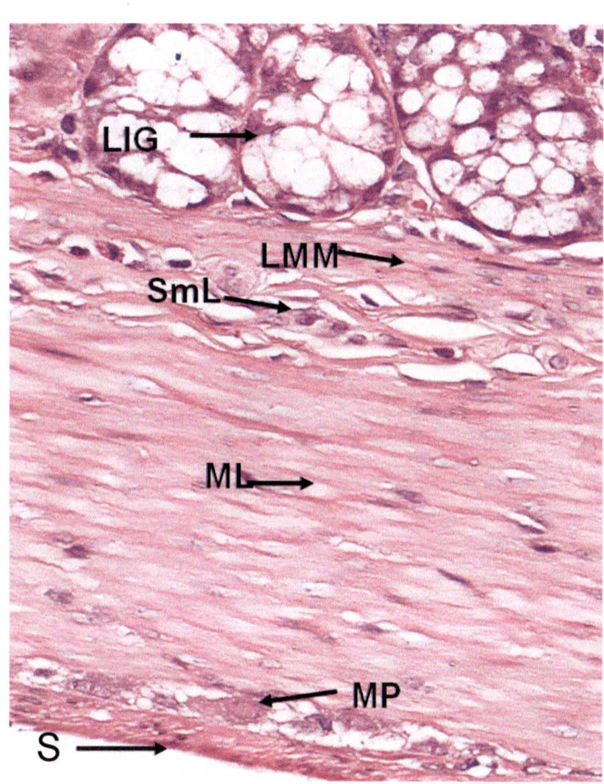

C　　D

图 3-29　大鼠结肠

A. SD 大鼠（HE，4×）
B. SD 大鼠（HE，100×）
C. SD 大鼠结肠黏膜层（HE，400×）
D. SD 大鼠结肠肌层和外膜（HE，400×）

SmL/ 黏膜下层
S/ 浆膜
ML/ 肌层
M/ 黏膜层
LIG/ 大肠腺
LMM/ 黏膜肌层
MP/ 肌间神经丛

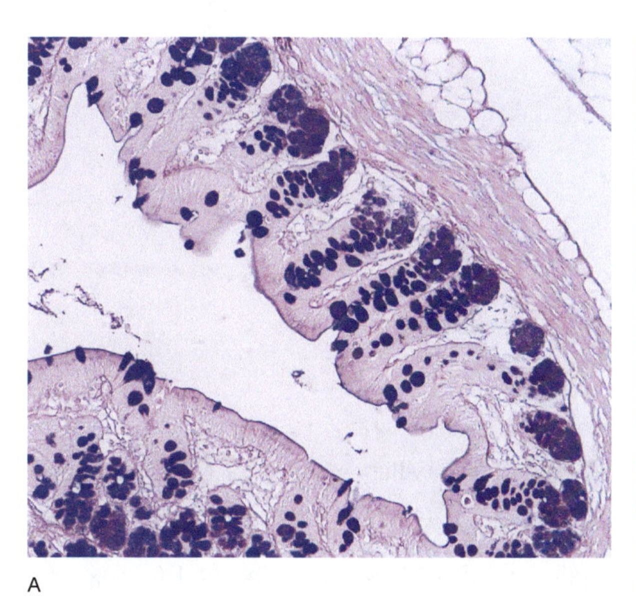

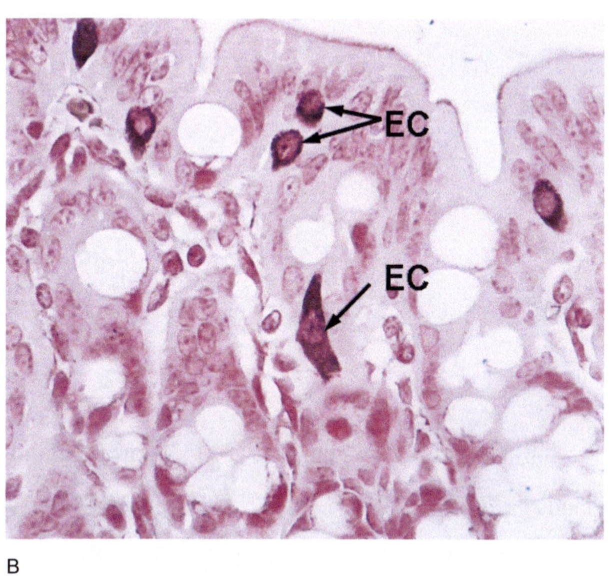

A　　B

图 3-30　结肠黏膜

A. SD 大鼠（AB-PAS，100×）
B. KM 小鼠结肠内分泌细胞（银染，400×）

EC/ 内分泌细胞

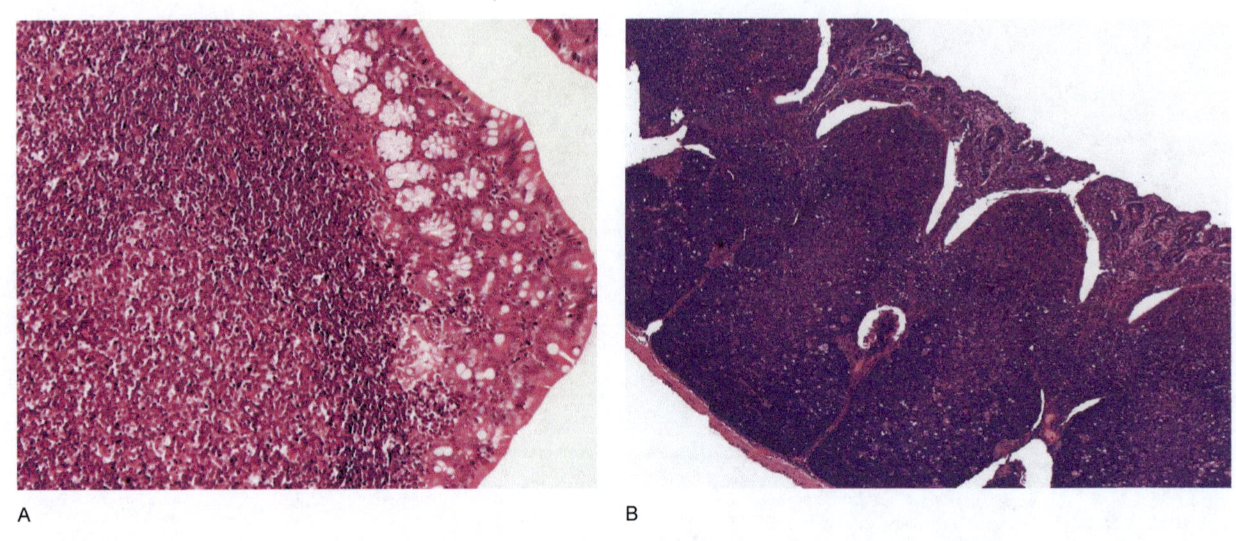

图 3-31 大肠的淋巴组织

A.SD 大鼠（HE，100×）；B. 兔圆小囊（HE，40×）

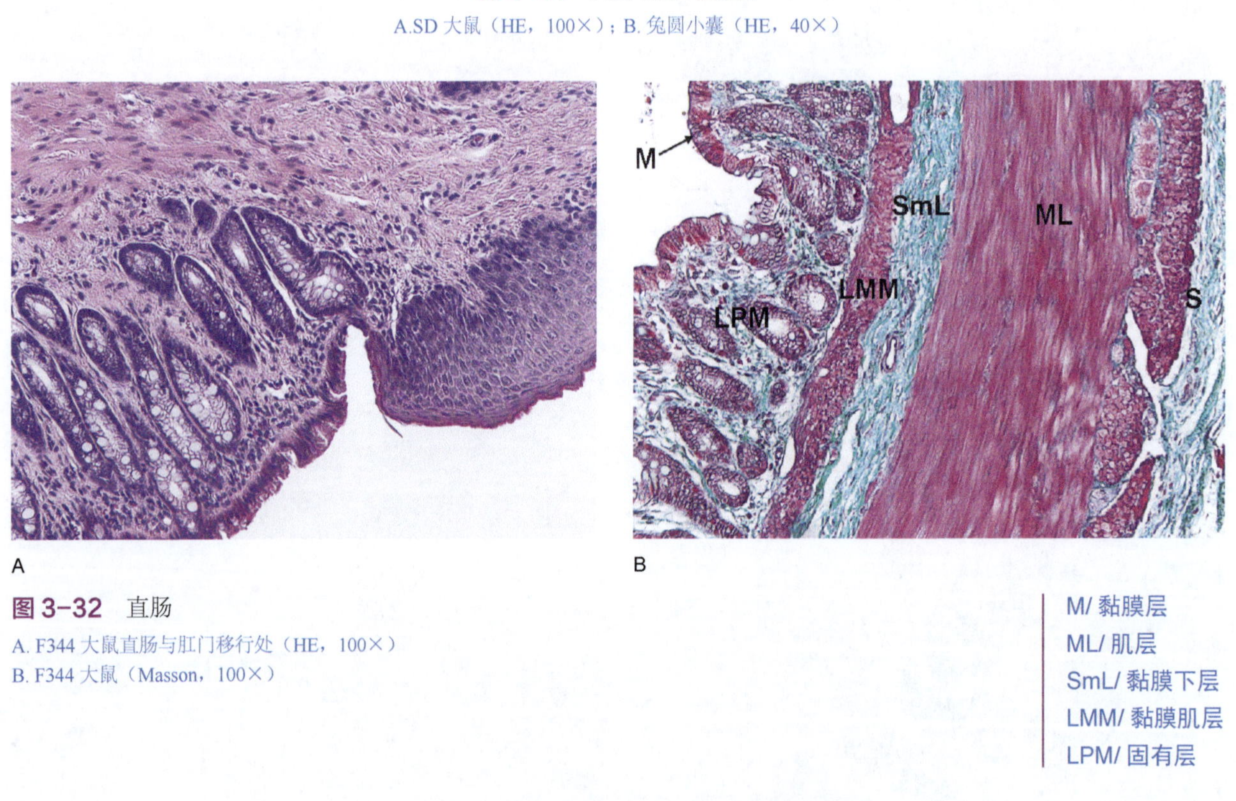

图 3-32 直肠

A. F344 大鼠直肠与肛门移行处（HE，100×）

B. F344 大鼠（Masson，100×）

M/ 黏膜层

ML/ 肌层

SmL/ 黏膜下层

LMM/ 黏膜肌层

LPM/ 固有层

第七节 唾液腺

唾液腺（salivary gland）有腮腺（parotid gland）、颌下腺（submaxillary gland）、舌下腺（sublingual gland）三对。在大、小鼠，颌下腺是三对唾液腺中最大的唾液腺，分为多叶，位于颈部的腹侧正中线处，头端有颌下淋巴结围绕，与舌下腺紧邻，尾端与腮腺相邻。舌下腺相对较小，单叶，位于颌下淋巴结与颌下腺之间，颜色较深。大、小鼠腮腺较为弥散，由结缔组织和脂肪分为多叶，腮腺的边缘自颌下腺的腹背侧延伸至耳根。人类腮腺最大，呈锥体形，被膜发育良好，由小叶间隔分为多叶。三对唾液腺有相似的解剖结构：腺泡连接闰管，然后引流入小叶内导管，小叶间导管，汇集至分泌管，开口于口腔。颌下腺和舌下腺的导管开口相邻，均靠近切牙，而腮腺的导管开口靠近磨牙（图 3-33）。唾液腺为复管泡状腺，被膜较薄，腺实质分为许多小叶，由分支的导管及末端的腺泡组成。腮腺为纯浆液性腺，闰管长，纹状管较短。分泌物含唾液淀粉酶多，黏液少。颌下腺为混合腺，浆液性腺泡多，黏液性和混合性腺泡少；闰管短，纹状管发达；分泌物含唾液淀粉酶较少，黏液较多。舌下腺以黏液性腺泡为主；无闰管，纹状管也较短；分泌物以黏液为主。

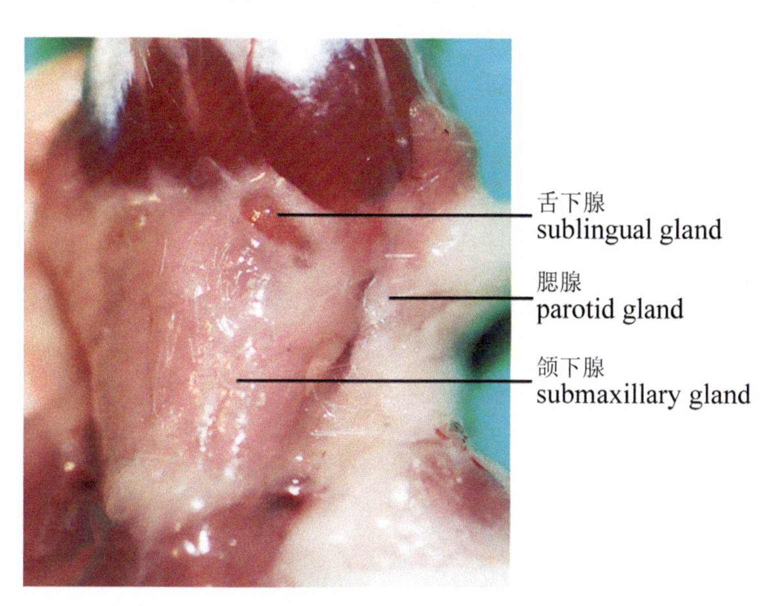

图 3-33 BALB/c 小鼠唾液腺解剖结构

（一）腺泡

腺泡（alveoli）呈泡状或管泡状，由单层立方或锥形腺细胞组成，为唾液腺的分泌部。腺泡分浆液性、黏液性和混合性三种类型。腺细胞与基底膜之间，以及部分导管上皮与基膜之间有肌上皮细胞（myoepithelial cell, MC）（Desmin 免疫组化染色阳性），细胞扁平，有突起，胞质内含有肌动蛋白微丝，具有收缩能力，其收缩有助于腺泡分泌物的排出（图 3-34 和图 3-35）。

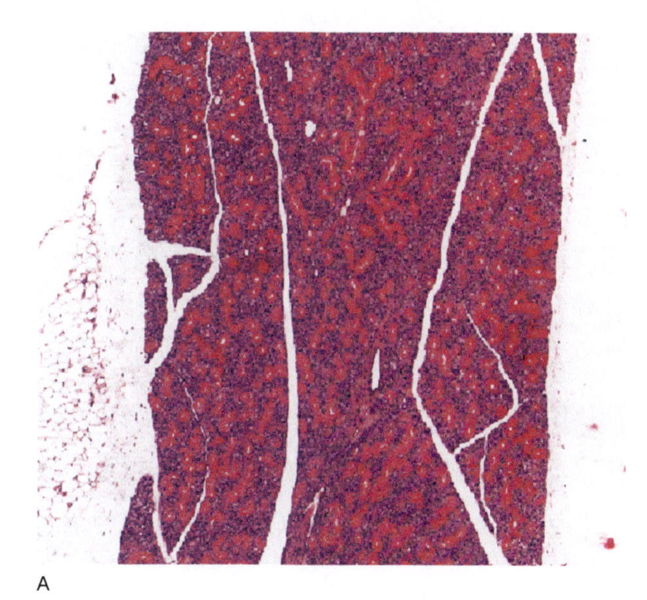
A

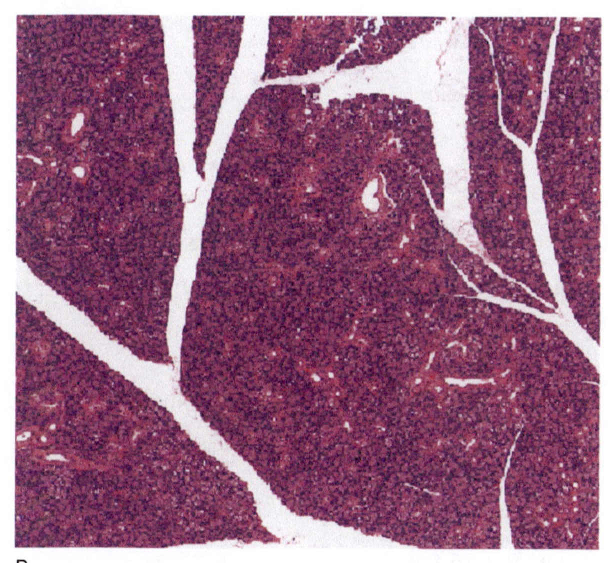
B

图 3-34 唾液腺

A. BALB/c 小鼠（HE，20×）；B. F344 大鼠（HE，20×）

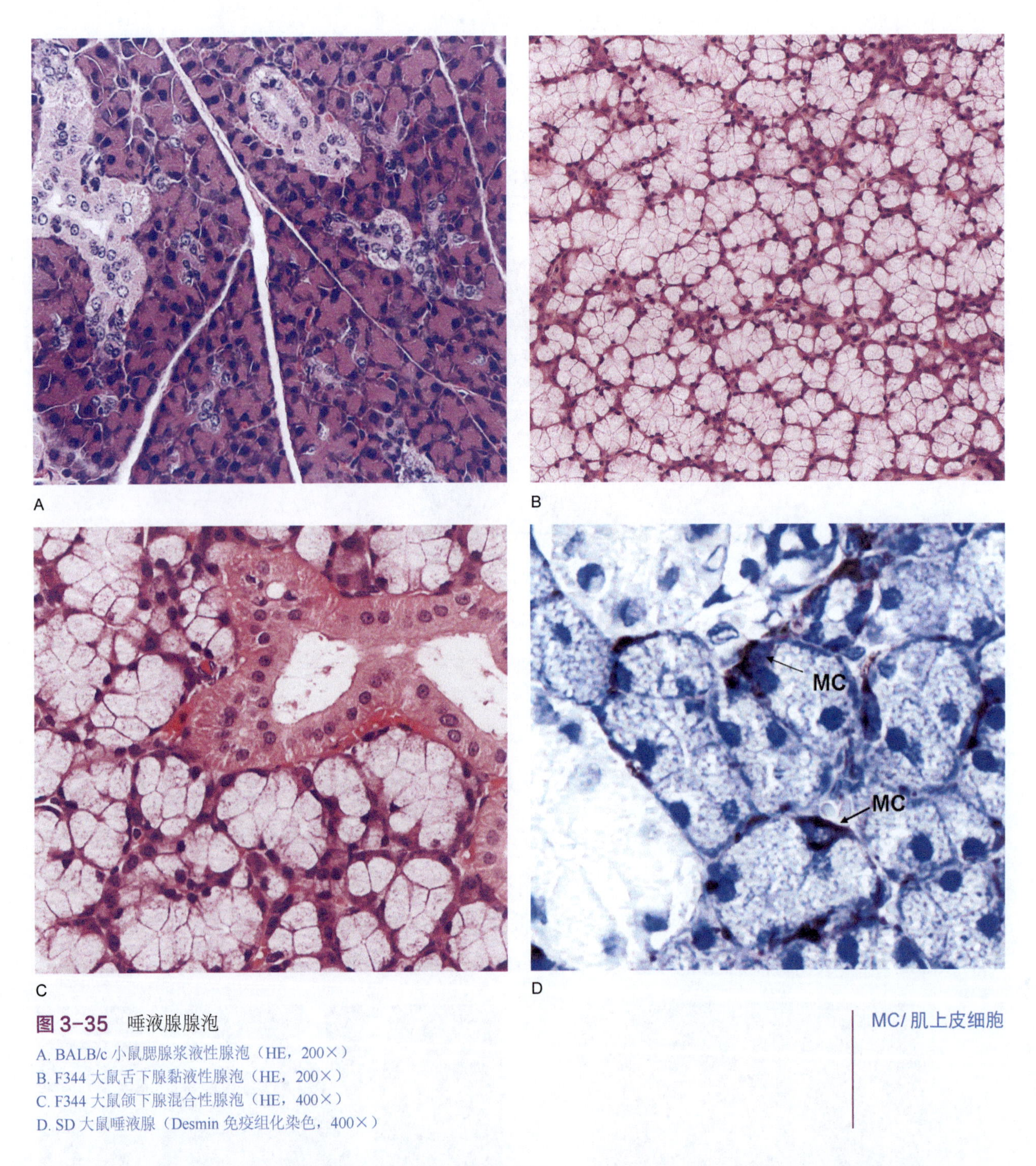

图 3-35 唾液腺腺泡

A. BALB/c 小鼠腮腺浆液性腺泡（HE，200×）
B. F344 大鼠舌下腺黏液性腺泡（HE，200×）
C. F344 大鼠颌下腺混合性腺泡（HE，400×）
D. SD 大鼠唾液腺（Desmin 免疫组化染色，400×）

MC/ 肌上皮细胞

（1）浆液性腺泡（serous alveolus）由浆液性腺细胞组成。在HE染色切片中，胞质染色较深，核近基底。基部胞质嗜碱性较强，顶部胞质内有较多嗜伊红的分泌颗粒（酶原颗粒，zymogen granule）。浆液性腺泡分泌物较稀薄，含唾液淀粉酶。

（2）黏液性腺泡（mucous alveolus）由黏液性腺细胞组成。在 HE 染色切片中，胞质着色较浅，呈空泡状，分泌颗粒不能显示。细胞核扁圆形，居细胞底部。黏液性腺泡的分泌物较黏稠。大鼠及小鼠唾液腺黏液细胞含黏蛋白原和酸性黏多糖（AB-PAS 染色为蓝色）或中性黏多糖（AB-PAS 染色为紫红色）（图 3-36）。

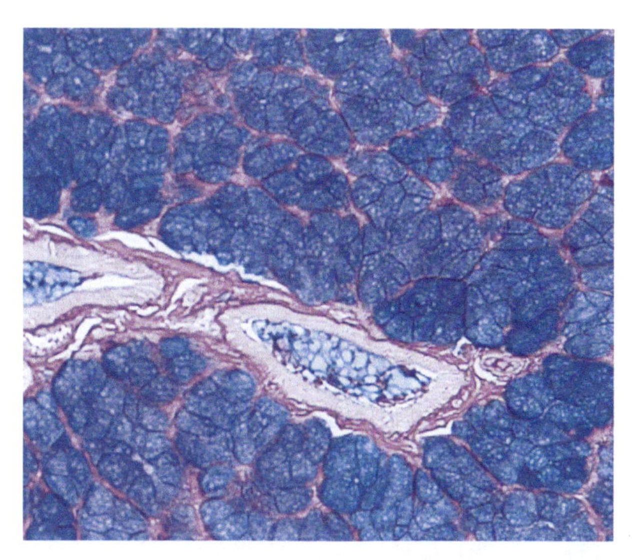

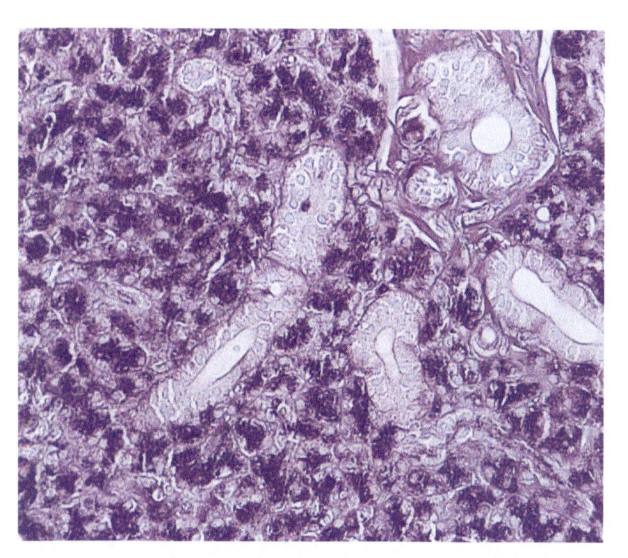

图 3-36　SD 大鼠唾液腺（AB-PAS，200×）

（3）混合性腺泡（mixed alveolus）由浆液性腺细胞和黏液性腺细胞共同组成。常见的形式是，腺泡主要由黏液性腺细胞组成，几个浆液性腺细胞位于腺泡的底部或附于腺泡的末端，在切片中呈半月形排列，故称半月（demilune）。半月的分泌物可经黏液性细胞间的小管释入腺泡腔内。

（二）导管

导管是反复分支的上皮性管道，是腺的排泄部，末端与腺泡相连。唾液腺导管可分为以下几段。

1. 闰管（intercalated duct）

直接与腺泡相连，管径细，大、小鼠闰管上皮为单层立方或单层扁平上皮，人闰管上皮为单层立方上皮。

2. 纹状管（striated duct）

也称分泌管（secretory duct），与闰管相连接，大、小鼠纹状管上皮为单层立方或低柱状上皮，人纹状管上皮为高柱状上皮。细胞核位居细胞顶部，胞质嗜酸性。细胞基底部胞浆都有嗜酸性的纹理，为基底部细胞膜内折所致。纹状管上皮细胞能主动吸收分泌物中的 Na^+，将 K^+ 排入管腔，并可重吸收或排出水，故可调节唾液中的电解质含量和唾液量（图 3-37）。

小鼠和大鼠出生后随着性发育成熟，

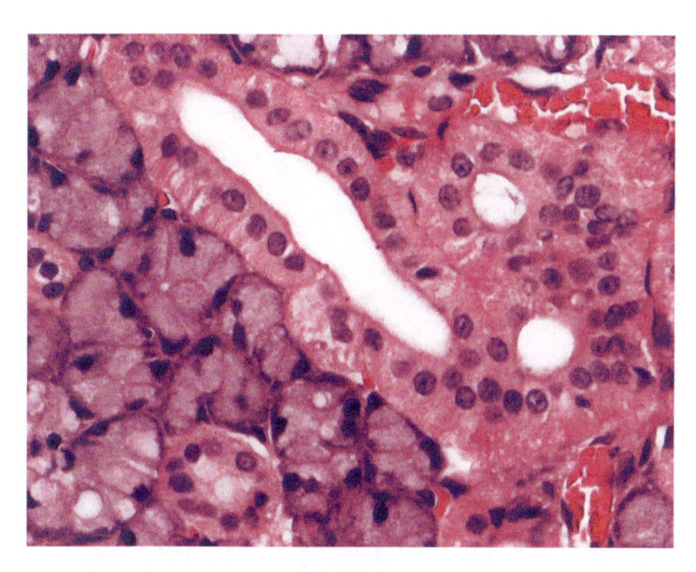

图 3-37　F344 大鼠唾液腺纹状管（HE，400×）

颌下腺纹状管逐渐增粗、增长和弯曲，上皮细胞顶部胞质内出现许多分泌颗粒。由导管上皮演变成的这种分泌细胞，称为颗粒曲管细胞（granular convoluted tubule cell, GCT 细胞）（图 3-38）。现已证实，鼠和其他一些啮齿动物颌下腺分泌的多种生物活性多肽，如表皮生长因子、神经生长因子、肾素等，主要定位于 GCT 细胞的分泌颗粒内；人和其他哺乳动物的颌下腺无 GCT 细胞。小鼠颌下腺 GCT 细胞的发育分化有明显的性别差异，雄鼠至性成熟时（生后 60 天）GCT 发育快，小管长而弯曲，分支多，雌鼠的 GCT 则相对发育较差。雄鼠 GCT 细胞内的分泌颗粒及产生的多肽也较雌鼠的多。若将新生雄鼠阉割，或给雌鼠以雄激素，GCT 细胞的性别差异则消失，表明小鼠颌下腺 GCT 细胞的发育是依赖雄激素的。此外，甲状腺素和肾上腺皮质激素对 GCT 的发育与分化也有促进作用。雄鼠颌下腺的重量可达雌鼠的两倍。

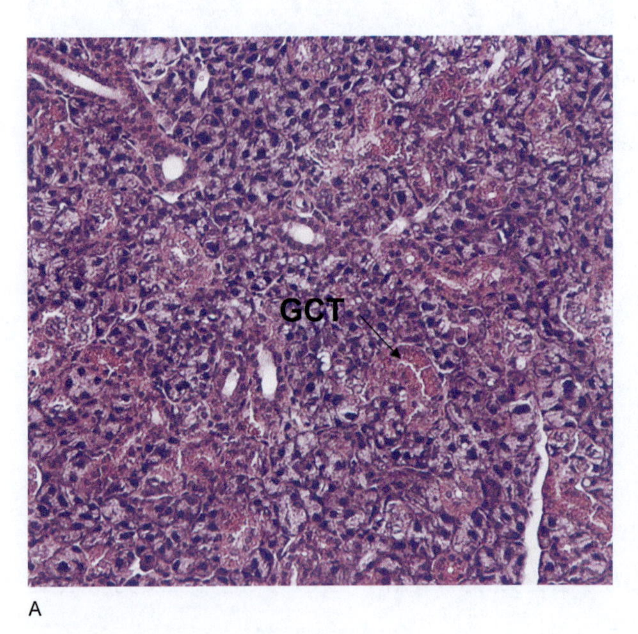

A

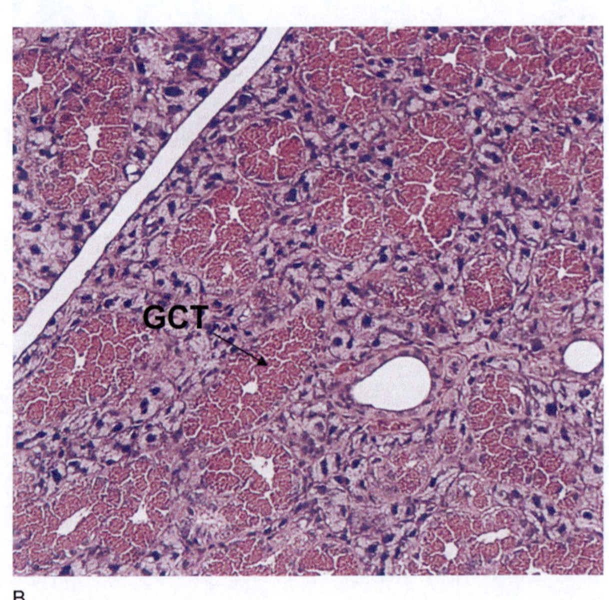

B

图 3-38 颌下腺的纹状管
A. BALB/c 雌性小鼠（HE，100×）
B. BALB/c 雄性小鼠（HE，100×）

GCT/ 颗粒曲管细胞

3. 小叶间导管和总导管

纹状管汇合形成小叶间导管，行于小叶间结缔组织内。小叶间导管较粗，被覆立方上皮。小叶间导管逐级汇合并增粗，最后形成一条或几条总导管开口于口腔，导管近口腔开口处渐为复层扁平上皮，与口腔上皮相连续。

第八节　肝

肝（liver）是最大的腺体，它产生的胆汁经胆管输入十二指肠，参与脂类物质的消化，故通常将肝列为消化腺。但肝的结构和功能与其他消化腺有很大不同，例如，肝细胞的排列分布特殊，不形成类似胰腺和唾液腺的腺泡；肝内有丰富的血窦，肝动脉血以及由胃肠、胰、脾的静脉汇合而成的门静脉血均输入肝血窦内；肝细胞既产生胆汁排入胆管，又合成多种蛋白质和脂类物质直接分泌入血；由胃肠吸收的物质除脂质外全部经门静脉输入肝内，在肝细胞内进行合成、分解、转化、储存，因此，肝又是进行物质代谢的重要器官。此外，肝内还有大量巨噬细胞，它能清除从胃肠进入机体的微生物等有害物质。

肝表面覆以致密结缔组织被膜，并富含弹性纤维，被膜表面大部有浆膜覆盖。肝门处的结缔组织随门静脉、肝动脉和肝管的分支伸入肝实质，将实质分隔成许多肝小叶（hepatic lobule, HL）。从肝门进出的门静脉、肝动脉和肝管，在肝内反复分支，伴行于小叶间结缔组织内。在肝切片中，肝小叶周围的角缘处，可见较多的结缔组织，其中含有上述三种伴行管道以及淋巴管的断面，称为门管区（portal area）。

肝细胞分泌的胆汁分泌入胆小管后，由特化的肝细胞微绒毛推动向门管区流动。胆小管于小叶边缘处汇集成若干短小的管道，称闰管或Hering管。闰管较细，上皮由立方细胞组成，细胞着色浅，胞质内的细胞器较少。闰管与小叶间胆管相连，小叶间胆管向肝门方向汇集，最后形成肝管，大鼠无胆囊，肝管在肝门处汇集成胆总管，开口于位于胃幽门远端7～35mm处的十二指肠乳头，小鼠的肝管注入胆囊，经总胆管在十二指肠乳头注入十二指肠。

大鼠及小鼠的肝分4叶：左叶（left lobe of liver）、中间叶（medial lobe of liver）、右叶和尾叶。左叶最大，尾叶最小。中间叶有两个侧翼，中间由峡部连接，小鼠峡部下方为突出的胆囊（gallbladder），大鼠无胆囊（图3-39）。兔子和豚鼠尚有方叶。

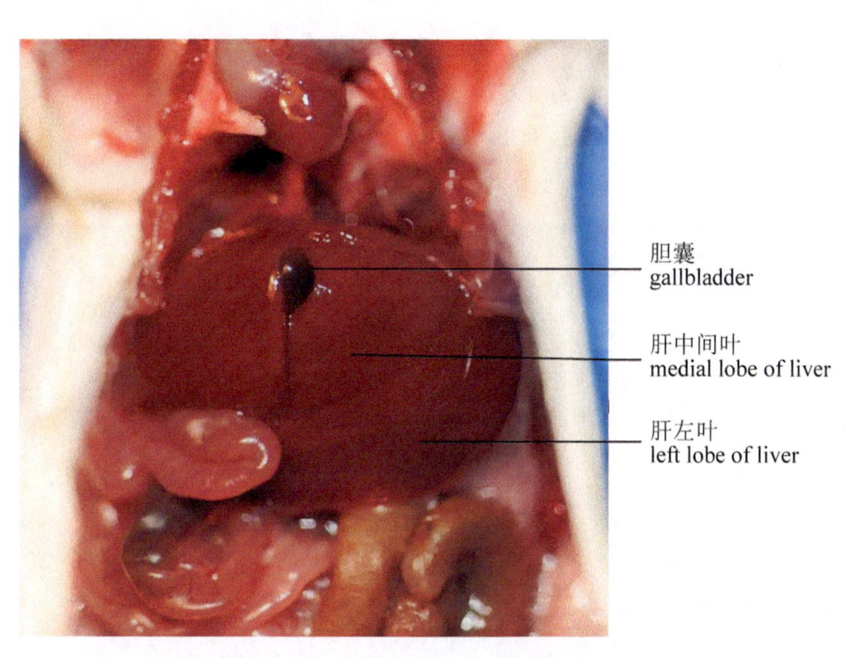

图3-39　KM小鼠肝及胆囊解剖结构

（一）肝小叶

肝小叶（hepatic lobule, HL）是肝的基本结构单位，呈多角棱柱体。小叶之间以少量结缔组织分隔。肝小叶中央有一条沿其长轴走行的中央静脉（central vein, CV），肝细胞以中央静脉为中心单行排列成板状，称为肝板（hepatic plate）。肝板凹凸不平，大致呈放射状，相邻肝板吻合连接，形成迷路样结构。肝板之间为肝血窦（hepatic sinusoid, HS），血窦经肝板上的孔互相通连，形成网状管道。在切片中，肝板的断面呈索状，称肝索（hepatic cord, HC）。与大鼠相比，小鼠的肝板分界不明显。相邻肝小叶之间三角形或不规则形结缔组织内，小叶间静脉、小叶间动脉和小叶间胆管（分别为门静脉、肝动脉和肝管的分支）称为门管区（portal area, PA）（图 3-40 和图 3-41）。

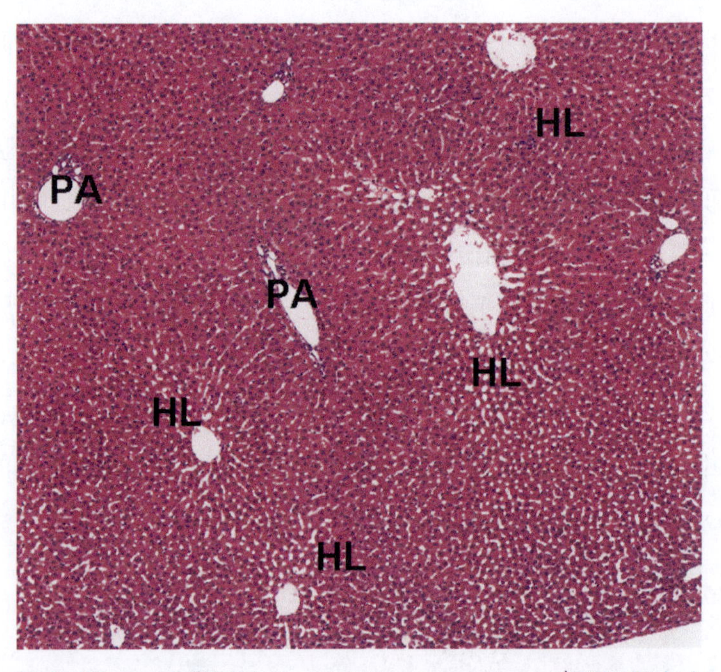

图 3-40 SD 大鼠肝（HE，40×）

HL/ 肝小叶
PA/ 门管区

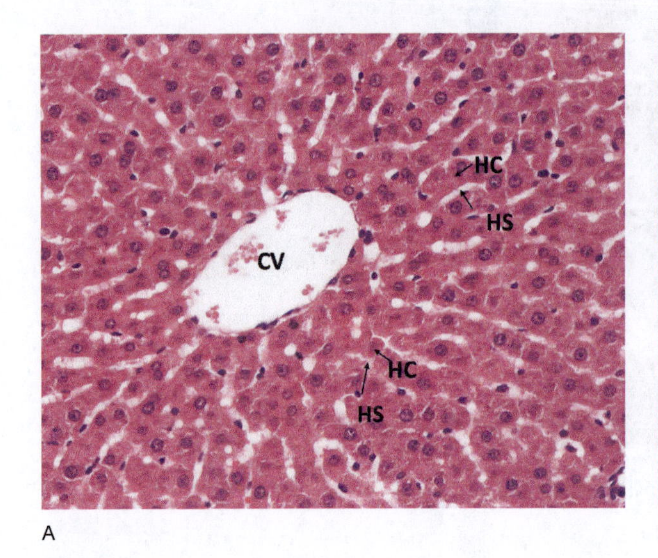

A

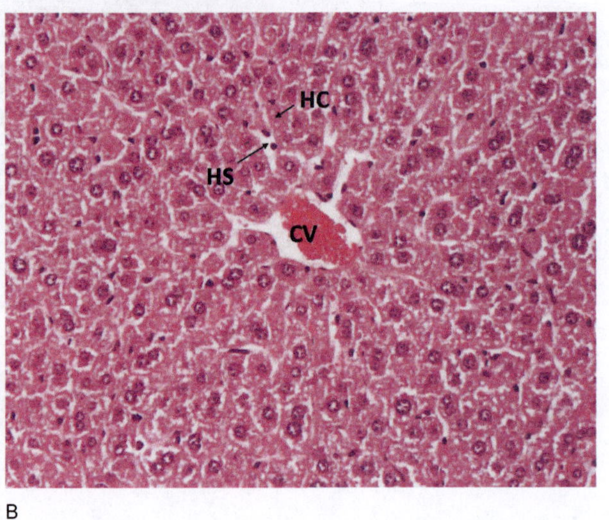

B

图 3-41 肝小叶

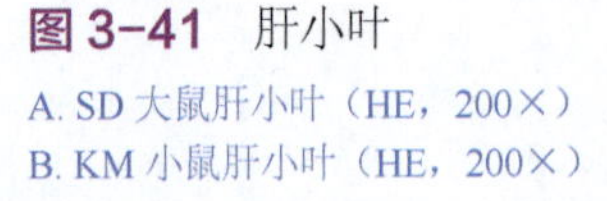
A. SD 大鼠肝小叶（HE，200×）
B. KM 小鼠肝小叶（HE，200×）

CV/ 中央静脉
HC/ 肝索
HS/ 肝血窦

正常肝内的结缔组织仅占肝体积的 4%左右，主要分布在肝小叶之间，肝小叶则占肝体积 96%。肝细胞是构成肝小叶的主要成分，约占肝小叶体积的 75%。肝细胞以中央静脉为中心单行排列成板状，称为肝板（hepatic plate）。肝板凹凸不平，大致呈放射状，相邻肝板吻合连接，形成迷路样结构。肝板之间为肝血窦，血窦经肝板上的孔互相通连，形成网状管道。在切片中，肝板的断面呈索状，称肝索（hepatic cord）。肝细胞相邻面的质膜局部凹陷，形成微细的小管，称胆小管，胆小管在肝板内也相互连接成网。以中央静脉为中心的肝小叶称为经典肝小叶（classic lobule），它作为肝的基本结构单位至今仍习惯应用。此外，还有门管小叶和肝腺泡两种肝结构单位的概念。门管小叶（portal lobule）是以门管区内的胆管为中心的三角形柱状体，三个角缘处为相邻肝小叶的中央静脉。门管小叶内的胆汁从周边流向中央，汇入小叶中央的胆管（即前述的小叶间胆管），故门管小叶的概念是强调肝的外分泌性质。肝腺泡（hepatic acinus）是肝结构单位的另一种概念。肝细胞是行使肝功能的主要成分。肝细胞的代谢活动与肝内血循环关系密切。一个肝腺泡是由相邻两个肝小叶各 1/6 部分组成的，其体积约为肝小叶的 1/3。每个肝腺泡接受一个终末血管（门静脉系和肝动脉系）的血供，因而它是以微循环为基础的肝最小结构单位。根据血流方向及肝细胞获得血供的先后优劣的微环境差异，将肝腺泡分为三个带：①近中轴血管的部分为Ⅰ带，肝细胞优先获得富于氧和营养成分的血供，细胞代谢活跃，再生能力强；②Ⅰ带的外侧为Ⅱ带，肝细胞营养条件次于Ⅰ带；③近中央静脉的腺泡两端部分为Ⅲ带，肝细胞营养条件较差，细胞再生能力也较弱，易受药物和有毒物质的损害。酒精中毒、药物中毒或病毒性肝炎时，常首先引起Ⅲ带肝细胞变性坏死。肝腺泡概念与肝的病理变化有关，故有一定实际意义。

肝小叶内的肝细胞有结构和功能的梯度差异。大鼠肝腺泡Ⅰ带肝细胞的线粒体总体积比Ⅲ带的大，Ⅲ带肝细胞的滑面内质网总面积较Ⅰ带大，Ⅰ带肝细胞的吞饮活动较Ⅲ带的强等。各带肝细胞还表现一定生化功能的异质性，如物质的摄取、合成和代谢，以及生物转化和胆汁分泌等方面。肝细胞从血窦摄取物质一般是从肝腺泡Ⅰ带至Ⅲ带递减。Ⅰ带肝细胞以糖原合成和葡萄糖产生为主，Ⅲ带肝细胞则以葡萄糖的利用为主。Ⅰ带和Ⅱ带肝细胞主要参与胆酸的转运和分泌胆盐依赖性胆汁；Ⅲ带肝细胞则主要分泌不依赖胆盐的胆汁，胆盐的转运作用较弱。Ⅰ带和Ⅱ带肝细胞分泌的胆汁量较Ⅲ带的多。

1．肝细胞

肝细胞（hepatocyte）体积较大，直径 20 ～ 30μm，呈多面体形。肝细胞有三种不同的功能面：血窦面、细胞连接面和胆小管面。血窦面和胆小管面有发达的微绒毛，使细胞表面积增大。相邻肝细胞之间的连接面有紧密连接、桥粒和缝隙连接等结构。肝细胞核大而圆，居中央，常染色质丰富染色浅，核膜清楚，核仁一至数个。部分肝细胞（约 25%）有双核，有的肝细胞的核体积较大，为多倍体核。一般认为，双核肝细胞和多倍体核肝细胞的功能比较活跃。肝细胞是一种高度分化并具有多种功能的细胞，胞质内各种细胞器丰富而发达，并含有糖原、脂滴等内涵物。细胞器和内涵物的含量与分布常因细胞的功能状况或饮食变化而变动。在 HE 染色切片中，肝细胞质呈嗜酸性，并含有散在的嗜碱性物质，它是由粗面内质网组成的结构（图 3-42A）。PAS 染色可显示肝细胞中的糖原。小鼠可将刚消化的食物中的糖原快速储存在小叶中央的肝细胞中，使胞浆渗透压增高，增加水分摄入，胞浆因而变得透明。这是正常的变化，有时会被误称为“水变性”或“浊肿”（图 3-42B）。

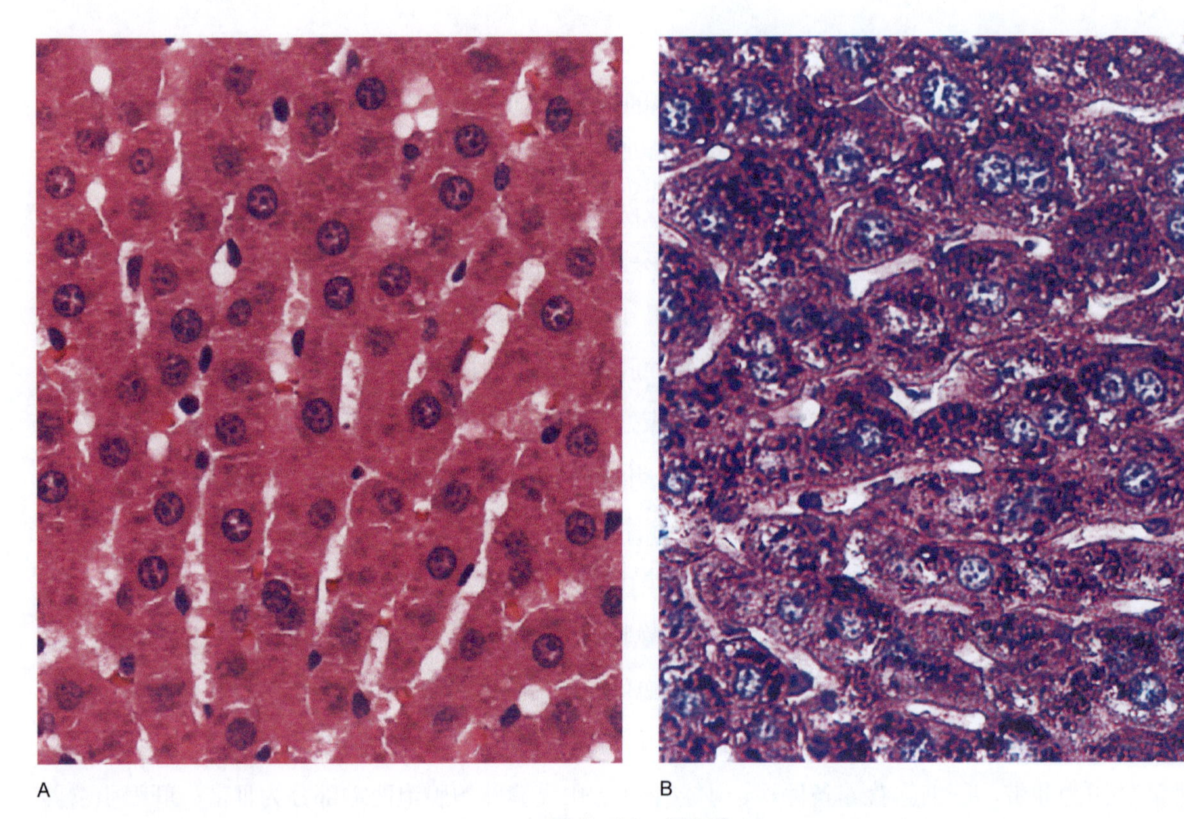

图 3-42 肝细胞

A. SD 大鼠（HE，400×）；B. KM 小鼠（PAS，400×）

2．肝血窦

肝血窦（hepatic sinusoid）位于肝板之间，互相吻合成网状管道。血窦腔大而不规则，血液从肝小叶的周边经血窦流向中央，汇入中央静脉。血窦壁由内皮细胞组成，窦腔内有定居于肝内的巨噬细胞和大颗粒淋巴细胞。血窦内皮细胞与肝细胞之间有狭小间隙，称窦周隙（perisinusoidal space）或 Disse 隙，是肝细胞与血液之间进行物质交换的场所。窦周隙内有散在的网状纤维，起支持血窦内皮的作用；还有一种散在的细胞称储脂细胞（fat-storing cell）或称 Ito 细胞，细胞形态不规则，有突起，附于内皮细胞外表面及肝细胞表面。储脂细胞有产生胶原的功能，在病理状况下，储脂细胞增多并转化为成纤维细胞，合成胶原的功能增强，与肝纤维增生性病变的发生有关。肝窦内定居的巨噬细胞又称库普弗细胞（Kupffer cell, KC），细胞形态不规则，从胞体伸出许多板状或丝状伪足附在内皮细胞上，或穿过内皮窗孔和细胞间隙伸入窦周隙内。细胞核较大，细胞内溶酶体发达。肝巨噬细胞具有吞噬和清除从胃肠进入门静脉的细菌、病毒和异物的功能，占肝脏所有细胞的 15%（图 3-43）。

3．胆小管

胆小管（bile canaliculi）是相邻两个肝细胞之间局部胞凹陷形成的微细管道。它们在肝板内连接成网格状管道。正常情况下，肝细胞分泌的胆汁排入胆小管，胆汁不会从胆小管溢出至窦周隙；当肝细胞发生变性、坏死或胆道堵塞内压增大时，胆小管的正常结构被破坏，胆汁则溢入窦周隙，进而进入血窦，出现黄疸。

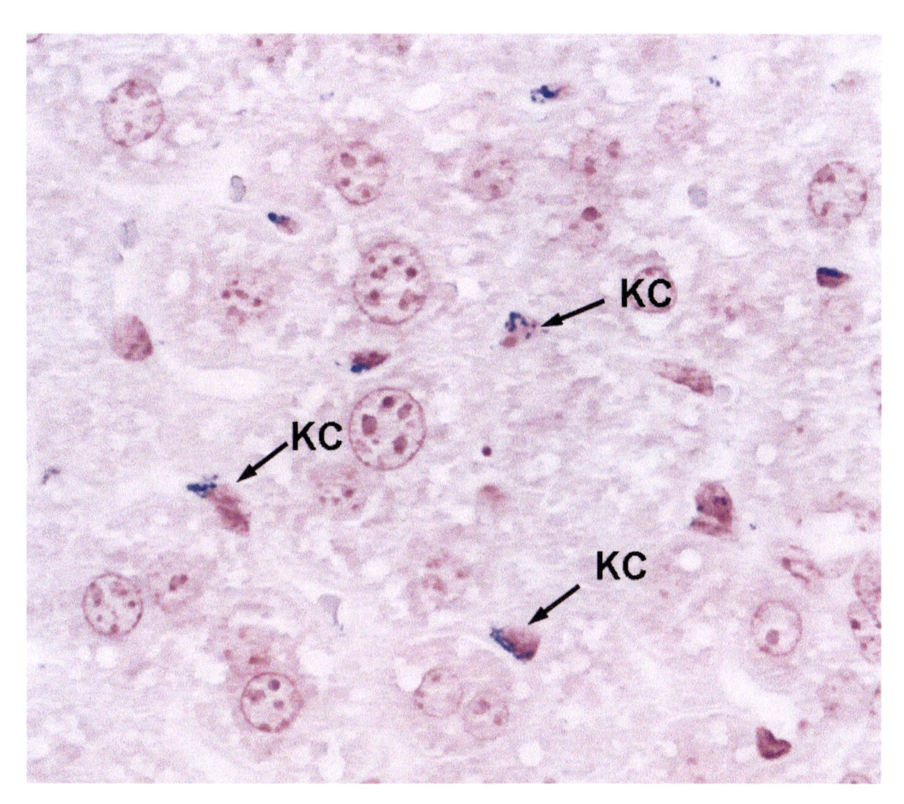

图 3-43　KM 小鼠肝窦内的巨噬细胞（台盼蓝腹腔注射后取材 核固红，400×）

KC/ 库普弗细胞

（二）肝门管区

从肝门进出的门静脉、肝动脉和肝管，在肝内反复分支，伴行于小叶间结缔组织内。在肝切片中，肝小叶周围的角缘处，可见较多的结缔组织，其中含有上述三种伴行管道的断面，称为门管区（portal area）。每个肝小叶的周围一般有 3 ～ 4 个门管区，门管区内主要有小叶间静脉、小叶间动脉和小叶间胆管，此外还有淋巴管和神经纤维（图 3-44）。小叶间静脉（interlobular vein, IV）是门静脉的分支，管腔较大而不规则，壁薄，内皮外仅有少量散在的平滑肌。小叶间动脉（interlobular artery, IA）是肝动脉的分支，管径较细，腔较小，管壁相对较厚，内皮外有几层环行平滑肌。小叶间胆管（bile duct, BD）是肝管的分支，管壁由单层立方或低柱状上皮构成。 门管区还有淋巴管（lymphatics, L）。与其他动物相比，小鼠门管区面积较小，结缔组织较少，即使受到严重的损伤，也难以出现典型的硬化改变。

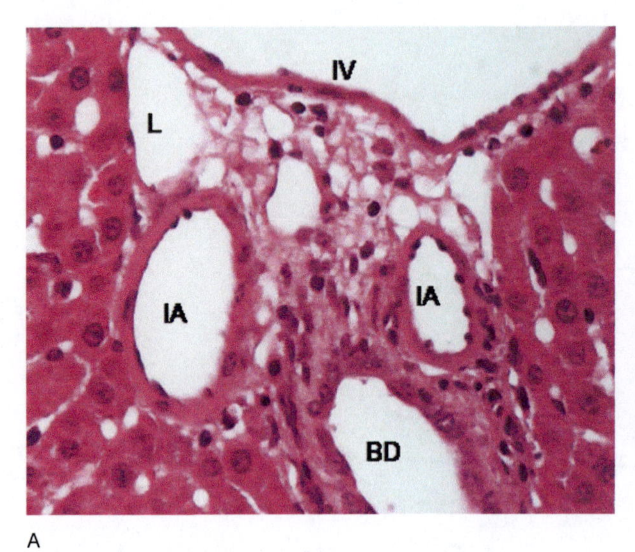

A

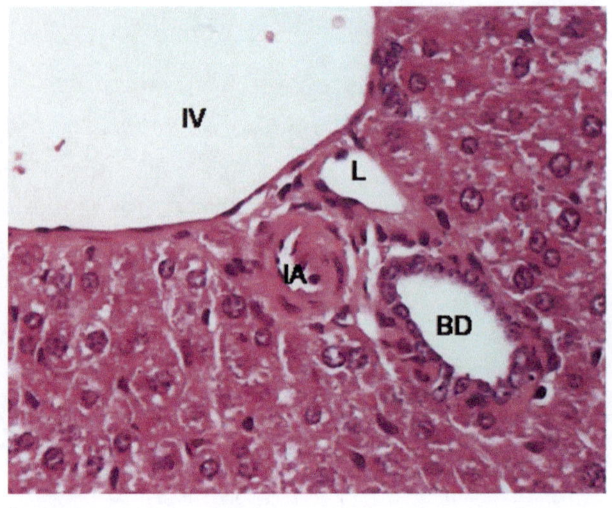

B

图 3-44 肝门管区

A. SD 大鼠肝门管区（HE，400×）
B. KM 小鼠肝门管区（HE，400×）

L/ 淋巴管
IV/ 小叶间静脉
IA/ 小叶间动脉
BD/ 小叶间胆管

第九节 胆　囊

大鼠没有胆囊（gallbladder）。小鼠胆囊壁由黏膜、肌层和外膜三层组成。黏膜上皮为单层立方形，固有层为薄层结缔组织，有较丰富的血管、淋巴管和弹性纤维。小鼠胆囊没有黏膜肌层和黏膜下层。肌层较薄，肌纤维排列不甚规则。外膜表面大部覆以浆膜。胆囊的功能是储存和浓缩胆汁。胆囊的收缩排空受激素的调节，进食后，小肠内分泌细胞分泌胆囊收缩素，经血流至胆囊，刺激胆囊肌层收缩，排出胆汁。

小鼠胆囊壁由黏膜、肌层和外膜三层组成。黏膜上皮（epithelium, Ep）为单层立方形，固有层（lamina propria mucosa, LPM）为薄层结缔组织，有较丰富的血管、淋巴管和弹性纤维。肌层（muscular layer, ML）较薄，肌纤维排列不甚规则。外膜表面大部覆以浆膜（serosa, S）（图 3-45）。

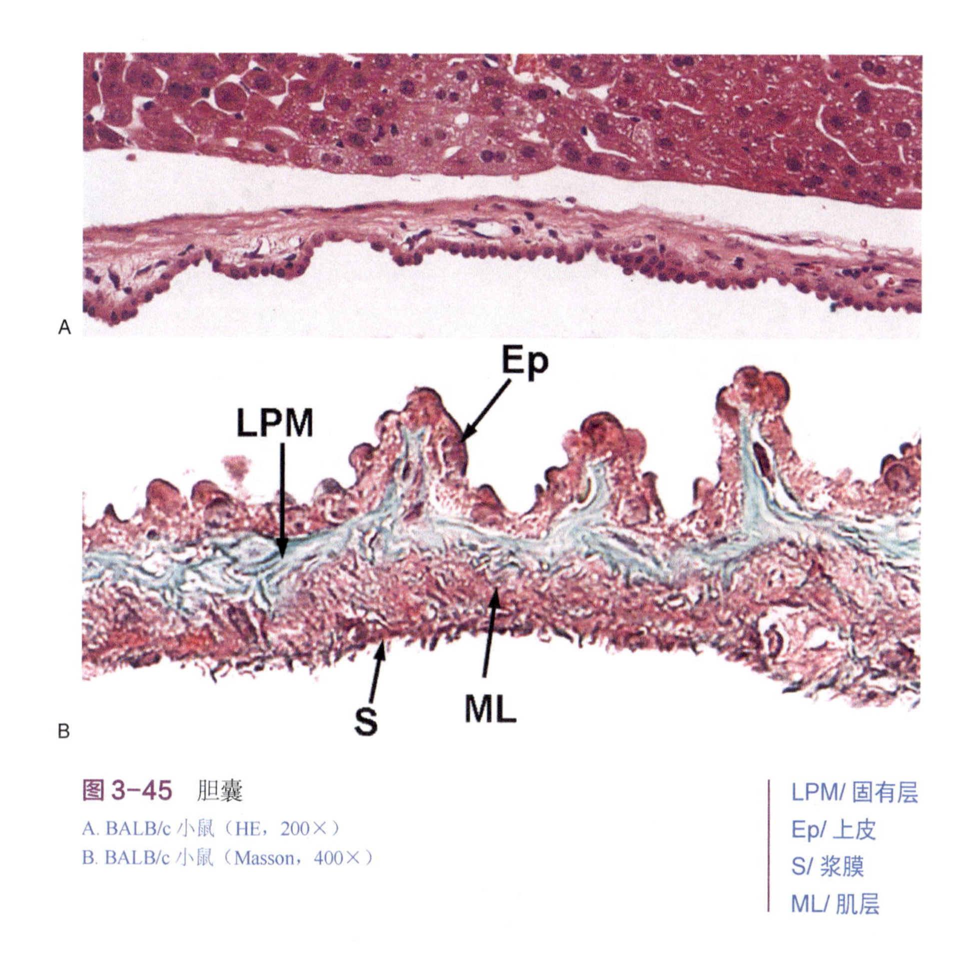

图3-45 胆囊

A. BALB/c 小鼠（HE，200×）

B. BALB/c 小鼠（Masson，400×）

LPM/ 固有层

Ep/ 上皮

S/ 浆膜

ML/ 肌层

第十节 胰 腺

小鼠、大鼠和兔的胰腺（pancreas）为肠系膜型，较为弥散地分布在十二指肠系膜中，被肠系膜脂肪结缔组织和淋巴结分隔，而人、猴、犬和豚鼠的胰腺为致密型，局限于十二指肠上段的凹陷内。胰腺小叶之间有纤细的结缔组织间隔，间隔内有血管、神经、神经节和胰腺导管经过（图3-46）。胰腺腺泡为分支管泡状腺，腺泡紧密聚集形成小叶。胰腺分为许多小叶。

腺实质由外分泌部和内分泌部两部分组成。外分泌部由胰腺腺泡（pancreatic acinus, PA）构成，分泌胰液，含有多种消化酶，经导管排入十二指肠，在食物消化中起重要作用。内分泌部是散在于外分泌部之间的细胞团，称胰岛（pancreatic islet, PI），它分泌的激素进入血液或淋巴，主要参与调节碳水化合物的代谢（图3-47）。

（一）外分泌部

外分泌部为浆液性复管泡状腺。小叶间结缔组织中有导管、血管、淋巴管和神经。

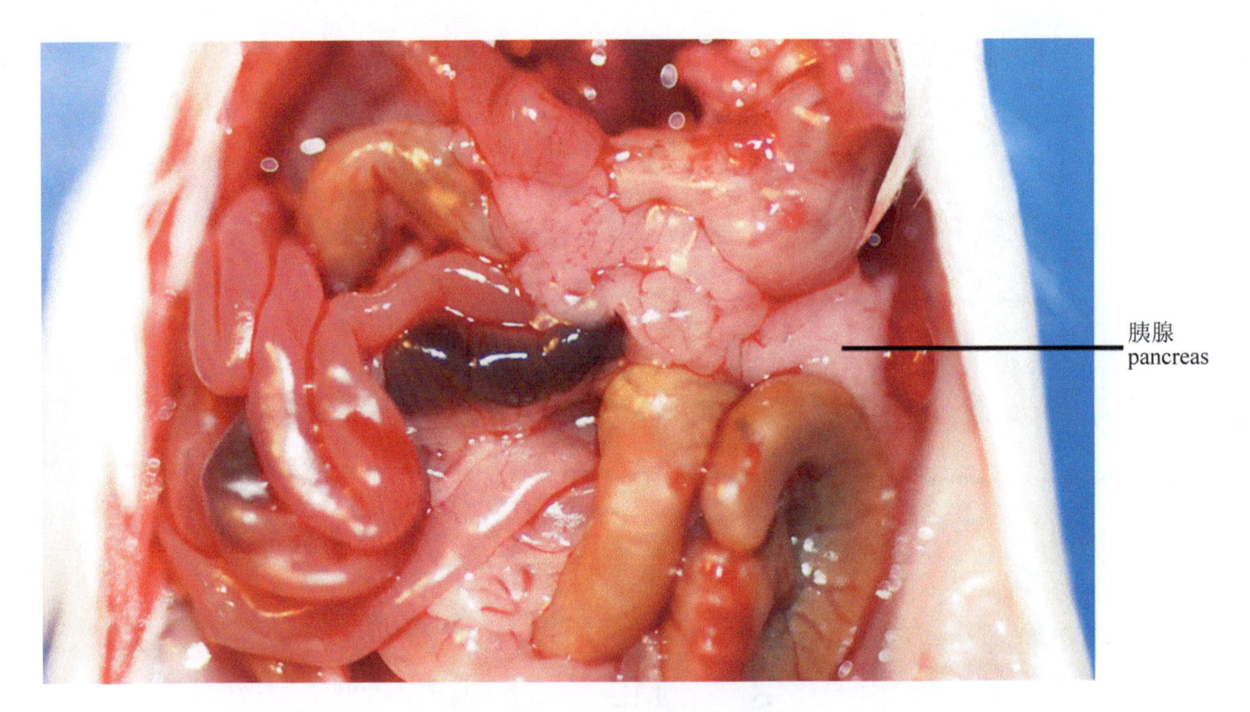

图 3-46 KM 小鼠胰腺解剖结构

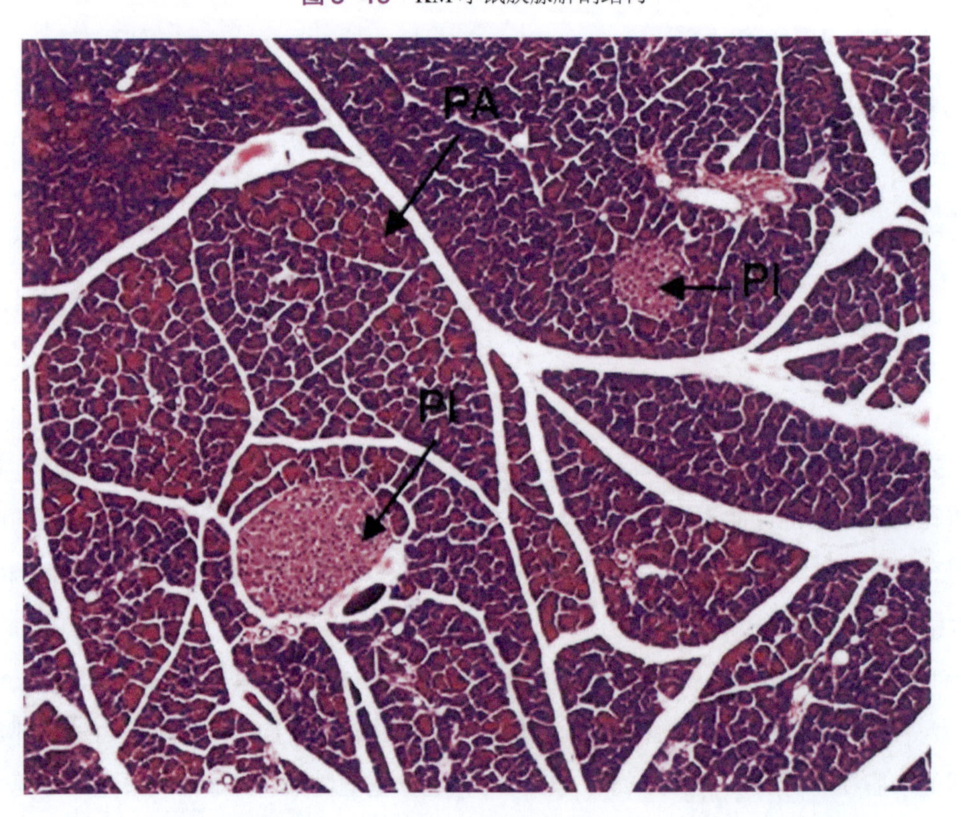

图 3-47 SD 大鼠胰腺（HE，50×）

PI/ 胰岛
PA/ 胰腺腺泡

1. 腺泡

具有浆液性腺泡结构，腺泡细胞（acinar cell, AC）呈锥体形，细胞底部位于基膜上，基膜与腺细胞之间无肌上皮细胞。腺细胞具有合成蛋白质的结构特点，基部胞质内含有丰富的粗面内质网和核糖体，故在HE切片上，此处胞质呈嗜碱性。细胞核圆形，位近基底部，啮齿类动物可为双核。细胞合成的蛋白质（酶的前体），经高尔基复合体组装于分泌颗粒（酶原颗粒）内。颗粒聚集于细胞顶部，其数量因细胞功能状态不同而异，饥饿时细胞内分泌颗粒增多；进食后细胞释放分泌物，颗粒减少。酶原颗粒中有多种消化酶，多数在进入十二指肠后被激活。胰腺腺泡腔面还可见一些较小的扁平或立方形细胞，称泡心细胞（centroacinar cell, CC），细胞质染色淡，核圆形或卵圆形。泡心细胞是延伸入腺泡腔内的闰管上皮细胞（图3-48）。

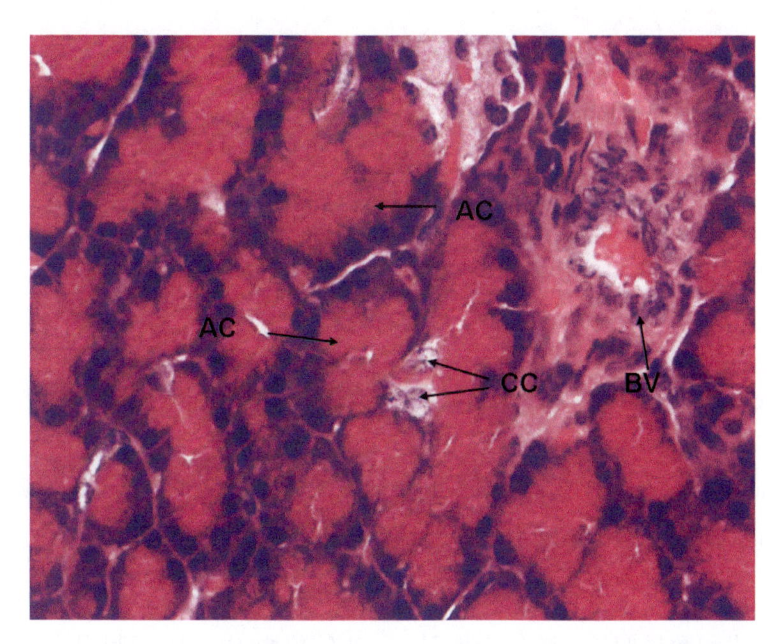

图3-48　F344大鼠胰腺腺泡（HE，400×）

AC/ 腺泡细胞
CC/ 泡心细胞
BV/ 血管

2. 导管

胰腺腺泡以泡心细胞（CC）与闰管（intercalated duct）相连，闰管腔小，为单层扁平或立方上皮，细胞结构与泡心细胞相同。闰管逐渐汇合形成小叶内导管（intralobular duct）。小叶内导管在小叶间结缔组织内汇合成小叶间导管（interlobular duct），后者再汇合成一条主导管，贯穿胰腺全长，在胰头部与胆总管汇合，开口于十二指肠乳头。从小叶内导管至主导管，管腔渐增大，单层立方上皮逐渐变为单层柱状上皮。主导管为单层高柱状上皮，上皮内可见杯状细胞。导管的上皮表面覆盖一层黏液，可保护深层的组织免受胰蛋白酶的消化。

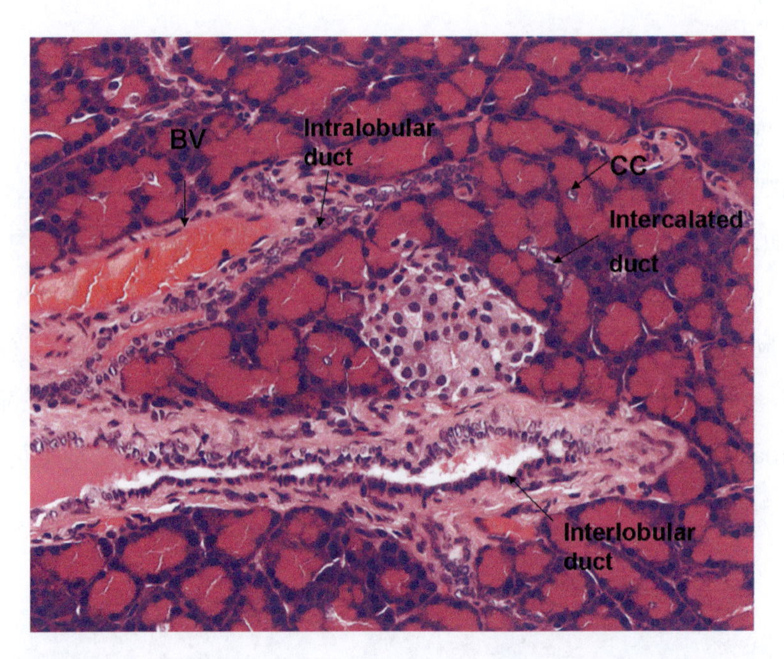

图 3-49 F344 大鼠胰腺导管（HE，200×）

BV/ 血管
CC/ 泡心细胞
intercalated duct/ 闰管
intralobular duct/ 小叶内导管
interlobular duct/ 小叶间导管

（二）内分泌部

胰岛（pancreatic islet）是由内分泌细胞组成的细胞团，分布于腺泡之间。小鼠、大鼠和豚鼠的胰岛多位于胰腺小叶间（血管或导管周围），少数位于小叶内（图 3-50），而人、猪、牛、狗、兔的胰岛一般位于小叶内。大鼠和小鼠胰岛分布不均匀，因此部分胰腺小叶可没有胰岛。雄鼠胰岛数量多于雌鼠，雌鼠孕期胰岛大小和数量增长。胰岛大小不一，小的仅由 10 多个细胞组成，大的有数百个细胞，也可见单个细胞散在于腺泡之间。尽管胰岛大小变异很大，一般来说，小鼠胰岛的直径约为人类的两倍。胰岛细胞呈团索状分布，细胞间有丰富的有孔型毛细血管，细胞释放激素入血。胰岛主要有 A、B、D、PP 四种细胞，细胞之间有紧密连接和缝隙连接。HE 染色切片中不易区分各种细胞。除 B 细胞外，其他几种细胞也见于胃肠黏膜内，它们的结构也相似，都合成和分泌肽类或胺类物质，故认为胰岛细胞也属 APUD 系统，并将胃、肠、胰腺内这些性质类似的内分泌细胞归纳称为胃肠胰内分泌系统（gastro-enteropancreatic endocrine system），简称 GEP 系统。

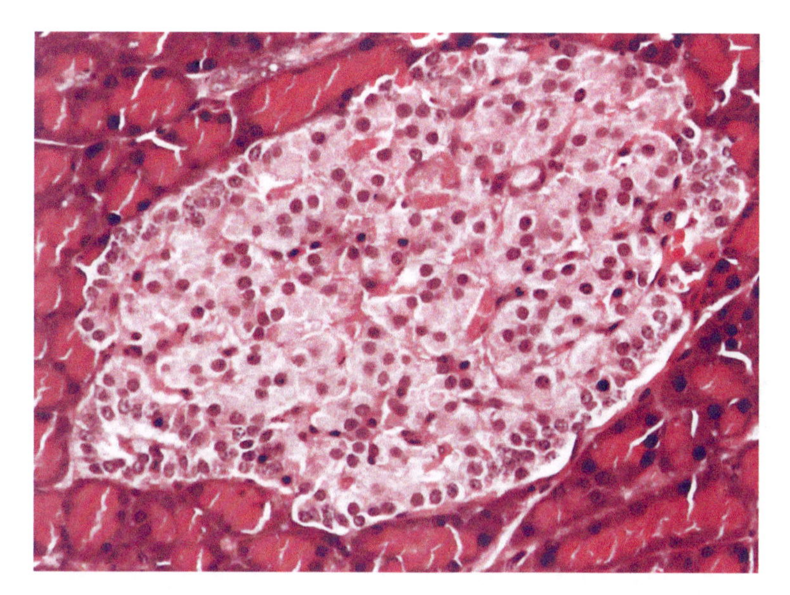

图 3-50 F344 大鼠胰岛（HE，200×）

胰岛内分泌功能也受神经系统的调节，胰岛内可见交感和副交感神经末梢。交感神经兴奋，促进 A 细胞分泌，使血糖升高；副交感神经兴奋，促使 B 细胞分泌，使血糖降低。

（1）A 细胞：约占胰岛细胞总数的 10%，细胞体积较大，多分布在胰岛周边部，分泌高血糖素（glucagon），故又称高血糖素细胞（图 3-51A, C）。高血糖是小分子多肽，它的作用是促进肝细胞内的糖原分解为葡萄糖，并抑制糖原合成，故使血糖升高。

（2）B 细胞：数量较多，约占胰岛细胞总数的 80%，主要位于胰岛的中央部。B 细胞内的分泌颗粒大小不一，其结构因动物种属而异，B 细胞颗粒内常见杆状或不规则形晶状致密核芯，核芯与膜之间有较宽的清亮间隙。B 细胞分泌胰岛素（insulin），故又称胰岛素细胞（图 3-51B, D）。胰岛素是含 51 个氨基酸的多肽，主要作用是促进细胞吸收血液内的葡萄糖作为细胞代谢的主要能量来源，同时也促进肝细胞将葡萄糖合成糖原或转化为脂肪。故胰岛素的作用与高血糖素相反，可使血糖降低。这两种激素的协同作用，使血糖水平保持稳定。若胰岛发生病变，B 细胞退化，胰岛素分泌不足，可致血糖升高，并从尿中排出，即为糖尿病。胰岛 B 细胞肿瘤或细胞功能亢进，则胰岛素分泌过多，可导致低血糖症。大鼠、小鼠和兔的 B 细胞主要位于胰岛的中央，而豚鼠、人和犬胰岛内的 B 细胞与其他内分泌细胞混杂，排列成小梁状。

（3）D 细胞：数量少，约占胰岛细胞总数的 5%，D 细胞散在于 A、B 细胞之间，并与 A、B 细胞紧密相贴。D 细胞分泌生长抑素（somatostatin），它以旁分泌方式或经缝隙连接直接作用于邻近的 A 细胞、B 细胞或 PP 细胞，抑制这些细胞的分泌功能。生长抑素也可进入血循环对其他细胞功能起调节作用。

（4）PP 细胞：数量很少，除存在于胰岛内，还可见于外分泌部的导管上皮内及腺泡细胞间，胞质内也有分泌颗粒。PP 细胞分泌胰多肽（pancreatic polypeptide），它有抑制胃肠运动、胰液分泌及胆囊收缩的作用。

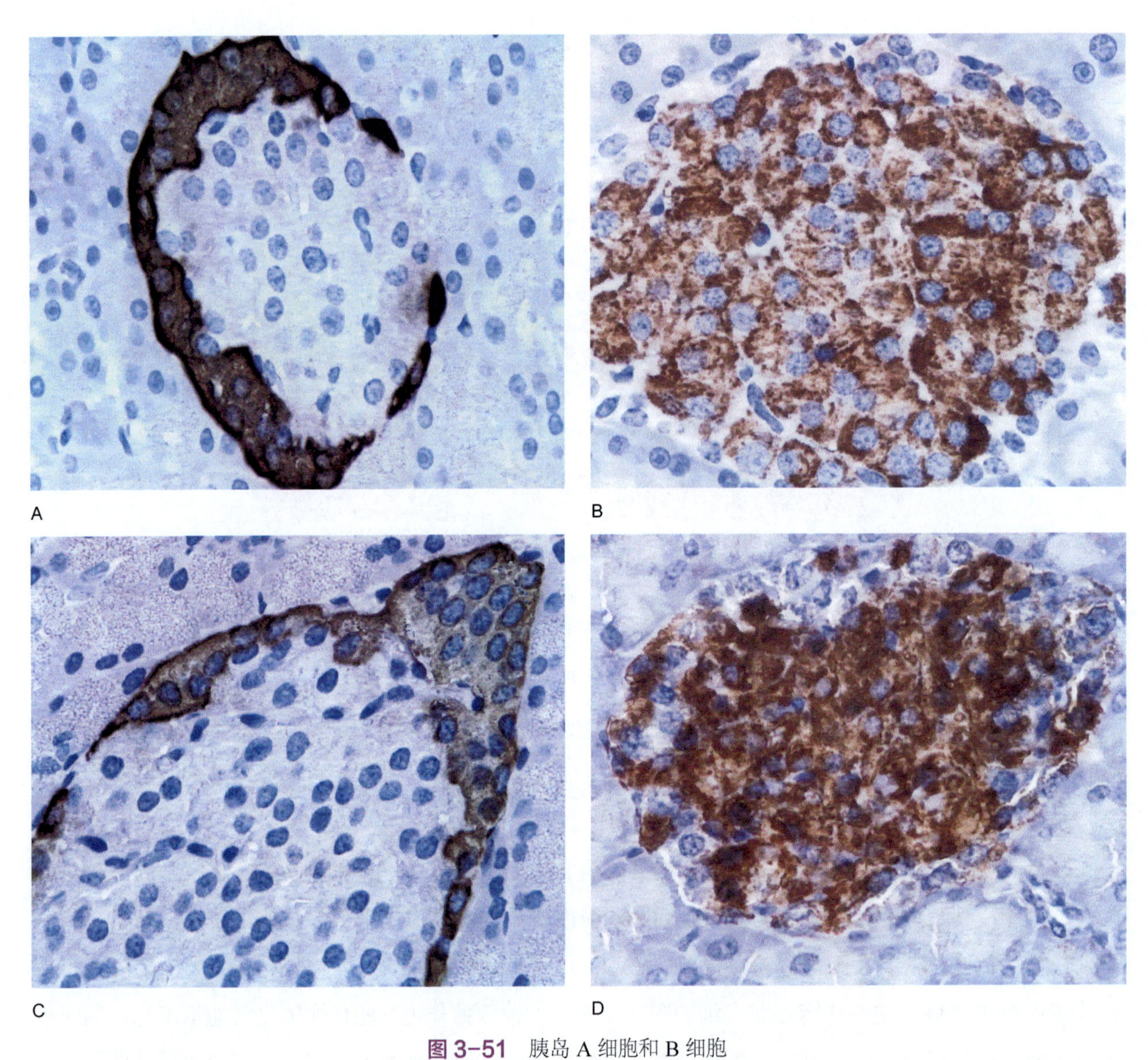

图 3-51 胰岛 A 细胞和 B 细胞

A. SD 大鼠（Glucagon，400×）；B. SD 大鼠（Insulin，400×）；C. F344 大鼠（Glucagon，400×）；D. KM 小鼠（Insulin，400×）

—— 比较组织学 ——

（1）大鼠和小鼠食管角化层明显，角化程度随进食状态变化，禁食时角化程度增加，并可见黏附的菌团。大、小鼠食管上端缺乏明确的黏膜肌层和黏膜下层，食管下端 4 层结构比较清楚，黏膜下层无食管腺；兔食管及舌的上皮层不全角化。

（2）大鼠及小鼠胃可分为前胃部和腺胃部，前胃部没有腺体；小肠肠腺底部潘氏细胞数量较多。人类盲肠和阑尾黏膜内有潘氏细胞，远端大肠无潘氏细胞；大、小鼠整段大肠黏膜均无潘氏细胞。大、小鼠的黏膜至肛门处直接转变为复层扁平上皮，而人的直肠与肛门移行处为过渡的复层柱状上皮。

（3）小鼠颌下腺颗粒曲管细胞（GCT 细胞）的发育分化有明显的性别差异，雄鼠至性成熟时 GCT 发育快，小管长而弯曲，分支多，雌鼠的 GCT 则相对发育较差。

（4）小鼠、大鼠和豚鼠的胰岛多位于胰腺小叶间，少数位于小叶内，而人、猪、牛、狗、兔的胰岛一般位于小叶内。

（5）小鼠肝脏汇管区结缔组织少。大鼠没有胆囊，小鼠胆囊壁薄，黏膜皱襞及肌层均不发达。

（6）人易于发生痔疮，可能与以下因素有关：人为直立体位，心脏高于直肠和肛门，且直肠上静脉及其分支没有静脉瓣，肛门直肠部的血液回流容易受阻，造成局部的血流淤滞；人体直立后，由于腹腔内脏器向下推挤的压力使直肠肛门部弯曲，在矢状面上，直肠沿骶尾骨的前面下降，形成直肠骶曲，随后直肠绕过尾骨尖，转向后方，形成一个直肠会阴曲。这些弯曲有利于人有意识地控制大便，但也成为形成痔疮的潜在因素。动物的肛门直肠部位高于心脏，不易因回流受阻和受地心引力的影响而产生肛门部淤血。小鼠直肠很短，只有 1 ～ 2cm，在有感染因素存在或抵抗力下降时易于形成直肠脱垂。

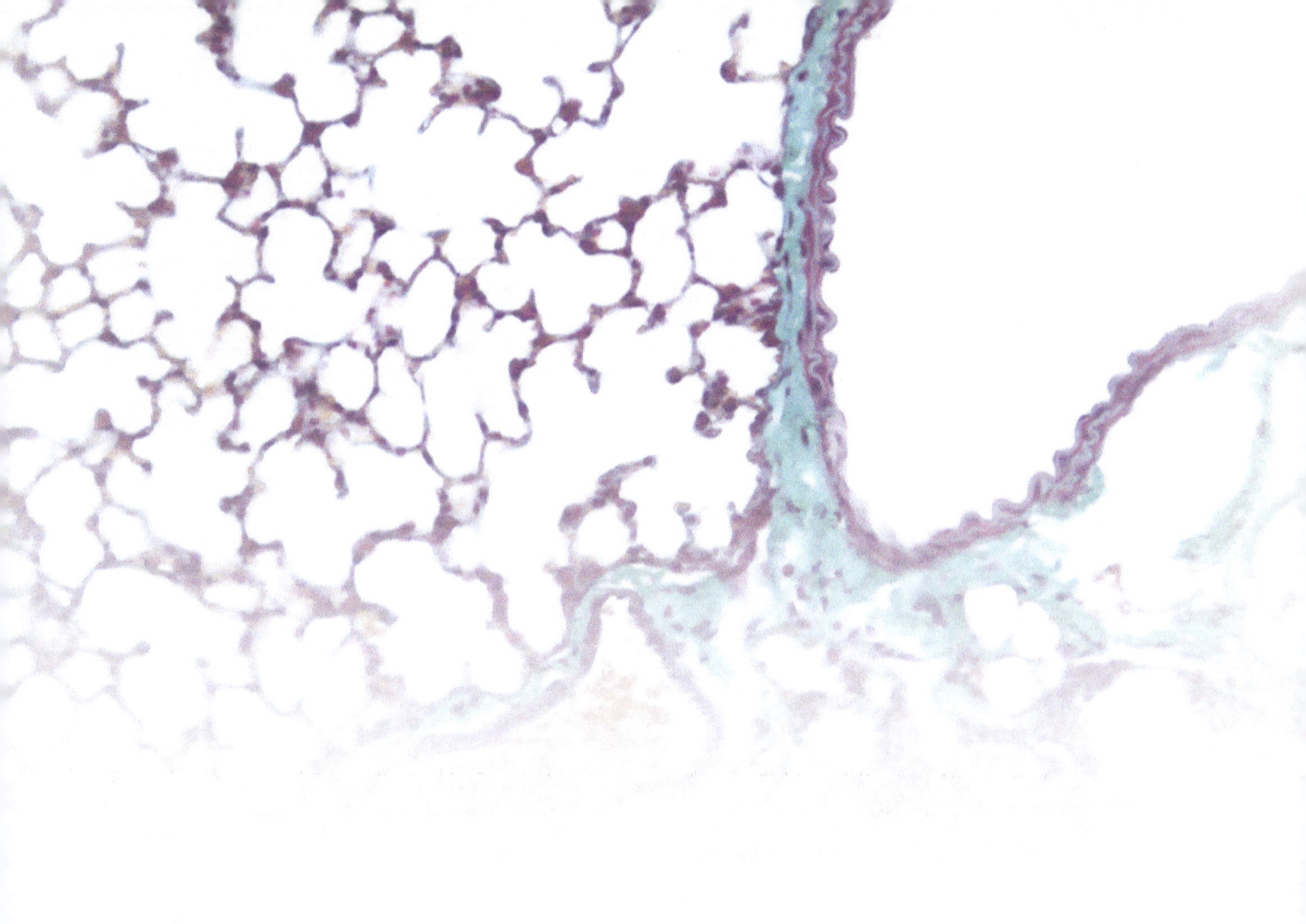

第4章 CHAPTER 4 RESPIRATORY SYSTEM

呼吸系统

第一节　鼻　　腔

鼻腔（nasal cavity, NC）对吸入的空气进行过滤、加温、加湿，有效地吸收水溶性的气体，捕捉吸入的颗粒，并代谢空气中外源性物质。鼻腔壁上有鼻甲，上面覆以黏膜。鼻甲与鼻腔壁之间形成鼻道，由鼻中隔左、右分开。在鼻腔后部，两侧的鼻道相连形成扁平的椭圆形鼻咽道，开口于咽的呼吸部。

根据鼻腔黏膜的结构与功能不同，鼻腔可分为前庭部（vestibulum region, V）、呼吸部（respiratory region, R）和嗅部（olfactory region, O）。前庭部由腹鼻道底部直到门齿管，被覆复层鳞状上皮，接近鼻孔部分的表层角化。与呼吸部黏膜相接部分的固有膜中有小型腺体，称为湿润的上皮。呼吸部被覆假复层纤毛柱状上皮，其间夹杂有分泌黏液的杯状细胞、刷细胞、基底细胞等。固有层内有丰富和复杂的血管网。鼻腔的血管系统由阻力血管和容量血管构成。阻力血管由小动脉、微动脉和动静脉吻合构成，黏膜的血流量由阻力血管的收缩和扩张控制。容量血管为大的静脉窦（静脉勃起组织或称“膨胀小体”），为鼻腔血管特有的结构，遍布于鼻黏膜。容量血管在鼻腔前部特别发达，这些血管有密集的肾上腺素能神经，其收缩和扩张由鼻腔的交感神经支配。容量血管的淤血可以改变鼻黏膜的厚度，从而改变鼻腔气流模式和鼻腔阻力。固有层内还有大量鼻腺。嗅部包括筛骨迷路、鼻底部的侧壁和背鼻道后部。大、小鼠鼻腔远侧的鼻甲形状复杂，主要覆盖嗅上皮，与敏锐的嗅觉功能相对应。嗅上皮为假复层柱状上皮，其中有嗅细胞，细胞的游离面有嗅毛，基底部有细长的突起，汇集成小束嗅神经通过筛孔进入颅腔；嗅黏膜上皮中有支持细胞、嗅细胞、基底细胞等。然后是黏膜固有膜，由疏松结缔组织构成，内有淋巴细胞、肥大细胞等。固有膜中有嗅腺，为分枝管泡状腺，腺泡中含有色素。鼻腔黏膜上覆盖着黏液，由表面的黏液细胞（杯状细胞）和固有层内的腺体分泌，可以黏附吸入的颗粒物。气道表面的纤毛协同运动，将黏液排出。覆盖嗅上皮的黏液排出缓慢，约需数天完全更换，而覆盖呼吸上皮的黏液排出很快，在大鼠约需 10min 即可完全更换。黏附有颗粒物的黏液经由纤毛的运动排至鼻咽和口咽部，经吞咽进入食管，由消化道排出。鼻腔内的纤毛黏液系统对吸入的外来物敏感，可用来检测毒性。在大、小鼠鼻咽道开口处侧壁的腹侧面有鼻腔相关淋巴组织。鼻腔的附属器官包括犁鼻器和鼻泪管。犁鼻器是一对由上皮形成的管道，由前庭延伸到门齿管后缘，两端都是盲端，靠近前端的地方发出侧向直管与前庭相通。管道的横切面呈半月形，管壁内侧覆盖嗅上皮，外侧覆盖呼吸上皮。犁鼻器的主要功能是探测空气中不同个体发出的信息激素，对于生殖行为非常重要。人类的犁鼻器退化。啮齿类动物包括大鼠、小鼠、豚鼠和兔等，因为会厌与软腭紧贴，所以只能通过鼻腔呼吸，因此碰触鼻部会引起动物不适，在进行气管插管等操作时应谨慎。

（一）鼻腔的结构

鼻腔（nasal cavities, NC）由鼻中隔（nasal septum, NS）左右分开，左、右鼻腔的外侧都有鼻甲突出。鼻前庭由弹性软骨围绕，被覆鳞状上皮，人的鼻前庭内有毛囊，大、小鼠鼻前庭内没有毛囊。鼻腔近端可见鼻甲（nasoturbinate, NT）和颌鼻甲（maxilloturbinate, MT），鼻甲与鼻腔壁之间形成背鼻道（dorsal meatus, DM）、中鼻道（medial meatus, MM）和腹鼻道（ventral meatus, VM）。鼻的两侧壁上可见牙齿。在鼻中隔前部的腹侧面可见鼻腔的附属器官犁鼻器（vomeronasal organ, VO）。鼻腔的下侧壁为硬腭（hard palate, HP）。矢状切面可见鼻腔后部为形状复杂的筛鼻甲（ethmoidturbinates, ET）（图 4-1）。

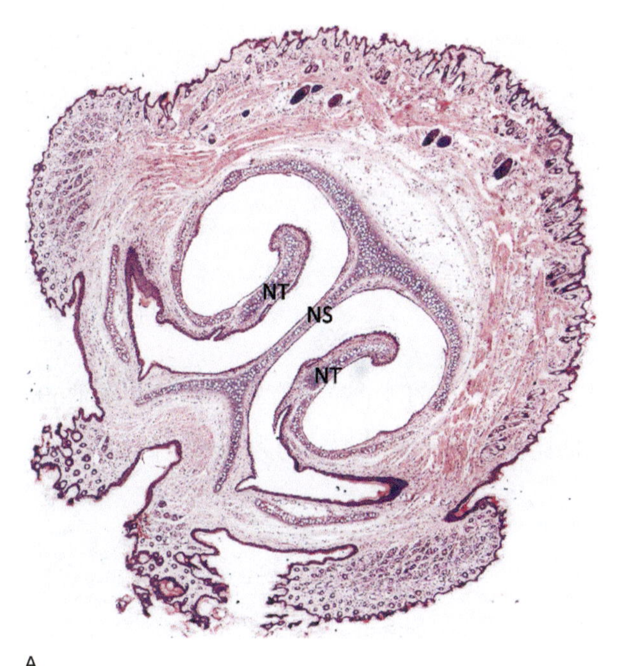

A

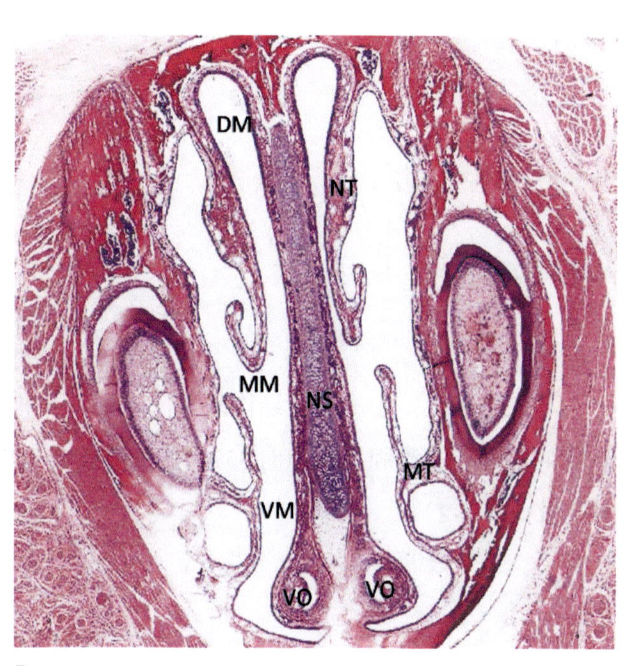

B

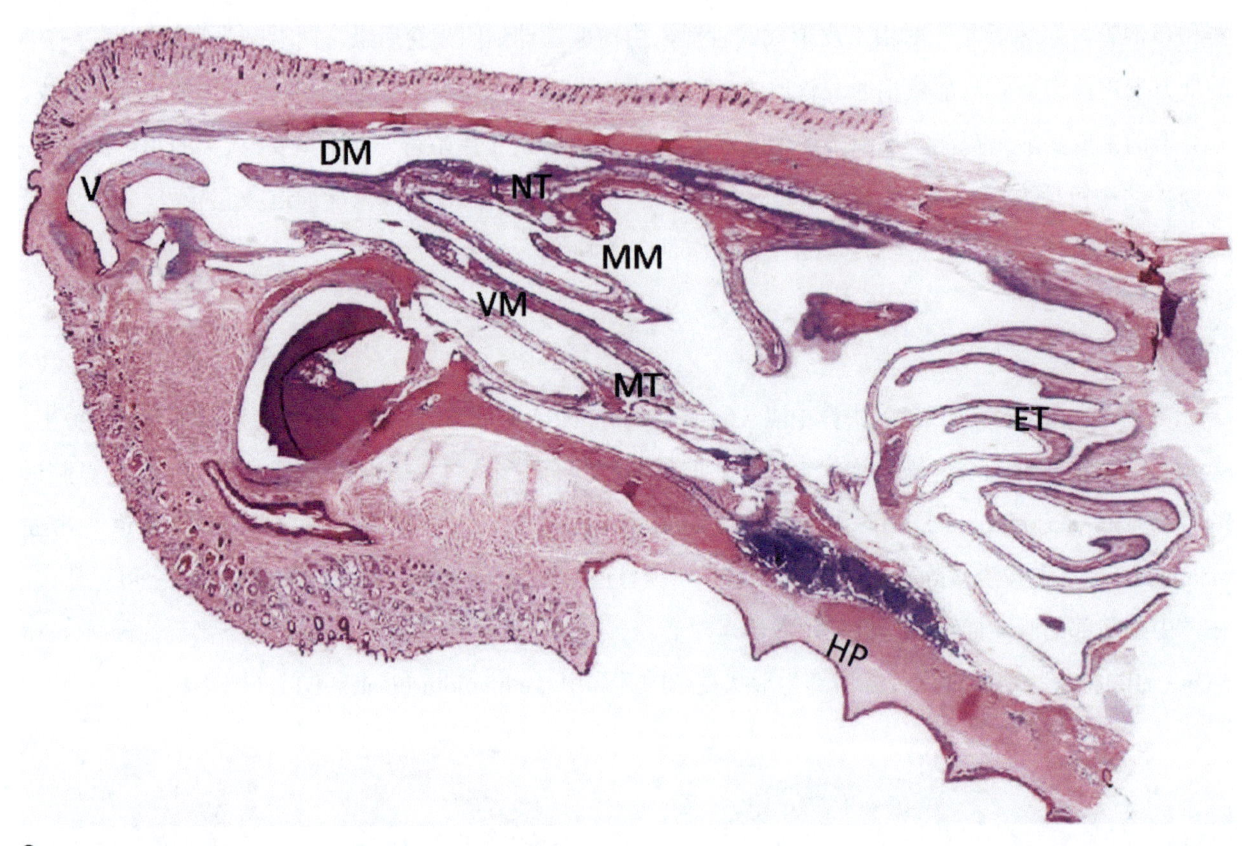

C

图 4-1 鼻腔切面图

A. KM 小鼠鼻腔前部（HE，20×）
B. SD 大鼠鼻腔冠状切面（HE，10×）
C. SD 大鼠鼻腔矢状切面（HE，3×）

NT/ 鼻甲　VM/ 腹鼻道
NS/ 鼻中隔　VO/ 犁鼻器
DM/ 背鼻道　V/ 前庭部
MM/ 中鼻道　ET/ 筛鼻甲
MT/ 颌鼻甲　HP/ 硬腭

与人类相比，小鼠鼻腔结构复杂，嗅上皮面积明显增加。人类的嗅上皮只存在于鼻道中背部 500 mm^2 的面积，占鼻腔总面积的 3%。小鼠鼻腔嗅上皮占的比例远高于灵长类，约为 50%，因而嗅觉非常灵敏（图 4-2）。

（二）鼻黏膜

鼻前庭部为邻近外鼻孔部分，前庭黏膜（vestibular epithelium, VE）表面为复层扁平上皮。

呼吸上皮（respiratory epithelium, RE）为假复层纤毛柱状上皮，大部分为纤毛细胞和杯状细胞（goblet cell, GC）。

嗅部由嗅上皮（olfactory epithelium, OE）和固有层组成，嗅上皮为假复层柱状上皮，比呼吸部

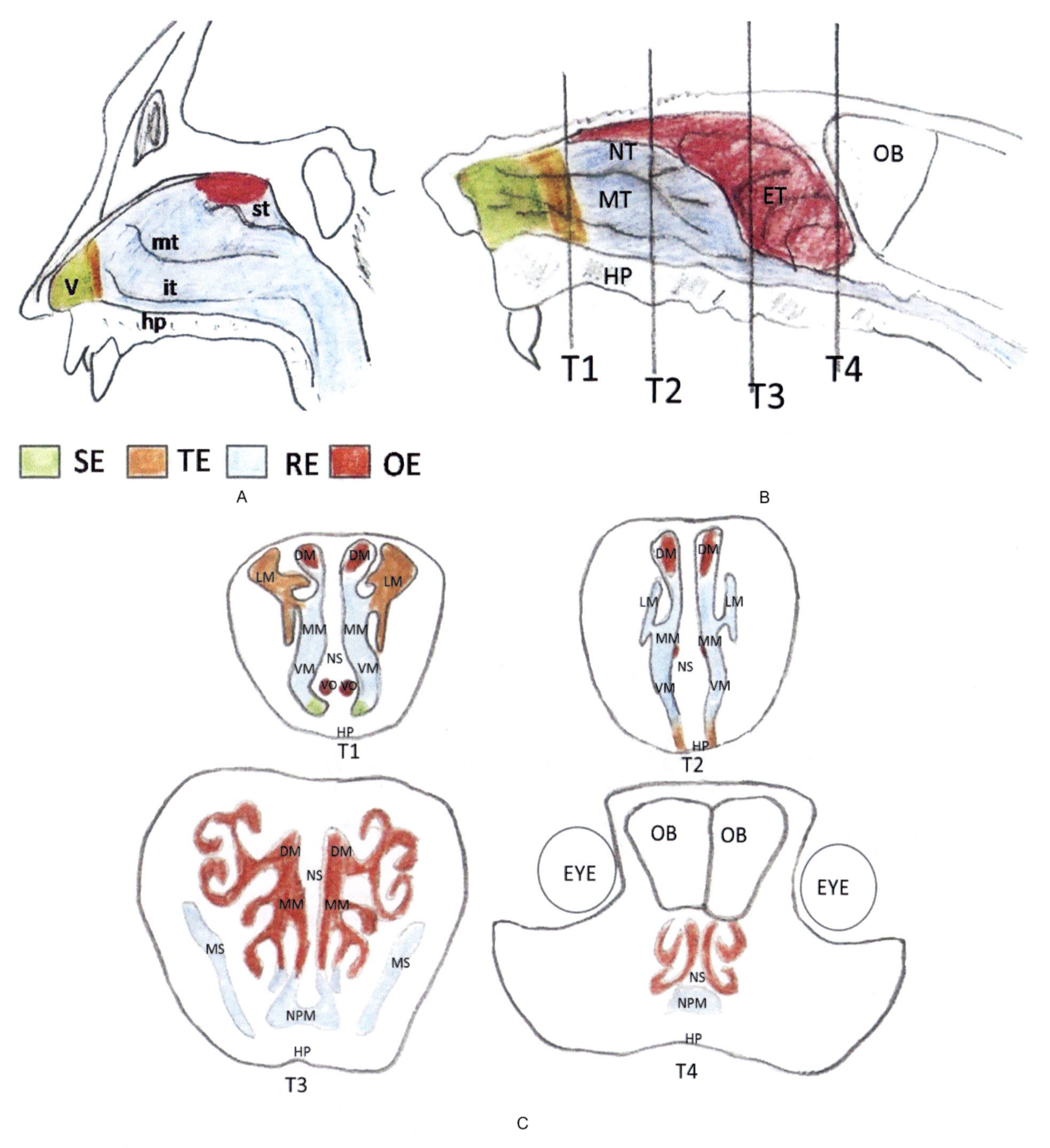

图 4-2　鼻腔的被覆的黏膜类型示意图

A. 人类鼻腔黏膜分布；B. 小鼠鼻腔黏膜分布；C. 小鼠鼻腔的截面被覆的黏膜类型示意图

截面的解剖定位由牙齿或腭标记（图中染色部分为鼻腔，绿色为鳞状上皮，棕色为移行部上皮，浅蓝色为呼吸上皮，红色为嗅上皮；空白区为鼻甲、鼻中隔等实性结构）。

T1：通过上颌切齿的后方，包括鼻中隔前部、鼻鼻甲（nasoturbinate，NT）和颌鼻甲（maxilloturbinate，MT），以及犁鼻器（vomeronasal organ，VO）。T2：切面通过切牙乳头。T2 切面的主要形态学特征是可见鼻鼻甲和颌鼻甲的远端以及鼻中隔中部，有时也可在背内侧见到第三筛鼻甲的前端。T3：通过第二腭嵴。可见复杂的筛鼻甲（ethmoidturbinates，ET）、上颌窦（maxillary sinus，MS），以及鼻中隔后部，此时鼻中隔已不完全分隔左右鼻道，后方与鼻咽道（nasopharyngeal meatus，NPM）相通。T4：通过第一磨牙，包括鼻中隔和筛鼻甲远端以及鼻咽道近端。（st, superior turbinate; mt, middle turbinate; it, inferior turbinate; hp, hard palate; v, nasal vestibule; DM, dorsal medial meatus; HP, hard palate; LM, lateral meatus; MM, medial meatus; VM, ventral meatus; OB, olfactory bulb of brain; NS, nasal septum）

上皮略厚，有支持细胞（supporting cell, SC）、嗅细胞（olfactory cell, OC），最下面是基底细胞（basal cell, BC）（图 4-3 和图 4-4）。无纤毛细胞和杯状细胞。支持细胞数目最多，有支持、保护和分隔嗅细胞的作用。支持细胞为柱状细胞，分布于嗅上皮全层，核呈卵圆形，从嗅上皮的顶端呈线形排列，也是哺乳类嗅上皮最顶端的细胞核。细胞核上方的部分较宽，而细胞核下方伸出细长的脚状突起，黏附于基底膜上。支持细胞围绕嗅神经元，通过纤细的突起与嗅神经元接触。支持细胞顶端有很多长的微绒毛，与嗅神经元的纤毛缠绕在一起，分布于气道的表面。嗅细胞为双极神经元，位于支持细胞之间。细胞核位于细胞中部，着色浅，其树突细长，伸到上皮游离面，末端膨大呈球形，成为嗅泡（olfactory vesicle, OV），从嗅泡发出数十根不动纤毛，为嗅毛（olfactory cilia, OlC）。这些细长的不动纤毛互相纠缠，并与微绒毛一起，埋在表面的液体中，扩大了嗅觉表面。嗅细胞纤毛的膜上有气味受体（odorant receptor, Or），察觉吸入的气味并与之发生化学反应。基底细胞位于上皮基底部，呈圆形或锥体形。嗅上皮有两种基底细胞：水平基底细胞和球形基底细胞。水平基底细胞沿基底膜分布，与鼻腔呼吸上皮的基底细胞相似，球形基底细胞呈圆形或卵圆形，位于水平基底细胞上方，水平基底细胞为球形基底细胞的前体，部分球形基底细胞可发育成嗅神经元。

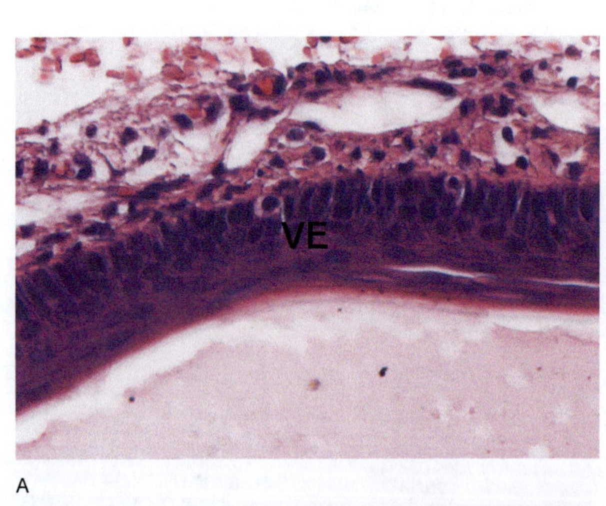

A

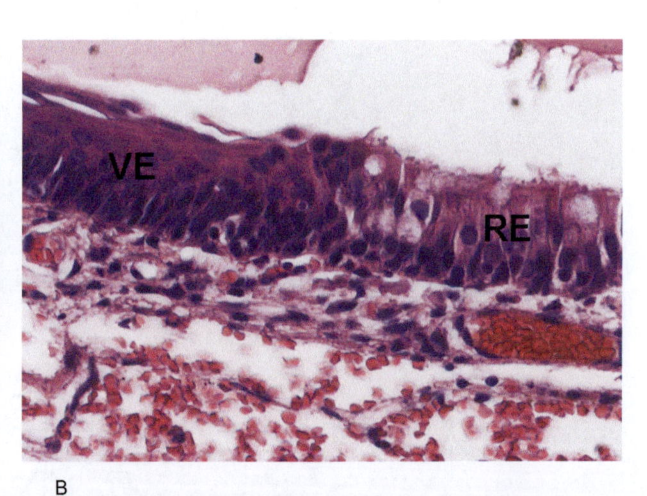

B

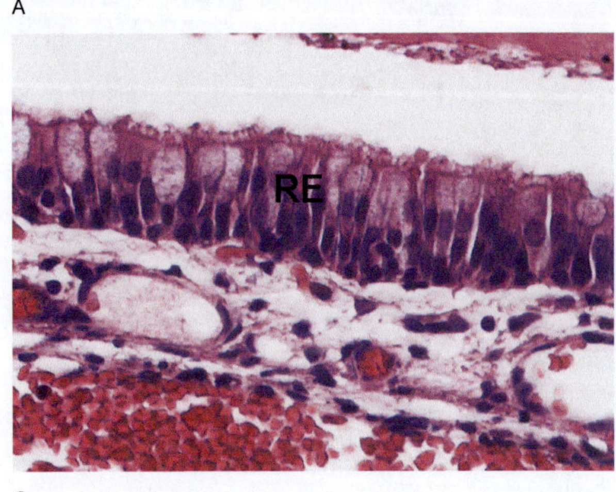

C

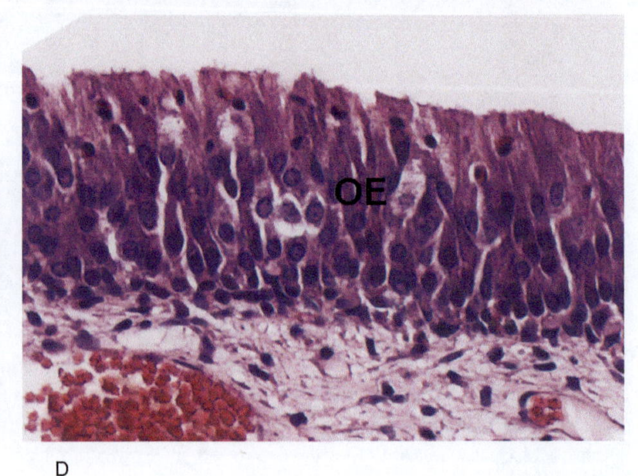

D

图 4-3 鼻黏膜类型

A. SD 大鼠前庭部黏膜（HE，400×）
B. SD 大鼠前庭呼吸部黏膜移行处（HE，400×）
C. SD 大鼠呼吸部黏膜（HE，400×）
D. SD 大鼠嗅部黏膜（HE，400×）

VE/ 前庭黏膜
RE/ 呼吸上皮
OE/ 嗅上皮

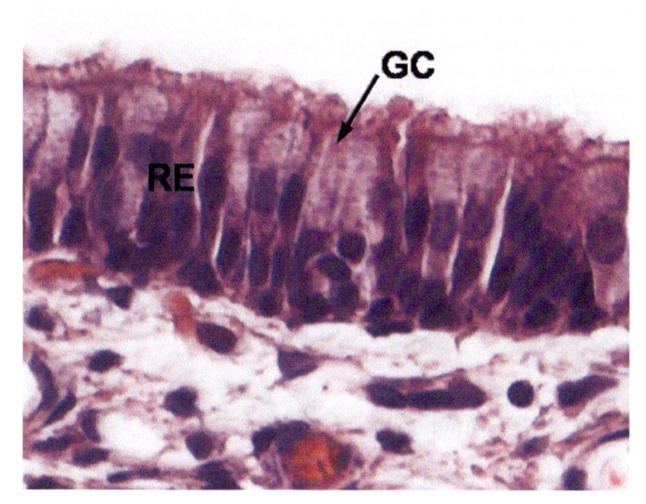

A

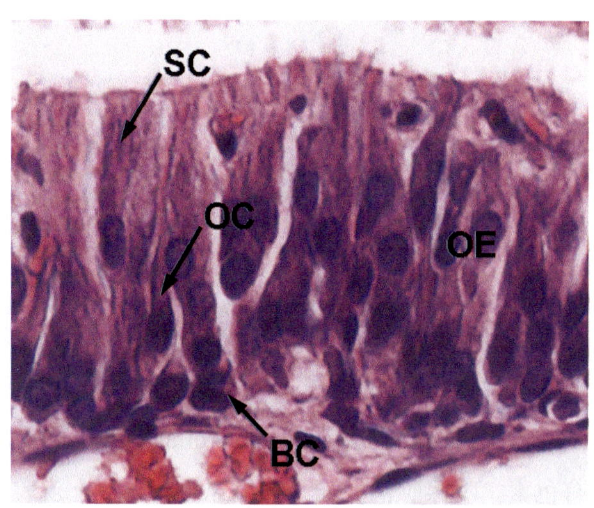

B

图 4-4　鼻呼吸黏膜和嗅黏膜

A. SD 大鼠呼吸黏膜（HE，400×）
B. SD 大鼠嗅黏膜（HE，400×）

GC/ 杯状细胞
RE/ 呼吸上皮
SC/ 支持细胞
OC/ 嗅细胞
OE/ 嗅上皮
BC/ 基底细胞

嗅细胞向基膜方向伸出轴突至固有层内，穿过基膜后，由施万细胞所包裹形成嗅神经纤维（nerve fiber, NF）。嗅神经穿过颅骨筛板，终于嗅球（olfactory bulb, OB）（图 4-5）。

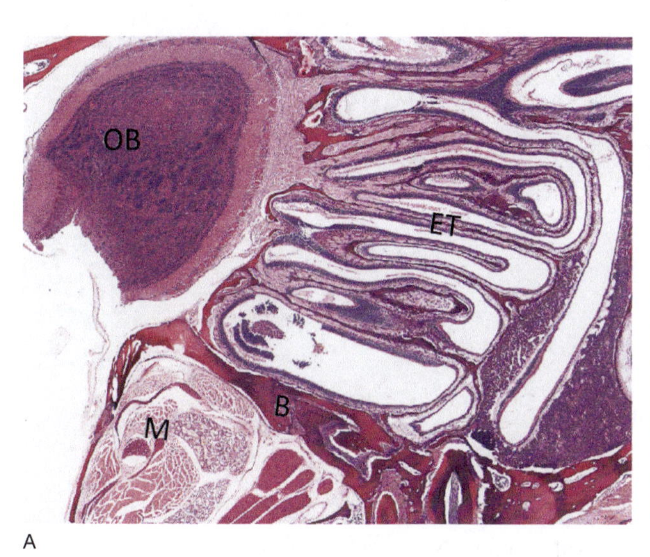

A

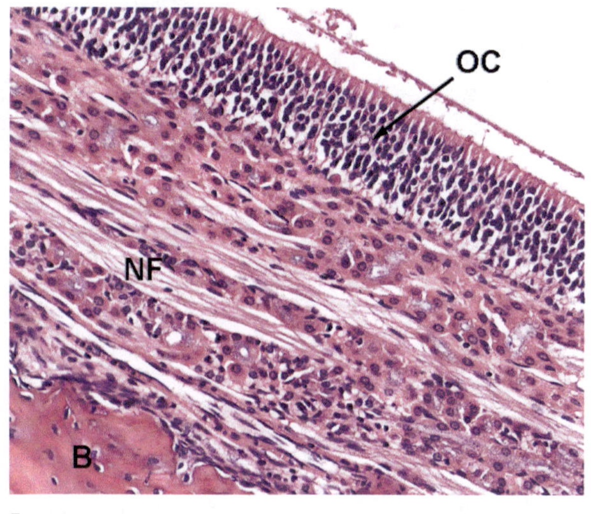

B

图 4-5　嗅球和嗅神经纤维

A. F344 大鼠（HE，10×）
B. F344 大鼠（HE，200×）

OC/ 嗅细胞
OB/ 嗅球
NF/ 神经纤维
B/ 骨
M/ 肌肉
ET/ 筛鼻甲

（三）鼻腔内的腺体

呼吸部黏膜固有层内有大量鼻腺，腺体由浆液性细胞、黏液性细胞或两者构成，主要位于鼻中隔近端和鼻道侧壁，最大的一对鼻腺称为侧鼻腺（lateral nasal gland, LNG），围绕上颌窦，位于鼻道侧壁。鼻腺分泌物使鼻腔黏膜保持湿润，并能吸附、黏着和清除灰尘及细菌等。侧鼻腺还能合成大量 IgA，为上呼吸道的重要免疫防御机制；侧鼻腺是合成和分泌气味结合蛋白的重要部位，另外还分泌睾酮和唾液腺雄激素结合蛋白，因此对于嗅觉和生殖行为可能都非常重要。因为侧鼻腺的代谢旺盛，也是外源性化合物的次生代谢产物的化学毒性靶点。

嗅部黏膜固有层中有嗅腺（olfactory gland, OG），又称 Bowman's 腺，为分枝管泡状腺，腺泡中含有色素。嗅腺腺泡的分泌物经导管排出至上皮表面，可溶解有气味的物质，刺激嗅毛，引起嗅觉。分泌物可不断清洗上皮表面，使嗅细胞对物质刺激保持高度的敏锐性（图 4-6）。

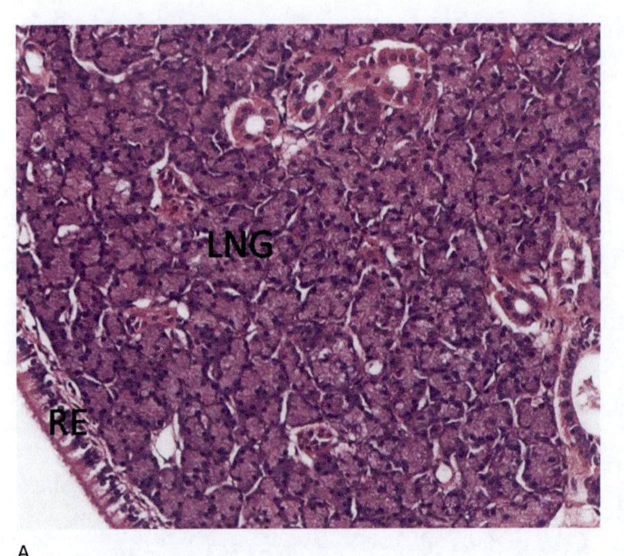

A

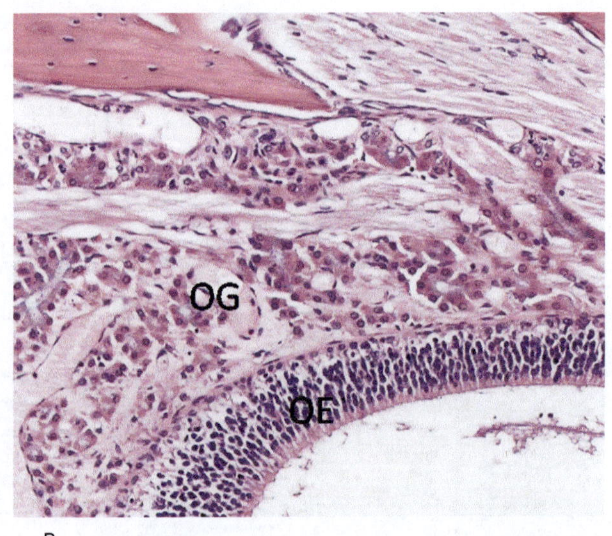

B

图 4-6 鼻腔内的腺体

A. SD 大鼠侧鼻腺（HE，200×）

B. SD 大鼠嗅腺（HE，200×）

RE/ 呼吸上皮
OE/ 嗅上皮
LNG/ 侧鼻腺
OG/ 嗅腺

（四）犁鼻器

犁鼻器（vomeronasal organ, VO）位于鼻中隔（nasal septum, NS）前部的腹侧面，是一对由上皮形成的管道，其横切面呈半月形，管壁内侧覆盖嗅上皮（olfactory epithelium, OE），外侧覆盖呼吸上皮（respiratory epithelium, RE）。犁鼻器的主要功能是探测空气中不同个体发出的信息激素，对于生殖行为非常重要（图 4-7）。

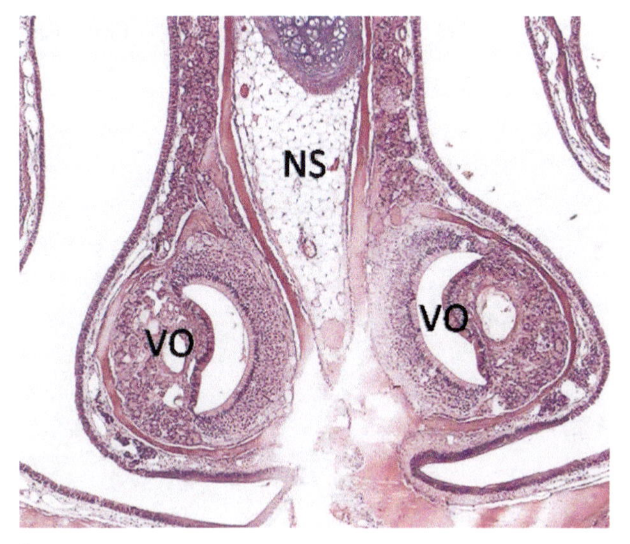

A

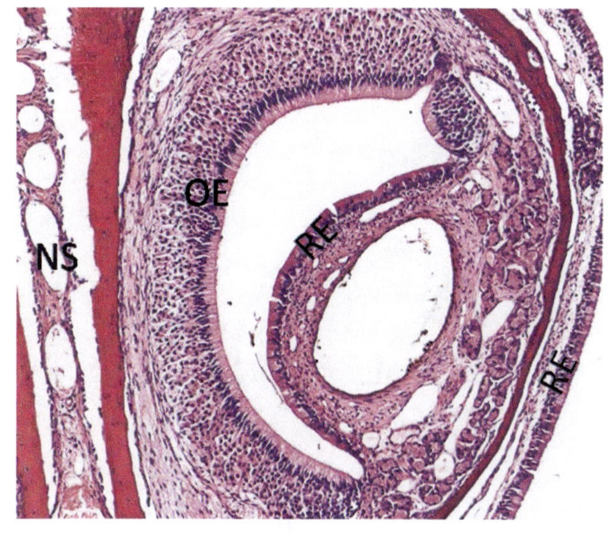

B

图4-7　梨鼻器

A. SD大鼠（HE，50×）
B. SD大鼠（HE，100×）

RE/呼吸上皮
OE/嗅上皮
NS/鼻中隔
VO/犁鼻器

第二节　气管和支气管

气管（trachea）位于颈部正中、食道的腹侧，为肺外的气体通道，由背面不相衔接的U形软骨环构成支撑。气管软骨环缺口处被气管横肌连接起来（图4-8）。气管进入胸腔后，分为左右不对称的左、右主支气管（bronchus），由肺门进入左、右肺。大鼠及小鼠的右支气管又分为前、中、后及副支。气管分支处或支气管与血管之间有大量的淋巴组织。

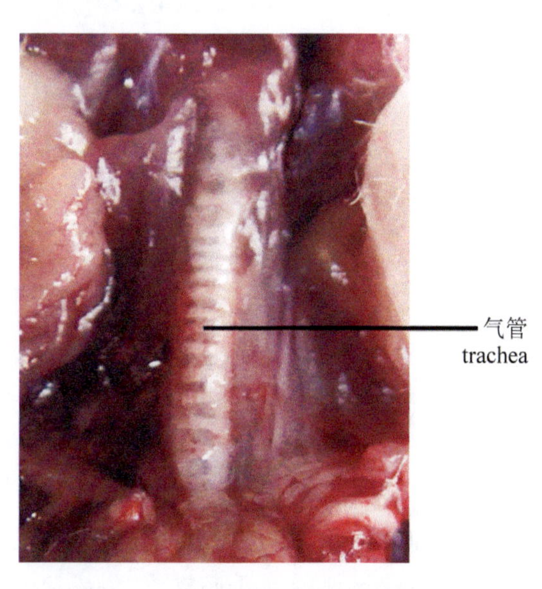

图4-8　气管大体解剖（KM小鼠）

气管和支气管管壁结构相似，可分为三层，由内向外依次为黏膜、黏膜下层和外膜。黏膜（mucosa）由上皮（epithelium，E）和固有层构成（图 4-9）。

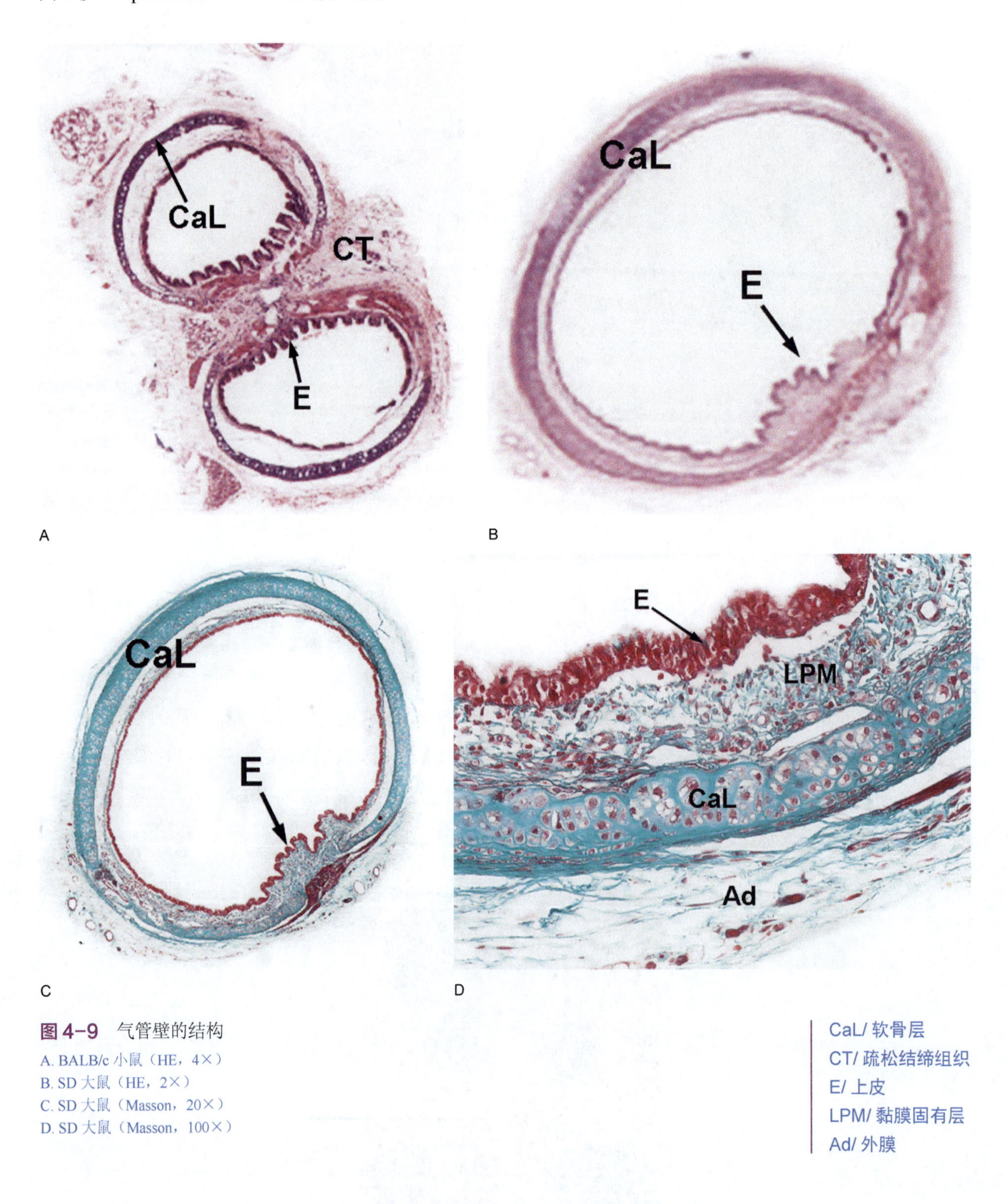

图 4-9 气管壁的结构

A. BALB/c 小鼠（HE，4×）
B. SD 大鼠（HE，2×）
C. SD 大鼠（Masson，20×）
D. SD 大鼠（Masson，100×）

CaL/ 软骨层
CT/ 疏松结缔组织
E/ 上皮
LPM/ 黏膜固有层
Ad/ 外膜

上皮为假复层纤毛柱状上皮，由 Clara 细胞（Clara cell, CC）、纤毛柱状细胞（ciliated cell, CiC）、杯状细胞（goblet cell, GC ）、基底细胞（basal cell, BC）、刷细胞（brush cell, BrC）、神经内分泌细胞（又称 Kulchitsky cell）等构成。小鼠的气管中 Clara 细胞最多（49%），其次为纤毛柱状细胞（39%）、基底

细胞（10%）。大鼠和小鼠气管的杯状细胞较少（不到1%）。人类气管黏膜主要为纤毛柱状细胞（49%），其次为基底细胞（33%），有较多的杯状细胞（9%）。纤毛细胞呈高柱状，游离面有纤毛，胞核圆形位于细胞中部，在HE染色中胞浆染色浅淡；Clara细胞游离面凸向管腔，较为平坦，无纤毛，可产生表面活性物质，当支气管上皮受损时，可分裂增殖，形成纤毛细胞。杯状细胞表面有少量微绒毛，胞核位于细胞底部，顶部有大量黏原颗粒，黏原颗粒以出胞方式排出黏蛋白，分布在纤毛顶端。与大鼠和小鼠相比，豚鼠和兔的气管杯状细胞较多。气管受到外界不良刺激时，杯状细胞的数量可增加。基底细胞呈锥形，位于上皮基部，为干细胞，在上皮损伤时，可分化为其他上皮细胞。

固有膜（lamina propria mucosa, LPM）为细密的结缔组织，其间可见大量纵列的弹性纤维，固有膜内血管和淋巴管丰富。人类的固有层内有大量的淋巴细胞，为黏膜相关淋巴组织（BALT）的一部分。SPF级动物的固有层淋巴细胞很少，随年龄增长或接触病原，可使固有层的淋巴细胞增多。

黏膜下层（submucosa）为疏松结缔组织，与固有层无明显分界。人类黏膜下层有较多的混合性气管腺（tracheal gland, TG）；大鼠、小鼠、豚鼠及兔除靠近头端的一小段气管内有少量腺体外，其余部位黏膜下层内无气管腺（图4-10）。

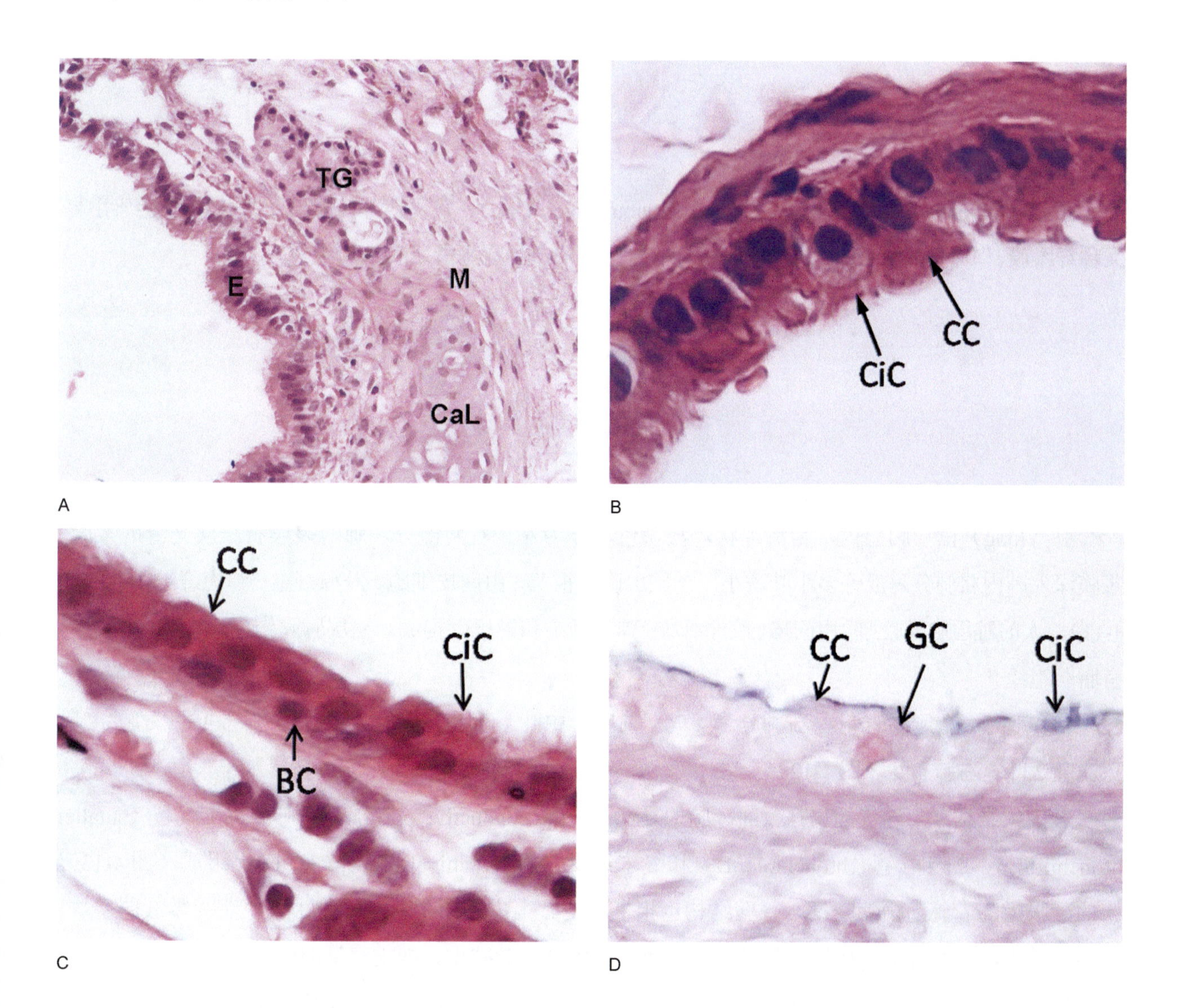

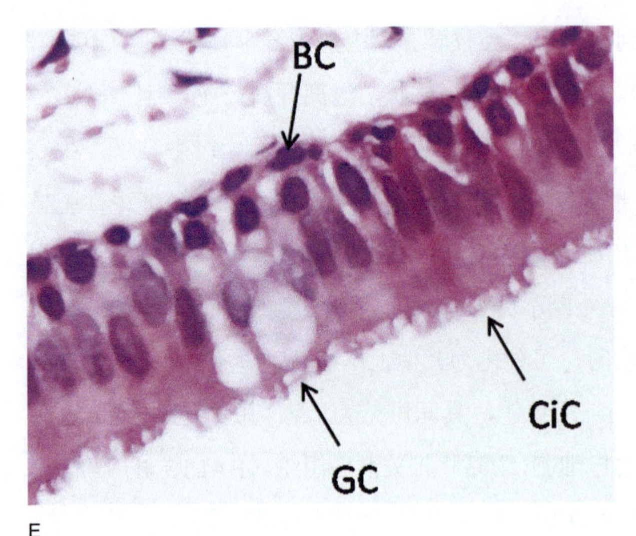

E

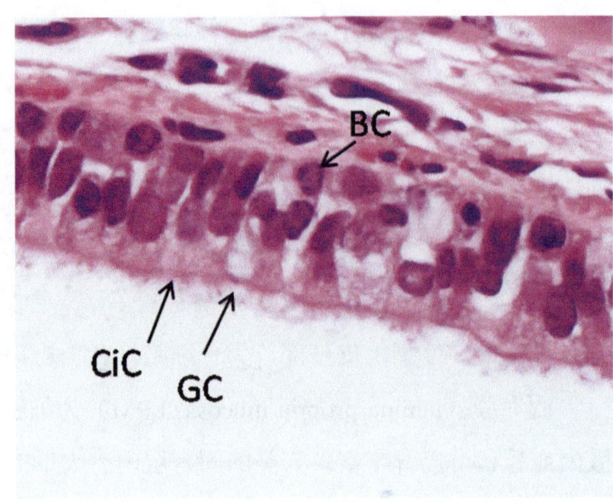

F

图 4-10 气管黏膜及气管腺

A. SD 大鼠（HE，200×）
B. SD 大鼠（HE，400×）
C. BALB/c 小鼠（HE，400×）
D. BALB/c 小鼠（AB-PAS，400×）
E. 兔（HE，400×）
F. 豚鼠（HE，400×）

TG/ 气管腺
E/ 上皮
M/ 肌肉
CaL/ 软骨层
CiC/ 纤毛柱状细胞
CC/ 主细胞
BC/ 基底细胞
GC/ 杯状细胞

外膜（adventitia, Ad）由软骨层（cartilaginous layer, CaL）、软骨环外接肌层及疏松结缔组织组成，又称纤维膜。软骨呈马蹄形，缺口朝向气管的背侧，缺口处有平滑肌和结缔组织。

第三节 肺

肺（lung）位于胸腔内，为海绵状，淡粉色，分为左、右两部分。肺的表层有一层光滑的浆膜，浆膜深入肺内将肺分隔成许多小叶。小鼠的脏层胸膜很薄，由间皮细胞、胶原纤维、弹力纤维组成（图 4-11）。人的脏层胸膜较厚，由间皮、胶原纤维、弹力纤维和淋巴管构成。壁层胸膜较厚，弹力纤维较少，有脂肪组织。

大鼠和小鼠左肺为 1 叶，右肺分为 4 叶（前叶、中叶、后叶、副叶）。豚鼠左肺 3 叶，右肺 4 叶。兔左肺 2 叶，右肺 4 叶（图 4-12）。

肺内的结构分为导气部和呼吸部。肺的导气部（the conductive portion）由肺内小支气管（smaller bronchi, SB）、细支气管（bronchiole, B）和终末细支气管（terminal bronchiole, TB）组成（图 4-13）。人的呼吸道随着管道由粗变细，管壁结构也相应改变。上皮逐渐变薄，软骨由整块变为零散的小块，并逐渐减少，平滑肌相应增加，黏膜下层变薄，腺体也逐渐减少。细支气管的管壁上皮为单层立方纤毛上皮或单层立方上皮，杯状细胞、腺体和软骨完全消失，而平滑肌形成完整的环形层。远端气道有

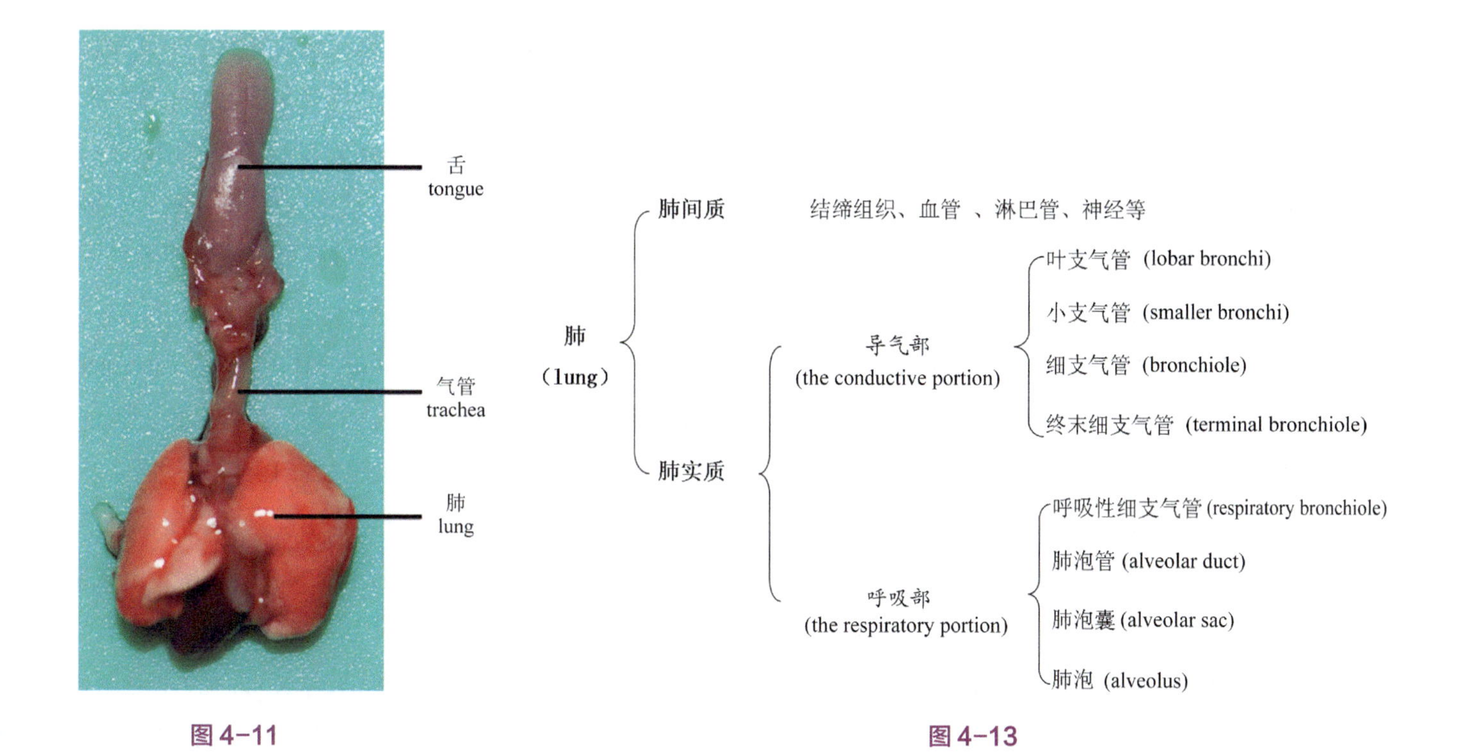

图4-11

图4-13

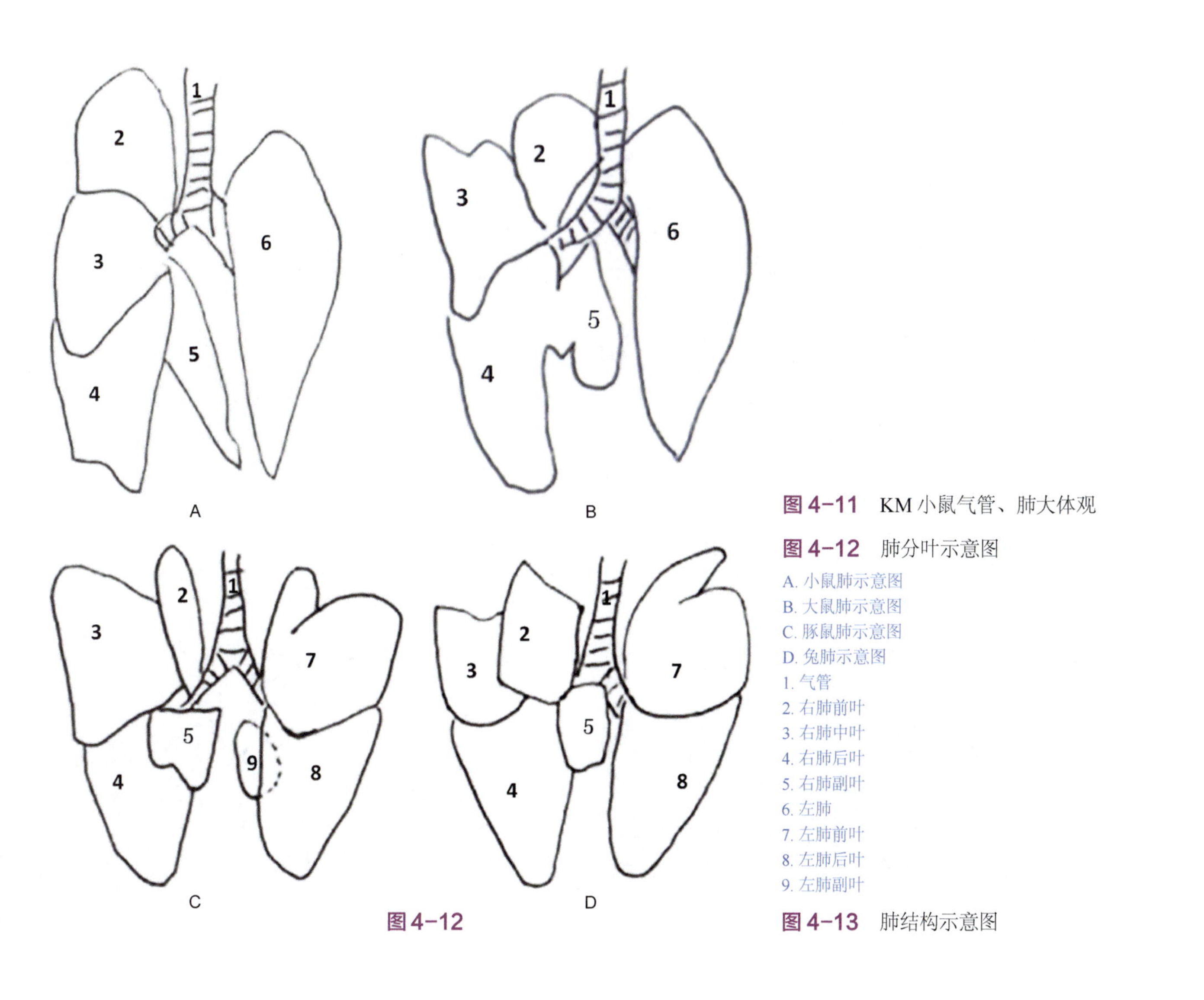

图4-12

图4-11　KM小鼠气管、肺大体观

图4-12　肺分叶示意图

A. 小鼠肺示意图
B. 大鼠肺示意图
C. 豚鼠肺示意图
D. 兔肺示意图
1. 气管
2. 右肺前叶
3. 右肺中叶
4. 右肺后叶
5. 右肺副叶
6. 左肺
7. 左肺前叶
8. 左肺后叶
9. 左肺副叶

图4-13　肺结构示意图

厚的肌层以利于气流的分配，固有层有较多弹力纤维，在肌层收缩时，气管黏膜形成皱襞。小鼠肺内支气管缺乏软骨、杯状细胞和黏膜下腺体，从肺内支气管转变为细支气管的分界并不清楚。远端的细支气管上皮高度和细胞组成都发生变化。上皮从单层柱状和略微假复层变为单层立方形，纤毛细胞减少，Clara 细胞增加，大鼠、小鼠、豚鼠的气道至细支气管末端时，Clara 细胞占上皮的 60% ～ 80%。大鼠气道内浆液细胞较多，其分泌物黏稠程度低于黏液细胞的分泌物，因此在大鼠呼吸道各段表面的液体黏稠度也较低。

肺的呼吸部（the respiratory portion）由呼吸性细支气管（respiratory bronchiole, RB）、肺泡管（alveolar duct, AD）、肺泡囊（alveolar sac, AS）和肺泡（alveolus, A）组成（图 4-13）。小鼠、大鼠、兔、豚鼠肺内少见呼吸性细支气管结构，因此终末细支气管常直接转变为肺泡管。细支气管的上皮为单层立方上皮，在肺泡的开口处，单层立方上皮移行为单层扁平上皮。肺泡管与大量肺泡相连，其表面覆以单层立方或扁平上皮。肺泡囊与肺泡管相连，每个肺泡管分支成 2 ～ 3 个肺泡囊，肺泡囊由几个肺泡围成。肺泡为多面体形有开口的囊泡，开口于肺泡囊，肺泡管管腔由单层肺泡上皮组成。相邻肺泡之间由少量结缔组织为肺泡壁（alveolar paries, AP）。肺泡间由肺泡间孔（alveolar pore）（又称 Kohn 孔）相连通，使肺泡内的压力均衡，避免肺不张。肺泡间孔也使免疫细胞、液体和病原可在肺泡间传递（图 4-14）。

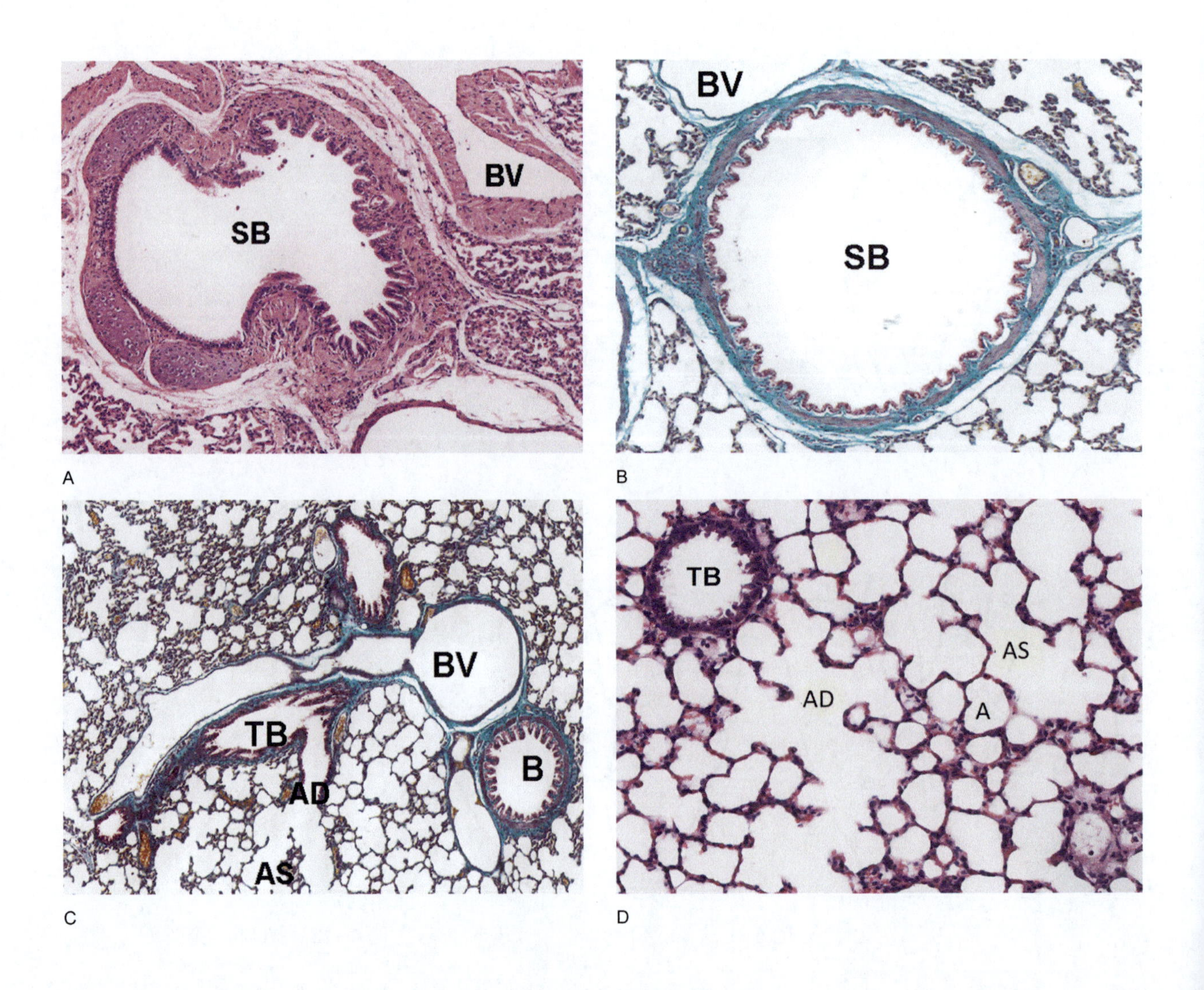

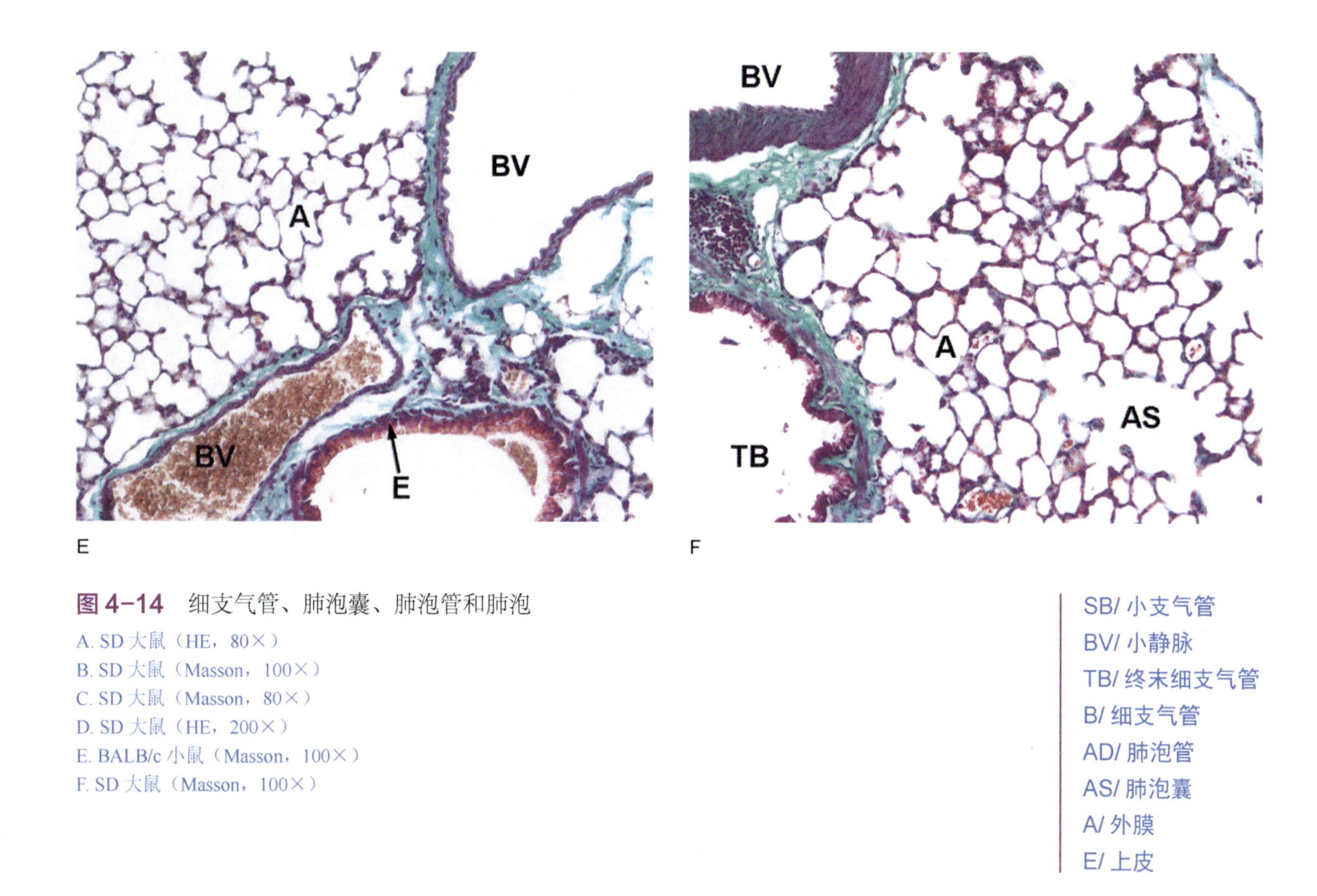

图 4-14 细支气管、肺泡囊、肺泡管和肺泡

A. SD 大鼠（HE，80×）
B. SD 大鼠（Masson，100×）
C. SD 大鼠（Masson，80×）
D. SD 大鼠（HE，200×）
E. BALB/c 小鼠（Masson，100×）
F. SD 大鼠（Masson，100×）

SB/ 小支气管
BV/ 小静脉
TB/ 终末细支气管
B/ 细支气管
AD/ 肺泡管
AS/ 肺泡囊
A/ 外膜
E/ 上皮

肺泡上皮是单层扁平上皮，主要由扁平的Ⅰ型肺泡上皮细胞（type Ⅰ alveolar cell, ⅠC）和Ⅱ型肺泡上皮细胞（type Ⅱ alveolar cell, ⅡC）构成。Ⅰ型细胞扁平，只有有核的部位较为突出，占肺内细胞数量的 10% 左右，覆盖肺泡表面的 95%；Ⅱ型肺泡细胞位于Ⅰ型肺泡细胞之间，覆盖肺泡表面积的 5%，细胞立方形或圆形，顶端突入肺泡腔，细胞核呈圆形，胞质着色浅，呈泡沫状。Ⅱ型肺泡上皮可以分泌表面活性物质，起降低肺泡表面张力的作用，此外还能分泌纤维粘连蛋白、Ⅳ型胶原、纤维蛋白酶原激活因子及某些溶酶体酶。Ⅱ型肺泡上皮对外来物质引起的损伤不如Ⅰ型肺泡上皮细胞敏感，在Ⅰ型肺泡上皮细胞受损时，可进行分裂，并分化为Ⅰ型肺泡上皮细胞。肺泡壁（alveolar paries, AP）由嗜酸性网状纤维和少量弹性纤维组成，内含丰富的毛细血管网，肺巨噬细胞（macrophage, MP）在肺内分布比较广泛，可分布于肺泡腔内、导气管道上皮表面及肺间质内。HE 染色中Ⅰ型和Ⅱ型肺泡细胞不易区分；改良甲苯胺蓝染色中，Ⅰ型肺泡细胞核扁平呈深蓝色，Ⅱ型肺泡细胞核呈蓝紫色，胞浆丰富呈浅粉色，肺泡巨噬细胞核呈圆形深蓝色，胞浆亦呈蓝色，有时可见吞噬的颗粒；甲苯胺蓝染色中，Ⅰ型肺泡细胞扁平胞核深蓝色，Ⅱ型肺泡细胞圆形或立方形，胞核圆形，染色较Ⅰ型细胞核浅，胞浆丰富呈淡蓝色，肺泡巨噬细胞圆形胞核深蓝色，胞浆染色较Ⅱ型细胞深（图 4-15）。

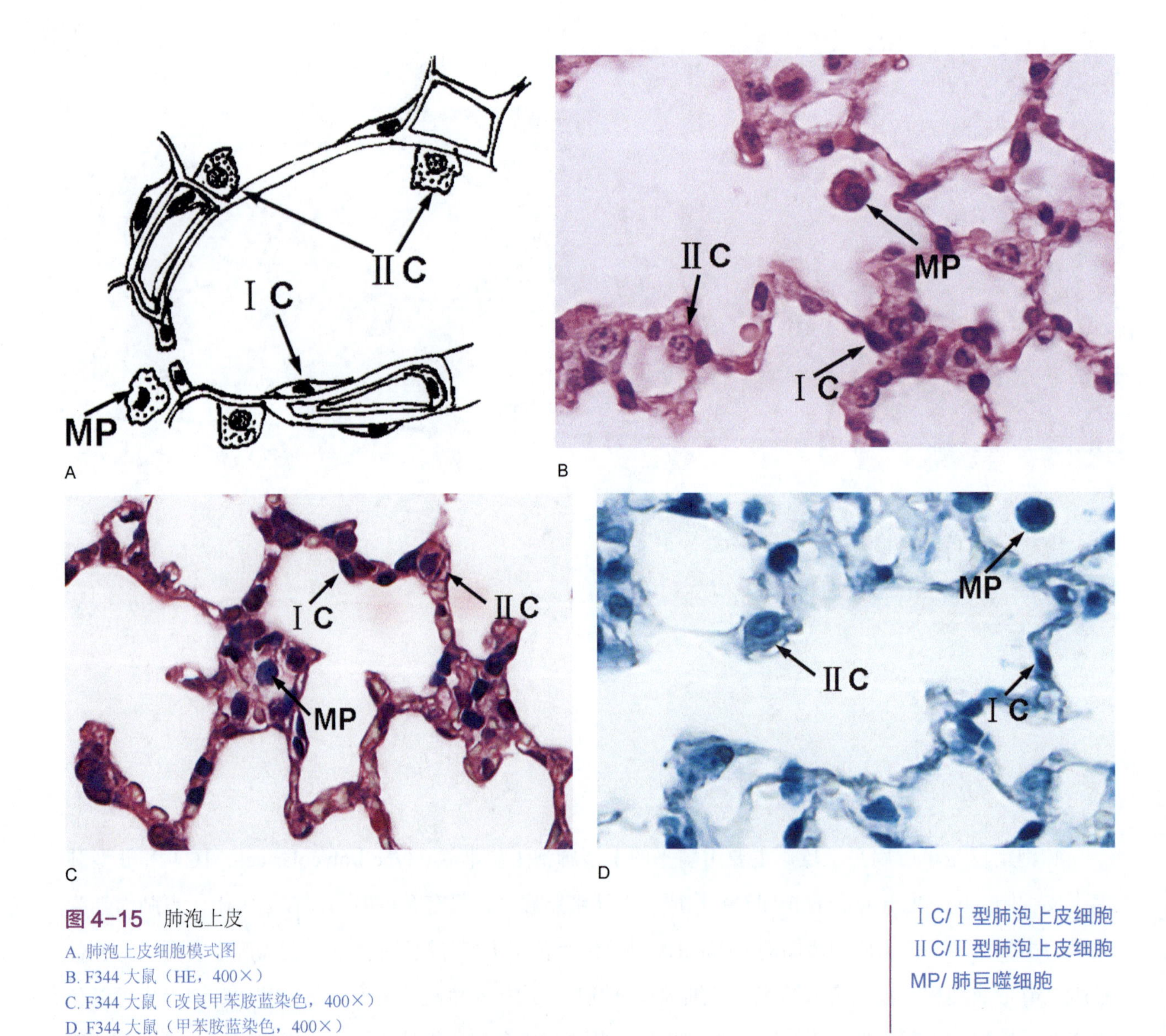

图 4-15 肺泡上皮

A. 肺泡上皮细胞模式图
B. F344 大鼠（HE，400×）
C. F344 大鼠（改良甲苯胺蓝染色，400×）
D. F344 大鼠（甲苯胺蓝染色，400×）

ⅠC/Ⅰ型肺泡上皮细胞
ⅡC/Ⅱ型肺泡上皮细胞
MP/ 肺巨噬细胞

—— 比较组织学 ——

（1）啮齿类动物大鼠、小鼠、豚鼠和兔，因为会厌与软腭紧贴，所以只能通过鼻腔呼吸。

（2）人的鼻前庭内有毛囊，大、小鼠鼻前庭内没有毛囊。

（3）啮齿类动物鼻甲比较复杂，表面积与鼻腔容积的比例约为灵长类的 5 倍。灵长类鼻腔结构比较简单，主要行使呼吸功能（嗅觉不敏锐）；大、小鼠鼻腔嗅上皮占的比例约为 50%，远高于灵长类，主要行使嗅觉功能（嗅觉敏锐）。

（4）啮齿类动物有发育良好的犁鼻器，人类犁鼻器退化。

（5）小鼠的气管中 Clara 细胞最多（49%），其次为纤毛柱状细胞（39%）、基底细胞（10%）。大鼠和小鼠气管的杯状细胞较少（不到 1%）。人类气管黏膜主要为纤毛柱状细胞（49%），其次为基底细胞（33%），有较多的杯状细胞（9%）。

（6）人类的气管固有层内有大量的淋巴细胞，为黏膜相关淋巴组织的一部分。SPF 级动物的气管固有层淋巴细胞很少，随年龄增长或接触病原，可使固有层的淋巴细胞增多。

（7）气管黏膜下层为疏松结缔组织，与固有层无明显分界，人类黏膜下层有较多的混合性气管腺；大鼠、小鼠、豚鼠及兔除靠近头端的一小段气管内有少量腺体外，其余部位黏膜下层内无气管腺。小鼠肺内支气管上皮下为很薄的固有层，黏膜下层没有腺体，也没有软骨环。人类肺内支气管黏膜下层仍可见腺体，外膜有软骨。

（8）大鼠、小鼠、豚鼠及兔没有明显的呼吸性细支气管，因此终末细支气管常直接转变为肺泡管。

（9）小鼠肺内可见厚壁的细动脉，动脉壁有明显的平滑肌层，这在小鼠为正常结构，而人在高血压才见此现象。

（10）与其他动物相比，大鼠肺动脉壁较薄，肺静脉壁因为有心肌细胞存在而较厚，肺静脉壁的心肌细胞为从心脏延续而来，此结构特征也使来自心脏的病原易于到达肺部。

（11）大鼠气道内浆液细胞较多，其分泌物黏稠程度低于黏液细胞的分泌物，因此大鼠呼吸道各段表面的液体黏稠度也较低。

（12）与大鼠和小鼠不同，豚鼠对组织胺敏感，易产生过敏反应，豚鼠气管对乙酰胆碱也比其他动物敏感。

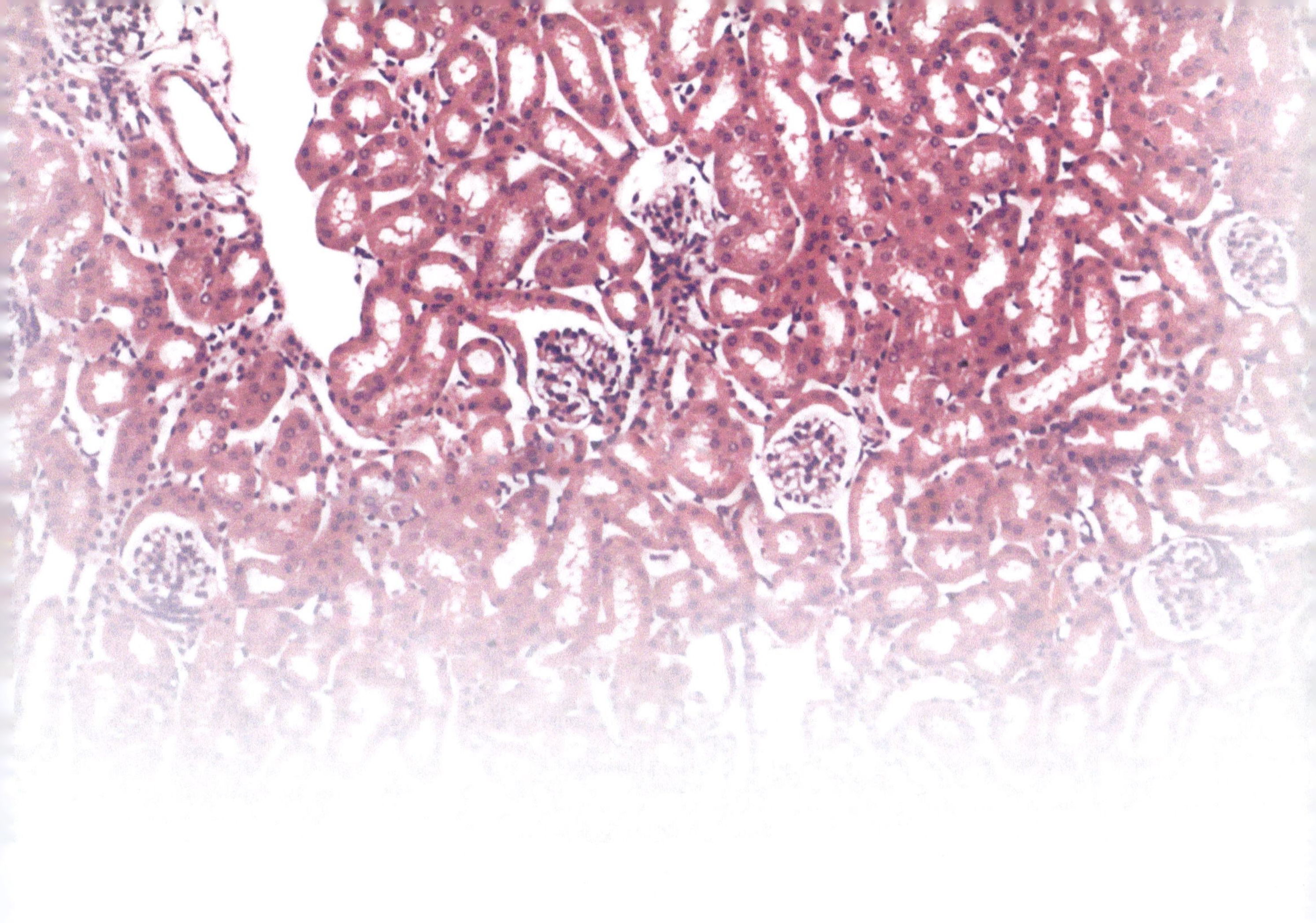

第5章 CHAPTER 5 URINARY SYSTEM
泌尿系统

泌尿系统是体内重要的排泄系统，包括肾脏（kidney）、输尿管（ureter）、膀胱（urinary bladder）和尿道（urethra）等器官（图 5-1），主要功能是排出机体在代谢过程中所产生的废物，如尿素和尿酸等，并排出多余的水分和无机盐类，维持机体内环境的相对稳定。

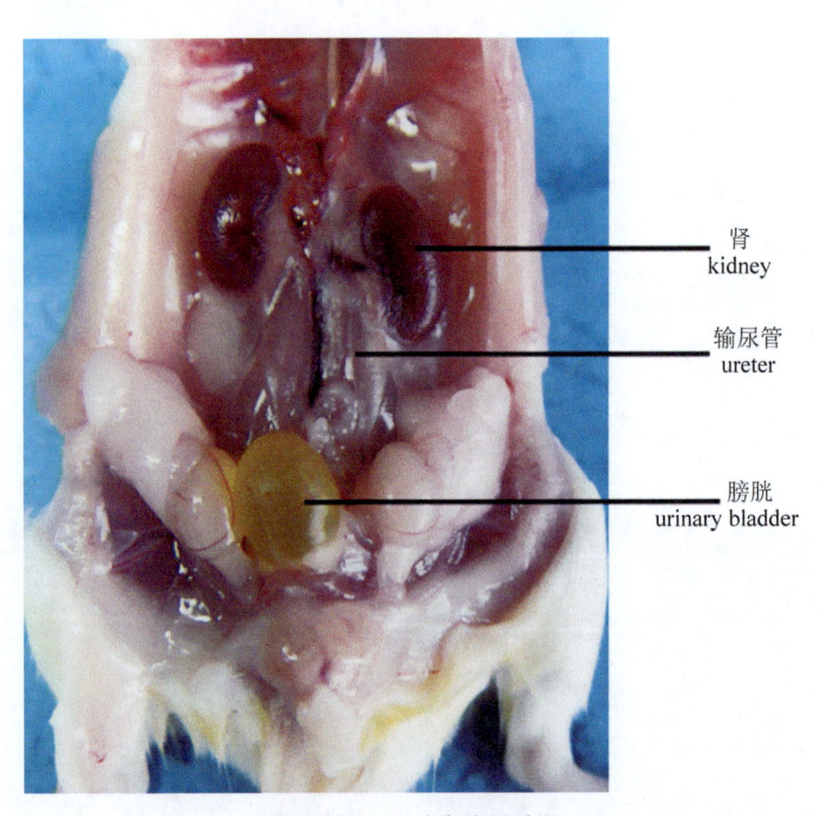

图 5-1 KM 小鼠泌尿系统

第一节 肾 脏

肾脏（kidney）是起排泄作用的主要器官，机体在新陈代谢过程中产生的废物主要通过血液循环运至肾，经过复杂的生理过程形成尿液排出体外。通过对尿生成过程的调节，改变水及无机离子的排出量，从而维持机体水和电解质平衡；通过排出氨和氢离子，调节机体的酸碱平衡。另外，肾还能产生多种生物活性物质如肾素、前列腺素、促红细胞生成素等，对机体的生理功能起重要调节作用。

肾脏形似蚕豆，内缘中部凹陷为肾门，输尿管、血管、神经和淋巴管、肾盏和肾盂经此出入，其间还充填有脂肪组织和疏松结缔组织。肾表面包以致密结缔组织和少量平滑肌构成的被膜，称肾纤维膜，肾实质分为皮质和髓质（图 5-2）。新鲜肾的冠状剖面上，皮质呈红褐色，由髓放线和颗粒状的皮质迷路组成。髓质由肾锥体（renal pyramid）组成。锥体尖端钝圆，突入肾小盏内，称肾乳头，乳头管开口于此处，尿液由此排至肾小盏内。每个肾锥体及其周围相连的皮质组成一个肾叶，肾叶间有叶间血管走行，鼠和兔等动物的肾内只有一个肾锥体，因此只有一个肾叶，称为单叶肾或单锥体肾（unilobar 或 unipyramidal kidney）。

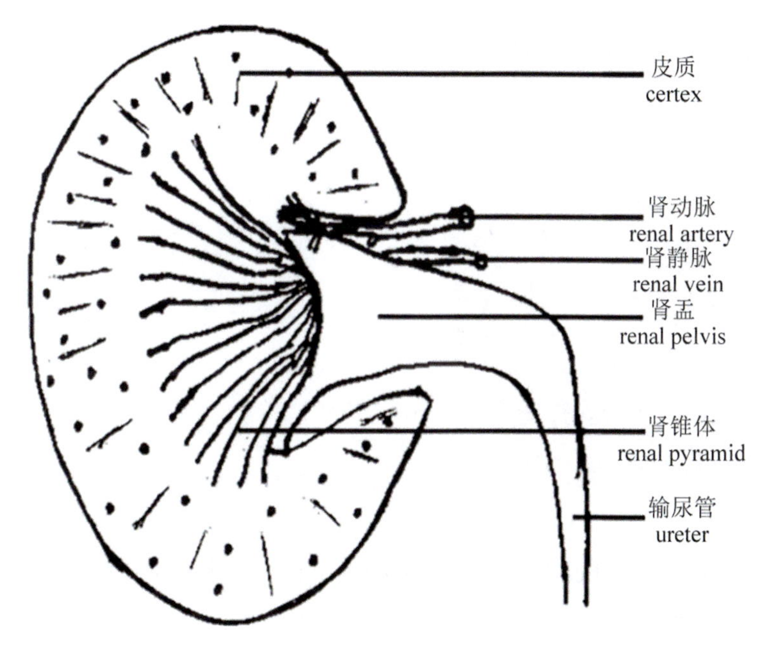

图 5-2 肾脏冠状剖面模式图

大鼠肾脏长约 15 ～ 25mm，宽约 10 ～ 15mm，厚约 10mm；小鼠肾脏长 6 ～ 12mm，宽 5 ～ 8mm，厚约 5mm。肾实质由大量泌尿小管组成，其间有少量结缔组织、血管和神经等构成肾间质。泌尿小管（uriniferous tubule）是由单层上皮构成的管道，包括肾小管和集合小管系两部分。肾小管是长而不分支的弯曲管道。每条肾小管起始端膨大内陷成双层盲囊（肾小囊又称 Bowman 囊），呈杯状包绕血管球（glomerulus），血管球是包在肾小囊中的一团蟠曲的毛细血管。肾小囊与血管球共同构成肾小体（renal corpuscle），肾小体似球形，故又称肾小球。肾小管的末端与集合小管相接。每个肾小体和一条与它相连的肾小管是尿液形成的结构和功能单位，称肾单位。泌尿小管各段在肾实质内的分布是有规律的，肾小体和蟠曲走行的肾小管位于皮质迷路和肾柱内，肾小管的直行部分与集合小管系共同位于肾锥体和髓放线内。

在不同的脊椎动物中，肾的大小取决于肾单位的数目，每个肾的肾单位可由几百个到数千个不等，在哺乳动物可达百万个。小鼠每肾有肾单位 2 万多个，大鼠每肾有肾单位 3 万多个，人每肾有 100 万个以上，且肾单位的数目终生不变。小鼠肾皮质内的肾小球特别小，包围肾小球的鲍曼氏囊显示出性别差异，成年雌性小鼠的鲍曼氏囊壁表面是鳞状上皮，但在成年雄性小鼠该囊壁表面是立方上皮。大鼠则没有此性别异型。

肾形状似蚕豆，中央凹陷部为肾门（hilum, H），肾外表面被覆纤维被膜（fibrous capsule, Cp），外层为皮质（cortex, Cor），内有肾小球、近曲小管、远曲小管；内层为髓质（medulla, Med），内有近曲小管、远曲小管及集合管，大鼠及小鼠的髓放线不如人类的清晰；向肾门方向集聚可见肾乳头（papilla, P）内为大量集合管。鼠的肾内只有一个锥体，故只有一个肾叶，称为单锥体肾（图 5-3）。

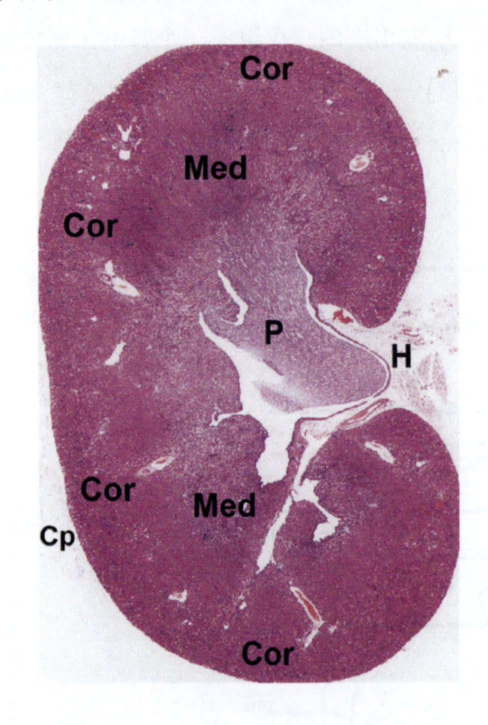

图 5-3 F344 大鼠肾脏冠状切面（HE，10×）

Cor/ 皮质
Med/ 髓质
P/ 肾乳头
H/ 肾门
Cp/ 纤维被膜

肾皮质部主要为肾小体（renal corpuscles, RC）和肾小管，肾小体由肾小球及包围在其外周的肾小囊组成，并且每个肾小体有两极，微动脉出入的一端称为血管极，与肾小管相连的一端称为尿极。与小鼠肾小体相比，大鼠的肾小体直径较大（10 ~ 20μm），约为小鼠肾小体直径的两倍，但单位面积内肾小体数量少，约为小鼠单位面积肾小体数量的一半（图 5-4）。

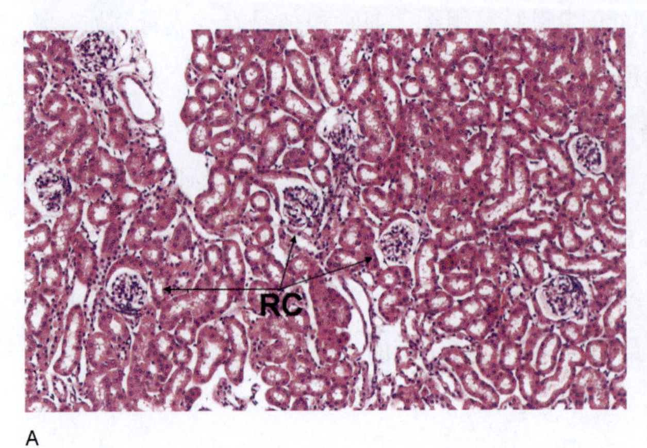

A

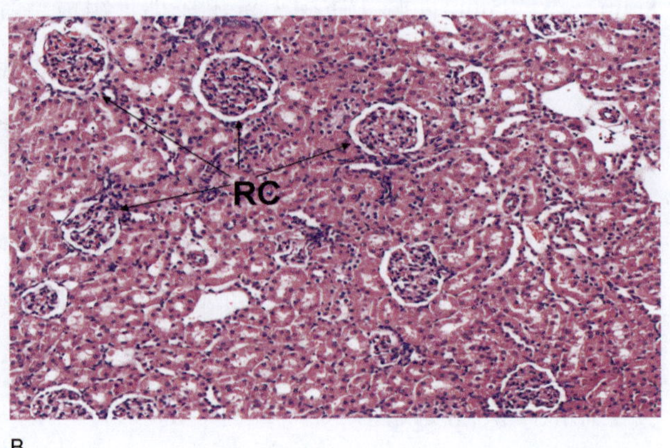

B

图 5-4 肾皮质

A. BALB/c 小鼠（HE，80×）
B. SD 大鼠（HE，80×）

RC/ 肾小体

肾小体由血管球（renal glomerulus, G）和肾小囊（Bowman's capsule）组成，肾小囊分为壁层和脏层，脏、壁两层之间为肾小囊腔（Bowman's space, BS）。壁层（W）为单层扁平上皮，在肾小体尿极与近端小管上皮相连续，在血管极处反折为脏层，其紧贴在血管球的毛细血管外面，由足细胞构成，其与内皮细胞不易区分；血管球由较粗的入球微动脉突入肾小囊后分成 2 ～ 5 支，每支再分支形成网状毛细血管而成袢，每个血管袢之间有血管系膜支持，毛细血管继而又汇成一条较细的出球微动脉，从血管极处离开肾小囊（图 5-5）。

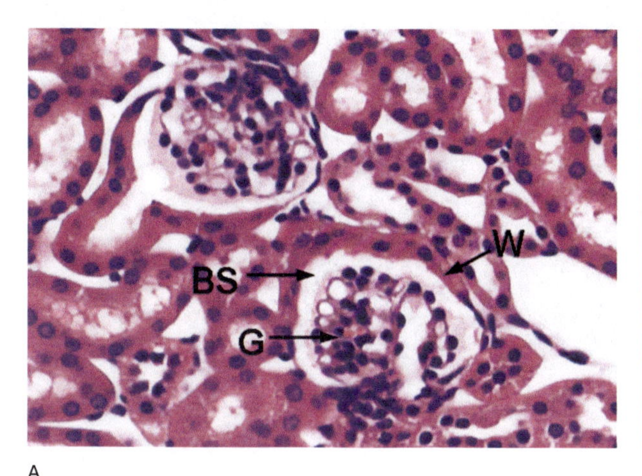

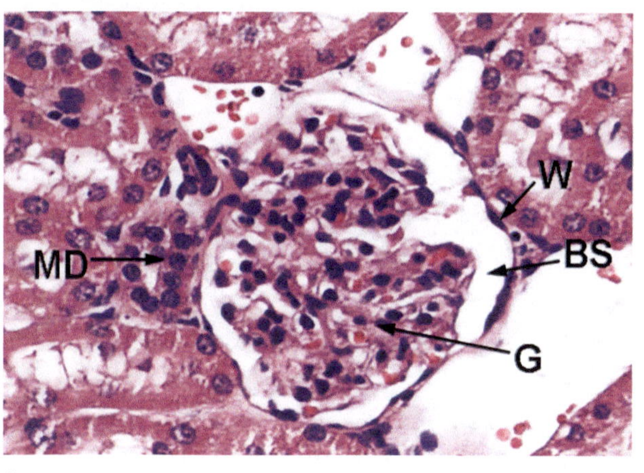

图 5-5　肾小体
A. BALB/c 小鼠（HE，200×）
B. SD 大鼠（HE，200×）

BS/ 肾小囊腔
G/ 血管球
W/ 壁层
MD/ 致密斑

血管球内主要有三种细胞：毛细血管内皮细胞（endothelial cell, EnC）、系膜细胞（mesangial cell, MC）、足细胞（podocyte, PC）（图 5-6）。内皮细胞之间有孔隙，有利于滤过功能，且内皮细胞的腔面富有一层带负电荷的、富含唾液酸的糖蛋白，对血液中的物质有选择性通透作用；系膜细胞又称球内系膜细胞，形状不规则，核小，染色较深，能合成基膜和系膜基质，还可吞噬和降解沉积在基膜上的免疫复合物，并参与基膜的更新和修复。系膜细胞可分泌肾素和酶等生物活性物质，参与血管球内血流量的局部调节，并且细胞收缩活动可调节毛细血管的管径以影响血管球内血流量；足细胞又称脏层上皮细胞，体积较大，有许多足状突起，即足突（foot process, FP），核染色较浅，细胞表面覆有一层富含唾液酸的糖蛋白，对大分子物质滤入肾小囊腔具有选择性通透作用。靠近肾小体血管极处的远曲小管上皮细胞变窄而高，细胞核密集，称为致密斑（macula densa, MD）。

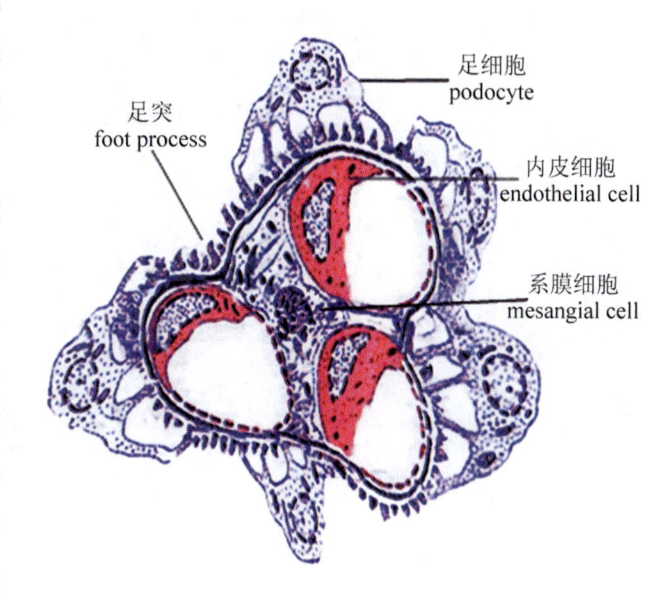

图 5-6　肾血管球局部模式图

PAS 染色中近曲小管（proximal convoluted tubule, PCT）腔面刷状缘呈粉红色，图 5-7 清晰显示由近曲小管形成的肾小囊（Bowman's capsule, BC），而远曲小管（distal convoluted tubule, DCT）腔面没有刷状缘，PAS 染色中腔面不显示粉红色，A、B 图中均可清晰显示在肾小球血管极附近，由远曲小管上皮细胞聚集形成的致密斑（图 5-7）。

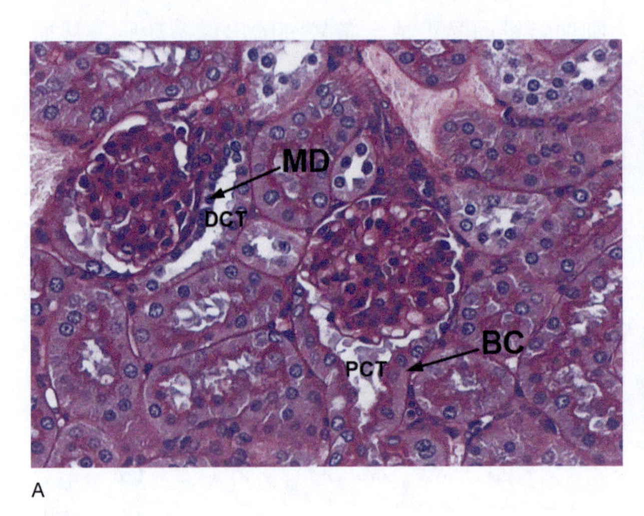

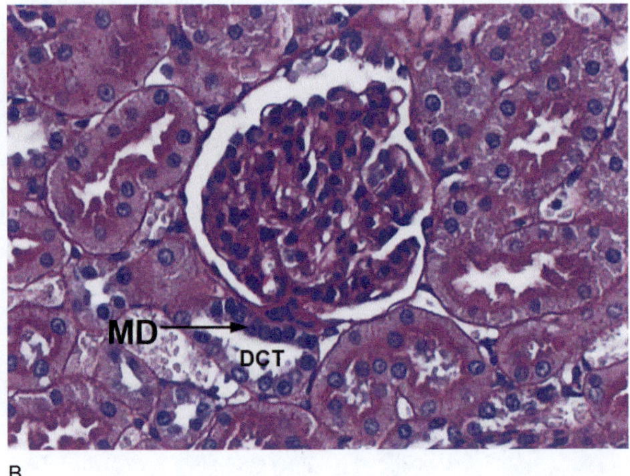

图 5-7 肾小体
A. BALB/c 小鼠（PAS，200×）
B. SD 大鼠（PAS，200×）

MD/ 致密斑　DCT/ 远曲小管
BC/ 基底细胞　PCT/ 近曲小管

Azan 染色中肾小球囊壁（wall of renal capsule）、肾小球基底膜（glomerular basement membrane, GBM）、肾小管基底膜（tubular basement membrane, TBM）及近曲小管（proximal convoluted tubule, PCT）腔面刷状缘均呈蓝色，图 5-8 中清晰显示肾小体结构及近曲小管和远曲小管（distal convoluted tubule, DCT），远曲小管腔面没有刷状缘，故染色中腔面不显示蓝色，图 5-8 中均可清晰显示在肾小球血管极附近，由远曲小管上皮细胞聚集形成的致密斑。大鼠肾小球基底膜较小鼠厚（10 ～ 30nm），所以染色更清晰（图 5-8）。

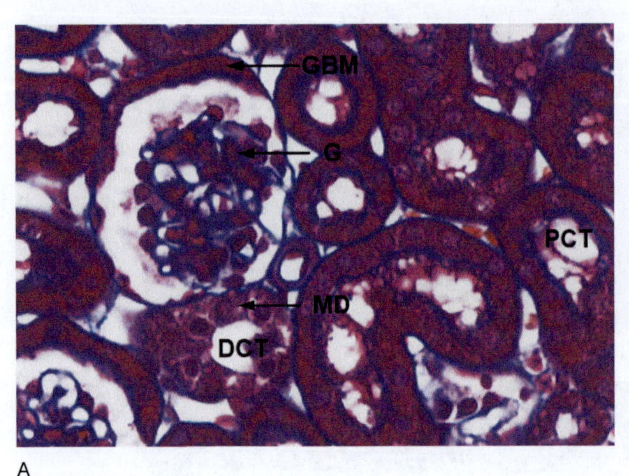

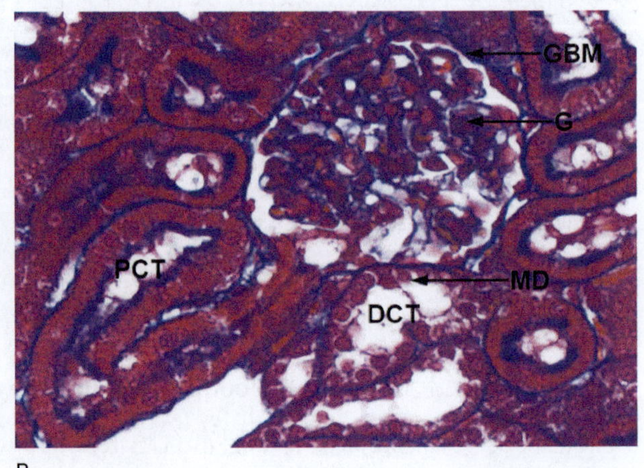

图 5-8 肾小体
A. BALB/c 小鼠（Azan，200×）
B. F344 大鼠（Azan，200×）

GBM/ 肾小球基底膜
G/ 血管球
MD/ 致密斑
DCT/ 远曲小管
PCT/ 近曲小管

球旁复合体（juxtaglomerular complex）又称血管球旁器（juxtaglomerular apparatus），由球旁细胞（juxtaglomerular cell, J）、致密斑（MD）、球外系膜细胞（extraglomerular mesangial cell, lacis cell, L）组成。球旁细胞由入球微动脉管壁中膜的平滑肌细胞转变而成，细胞体积大，核大而圆，胞质丰富，弱嗜碱性，内含分泌颗粒可分泌肾素（renin）；致密斑为近肾小体侧的远端小管上皮细胞呈柱状，变窄，胞质色浅，核椭圆形，排列紧密，形成的一个椭圆形斑，它是一种离子感受器，可感受远端小管内的钠离子浓度的变化；球外系膜细胞位于入球微动脉、出球微动脉和致密斑围成的三角形区域内，细胞体积较小，与球内系膜细胞相延续，与球旁细胞、球内系膜细胞之间有缝隙连接，可能起信息传递作用（图 5-9）。

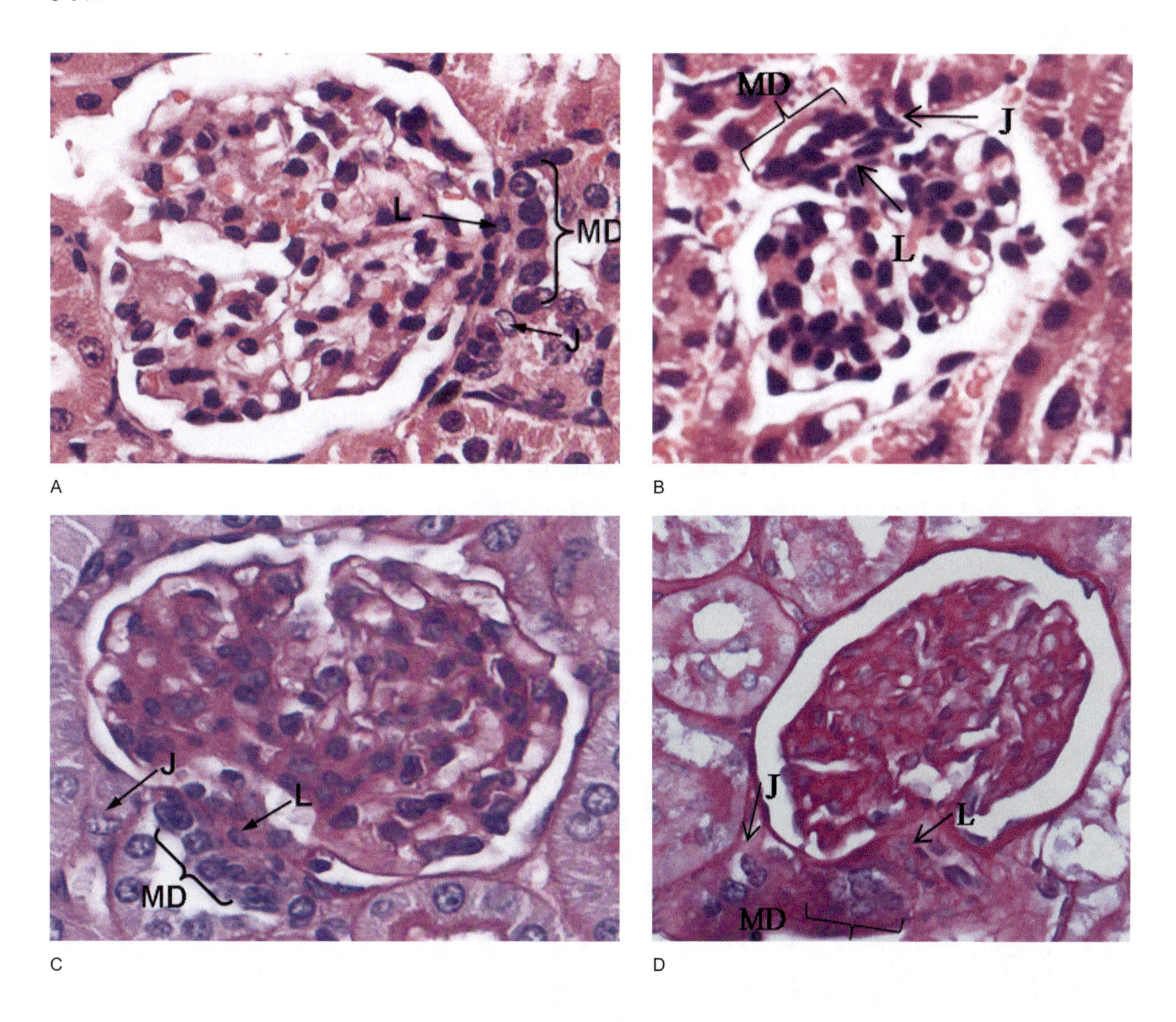

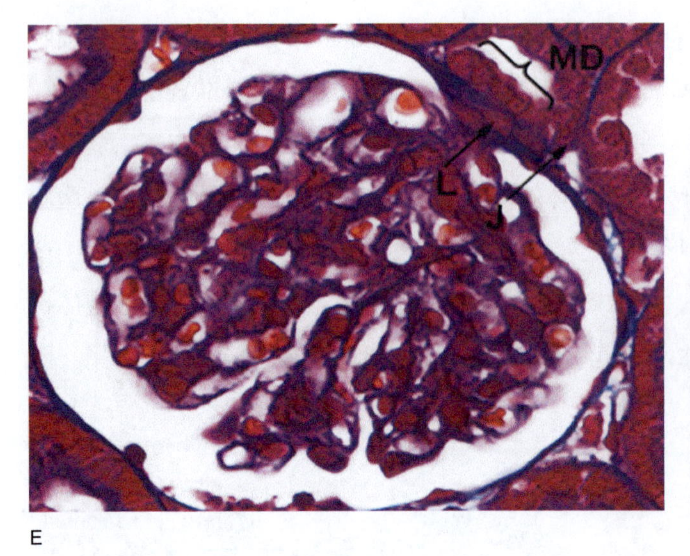

E

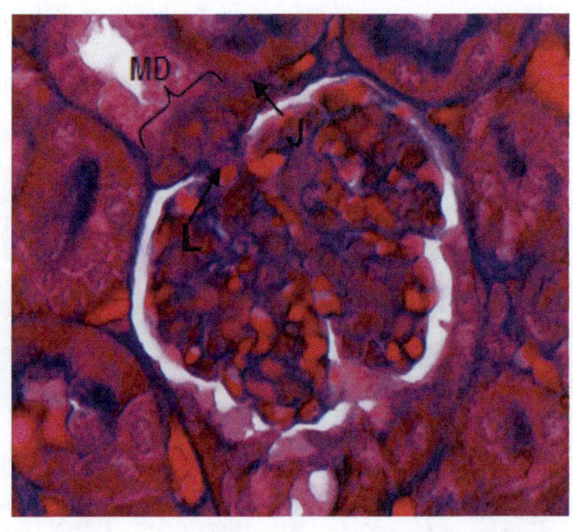

F

图 5-9 球旁复合体

A. SD 大鼠（HE，400×）；B. KM 小鼠（HE，400×）
C. SD 大鼠（PAS，400×）；D. KM 小鼠（PAS，400×）
E. SD 大鼠（Azan，400×）；F. KM 小鼠（Azan，400×）

MD/ 致密斑
L/ 球外系膜细胞
J/ 球旁细胞

髓袢（loop of Henle）又叫 Henle 袢或肾单位袢，是由近端小管直部、细段和远端小管直部三者构成的 U 形袢，由皮质向髓质方向下行的一段称髓袢降支（descending limb），对溶质不通透，对水的通透性很强，约 15% ～ 25% 的滤过液通过水通道（水通道蛋白）被重吸收。由髓质向皮质方向上行的一段称髓袢升支（ascending limb），为远曲小管的起始段，对水不通透，主要负责 Na^+、K^+、Ca^{2+}、Mg^{2+}、Cl^-的重吸收。髓袢还包括以下结构：细段（thin limb, T）又称中间小管，构成髓袢的第二段，包括较短的降支，位于浅表肾单位，而弯曲部和升支，均由远直小管组成，管径较细，直径 12 ～ 15μm，被覆单层扁平上皮，厚 1 ～ 2μm；直小血管（vasa recta, V）呈细而长的 U 字形，缠绕邻近的近曲小管或远曲小管；升支（ascending limb, A）被覆矮立方上皮，切面呈圆形；集合管（collecting tubules, CT）被覆立方上皮，但形状不规则，乳头管（papillary duct, PD）直径较大，为圆柱状上皮，是由皮质走向髓质锥体乳头孔的小管，下行过程中不断汇合成较大的管，管径逐渐变粗，管壁逐渐变厚（图 5-10）。

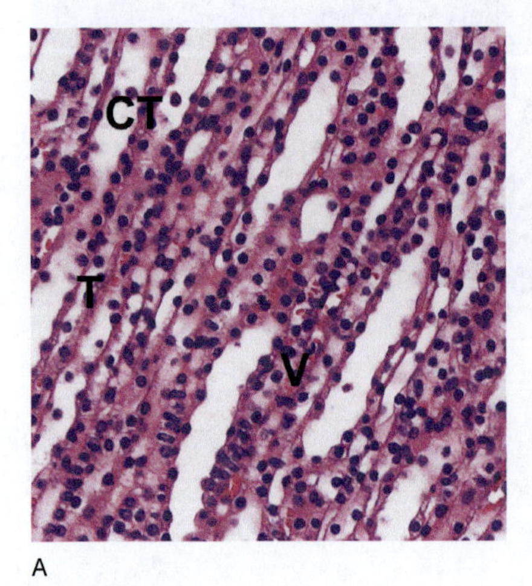

A

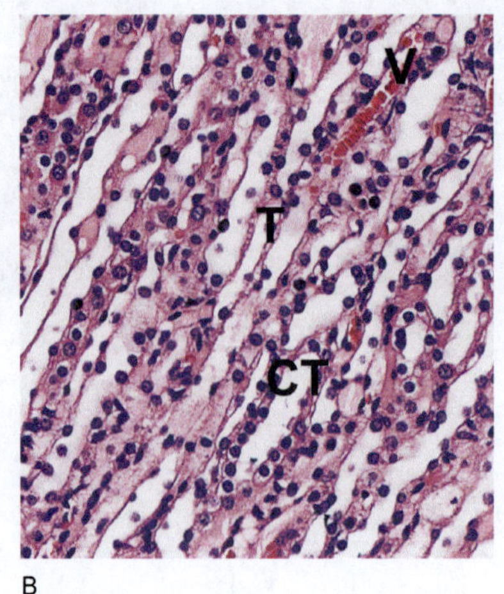

B

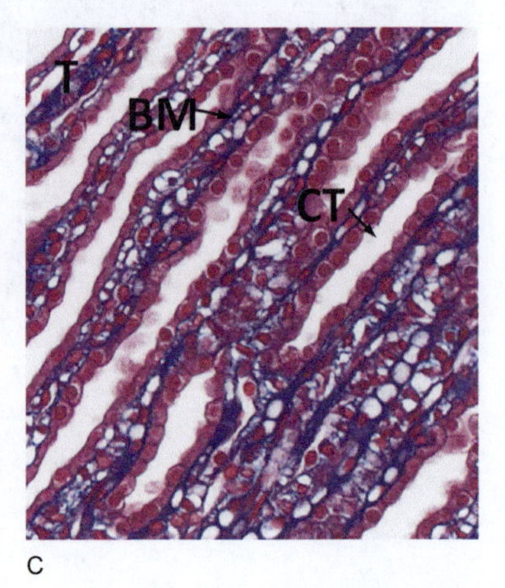

C

图 5-10 髓袢

A. BALB/c 小鼠（HE，200×）
B. SD 大鼠（HE，200×）
C. SD 大鼠（Azan，200×）

CT/ 集合管
T/ 细段
V/ 直小血管
BM/ 基底膜

肾小管主要包括近曲小管（PCT）和远曲小管（DCT）。近曲小管是肾小管中最长的部分，75% 的肾小球滤过作用发生于此，它的功能与其上皮细胞有密切关系，近曲小管上皮细胞为单层立方上皮，有大量微绒毛充满管腔，称刷状缘（brush border, BB），上皮细胞胞浆内富含糖原强嗜酸性，在 PAS 染色中细胞基底膜（basement membrane, BM）及刷状缘均呈明显粉红色。远曲小管是髓袢升支的延续，皮质内数量较少，仅穿插在近曲小管之间，其主要功能是对盐的再吸收，在酸碱平衡中起着重要的作用，远曲小管上皮细胞仅有少量不规则的微绒毛，故与近曲小管相比缺少刷状缘，在 PAS 染色中管腔内无粉红色刷状缘，且胞浆染色较浅，易与近曲小管区分。Azan 染色中，近曲小管（PCT）基底膜（BM）及腔面刷状缘（BB）均显示蓝色，远曲小管（DCT）基底膜（BM）也显示蓝色，由于远曲小管上皮细胞仅有少量微绒毛，腔面刷状缘缺失，故管腔内没有蓝色显示。大鼠的小管基底膜较小鼠的厚，所以染色更清晰（图 5-11）。

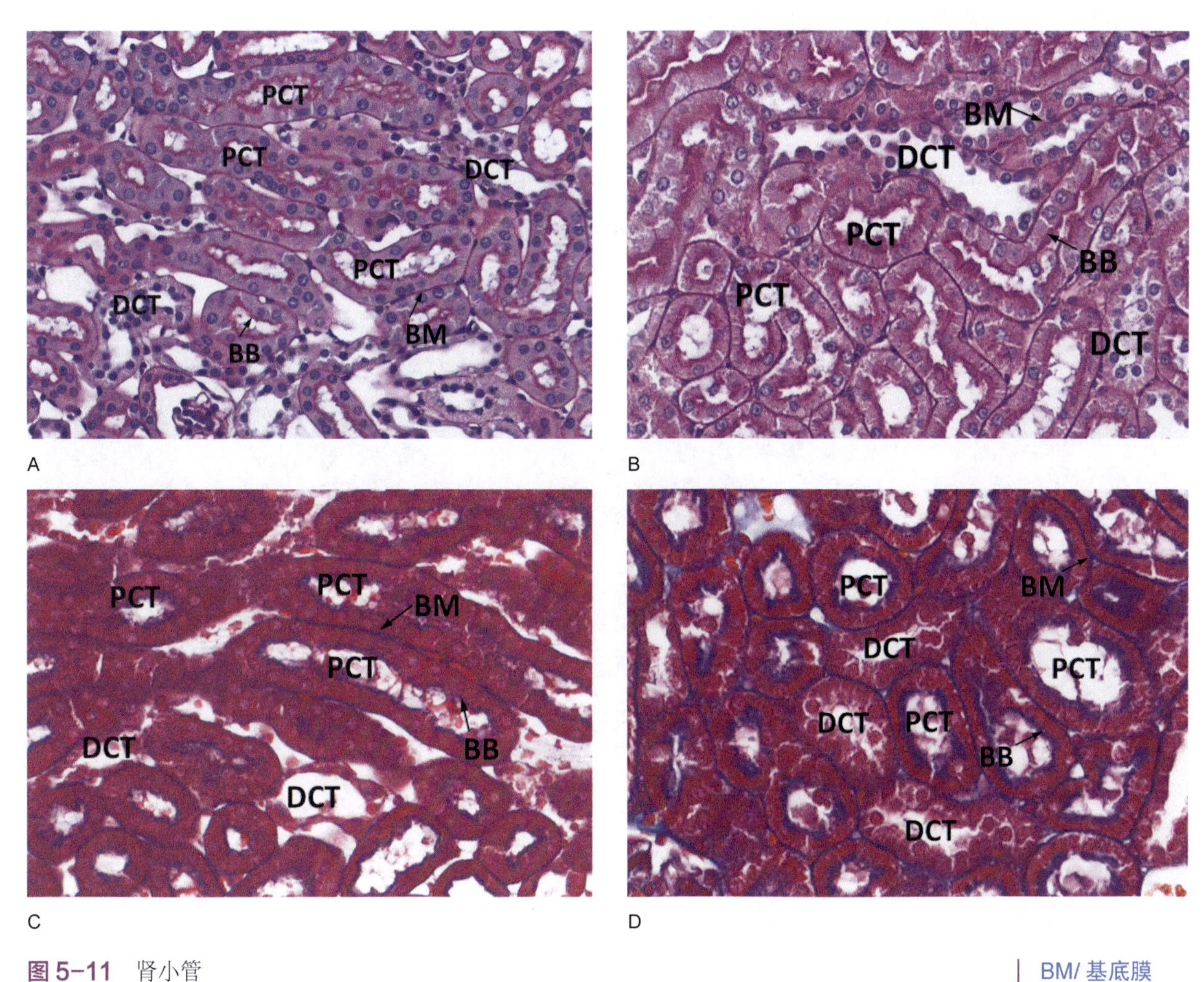

图 5-11　肾小管

A. BALB/c 小鼠（PAS，200×）
B. SD 大鼠（PAS，200×）
C. BALB/c 小鼠（Azan，200×）
D. SD 大鼠（Azan，200×）

BM/ 基底膜
PCT/ 近曲小管
DCT/ 远曲小管
BB/ 刷状缘

第二节 输 尿 管

肾产生的终尿经肾盏、肾盂、输尿管（ureter）、膀胱及尿道等排尿管道排至体外。排尿管道各部分的组织结构基本相似，均由黏膜、肌层和外膜构成。

输尿管黏膜形成多条纵行皱襞，管腔呈星形，表面为较厚的变移上皮，有 3 ～ 6 层细胞，扩张时可变为 2 ～ 3 层，基膜不明显。固有层为细密的结缔组织，内含较细的胶原纤维和少量弹性纤维，可见有弥散淋巴组织。输尿管上 2/3 段的肌层为内纵、外环两层平滑肌，下 1/3 段肌层增厚，为内纵、中环和外纵三层，界限不清楚。输尿管斜穿膀胱壁，穿入膀胱时环肌消失，纵肌抵达膀胱壁，其收缩协助管口开放。输尿管开口处黏膜折叠成瓣，当膀胱充瓣膜受压封闭，可防止尿液反流。输尿管外膜为疏松结缔组织，与周围结缔组织相移行。

输尿管各层由内向外依次为黏膜层（mucosa, M）、黏膜下层（submucous layer, SL）、肌层（muscular layer, ML）及外膜（adventitia, Ad）。黏膜由 3 ～ 6 层多角形细胞构成的变移上皮（transitional epithelium, TEp）组成。黏膜下层含有大量胶原纤维（collagenous fiber）和弹性纤维（elastic fiber）。肌层里的平滑肌呈内纵、外环两层，在靠近膀胱处肌层增厚成外纵、中环、内纵三层。外膜为疏松结缔组织，内含血管和神经纤维。大、小鼠的输尿管无明显差别；兔的输尿管与人的一样，黏膜下层增厚，黏膜表面有皱襞形成（图 5-12）。

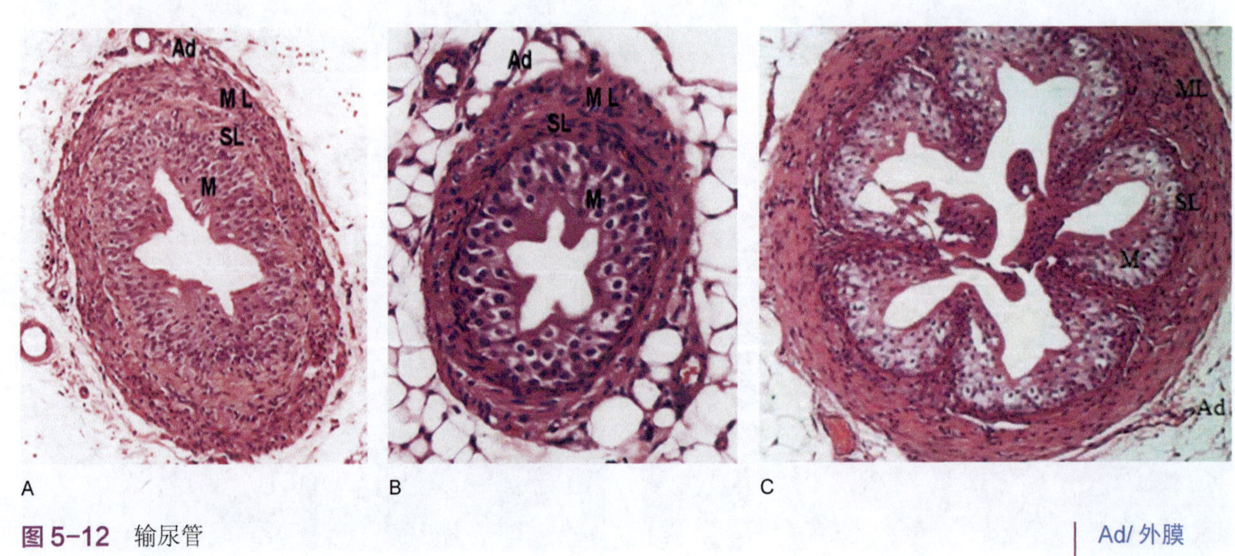

图 5-12 输尿管

A. F344 大鼠（HE，100×）
B. KM 小鼠（HE，200×）
C. 兔（HE，200×）

Ad/ 外膜
ML/ 肌层
SL/ 黏膜下层
M/ 黏膜层

输尿管各层清晰显示，黏膜下层的胶原纤维和弹性纤维在 Masson 染色中呈蓝色，黏膜及肌层呈红色，外膜内疏松结缔组织也有部分呈蓝色（图 5-13）。

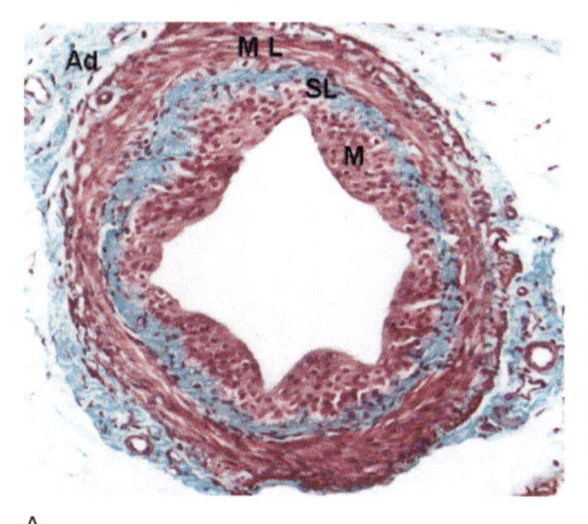

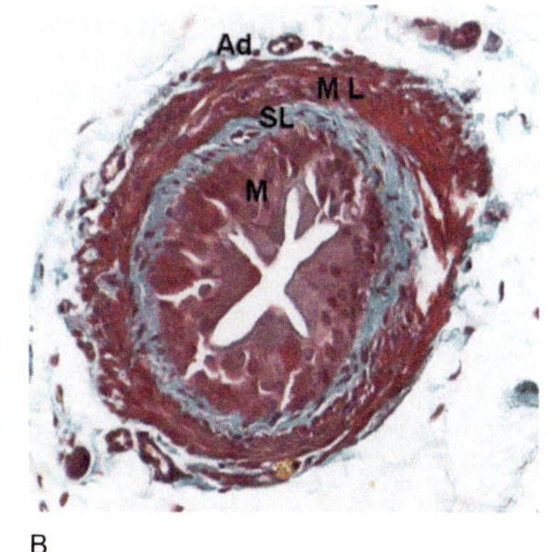

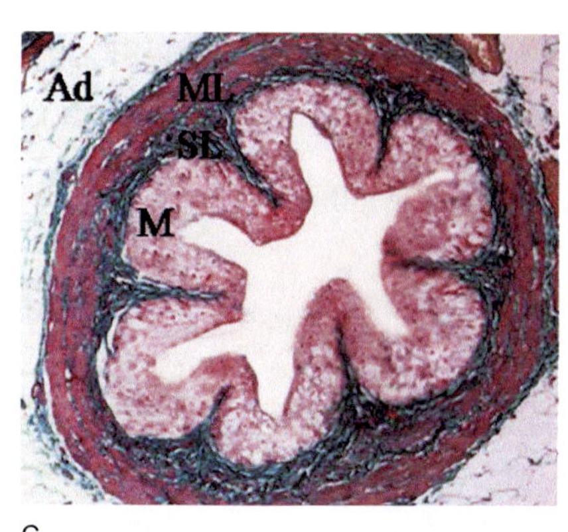

A B C

图 5-13 输尿管

A. F344 大鼠（Masson，100×）
B. KM 小鼠（Masson，200×）
C. 兔（Masson，100×）

Ad/ 外膜
ML/ 肌层
SL/ 黏膜下层
M/ 黏膜层

第三节 膀 胱

膀胱（bladder）是一个肌性囊袋，其大小和形状随着尿液在其中的充盈程度而改变。膀胱由黏膜层、肌层和外膜组成。黏膜上皮为变移上皮，层次的多少与器官的功能状态有关。膀胱空虚时上皮厚约8～10层细胞，表层细胞大，呈矩形；膀胱充盈时上皮变薄，仅3～4层细胞，细胞也变扁。上皮下有一层很薄的基膜，光镜下不易分辨。固有层为较细密的结缔组织，含有胶原纤维和弹性纤维，有丰富的血管，可见弥散淋巴组织和淋巴小结。肌层很厚，由许多螺旋形平滑肌束组成，内含疏松结缔组织和血管，各层肌束分界不清楚，大致为内纵、中环和外纵三层相互交错，中层环肌在尿道内口处增厚形成括约肌。外膜为疏松结缔组织，内含血管、淋巴管和神经。在膀胱的后上方为浆膜。

膀胱壁主要由三层平滑肌和外膜组成，各层平滑肌如图5-14中所示：最内层为内纵行平滑肌（inner longitudinal, IL），中层为环形平滑肌（outer circular, OC），外层又为外纵行平滑肌（outermost longitudinal, OL），最外层为薄的疏松结缔组织，称为外膜。黏膜下层可见血管（blood vessel, V）（图5-14）。

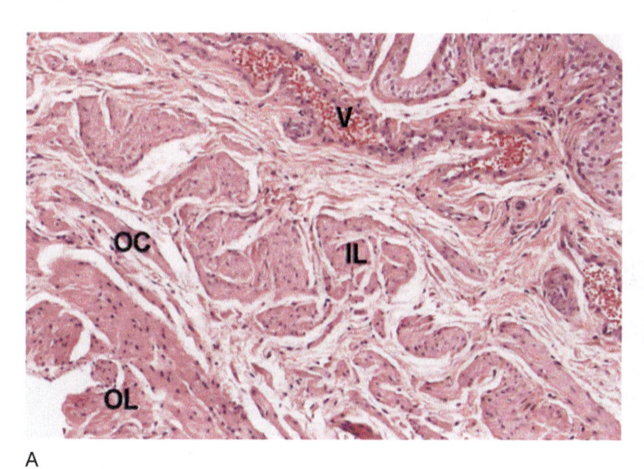

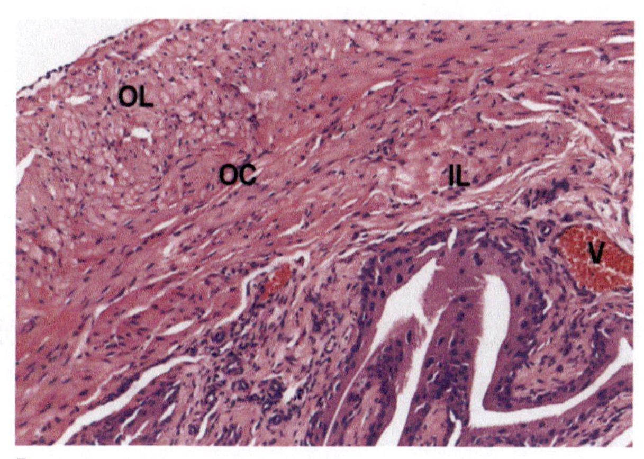

A B

图 5-14 膀胱肌层

A. F344 大鼠（HE，100×）
B. KM 小鼠（HE，100×）

V/ 血管
OC/ 环形平滑肌
OL/ 外纵行平滑肌
IL/ 内纵行平滑肌

膀胱黏膜（mucosa, M）由变移上皮（transitional epithelium）组成，膀胱尿液排空时上皮细胞层数较多，约 3 ～ 5 层，黏膜形成皱褶凸向腔内，细胞呈立方形，上层细胞较大。图中箭头显示大鼠膀胱黏膜基底层较厚（9μm 左右），而小鼠黏膜基底层较薄（5μm 左右）（图 5-15）。

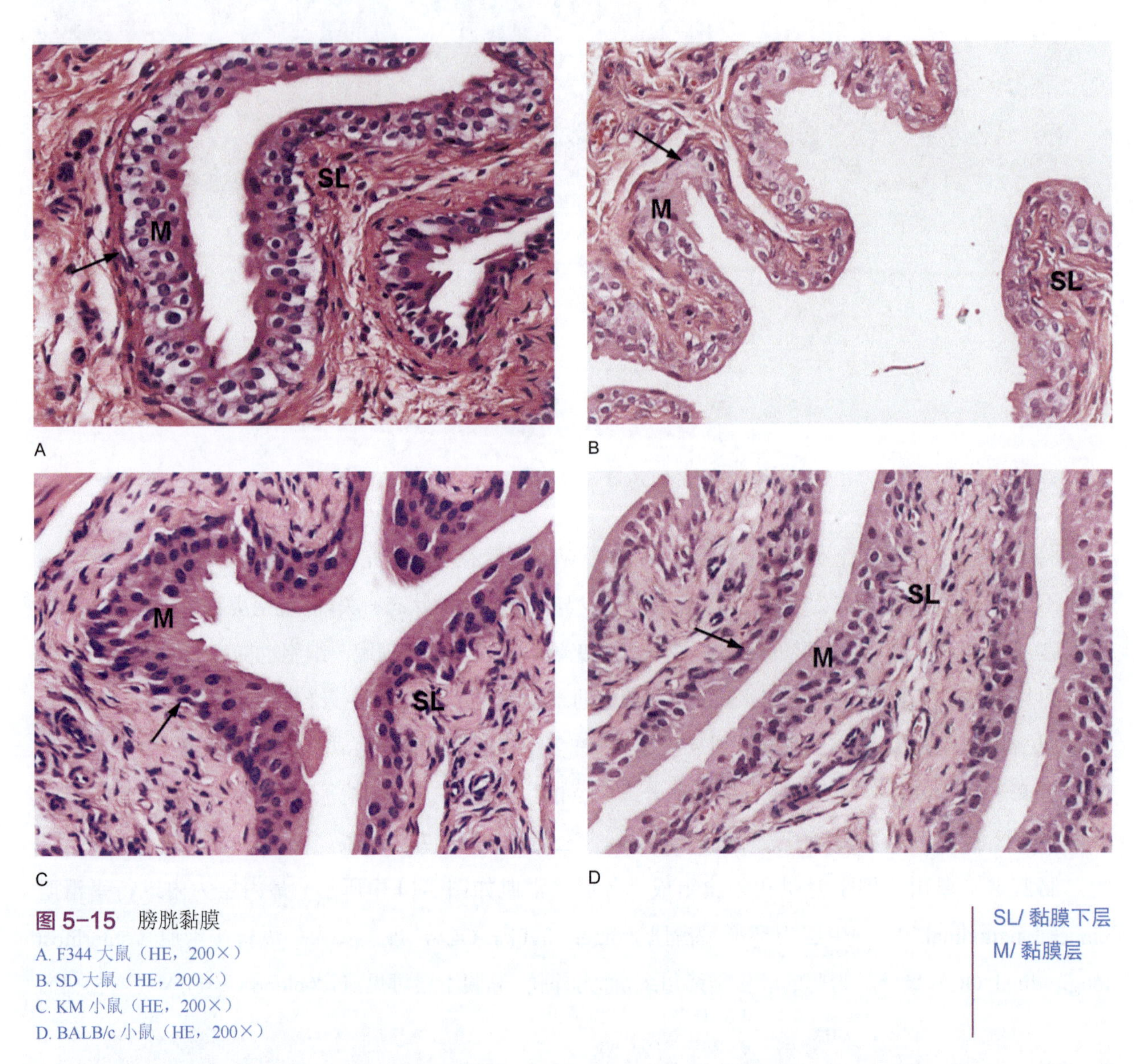

图 5-15 膀胱黏膜

A. F344 大鼠（HE，200×）
B. SD 大鼠（HE，200×）
C. KM 小鼠（HE，200×）
D. BALB/c 小鼠（HE，200×）

SL/ 黏膜下层
M/ 黏膜层

膀胱充盈时，变移上皮变薄，细胞层数变少，约 2 ～ 3 层，黏膜平坦，表层细胞变扁。图中显示膀胱各层结构，充盈状态下，大鼠和小鼠的黏膜上皮细胞未见明显差别（图 5-16）。

膀胱组织结构由内向外依次为黏膜层、黏膜下层、肌层及外膜，Masson 染色中，黏膜和肌层均显示红色，黏膜下层由含有弹性纤维的疏松结缔组织组成，故黏膜下层显示为蓝色，外膜较薄亦含有纤维组织，也显示为蓝色。另外，在肌肉组织间的间质内也有结缔组织，故有蓝色显示。黏膜及肌层呈红色（图 5-17）。

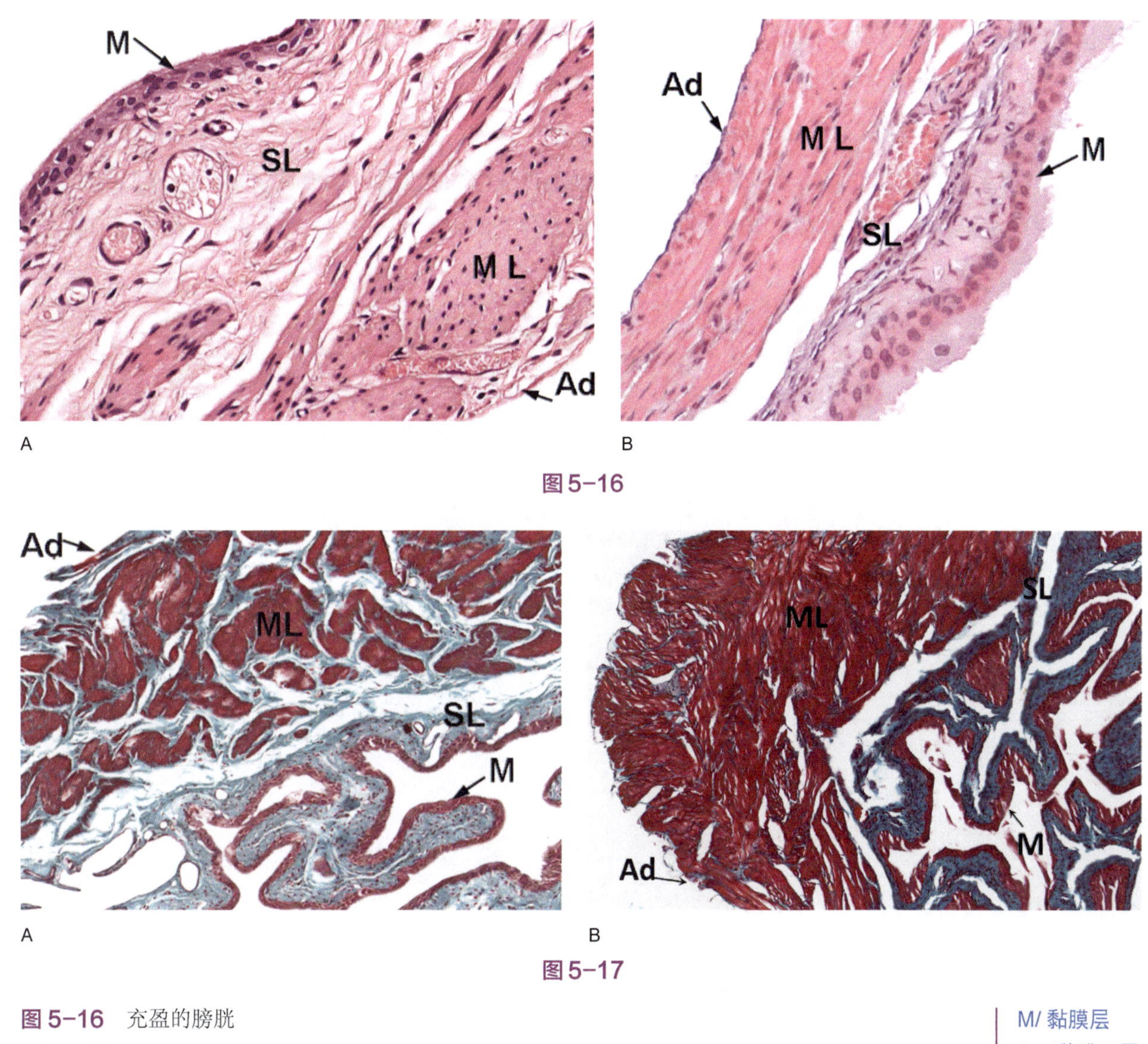

图5-16　充盈的膀胱

A. F344 大鼠（HE，200×）

B. KM 小鼠（HE，200×）

图5-17　膀胱

A. F344 大鼠（Masson，60×）

B. KM 小鼠（Masson，60×）

M/ 黏膜层
SL/ 黏膜下层
ML/ 肌层
Ad/ 外膜

第四节　尿　　道

雄性动物的尿道（urethra, Ura）较雌性尿道长，雄性尿道由前列腺部、膜部及海绵体部组成。前列腺部周围由前列腺包着，背壁和尿腔相通并有前列腺囊。膜部是尿道中最短、最窄的一段，海绵体部四周为海绵体组织。前列腺部的尿道有一对射精管（ejaculatory duct, ED）和数根前列腺管（prostatic duct, PD）的开口，尿道背部上皮向腺窝内分支形成尿道腺（urethral gland, UG）。雄性黏膜有很多皱襞，尿道上皮在前列腺部是变移上皮，在膜部是复层柱状上皮，海绵体部是单层或复层柱状上皮，开口处（即周状凹和外尿道）是复层扁平上皮，其余部分为假复层柱状上皮。上皮下可见基膜，基膜下为固有膜，内由疏松结缔组织构成，含丰富弹性纤维、毛细血管网及薄壁静脉。黏膜肌层不明显，所以固有膜和黏膜下层界限不明显。肌层（muscular layer, ML）由外环、内纵两层平滑肌组成。阴茎是由三个勃起体组成：两个阴茎海绵体（corpus cavernosum penis, CCP）和一个尿道海绵体（corpus cavernosum urethrae）。海绵组织被厚的纤维性的白膜（tunica albuginea, TA）包围。啮齿类动物及兔与人相比，它们的尿道（urethra, Ura）背侧有阴茎骨（os penis, OP）（图 5-18）。

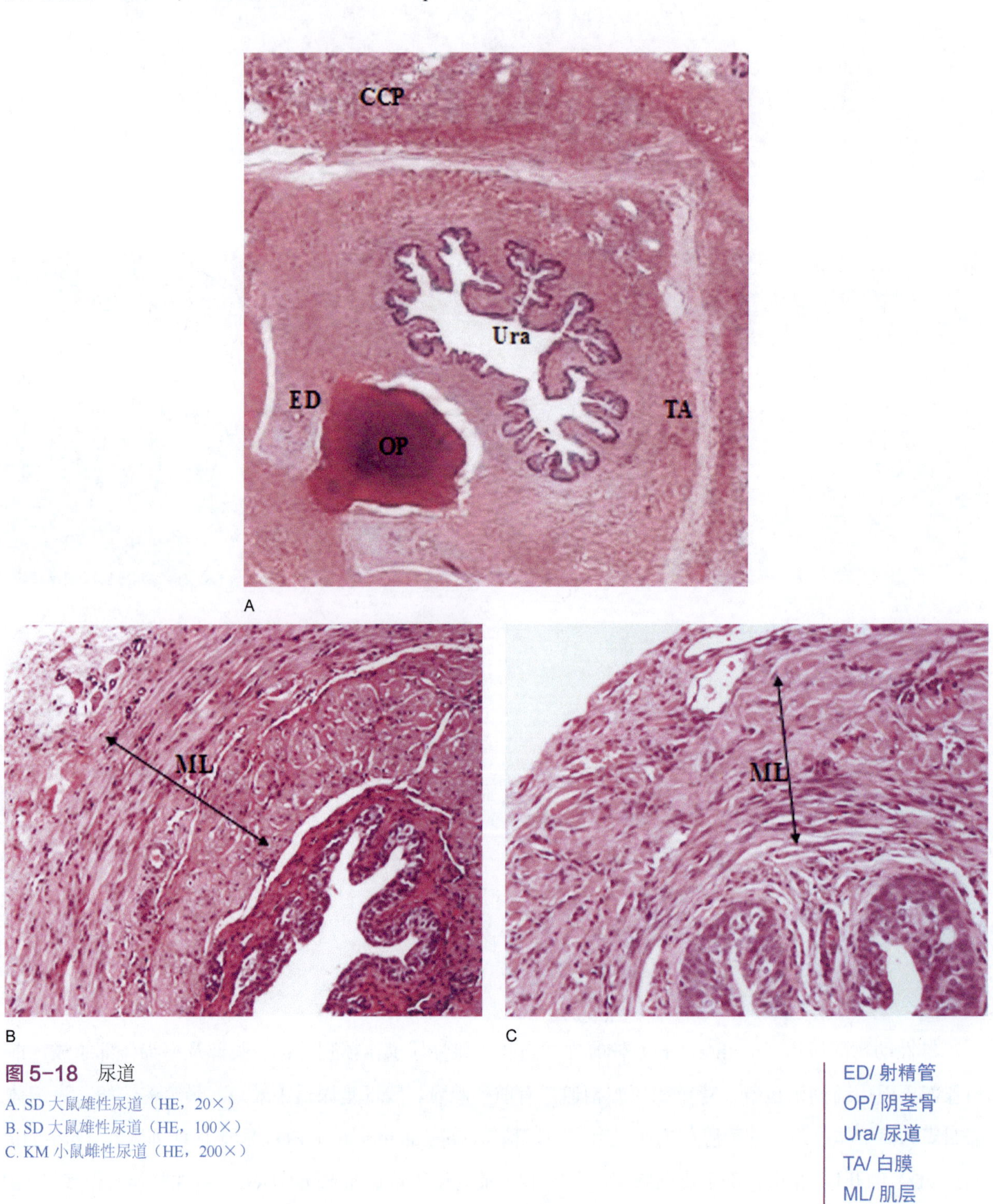

图 5-18 尿道

A. SD 大鼠雄性尿道（HE，20×）
B. SD 大鼠雄性尿道（HE，100×）
C. KM 小鼠雌性尿道（HE，200×）

ED/ 射精管
OP/ 阴茎骨
Ura/ 尿道
TA/ 白膜
ML/ 肌层
CCP/ 阴茎海绵体

雌性尿道较雄性短，黏膜上皮主要是变移上皮，但在尿道后半部为复层扁平上皮。固有膜及黏膜下层内血管丰富，由含大量弹性纤维的结缔组织构成，其外周也可见类似海绵体构造的组织，尿道腺散在分布于其间。肌肉间有静脉、结缔组织及许多弹性纤维。雌性和雄性动物（包括人）的尿道肌层走向正好相反，雄性为外环内纵、雌性为内环外纵分布。

—— 比较组织学 ——

（1）小鼠每侧肾有肾单位2万多个，大鼠每侧肾有肾单位3万多个，人每侧肾有100万个以上，且肾单位的数目终生不变。

（2）鼠和兔等动物的肾内只有一个肾锥体，因此只有一个肾叶，称为单叶肾或单锥体肾。

（3）从肾脏的整体组织形态上，啮齿类动物之间未见明显差异，大鼠的肾小球体积比小鼠的要大一些。

（4）大鼠的肾小球及肾小管的基底膜较小鼠的厚，特殊染色中基底膜更清晰；小鼠包围肾小球的鲍曼氏囊显示出性别差异，成年雌性小鼠的鲍曼氏囊壁表面是鳞状上皮，但在成年雄性小鼠该囊壁表面是立方上皮。大鼠则没有此性别异型。

（5）膀胱黏膜的变移上皮细胞的基底层在大鼠和小鼠也表现差异，大鼠的基底层较厚而小鼠基底层较薄。

（6）兔的输尿管黏膜下层增厚，黏膜表面有皱襞形成，大、小鼠黏膜表面无明显皱襞。

（7）雌性动物尿道较短，且雌雄动物（包括人）的尿道肌层走向相反，雄性为外环内纵，雌性为内环外纵分布；啮齿类动物及兔与人相比，它们的尿道背侧有阴茎骨。

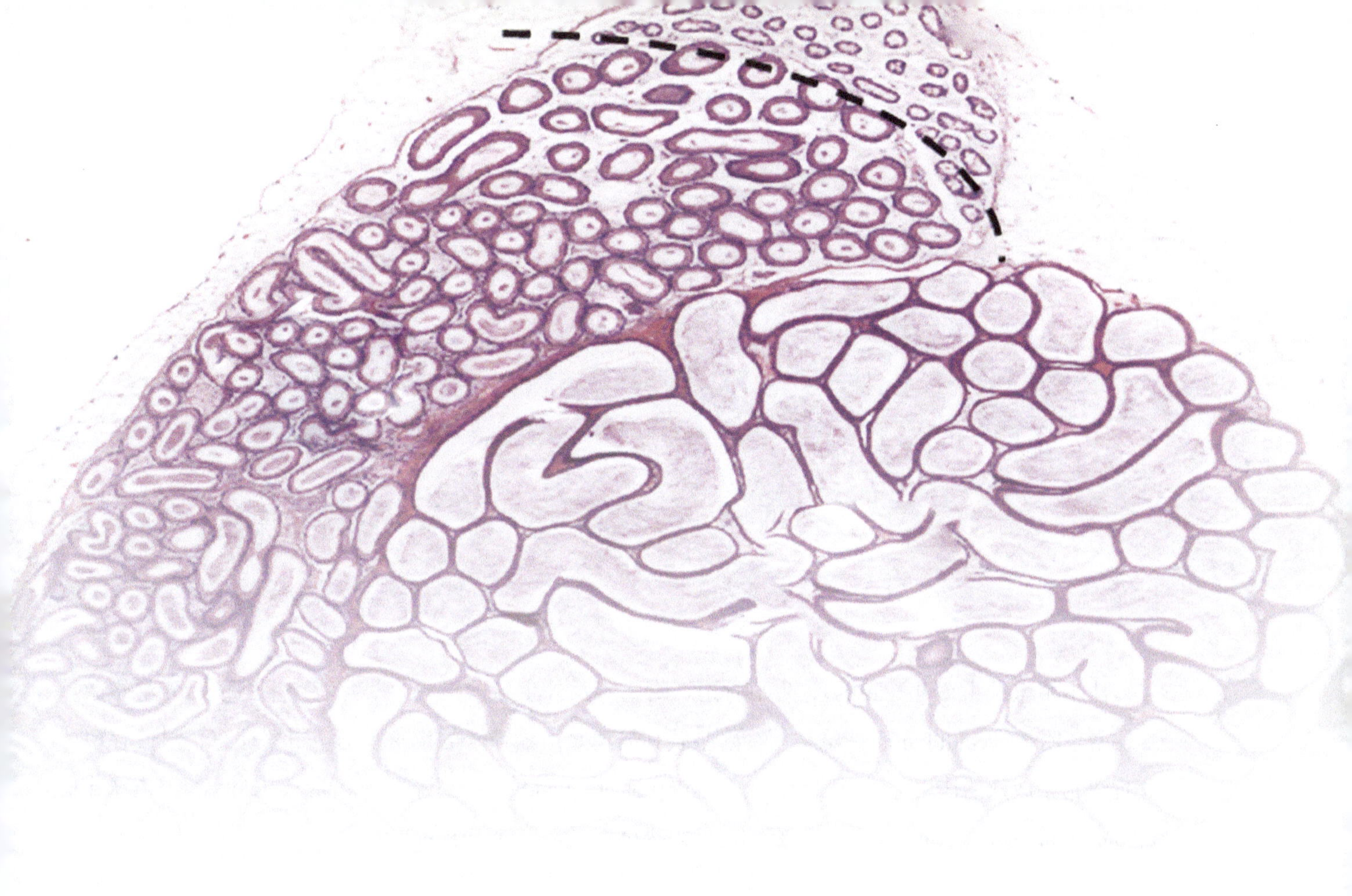

第6章 雄性生殖系统

CHAPTER 6
MALE REPRODUCTIVE SYSTEM

雄性生殖系统由睾丸（testis）、生殖管道、附属腺及外生殖器组成。睾丸能产生精子，分泌雄激素。附睾（epididymis）、输精管、射精管和尿道是运输精子的生殖管道，附睾还有暂时储存精子和促进精子成熟的作用。附属腺包括前列腺（prostate gland）、精囊腺（seminal vesicle）和尿道球腺（bulbourethral gland 或 antiprostate），它们的分泌物称精浆，连同精子构成精液。

精囊腺、前列腺和尿道球腺是主要的副性腺，大小鼠的副性腺还包括一对凝固腺（有形成阴道栓的作用）和一对包皮腺（产生特有的气味），兔有一对腹股沟腺，是其独有结构。

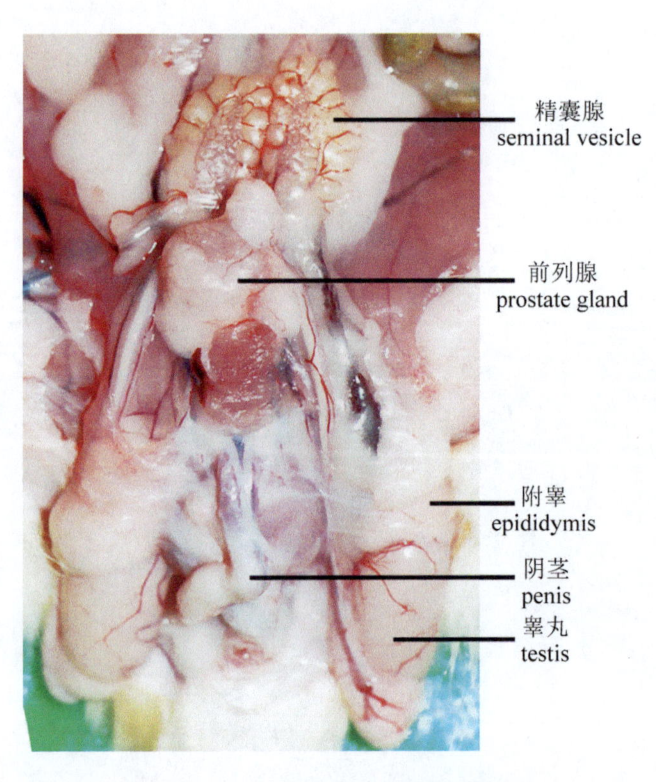

图 6-1 SD 大鼠雄性生殖器官解剖结构

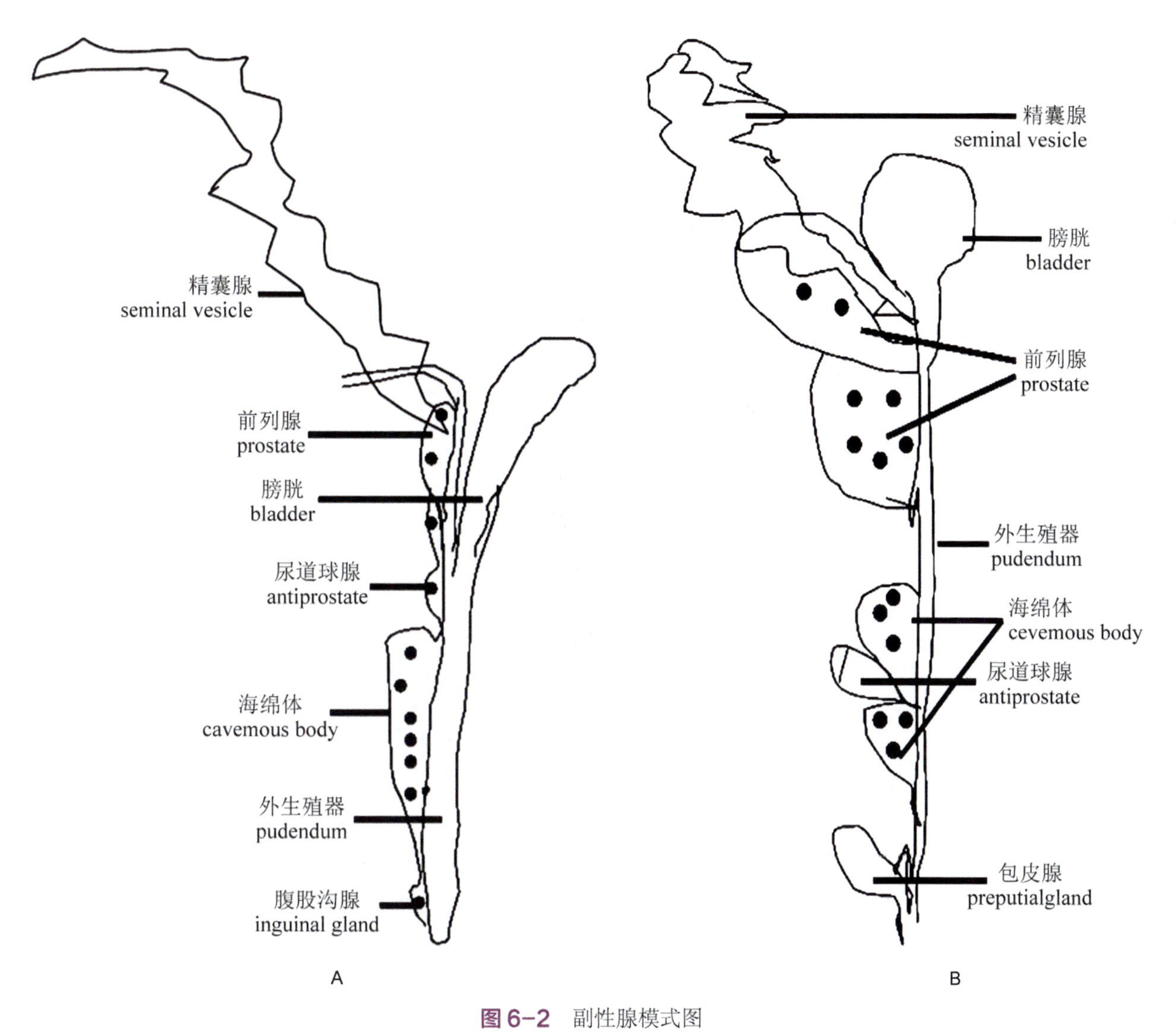

图6-2　副性腺模式图

A. 兔（雄性）部分生殖器及副性腺；B. 大鼠（雄性）部分生殖器及副性腺

第一节　睾　　丸

睾丸（testis）外观呈椭圆形，表面为被膜，包括鞘膜脏层（tunica vaginalis visceral layer）、白膜（tunica albuginea）和血管膜（tunica vasculosa）。鞘膜脏层为最外层，是很薄的浆膜层，与衬在阴囊内表面的鞘膜壁层之间有一很窄的鞘膜腔，内含少量起润滑作用的液体。深部为致密结缔组织构成的白膜，为纤维膜，含有大量胶原纤维和成纤维细胞。白膜在睾丸后缘增厚形成睾丸纵隔（mediastinum testis）。纵隔的结缔组织呈放射状伸入睾丸实质，将睾丸实质分成多个锥体形小叶，每个小叶内有 1 ～ 4 条弯曲细长的生精小管（seminiferous tubule, SfT），生精小管的上皮产生精子，生精小管在近睾丸纵隔处为短而直的直精小管（tubulus rectus）。直精小管进入睾丸纵隔相互吻合形成睾丸网（rete testis），人的睾丸网主要位于睾丸后缘，而大鼠和小鼠的睾丸网比较表浅，直接位于白膜下。血管膜是睾丸被膜的最内层，薄而疏松，含丰富血管，与睾丸实质紧密相连，并深入至生精小管间。生精小管之间的疏松结缔组织为睾丸间质。

睾丸包括鞘膜（tunica vaginalis, TV）和实质（parenchyma, P）。

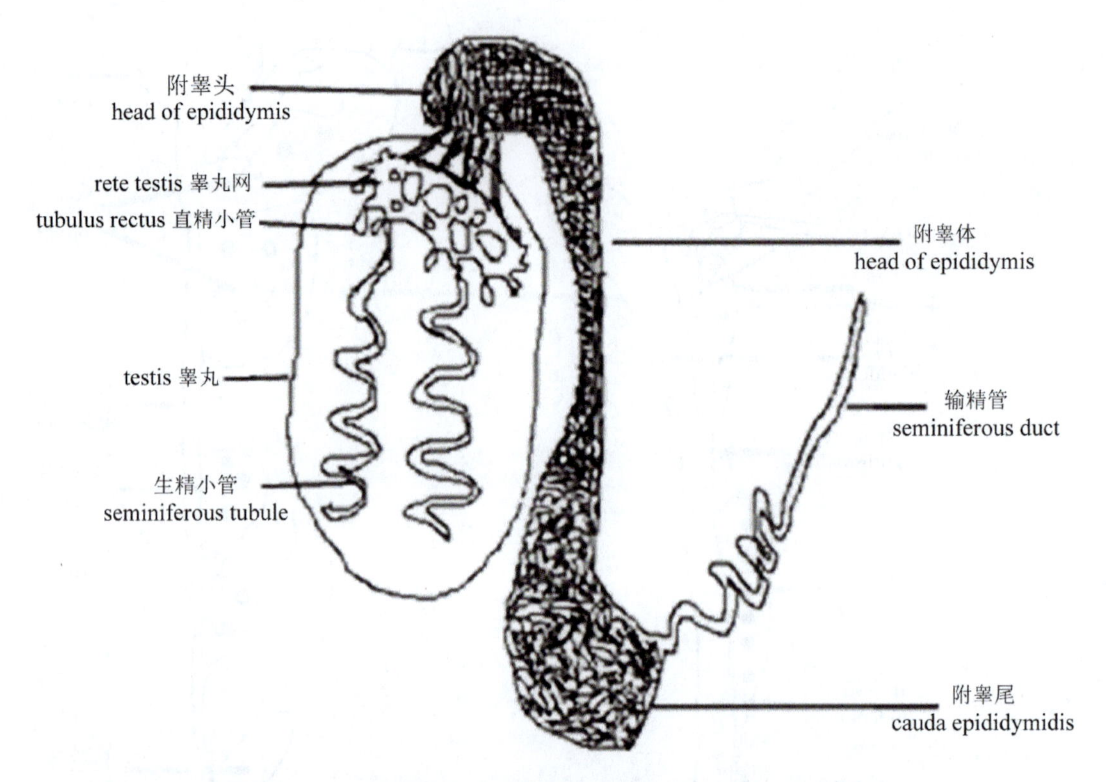

图 6-3 大鼠睾丸、附睾、睾丸网、直精小管、生精小管示意图

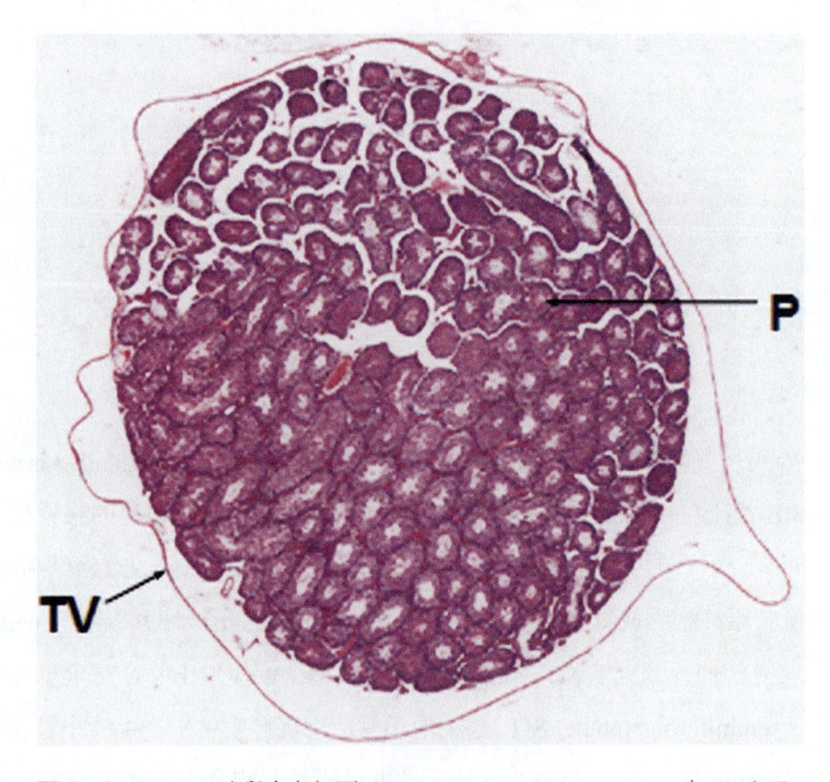

图 6-4 BALB/c 小鼠睾丸切面（HE，15×）

P/ 实质
TV/ 鞘膜

生精小管（seminiferous tubule, SfT）被覆生殖上皮，生殖上皮由两种类型的细胞组成：大部分是不断增殖、能分化形成成熟精子的生精细胞，少数是间插在生精细胞之间的不能增殖的支持细胞（sertoli cell, SC）（图6-5）。不同发育阶段的生精细胞分层排列，从生精小管的基层到管腔，依次为：

（1）精原细胞（spermatogonium, Sg）：位于基膜上，体积较小，呈立方形或椭圆形，细胞核呈圆形，着色稍深。

（2）初级精母细胞（primary spermatocyte, PS）：有数层细胞，体积较大，呈圆形，细胞核也较大，呈圆形，核内粗大的染色体交织呈球形。

（3）次级精母细胞（secondary spermatocyte, SS）：细胞较小，呈圆形，细胞核也较小，呈圆形，染色较深，由于其存在时间较短，在切片中不易见到。

（4）精子细胞（spermatid, ST）：位近管腔，有多层细胞，体积较小，核圆而小着色深。

（5）精子（spermatozoa, Sz）：形似蝌蚪，分头、尾两部分，头呈芝麻粒形，位于管腔表面，附于支持细胞顶端。

（6）支持细胞分布在各期生精细胞之间，轮廓不清，呈锥体形，底部紧贴基膜上，顶端伸向管腔，细胞核较大，形态不规则，多呈三角形，其长轴与基膜垂直，核内染色质着色浅，核仁明显。Vimentin免疫组化染色可见在支持细胞中，波形蛋白由基膜基部绕核成环状，并随胞质呈辐射状向曲细精管管腔延伸。支持细胞是睾丸中一种有重要功能的细胞，除了对生精细胞起支持和营养作用外，还分泌雄激素结合蛋白、抑制素、激活素等多种因子，形成并维持有利于精子发生的微环境。

（7）生精小管间为富含血管和淋巴管的疏松结缔组织，其中还有一些成群分布的睾丸间质细胞（leydig cell, LC），其体积较大，胞质丰富，细胞边界清楚，核大，淡染，球形或椭圆形，这种细胞具有分泌雄性激素的作用。

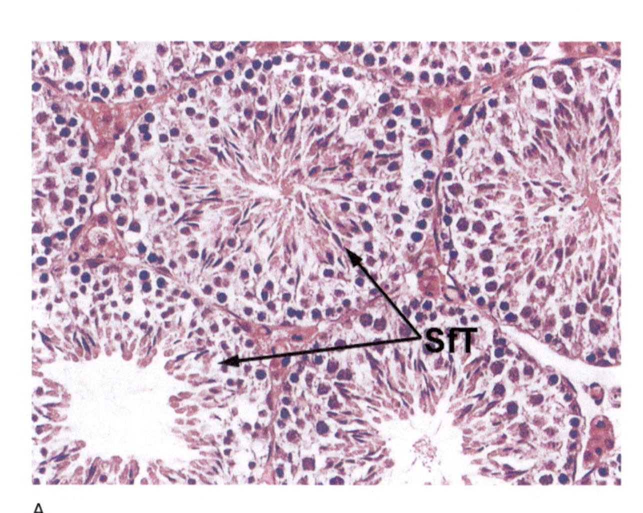

A

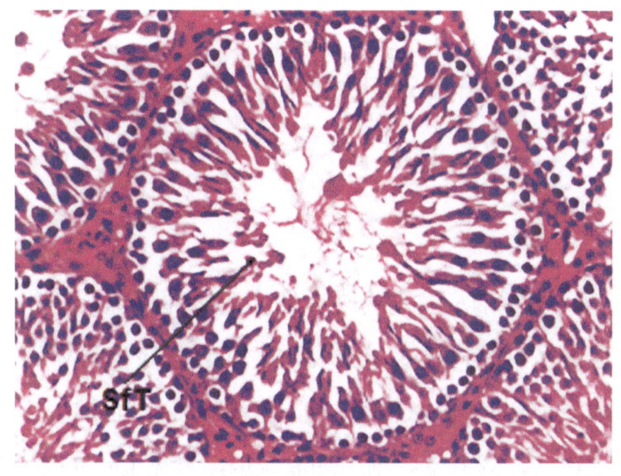

B

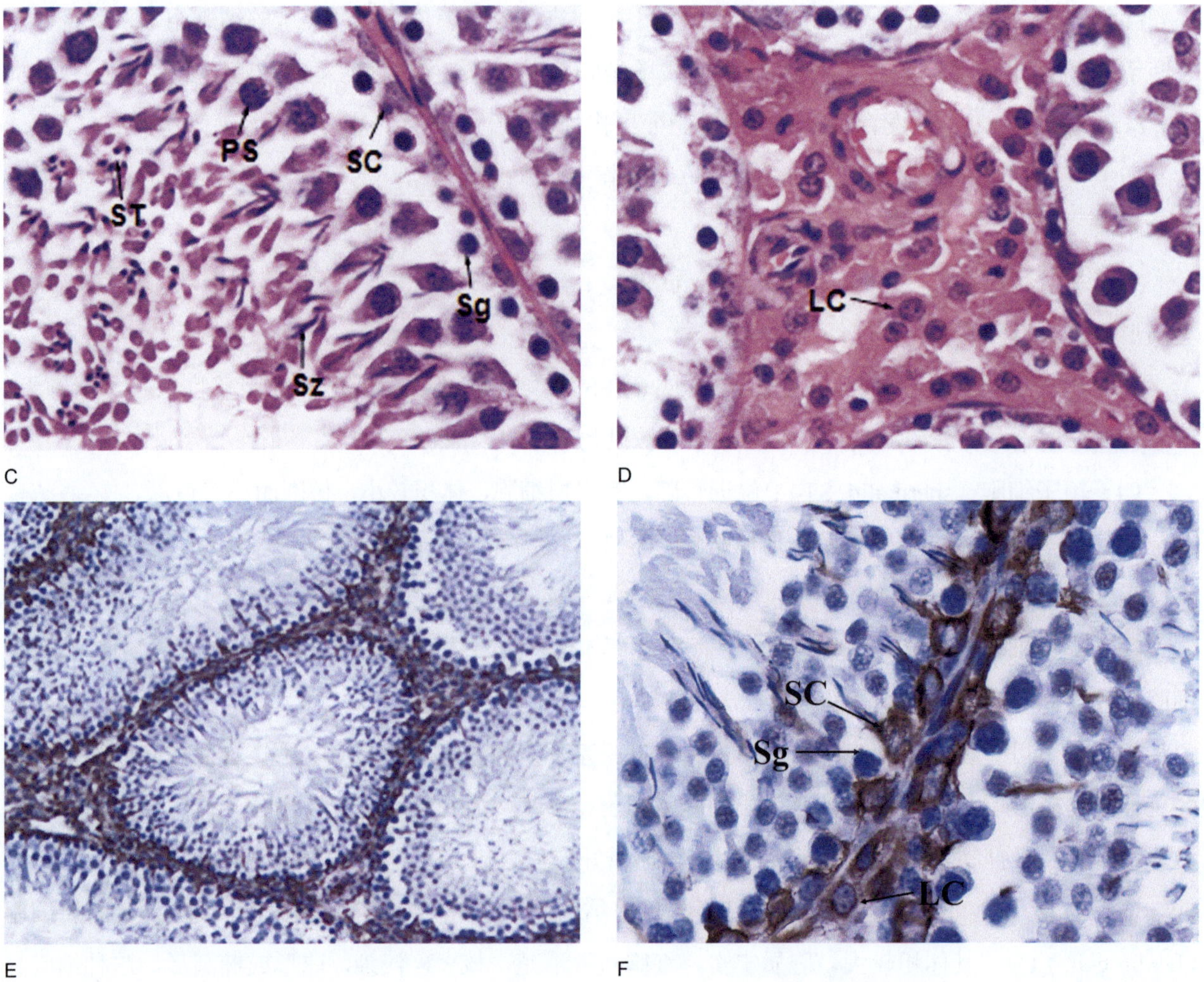

C

D

E

F

图 6-5 生精小管

A. BALB/c 小鼠（HE，200×）
B. SD 大鼠（HE，200×）
C. F344 大鼠（HE，400×）
D. F344 大鼠（HE，400×）
E. SD 大鼠（Vimentin IHC，100×）
F. SD 大鼠（Vimentin IHC，400 ×）

SC/ 支持细胞　Sg/ 精原细胞
SfT/ 生精小管　Sz/ 精子
ST/ 精子细胞　SS/ 次级精母细胞
PS/ 初级精母细胞　LC/Leydig 细胞 / 睾丸间质细胞

老年啮齿类动物常有睾丸废进性萎缩，体积和质量均发生改变，生精上皮变薄，睾丸重量减轻。曲细精管结构改变，层次减少，而且各级生精细胞发生退化变性，表现出和毒性反应类似的形态学变化；间质细胞也发生退行性变，空泡增多，间质内胶原纤维增生，界膜增厚，血管壁增厚及硬化，多数血管堵塞，睾丸支持细胞功能减退，常见 Leydig 细胞增生。图 6-6A，B 为正常成年大鼠的睾丸，曲细精管内各级生精细胞可见，界膜厚度未见增厚；图 6-6C，D 为老年大鼠的睾丸，生精细胞变性坏死，界膜明显增厚。图 6-6E，F 为正常成年和老年大鼠睾丸间质，可见老年大鼠睾丸间质细胞退行性变，空泡增多，间质胶原纤维增多，界膜明显增厚。图 6-6G，H 和图 6-6I，G 分别为正常成年和老年大鼠睾丸 masson 染色，可见老年大鼠睾丸生精小管萎缩，间质空泡增多，胶原纤维增生，界膜增厚，血管壁增厚硬化，间质细胞减少。

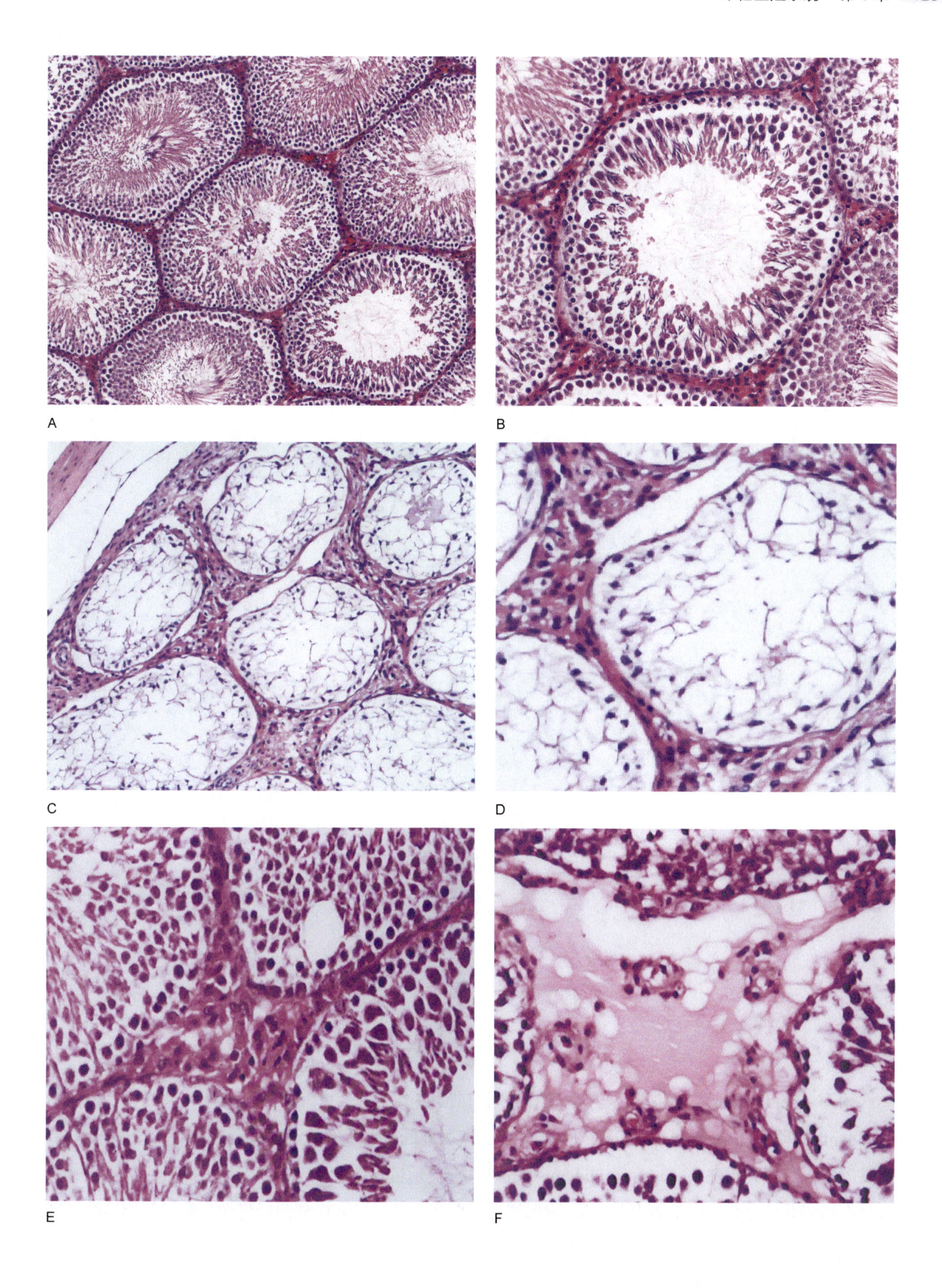
A
B
C
D
E
F

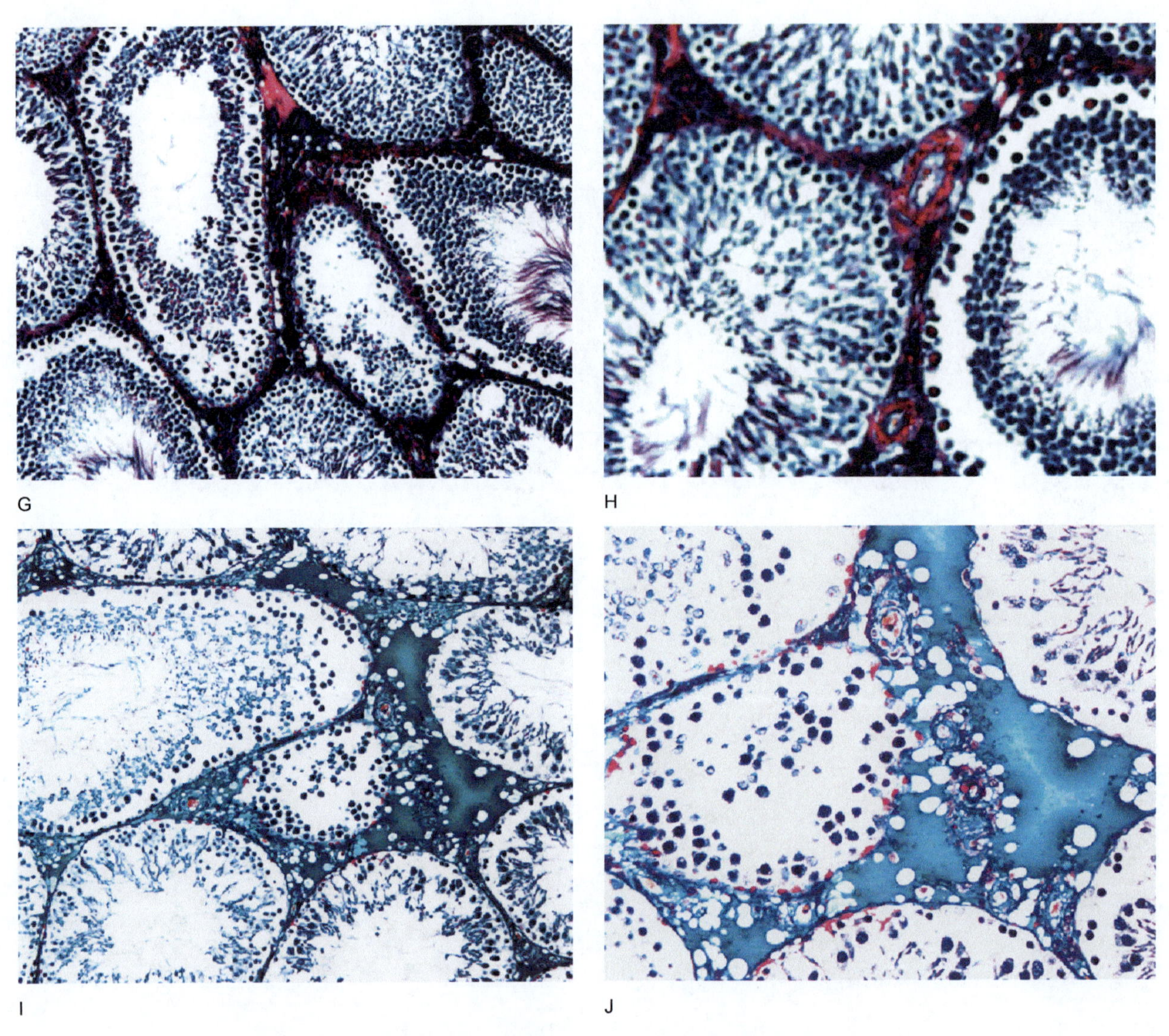

图 6-6 成年大鼠和老年大鼠睾丸的比较

A. SD 大鼠（HE，100×）；B. SD 大鼠（HE，200×）；C. 老年 SD 大鼠（HE，100×）
D. 老年 SD 大鼠（HE，200×）；E. SD 大鼠睾丸间质（HE，200×）；F. 老年 SD 大鼠睾丸间质（HE，200×）；
G. SD 大鼠（Masson，100×）；H. SD 大鼠（Masson，200×）；I. 老年 SD 大鼠（Masson，100×）；J. 老年 SD 大鼠（Masson，200×）

第二节 附　　睾

附睾（epididymis）是连接睾丸与输精管之间的曲折细小导管，由附睾头（caput）、附睾体（corpus epididymis）、附睾尾（cauda epididymis）三部分组成，肥胖的或老年实验动物附睾周围有大量脂肪组织，将附睾埋入其中。附睾头（caput epididymis）呈半月形，覆盖在睾丸头端；附睾体狭细，位于睾丸内侧，是储存精子并使之获得运动能力的部位；附睾尾呈棒槌状，越过睾丸尾端向后延伸与输精管相连续（图 6-7）。附睾功能的异常会导致精子成熟障碍。

附睾头部包括起始部，呈棒状，由来自睾丸的输出小管（efferent ductile, Efd）和附睾管头段（iEpd）组成。附睾体和尾部由附睾管（epididymal duct, Epd）组成。

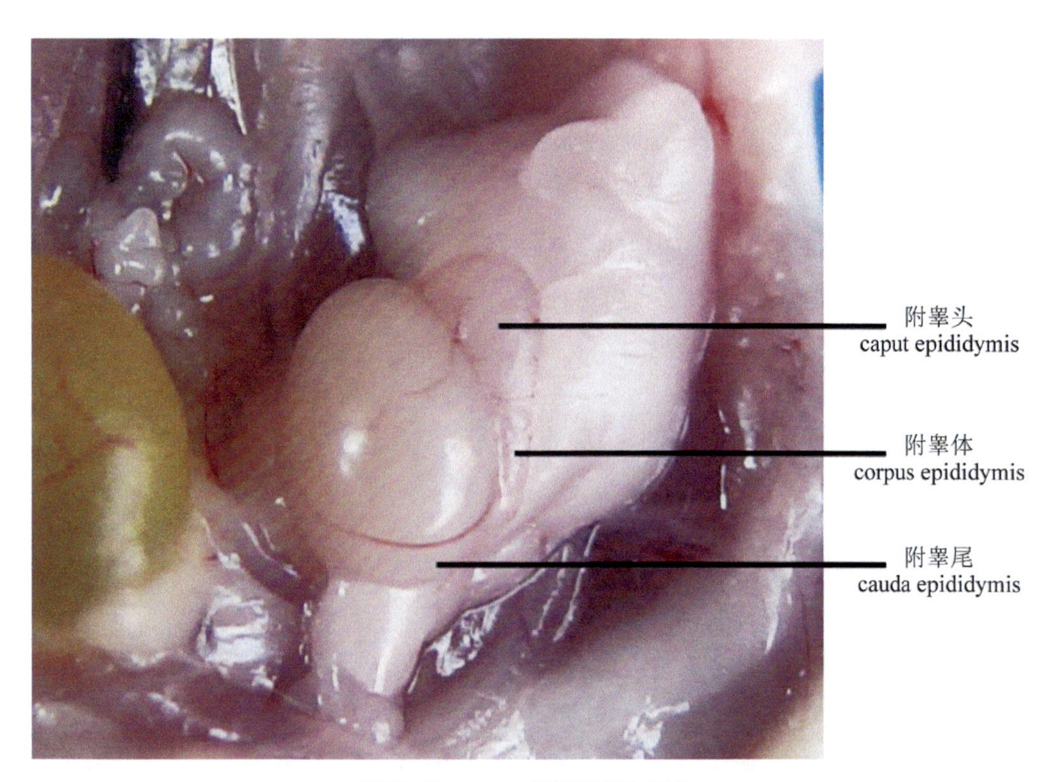

图 6-7　KM 小鼠附睾解剖结构

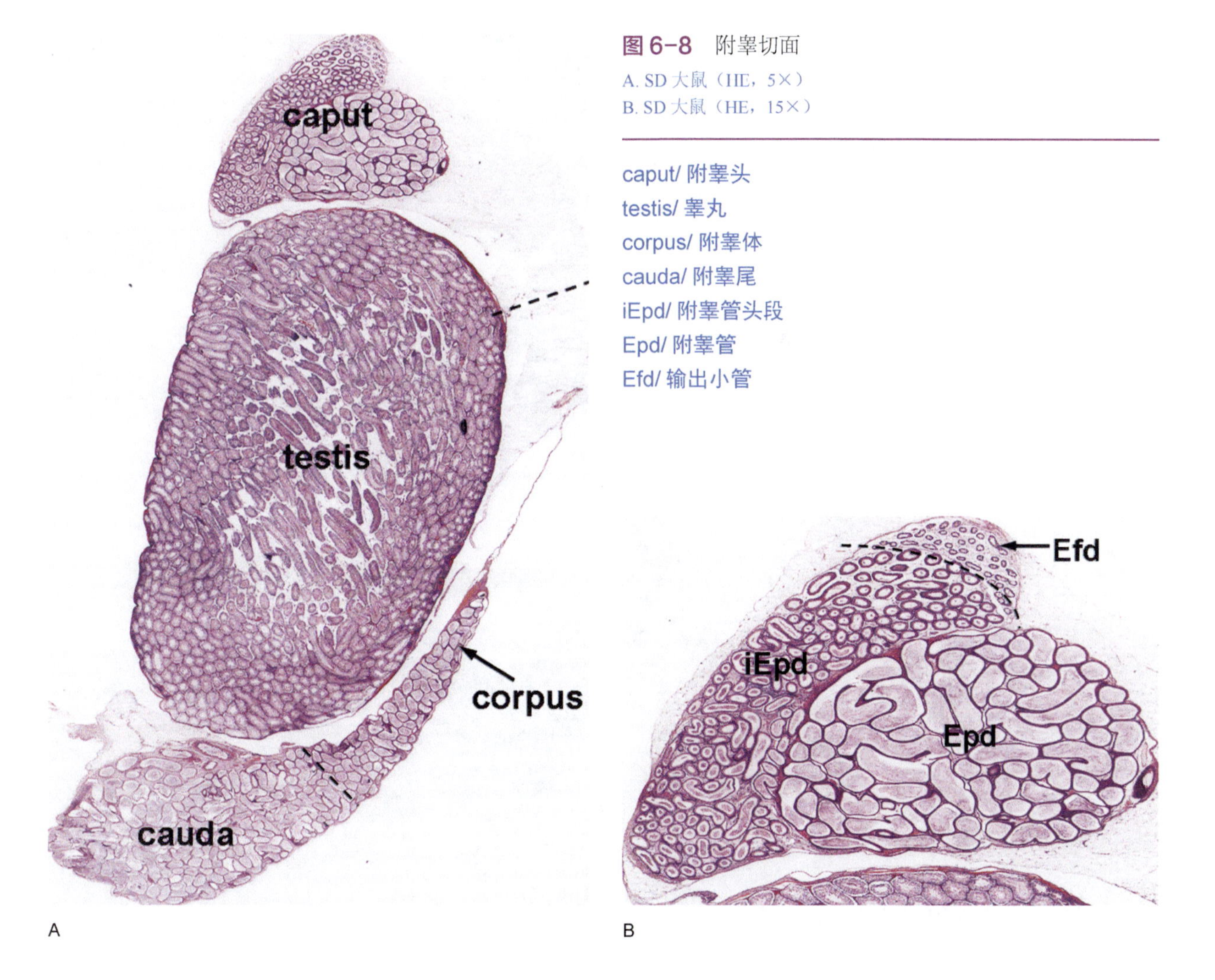

图 6-8　附睾切面

A. SD 大鼠（HE，5×）
B. SD 大鼠（HE，15×）

caput/ 附睾头
testis/ 睾丸
corpus/ 附睾体
cauda/ 附睾尾
iEpd/ 附睾管头段
Epd/ 附睾管
Efd/ 输出小管

（一）输出小管

输出小管（Efd）管壁上皮由高柱状细胞和低柱状细胞组成，两者成群相间排列，致使腔面不规则，上皮细胞顶部之间有连接复合体。高柱状细胞有纤毛，又称纤毛细胞，纤毛向附睾方向摆动，推动精子向附睾方向移动，这种细胞基部较窄而顶部较宽，其核靠近表面。低柱状细胞无纤毛，称无纤毛细胞，但有微绒毛，细胞核位于基底部，细胞质内有许多明亮的小泡或充满大泡。管周有薄层平滑肌围绕（图 6-9）。

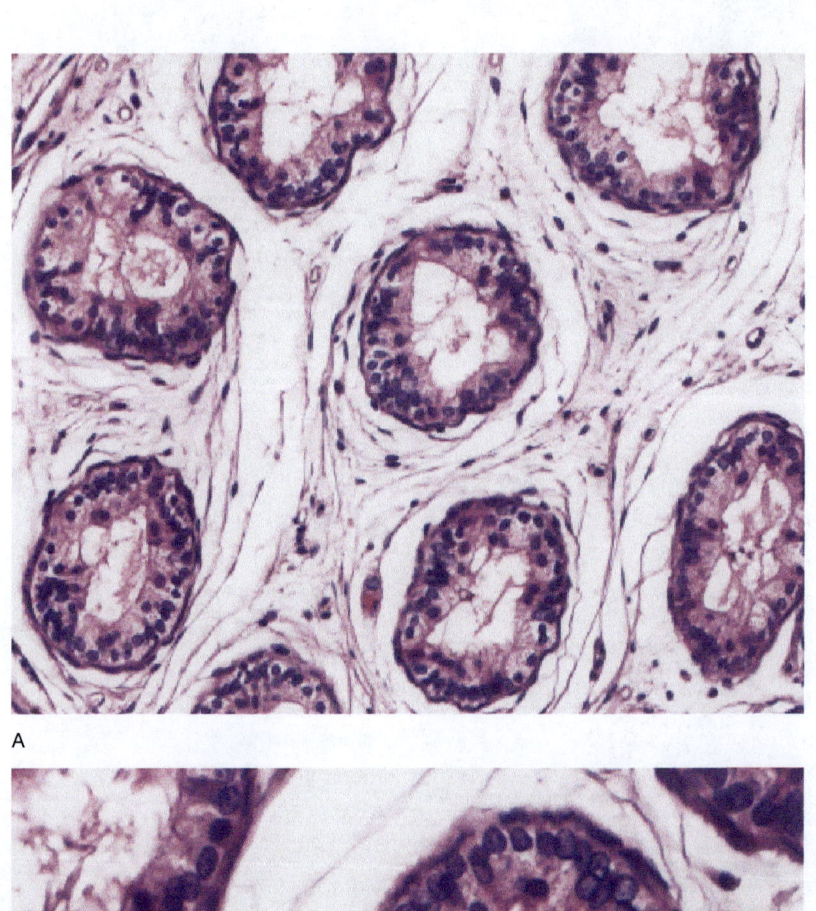

A

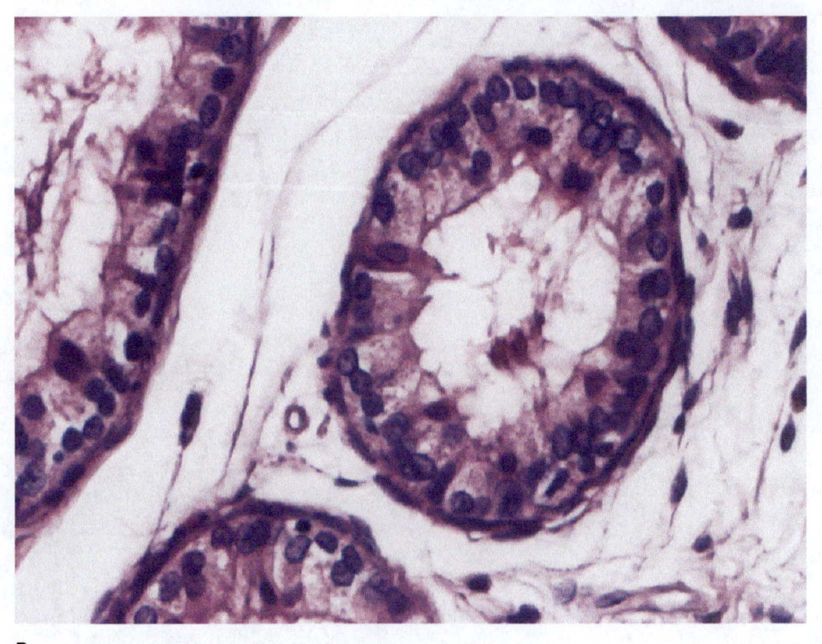

B

图6-9 输出小管

A. SD 大鼠（HE，100×）；B. SD 大鼠（HE，400×）

（二）附睾管

附睾管（Epd）为极度蟠曲的管道，近端与输出小管相连，远端与输精管相连。由假复层柱状上皮铺衬，细胞游离面有纤毛，管腔较整齐，管中没有腺体，腔内含精子和分泌物。附睾管的上皮细胞包括以下几种。

（1）主细胞（principal cell）：附睾管各段均有主细胞，起始部主细胞形态高而窄，与管腔面接触较少，游离面微绒毛较少，附睾头体部的主细胞比起始部矮而宽，与管腔面接触较大，游离面微绒毛多而高。

（2）基细胞（basal cell）：分布于附睾管各段，细胞扁平位于相邻主细胞基部之间，基底部与基膜有较大接触面，与主细胞形成广泛的桥粒，核呈椭圆形，胞质较少，染色浅。

（3）顶细胞（apical cell）：细胞狭长，基部窄，顶部较宽，游离面有少量微绒毛，主要见于附睾头部。

（4）狭窄细胞（narrow cell）：主要分布在附睾起始部，呈高柱状，胞质深染，核长而致密，位于细胞近腔面；基底部窄，贴于基膜；游离面微绒毛少而短并深入管腔；顶部胞质有丰富的小囊泡，表面光滑。

（5）亮细胞（clear cell）：顶部胞质区充满空泡，核圆形，浅染，核仁明显，游离面微绒毛较少，可存在于附睾头、体、尾部；晕细胞（halo cell）周围有透亮间隙，有人认为晕细胞可能是上皮内的淋巴细胞或巨噬细胞，负责附睾局部的免疫屏障作用，阻止精子抗原与循环血的接触或发挥局部的免疫反应。附睾管各段所含的各种细胞比例各不相同，表现出细胞分布上的区域性差异。

附睾管道的上皮细胞附着于基膜，在基膜外存在着收缩细胞组成的连续结构，称收缩鞘（contractile sheath）。输出小管的收缩鞘由 3 ～ 4 个细胞组成，排列呈环形或螺旋形，细胞内有肌丝。图 6-10A，B 为附睾管起始处，图 6-10C，D 为头部附睾管，图 6-10E，F 为尾部附睾管。

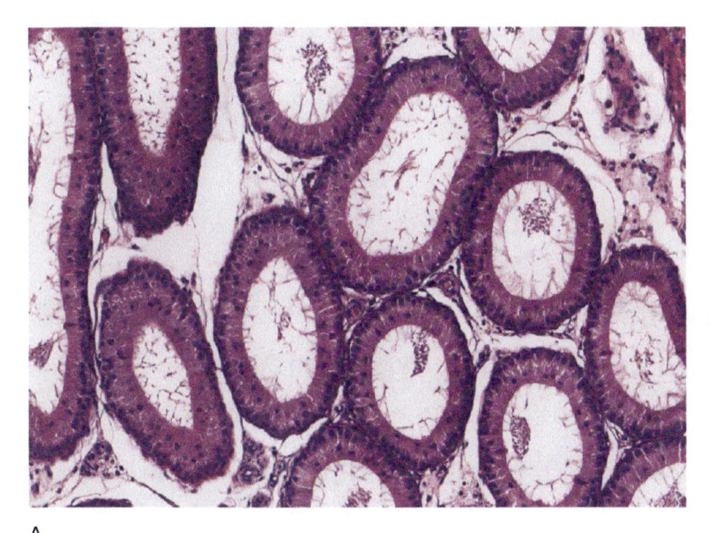

A

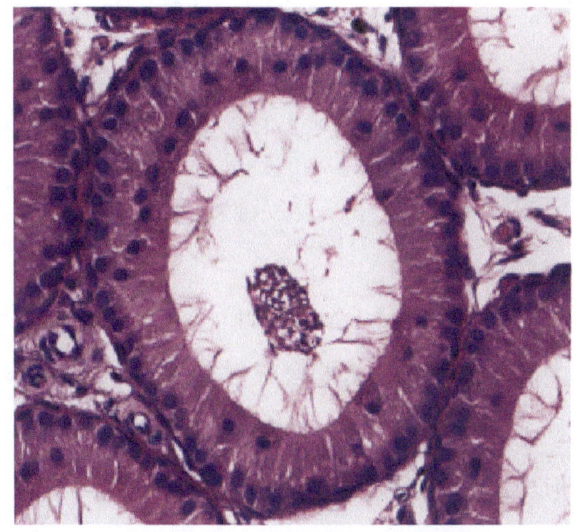

B

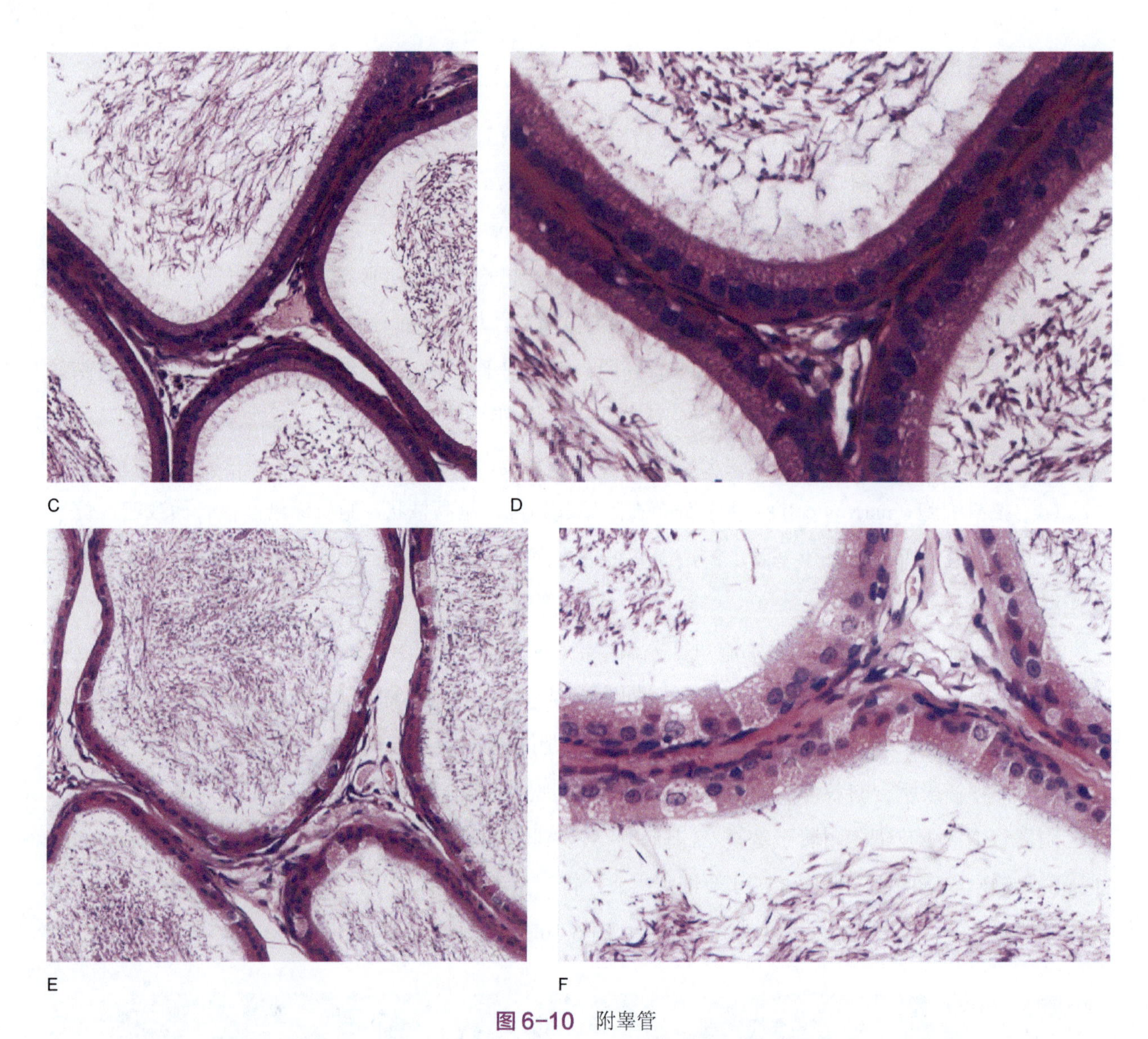

图 6-10 附睾管

A. SD 大鼠附睾管起始部（HE，100×）；B. SD 大鼠附睾管起始部（HE，400×）；C. SD 大鼠附睾管头部（HE，100×）
D. SD 大鼠附睾管头部（HE，400×）；E. SD 大鼠附睾管尾部（HE，100×）；F. SD 大鼠附睾管尾部（HE，400×）

（三）输精管

输精管（deferent duct, vas deferens）为输送精子的管道，与附睾尾相连，上端接附睾管，下端膨大成壶腹，与精囊腺合成射精管（ejaculatory duct）。输精管管壁厚、管腔窄，由黏膜（E）、肌层（M）和外膜（AT）组成，黏膜上皮为假复层纤毛柱状上皮，固有膜为富含弹性纤维的致密结缔组织，黏膜形成多条纵形皱襞。肌层很厚，包括内纵、中环、外纵三层平滑肌，其中内层较薄，中层最厚。外膜为富含血管和神经的疏松结缔组织（图 6-11）。

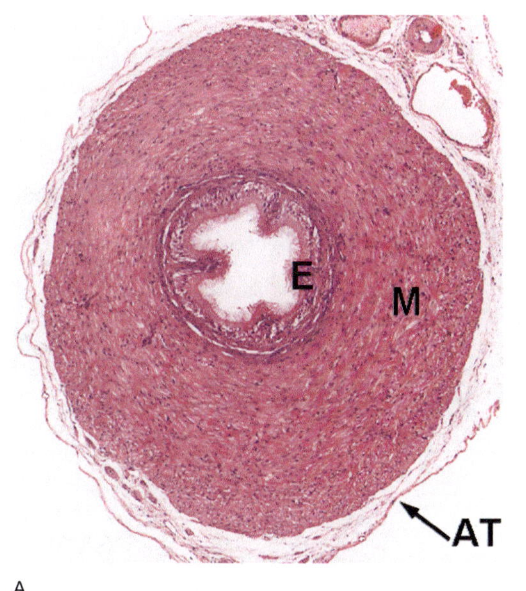

A

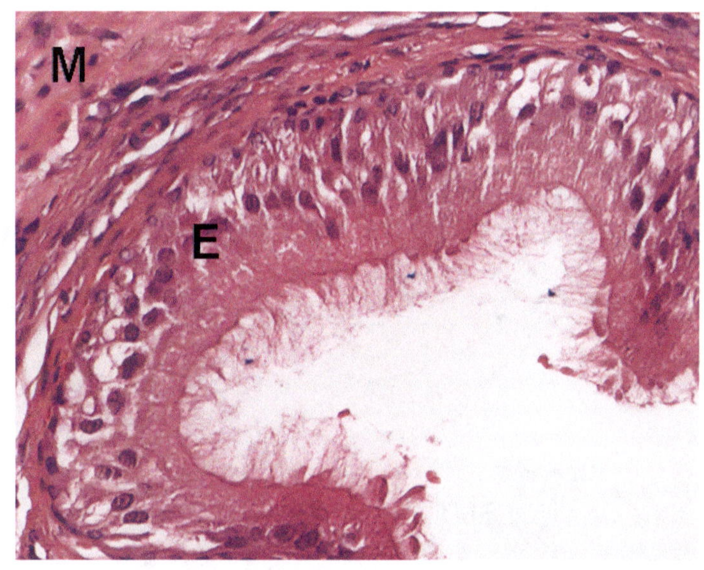

B

图6-11 输精管

A. F344 大鼠（HE，80×）
B. F344 大鼠（HE，200×）

E/ 黏膜
M/ 层肌
AT/ 外膜

第三节 精 囊

精囊（seminal vesicle）是一对蟠曲的长椭圆形囊状器官，位于输精管壶腹的外侧、前列腺的上方、膀胱的后面。啮齿类动物的精囊大而发达，常与凝集腺相连。黏膜向腔内突起形成高大的皱襞，皱襞又彼此融合，将囊腔分隔为许多彼此通连的小腔，大大增加了黏膜的分泌表面积。

在雄激素刺激下，精囊分泌弱碱性的白色或淡黄色液体。在组织切片中，腺腔内的分泌物呈嗜伊红的团块，内含果糖、前列腺素，蛋白质等成分，果糖为精子的运动提供能量，射精时精囊蠕动性收缩，将分泌物排入射精管和尿道，成为精液的最后部分。

如图 6-12 所示，精囊包括以下三个部分。

（1）黏膜层：上皮（epithelium, EP）为单层柱状或假复层柱状上皮，上皮由主细胞和基细胞组成；固有膜为结缔组织，含少量成纤维细胞、中等量的胶原纤维和网状纤维、大量弹性纤维及丰富的血管。

（2）肌层：由内层排列不规则的环形与斜行和外层纵形的平滑肌组织（smooth muscular tissue, SMT）构成，薄而均匀。

（3）外膜：薄层疏松结缔组织，其中含有许多小的神经节。

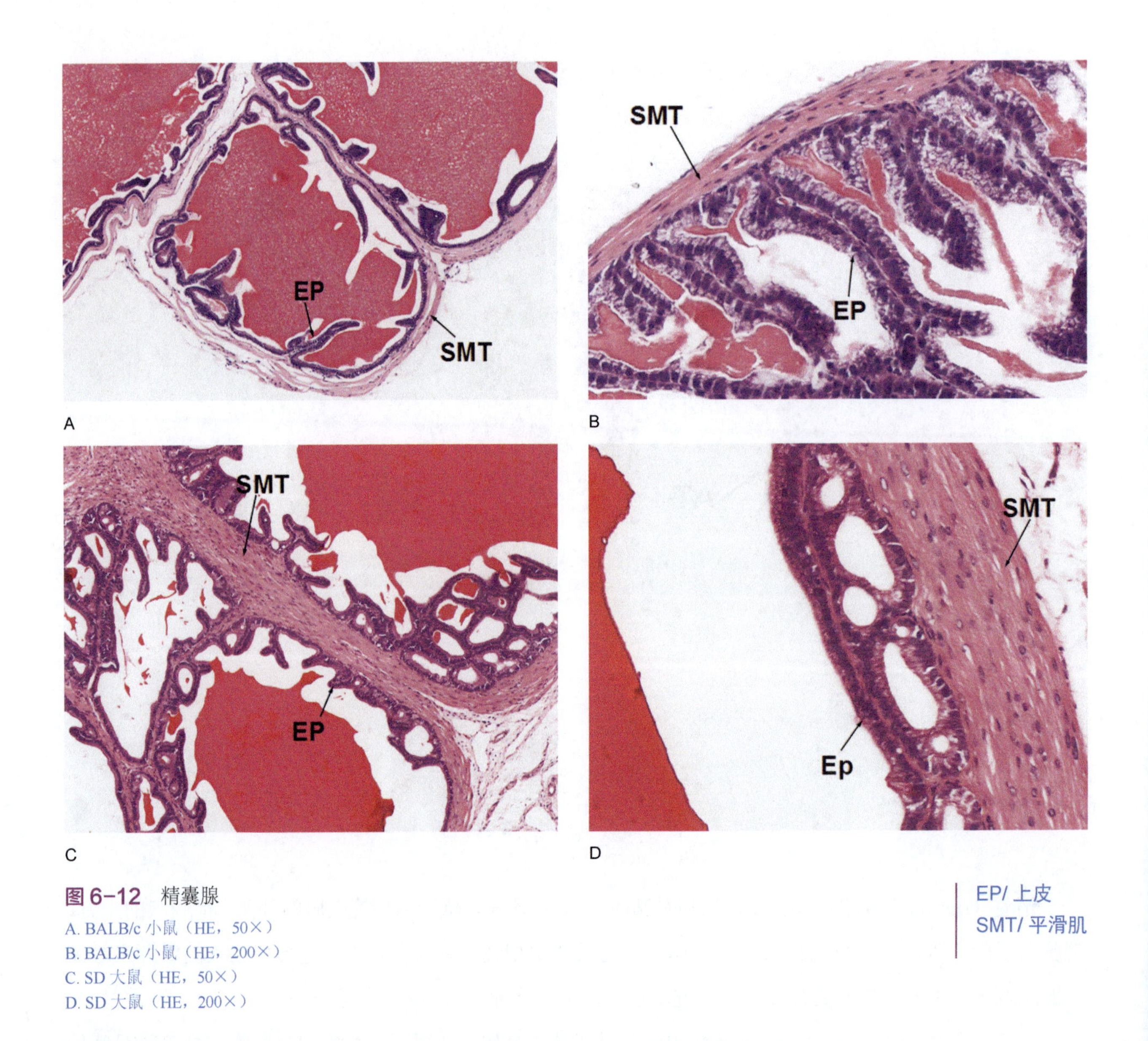

图6-12 精囊腺

A. BALB/c 小鼠（HE，50×）
B. BALB/c 小鼠（HE，200×）
C. SD 大鼠（HE，50×）
D. SD 大鼠（HE，200×）

EP/ 上皮
SMT/ 平滑肌

第四节 前 列 腺

人前列腺（prostate gland）呈粟形，上宽下尖，上端紧接膀胱底，为尿道起始段，称为前列腺底，下端位于尿生殖膈上，称为前列腺尖，底和尖之间的部分称为前列腺体。腺的被膜与支架组织均由富含弹性纤维的平滑肌和结缔组织组成，自外向内可分为血管层、纤维层和肌层三层。被膜的结缔组织和平滑肌深入实质将其分成数叶，并形成腺周围的基质（stroma）。

腺组织主要由 30 ～ 50 个形态大小不一的复管泡状腺组成，最后汇成 15 ～ 30 条导管开口于尿道前列腺部精阜的两侧。按腺体的分布可分为黏膜腺、黏膜下腺和主腺，腺泡上皮为单层立方、单层柱状和假复层柱状；腺体结构不一，形态不规则；间质较多，除结缔组织外，富含弹性纤维和平滑肌；腺泡腔内常见由上皮细胞浓缩而成的凝固体。

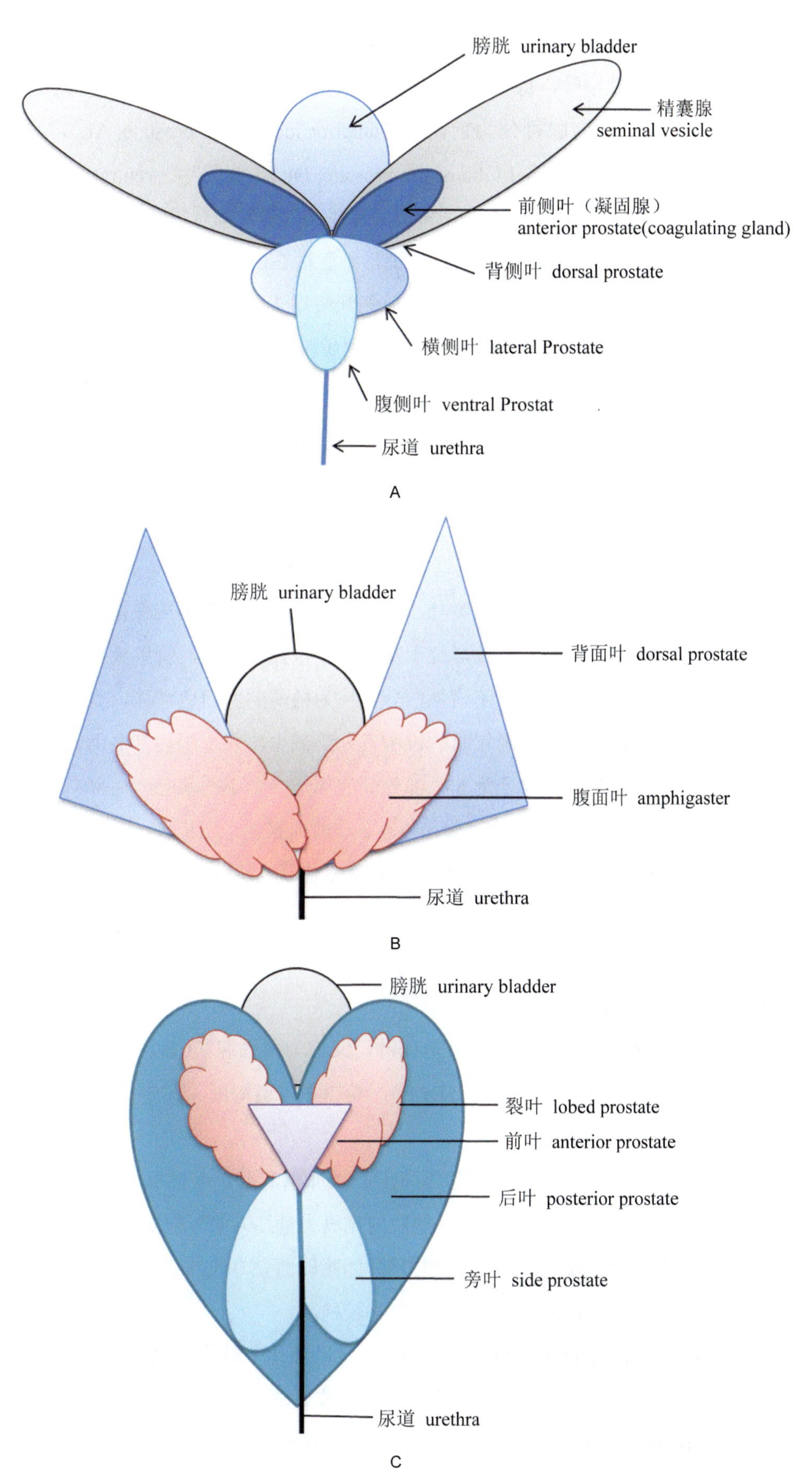

图 6-13　小鼠、豚鼠、兔的前列腺示意图

A. 小鼠前列腺；B. 豚鼠前列腺；C. 兔前列腺

人类前列腺组织被基质包围，是一个缺少脂肪组织的、独立的囊腔腺体，而啮齿类动物的前列腺可分为四个明显不同的单独小叶，每个小叶被纤维组织和脂肪结缔组织包绕而与其他小叶相隔开。前列腺的间质很少。小鼠的前列腺可分为前侧叶（anterior lobe of the prostate, AL），也称为凝固腺（coagulating gland, CG）、背侧叶（dorsal lobe of the prostate, DL）、腹侧叶（ventral lobe of the prostate, VL）、横侧叶（lateral lobe of the prostate, LL），背侧叶和横侧叶通常集合成背外侧叶（dorsolateral lobe of the prostate, DLL）。每个小叶被极薄的几层有纺锤形细胞散在的胶原纤维基质包围，每个腺体导管又被疏松结缔组织包围，从而构成整个前列腺体。前侧叶最靠头端，邻近精囊腺，几乎沿着它的整个曲线长度，腺腔较大，上皮细胞呈柱状，核位于中央，胞质粉红色颗粒状，黏膜形成典型的指状突起，腺体管腔充满大量均匀细腻的嗜酸性浆液性物质；背侧叶包绕尿道，呈蝶形，由许多分支管道组成，腺体小，由单层、多层或成簇的柱状上皮排列组成，黏膜内折，内层分泌细胞含有嗜酸性颗粒胞质和位于基底部的、小的、大小一致的细胞核，核仁不明显，腺体管腔内有均匀的嗜酸性分泌物，间质致密；横侧叶管腔表面平坦，腺腔大小不等，仅有稀少的黏膜折叠，内层细胞呈立方形或短柱状，包浆内含嗜酸性颗粒状胞质，小的、均匀一致的、靠近基底的细胞核，管腔大，含有丰富的嗜酸性颗粒分泌物；腹侧叶位于尿道上部，靠近中线，两旁为横侧叶。腹侧叶腺腔较大，黏膜规整排列，仅有少数成簇或折叠的黏膜上皮细胞，细胞核小，均匀一致，位于基底部，核仁不明显，管腔大，含白色浆液性分泌物。青春期，前列腺在雄激素的刺激下分泌增强，分泌物为稀薄的乳白色液体，富含酸性磷酸酶和纤维蛋白溶酶，还有柠檬酸和锌等物质；老年时，雄激素分泌减少，腺组织逐渐萎缩。兔的前列腺在膀胱颈部位，尿道周围，分叶复杂，大致分为 5 个部分：前部是一个小的腺叶，后部有一对分叶甚多的浅裂状腺体，尿道两侧为旁前列腺，后部前列腺最发达，与前列腺囊密切相合，形成一个整体，呈囊状。腺体仅有一种形状，是与精囊腺相连的囊管泡状腺，黏膜多数呈乳头状，为嗜酸性立方柱状上皮（EP）细胞，核卵圆形位于细胞基底部，管腔周围为丰富的平滑肌（smooth muscle, SM）。豚鼠的前列腺位于精囊腺后端中部、精囊和输精管基部的外侧，由两对腺叶组成，即一对小的腹面叶（amphigaster）和一对大的背面叶（dorsal prostate）。

图 6-14 示为小鼠前列腺 HE 染色，可见其前侧叶，又称为凝固腺（CG）；腹侧叶（VL），贴附在膀胱外侧；背侧叶和横侧叶统称为背外侧叶（DLL），盘曲在尿道周围。图中央为尿道（urethra），上下部的管状结构为输精管（vas deferens）。

图 6-15 示小鼠前列腺前侧叶（CG）是与精囊相连的囊形管状腺，其腺壁黏膜有皱褶，上皮（EP）为低矮的柱状细胞，胞质内含有嗜酸性小颗粒，腺腔内充满大量红染的蛋白质分泌物（secretion, Sec）。

图 6-16 示腹侧叶（VL）前列腺贴附在膀胱的腹外侧，为嗜碱性立方或柱状上皮集合成的囊泡管状腺，上皮细胞核小，位于基底部，核上部胞质透亮，分泌物较稀薄。

图 6-17 示背外侧叶（DLL）前列腺位于尿道周围，此叶腺体多数由囊泡管状腺集合而成，其中背侧叶腺腔小，有皱褶，腺上皮由核大胞质嗜碱性的柱状上皮构成，腺管间有发达的结缔组织，内有平滑肌组织（smooth muscular tissue, SMT）存在，腔内可见嗜酸性蛋白质分泌物（Sec）。横侧叶腺体多为立方或低柱状上皮，腺腔大小不一，皱褶少，核小，位于基底。

图6-18示兔和豚鼠的前列腺，兔的前列腺仅有一种形状，是与精囊腺相连的囊管泡状腺，而且黏膜多数呈乳头状，为嗜酸性立方柱状上皮（EP）细胞，核卵圆形位于细胞基底部，管腔周围为丰富的平滑肌（smooth muscle, SM），腔内可见嗜酸性蛋白质分泌物（SEC）。豚鼠的前列腺组织结构为高柱状上皮集合成的囊泡管状腺，核大，卵圆形位于细胞基底部，顶部胞浆透亮，腺管间有发达的平滑肌存在，腔内可见嗜酸性蛋白质分泌物。

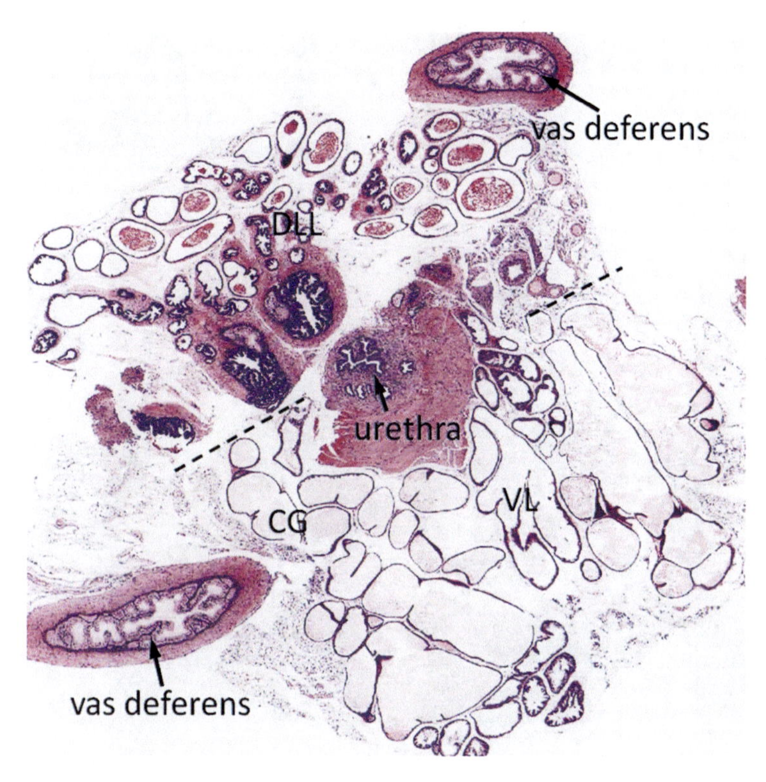

图6-14

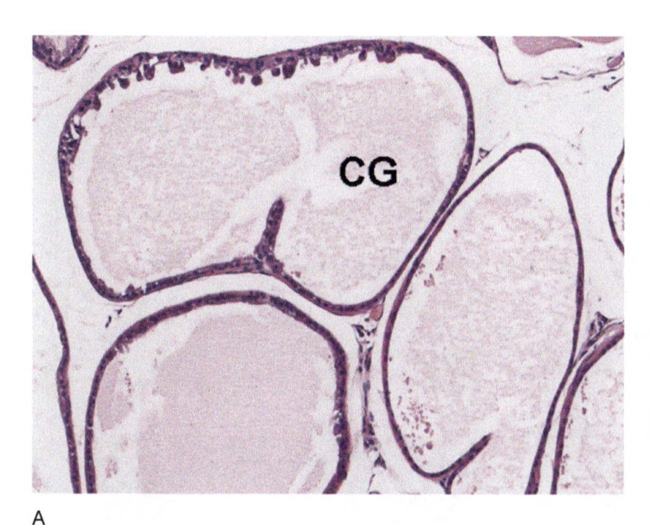

A

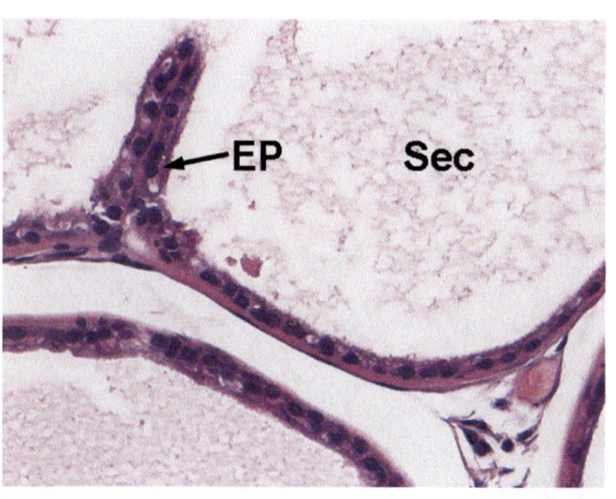

B

图6-15

图6-14　KM小鼠前列腺（HE，16×）

图6-15　前列腺前侧叶

A. KM小鼠（HE，100×）

B. KM小鼠（HE，400×）

vas deferens/ 输精管
DLL/ 背外侧叶
urethra/ 尿道
VL/ 腹侧叶
CG/ 凝固腺
EP/ 上皮
Sec/ 分泌物

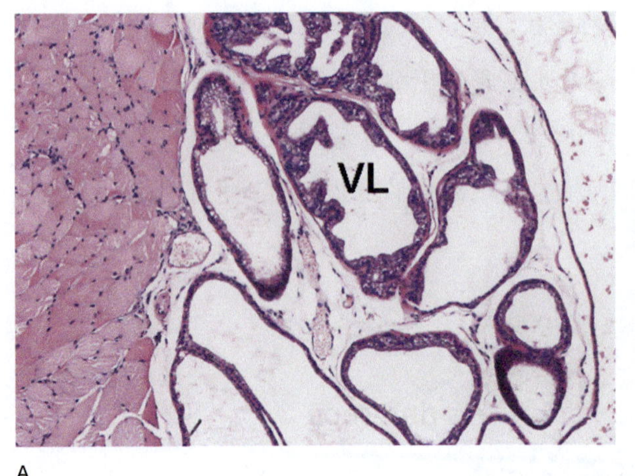

A

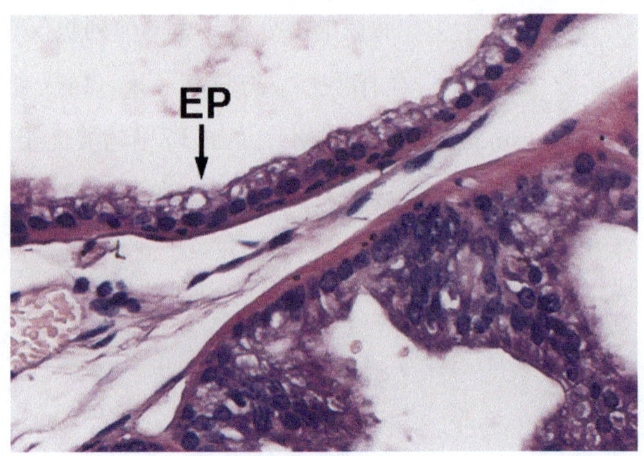

B

图 6-16

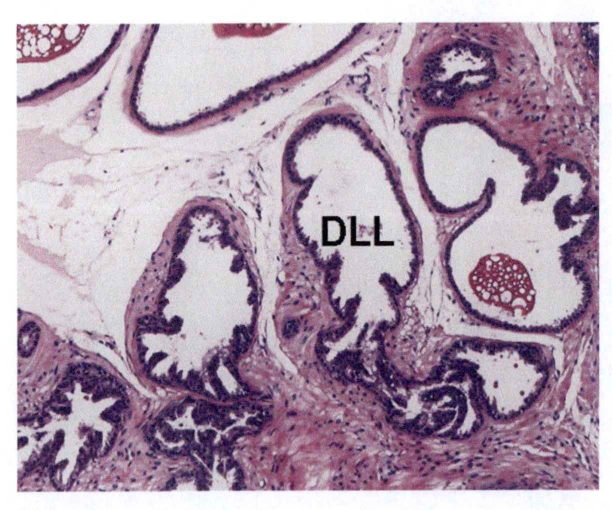

A

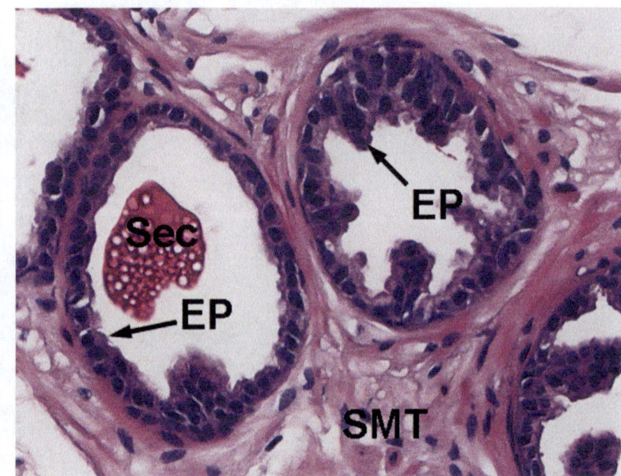

B

图 6-17

图 6-16 前列腺腹侧叶

A. KM 小鼠（HE，100×）

B. KM 小鼠（HE，400×）

图 6-17 前列腺背外侧叶

A. BALB/c 小鼠（HE，200×）

B. SD 大鼠（HE，200×）

VL/ 前列腺腹侧叶
EP/ 上皮
DLL/ 背外侧叶
Sec/ 蛋白质分泌物
SMT 平滑肌组织

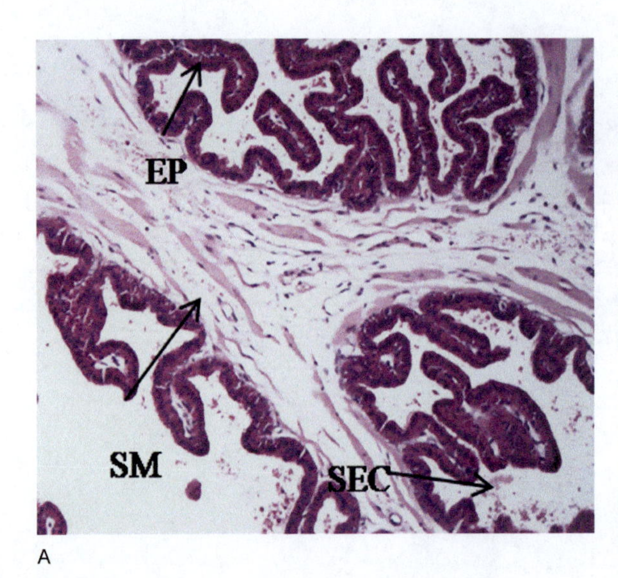

A

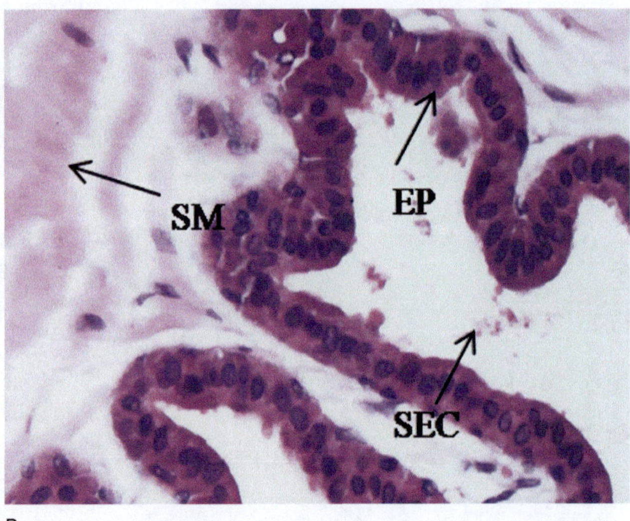

B

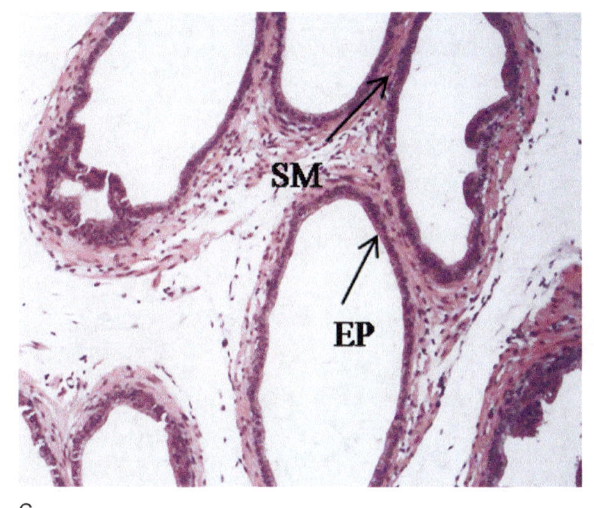

C

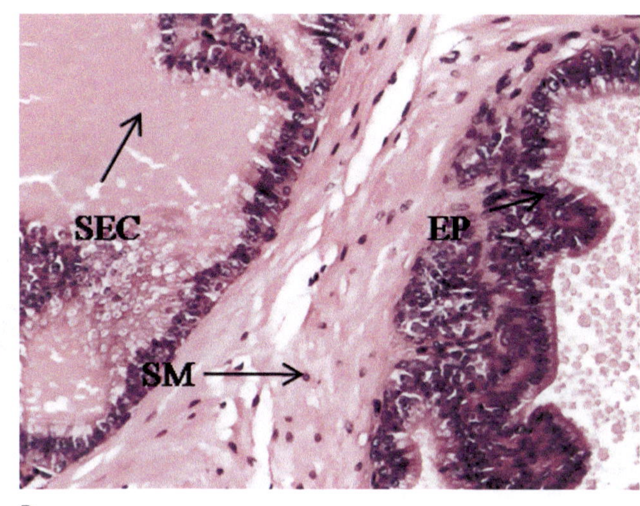

D

图6-18 兔和豚鼠的前列腺
A. 兔（HE，100×）
B. 兔（HE，400×）
C. 豚鼠（HE，100×）
D. 豚鼠（HE，200×）

EP/ 上皮
SM/ 平滑肌
SEC/ 分泌物

第五节 尿道球腺

尿道球腺（bulbourethral gland 或 antiprostate）也称库伯氏腺（Cowper's gland），是一对直径 3 ～ 5mm 的圆形小体，为复管泡状腺，位于尿道膜部外侧，尿道球后上方，直肠两侧，埋在坐骨海绵体肌和球海绵体肌之间的结缔组织中。薄层结缔组织被膜伸入实质，将腺体分为叶与小叶。每个小叶内有一个小导管，小导管吻合成导管，最后汇合成总导管，开口于尿道阴茎部。腺泡（acinus, A）上皮为单层柱状，有的细胞内含有嗜酸性颗粒，有的细胞充满黏液（图 6-19A）。腺管部分的上皮由方形或扁的细胞组成，胞核大，多位于细胞基部，数个腺上皮细胞集合成腺泡，上皮下有明显的基膜；大导管上皮为假复层柱状或复层柱状上皮；总导管上皮为复层柱状。导管上皮的基膜下有少量结缔组织和 1 ～ 2 层的环形平滑肌。尿道球腺的分泌物清亮而黏稠，参与组成精液，为射出精液的最初部分，润滑尿道。

大鼠的尿道球腺与其他动物和人不同，常见腺管扩张呈腔（lumen, Lu），腔内有一些分泌物（secretion, Sec）；部分腺上皮向腔内突出呈乳头状，间质为含有小血管的结缔组织（connective tissue, CT）。腺上皮（glandular epithelium, GE）细胞高柱状，胞质淡染（图 6-19B）。小鼠腺管腺上皮细胞较低，胞质淡而明。兔尿道球腺分为上部尿道球腺和下部尿道球腺，两者构造相同，腺体及其导管均有 1 ～ 2 层立方上皮，大多数腺泡由柱状或立方上皮聚集而成。

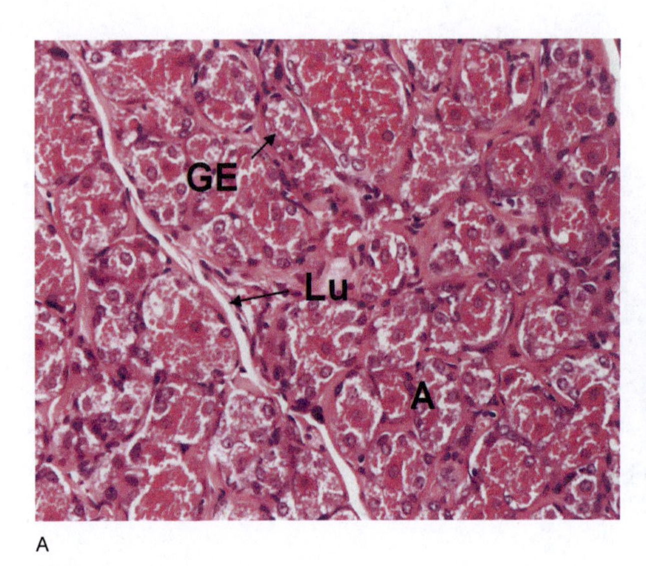

A

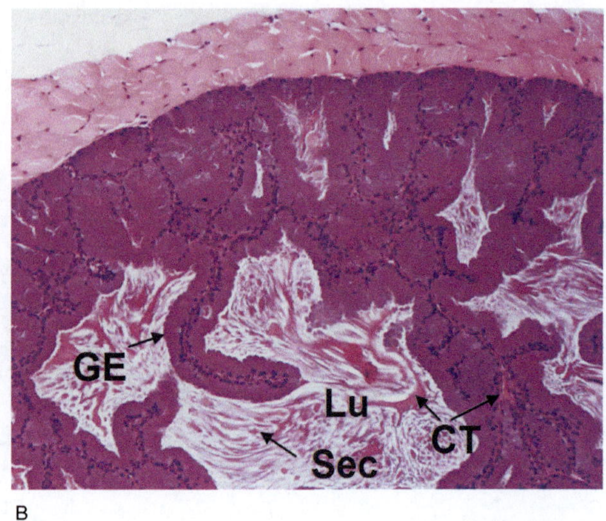

B

图 6-19 尿道球腺

A. KM 小鼠尿道球腺（200×）
B. SD 大鼠尿道球腺（100×）

GE/ 腺上皮
Lu/ 腺腔
A/ 腺泡
Sec/ 分泌物
CT/ 结缔组织

第六节 阴 茎

阴茎（penis）位于阴囊的前方，起始于坐骨弓，包裹于包皮内，为雄性交配器官。其结构由两个阴茎海绵体（corpus cavernosum penis, CCP）、一个尿道海绵体（corpus cavernosum urethrae, CCU）构成，尿生殖道走行于尿道海绵体内，前列腺部尿道有一对射精管（ejaculatory duct, ED）和数根前列腺管（prostatic duct, PD）。皮肤的结构与体皮相似，真皮中含有散在的环行及纵行平滑肌束，无皮下脂肪，缺少毛发，汗腺则很发达。在阴茎头处，皮肤皱褶成双层的包皮，皱褶内有角化小刺。皮肤下面的被膜为疏松结缔组织，包围三个海绵体，内含许多神经束和血管。被膜下方的致密结缔组织构成白膜(tunica albuginea, TA)。阴茎海绵体的白膜很发达，尿道海绵体的白膜则较薄弱。阴茎海绵体之间的白膜合并成膈，两个海绵体借膈头部的腔隙相通。兔的阴茎两侧有一对腹股沟腺（inguinal gland，IG)，是兔的独有结构，与小鼠的包皮腺相似，也是一种皮脂腺，呈小叶（lobule, L）构造，腺体周围包着薄的结缔组织（connective tissue, CT）被膜（capsule, Cap)，最外侧的腺上皮呈立方形，胞核圆形，靠内的细胞较外侧大而高，核小而浓染，胞内含大量脂滴（lipid droples, LD)，腺上皮细胞围成的小叶结构融合成导管腔（ductal lumen, DL)，小管再集合成一个粗大的中央排出管（central discharge tube, CDT)（图 6-20B，C)。啮齿类动物及兔与人相比，它们的尿道（urethra, Ura）背侧有阴茎骨（os penis, OP）存在，阴茎骨前端为阴茎骨软骨部（cartilaginous part of os penis, Opc），阴茎周边为阴茎海绵体（图 6-20A)。

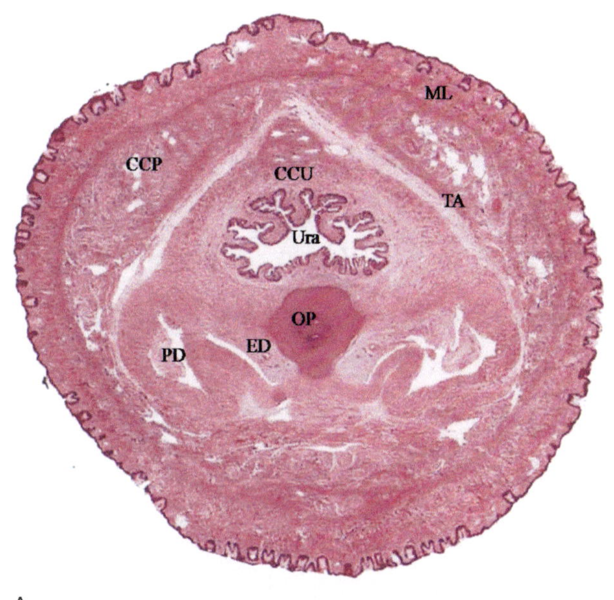

A

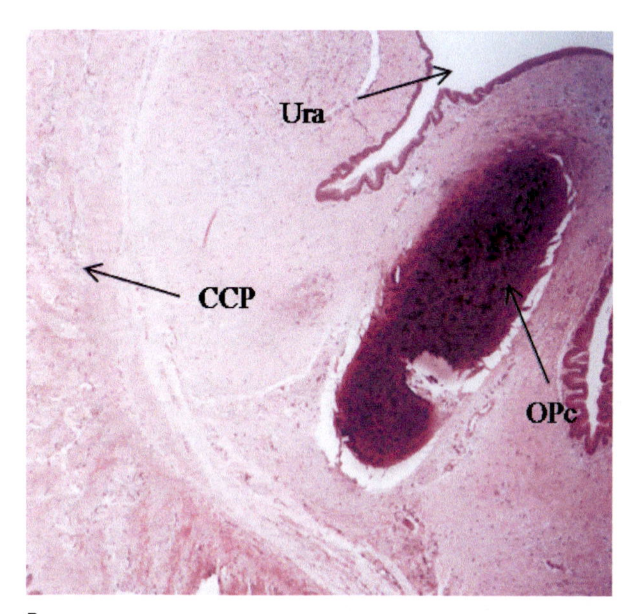

B

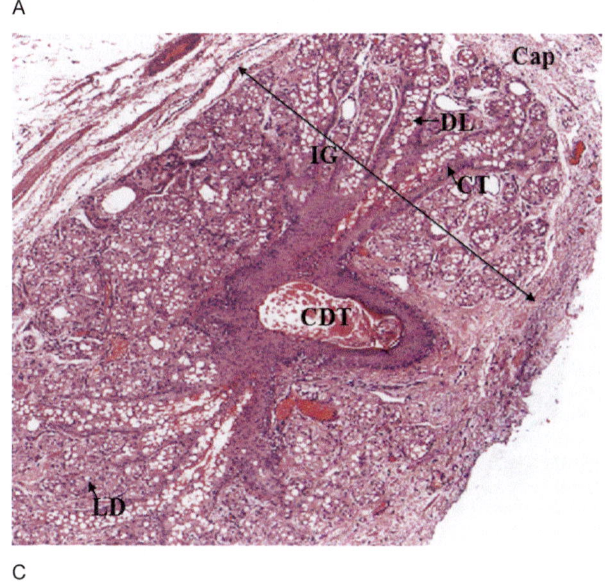

C

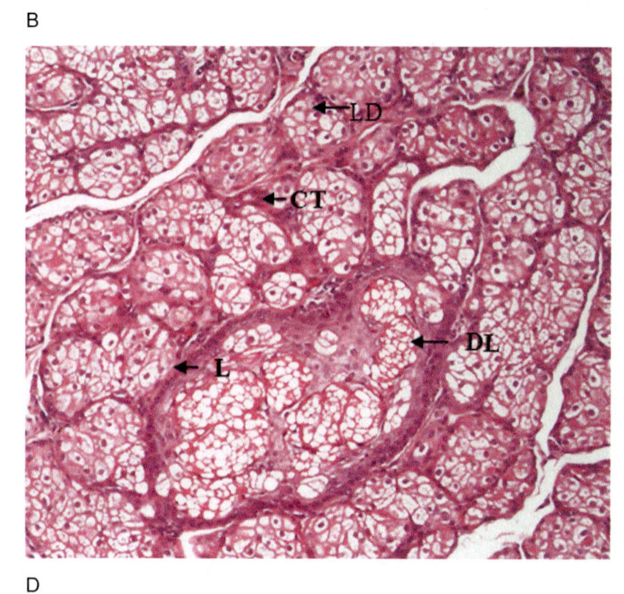

D

图6-20 阴茎

A. 大鼠的阴茎（HE，8×）
B. 大鼠的阴茎（HE，40×）
C. 兔阴茎腹股沟腺（HE，70×）
D. 兔阴茎腹股沟腺（HE，100×）

CT/ 结缔组织
CCP/ 阴茎海绵体
CCU/ 尿道海绵体
Ura/ 尿道
TA/ 白膜
ML/ 平滑肌束
OP/ 阴茎骨
ED/ 射精管
PD/ 前列腺管
OPc/ 阴茎骨软骨部
Cap/ 被膜
DL/ 导管腔
IG/ 腹股沟腺
CDT/ 中央排出管
LD/ 脂滴
L/ 小叶

比较组织学

（1）老年实验动物，尤其是啮齿类动物往往有睾丸废进性萎缩。

（2）啮齿类动物的精囊大而发达，不同种类啮齿动物的精囊差异不大；犬无精囊腺。

（3）人类前列腺组织被基质包围，是一个缺少脂肪组织的独立的囊腔腺体，而啮齿类动物的前列腺可分为四个明显不同的单独小叶，每个小叶被纤维组织和脂肪结缔组织包绕与其他小叶相隔开，前列腺的间质很少。

（4）大鼠的尿道球腺与其他动物和人不同，常见腺管扩张呈腔，部分腺上皮向腔内突出呈乳头状，间质为含有小血管的结缔组织，腺上皮细胞高柱状，胞质淡染，小鼠腺管腺上皮细胞较低，胞质淡而明。

（5）啮齿类动物尿道背侧有阴茎骨。

（6）精囊腺、前列腺和尿道球腺是主要的副性腺，大小鼠的副性腺还包括一对凝固腺（有形成阴道栓的作用）和一对包皮腺（产生特有的气味）。兔有一对腹股沟腺，是兔的独有结构。

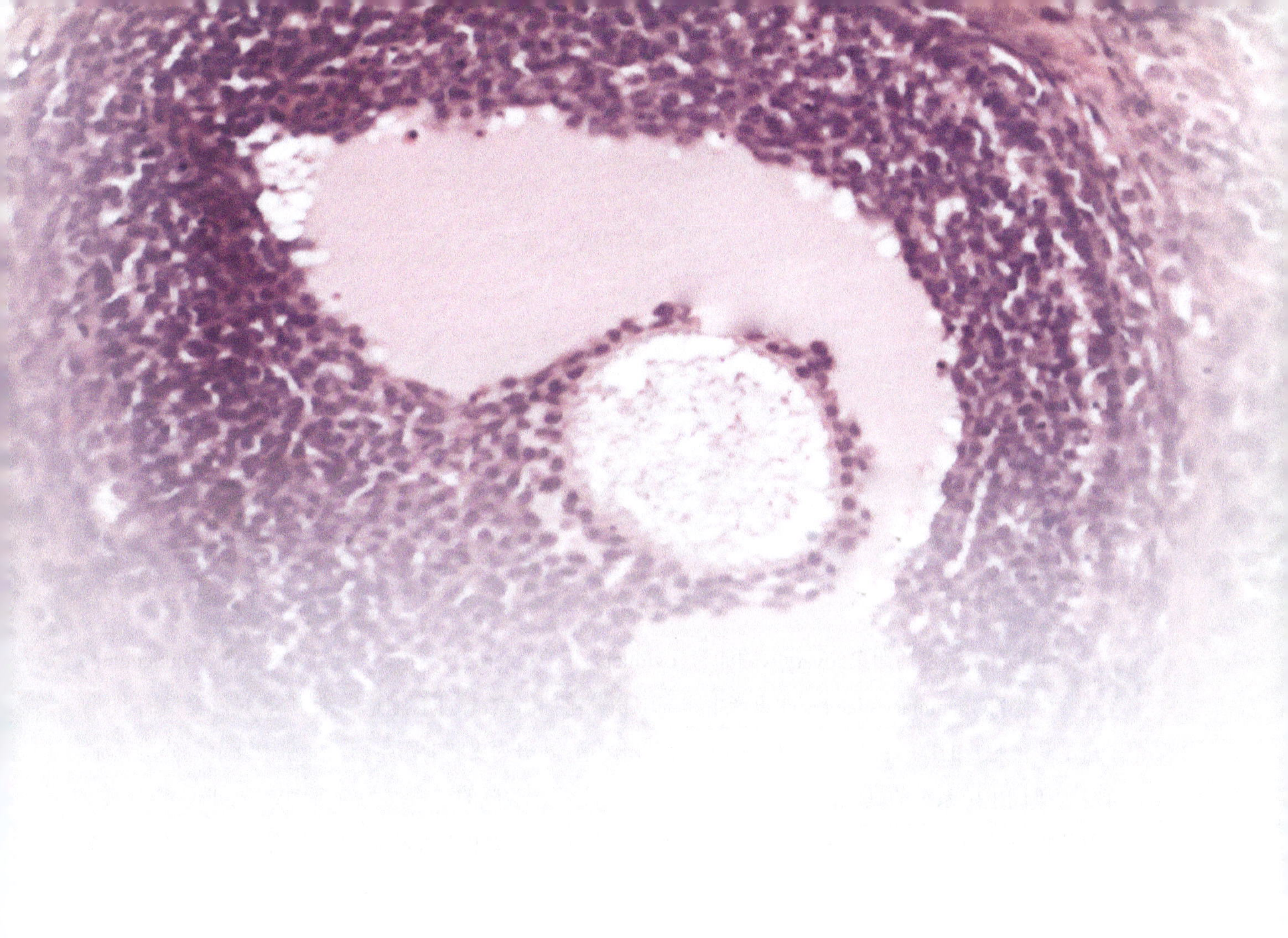

第 7 章 CHAPTER 7 FEMALE REPRODUCTIVE SYSTEM

雌性生殖系统

雌性生殖系统包括卵巢（ovary）、输卵管（oviduct）、子宫（uterus）、阴道（vagina）、外生殖器（pudendum）和乳腺（mammary gland）。卵巢产生卵细胞和分泌性激素；输卵管输送卵细胞，也是卵受精的场所；子宫是孕育胎儿的器官；阴道是动物的交配器官和产道；乳房为皮肤的衍生物，受激素调节，分泌乳汁，可视为雌性生殖系统的延续。大体结构显示大鼠、小鼠、豚鼠的子宫均为直行“Y”字形结构，其中大鼠的相对较短些，兔子的子宫与它们的子宫形状不同，为细长弯曲状结构；大鼠、豚鼠、兔的卵巢均较小鼠卵巢表面光滑，且兔的卵巢呈长条状，输卵管直行，卵巢与子宫输卵管并未在同一方向上，而是弯折向下（图 7-1）。

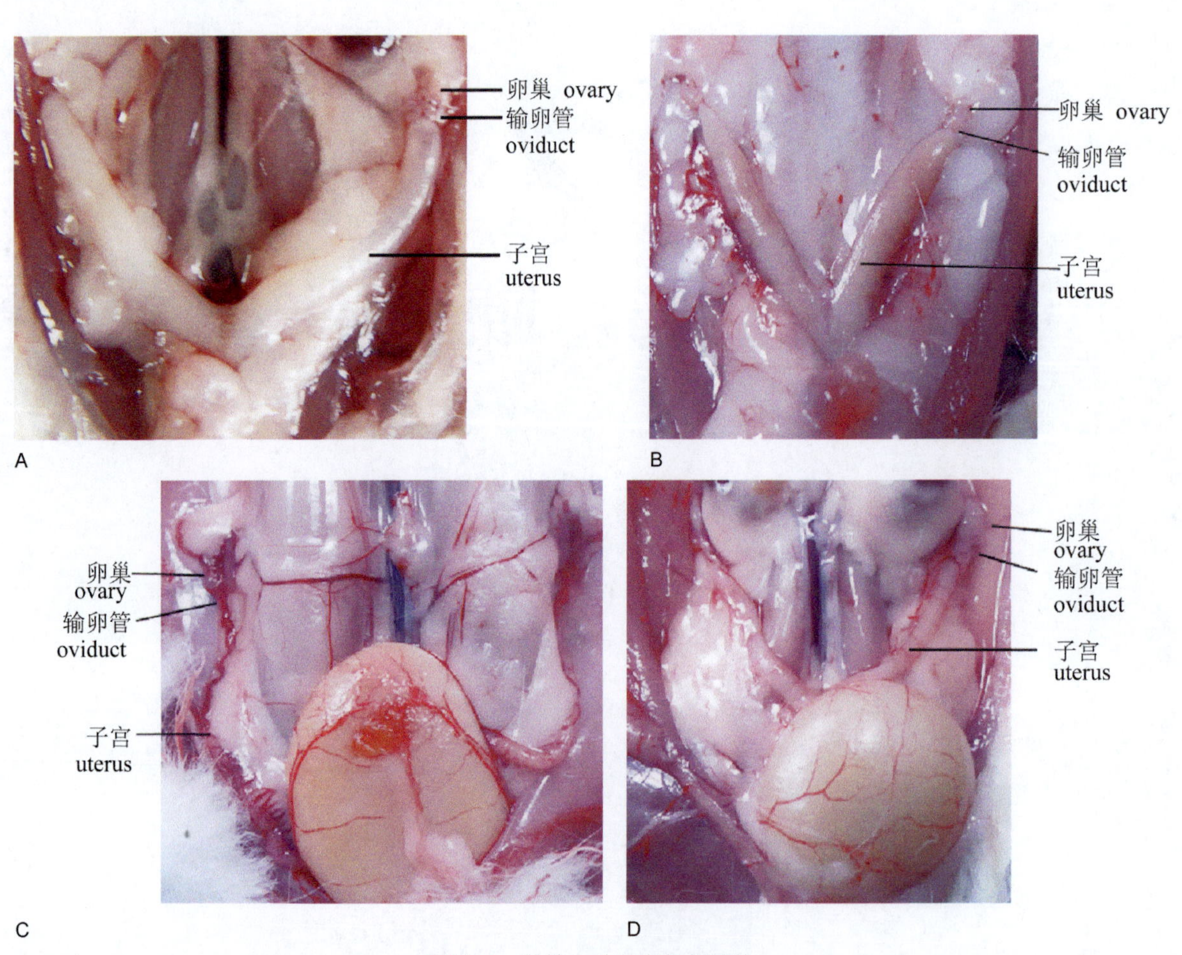

图 7-1 雌性生殖器官解剖结构

A. KM 小鼠；B. SD 大鼠；C. 兔；D. 豚鼠

第一节 卵 巢

卵巢是成对的实质性器官，位于肾脏的后方，骨盆前口的两侧。卵巢的大小、形状与年龄及发育状况有关。性成熟的雌鼠卵巢淡红色，呈椭圆形，表面有结节状卵泡。卵巢表面覆盖一层单层扁平或立方的表面上皮，上皮下方为薄层致密结缔组织构成的白膜。卵巢外有一层生殖上皮，哺乳动物的卵细胞直接起源于卵巢的生殖上皮，其一部分变为扁平的卵泡细胞。上皮下为皮质，中央为髓质。皮质较厚，含有许多不同发育阶段的各级卵泡，突出于卵巢表面，形成小丘状。卵泡成熟后，在激素的作用下排出卵子，排卵后的卵泡壁塌陷，卵泡细胞增大，胞质中出现黄色素颗粒，称为黄体，分泌孕激素。如果怀孕，黄体继续保持；如果未孕，则黄体消失，被结缔组织替代，称为白体。啮齿类等动物因无月经，其卵子未受精时的黄体叫周期性黄体，而不叫人类的月经黄体。人卵巢表面生殖上皮下无基膜，而啮齿类动物基膜很明显。髓质由疏松结缔组织构成，与皮质无明显分界，含有许多血管、淋巴管、神经和少量平滑肌等。

图 7-2 示卵巢包括被膜（capsule, C）和实质（parenchyma, P）两部分。大、小鼠的输卵管（oviduct）较短，紧邻卵巢，呈弯曲状。

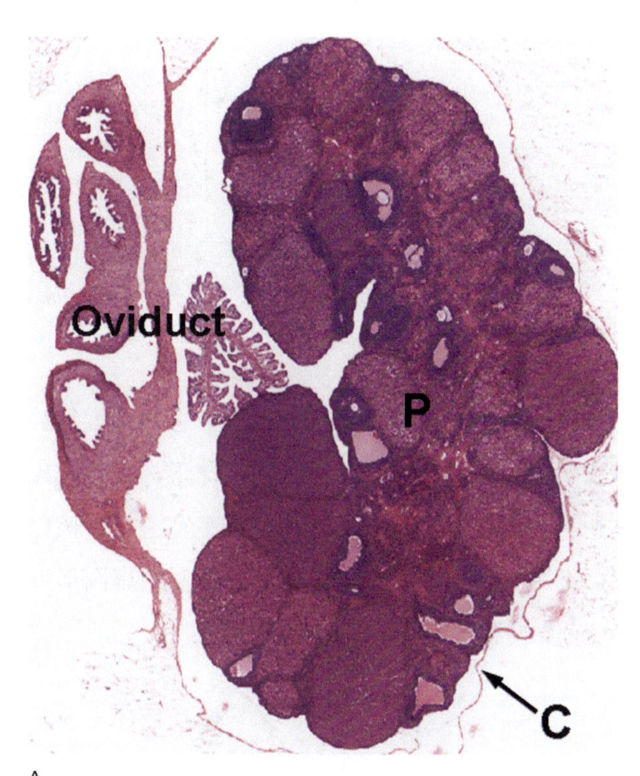

A

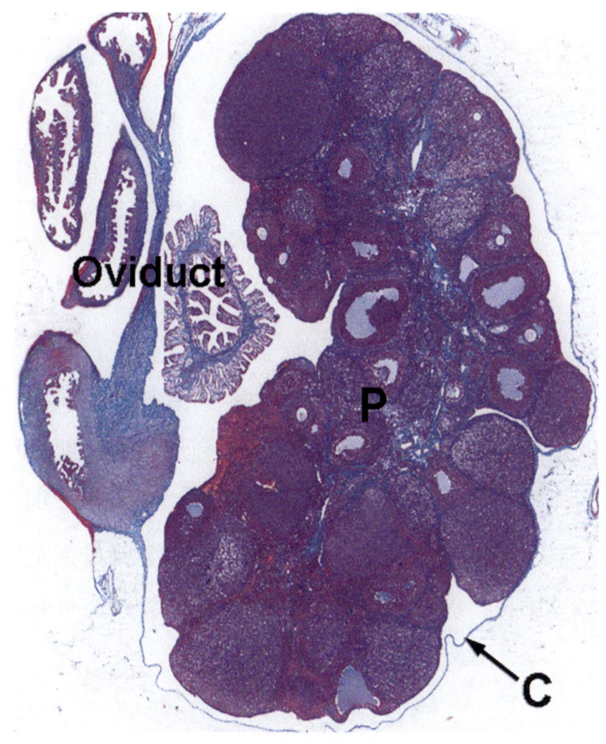

B

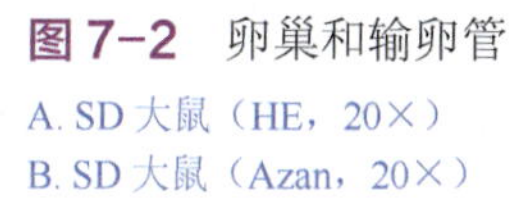

图 7-2 卵巢和输卵管

A. SD 大鼠（HE，20×）
B. SD 大鼠（Azan，20×）

Oviduct/ 输卵管
P/ 髓质
C/ 皮质

卵泡是由一个卵母细胞（oocyte, O）和包绕在其周围的许多卵泡细胞（follicular cell, FC）组成。表面上皮向卵巢内增殖可形成间质，使卵巢体积增大，并不参与卵泡的组成。卵泡的生长发育过程大致分为原始卵泡（primordial follicle, PmF）、生长卵泡（growing follicle）和成熟卵泡（gratian follicle, GF）三个阶段，其中依据生长卵泡的结构和大小的差别，又可分为初级卵泡（primary follicle, PrF）和次级卵泡（secondary follicles, SF）。卵巢中还有大部分卵泡不能发育成熟及排卵，它们在发育的不同阶段逐渐退化，称为闭锁卵泡（ atretic follicle, AF）（图 7-3）。人、犬、大鼠卵巢内闭锁卵泡约占卵泡总数的 99.9%，小鼠为 77%。

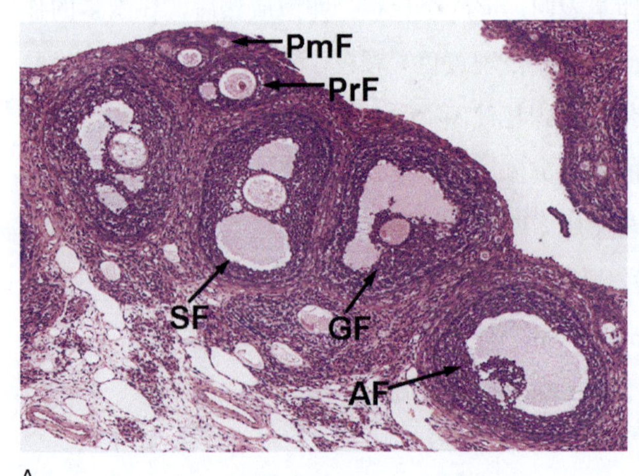

A

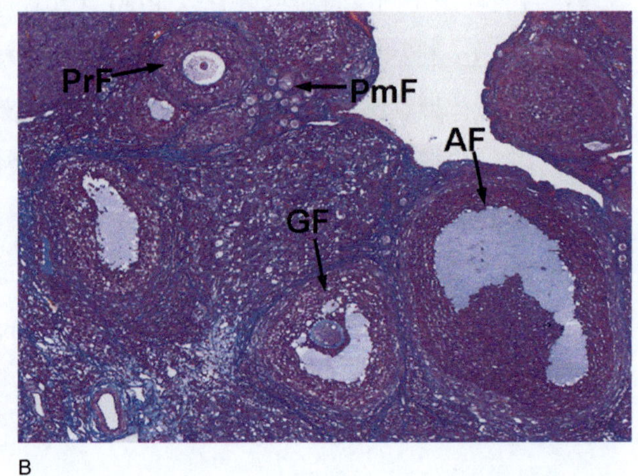

B

图 7-3 各级卵泡

A. SD 大鼠（HE，80×）

B. SD 大鼠（Azan，80×）

PmF/ 原始卵泡
PrF 初级卵泡
SF/ 次级卵泡
GF/ 成熟卵泡
AF/ 闭锁卵泡

（一）原始卵泡

在靠近被膜下的皮质部分，有大量的原始卵泡，体积小，是处于静止状态的卵泡，它们不因年龄的增长而变化。原始卵泡由一个圆形的初级卵母细胞和一层扁平的卵泡细胞组成，呈球形，在卵巢皮质浅部群状分布，称为生殖细胞巢。初级卵母细胞体积大，细胞核大，圆形，染色浅呈空泡状，核仁明显。卵泡细胞呈扁平形，包绕在初级卵母细胞周围，细胞界限不清，只能见到染色较深的扁圆形细长细胞核，卵泡细胞外周有基膜（图 7-4）。卵泡细胞具有支持和营养卵母细胞的作用。

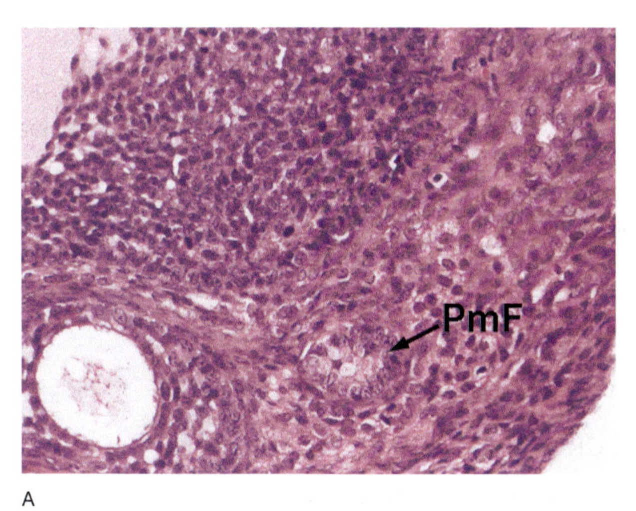

A

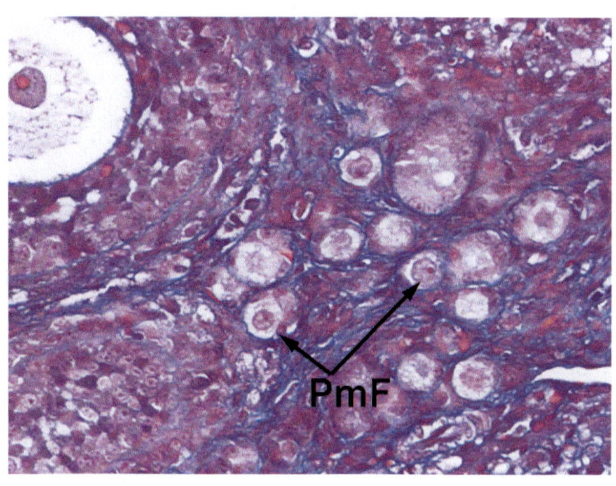

B

图 7-4 原始卵泡
A. SD 大鼠（HE，200×）
B. SD 大鼠（Azan，200×）

PmF/ 原始卵泡

（二）初级卵泡

在卵泡细胞间未出现液腔的生长卵泡均称为初级卵泡（PrF）（图 7-5），由原始卵泡转变为初级卵泡的主要结构变化有以下几个方面。

（1）初级卵母细胞（O）体积增大，细胞核也增大，细胞呈泡状。

（2）卵泡细胞（FC）由单层扁平细胞变成多层立方状或柱状，细胞增生形成复层上皮，排列密集呈颗粒状，称颗粒层（zona granulose, ZG）。

（3）初级卵母细胞与卵泡细胞间出现一层均质状、折光性强的嗜酸性膜，称为透明带（zona pellucida, ZP），随着卵泡的发育而增厚，是一种特异性糖蛋白。在受精时，精子和卵子的识别、黏附、结合，以及精子穿入过程和阻止多精受精中都起重要作用。

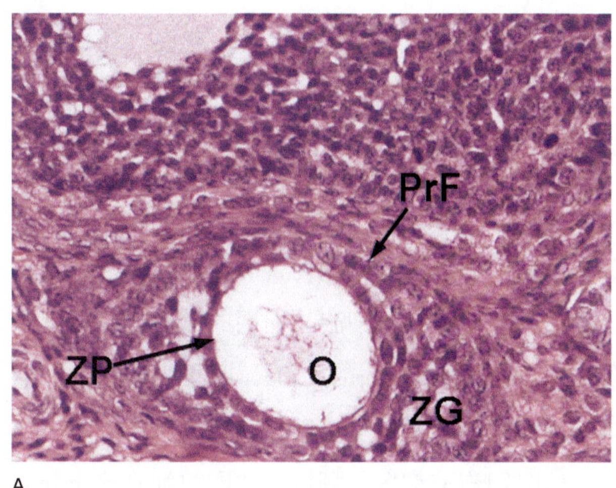

A

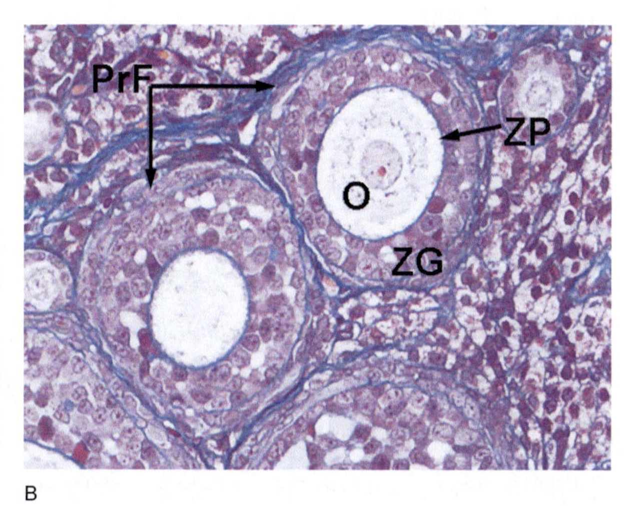

B

图 7-5 初级卵泡
A. SD 大鼠（HE，200×）
B. SD 大鼠（Azan，400×）

PrF 初级卵泡
O/ 初级卵母细胞
ZG/ 颗粒层
ZP/ 透明带

（三）次级卵泡

当卵泡细胞间出现新月形的液腔时，即称为次级卵泡（SF）（图 7-6），又可称为囊状卵泡（vesicular follicle）。次级卵泡结构的主要变化如下。

（1）卵泡细胞继续增殖增厚，当卵泡直径达到一定程度时，相邻卵泡之间出现一些小间隙，内含卵泡液，随着卵泡增大，卵泡液增多，小间隙逐渐形成大小不等的液腔，称为卵泡腔（follicular antrum, FA）。

（2）初级卵母细胞达到最大体积，其周围包裹一层厚的透明带（ZP），紧靠透明带的一层高柱状卵泡细胞呈放射状排列，称为放射冠（corona radiate, CR）。

（3）卵泡膜分化为内、外两层，内膜层（theca interna, TI）含有多边形或梭形的膜细胞以及丰富的毛细血管；外膜层（theca externa,TE）主要由结缔组织构成，胶原纤维较多，血管少，还有少量平滑肌纤维。

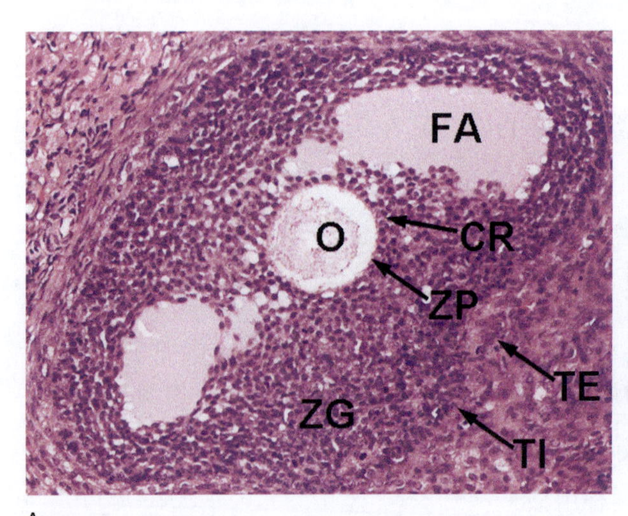

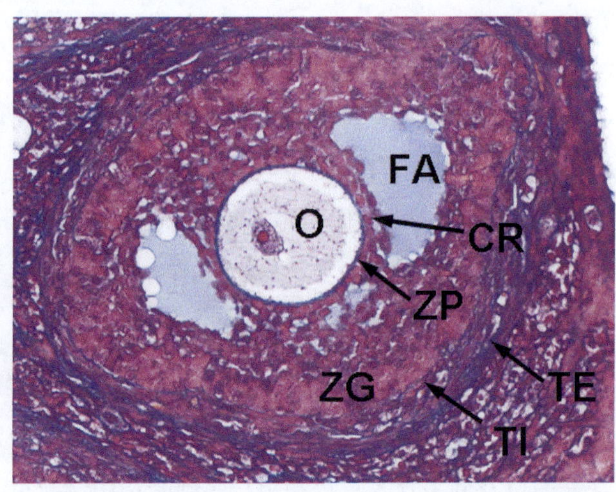

图 7-6 次级卵泡
A. SD 大鼠（HE，200×）
B. SD 大鼠（Azan，200×）

FA/ 卵泡腔 TI/ 内膜层
CR/ 放射冠 TE/ 外膜层
ZP/ 透明带 O/ 嗅部
ZG/ 颗粒层

（四）成熟卵泡

次级卵泡发育到最后阶段即为成熟卵泡（GF），又称三级卵泡，即囊状卵泡发育的第三阶段（图 7-7）。此时卵泡体积明显增大，并向卵巢表面突出，卵泡腔扩大，使初级卵母细胞与周围的卵泡细胞居于卵泡腔的一侧，形成一个圆形隆起突入卵泡腔，称为卵丘（cumulus oophorus, CO）。卵丘细胞松散，细胞圆形或卵圆形，突起减少，细胞处于退变状态，且细胞间充满基质，呈海绵样结构。近排卵时，卵丘与卵泡壁分离，并与卵母细胞一起漂浮在卵泡液中，此时卵泡液增多，颗粒层的卵泡细胞停止分裂增殖而相应变薄，卵丘根部的卵泡细胞间出现裂隙。排卵前，初级卵母细胞完成第一次成熟分裂，形成一个较大的次级卵母细胞，位于卵丘中，当成熟卵泡卵泡壁破裂，次级卵母细胞携透明带和放射冠与卵泡液一起从卵巢排出的过程称为排卵（ovulation）。

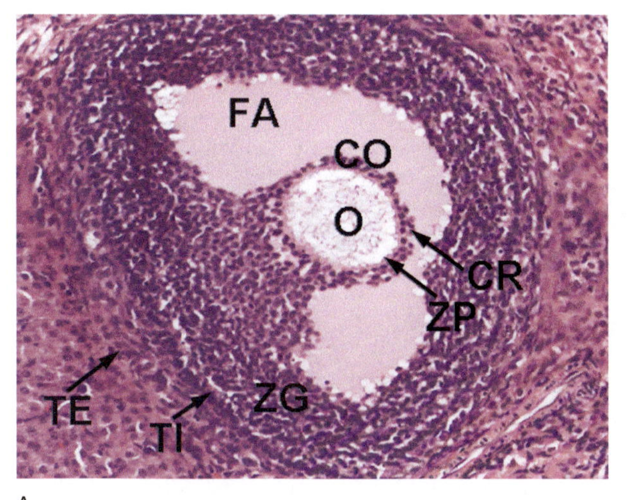

A

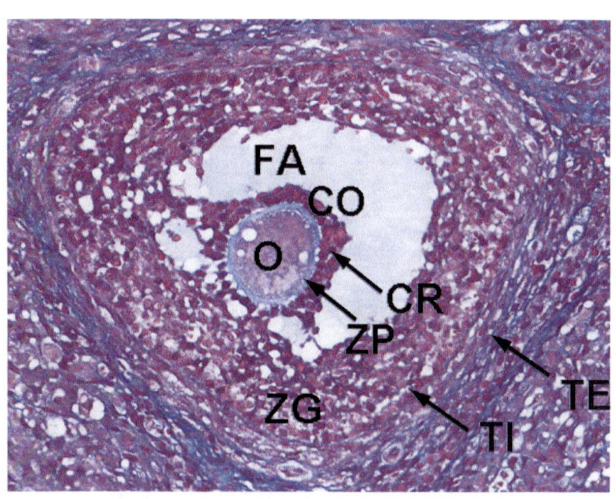

B

图 7-7　成熟卵泡

A. SD 大鼠（HE，200×）

B. SD 大鼠（Azan，200×）

FA/ 卵泡腔　TI/ 内膜层
CR/ 放射冠　TE/ 外膜层
ZP/ 透明带　O/ 嗅部
ZG/ 颗粒层　CO/ 卵丘

（五）闭锁卵泡

在卵泡成熟过程中，有相当数量不同发育阶段的卵泡萎缩退化形成闭锁卵泡（AF）。妊娠期和哺乳期的卵巢，闭锁卵泡会相对增多，可能与 LH 的分泌量有关。大鼠卵巢的大卵泡退化早期，颗粒细胞和卵泡膜细胞内可出现脂滴聚集，类似黄体化现象，而卵母细胞仍无明显变化，此后，颗粒细胞继续退变，部分凋亡细胞解体，细胞残片被侵入的巨噬细胞和白细胞及变异的颗粒细胞吞噬，皱褶的透明带仍可保存一段时间。小鼠的卵泡闭锁可分为三个时期：颗粒细胞分裂及细胞核固缩现象同时存在；少数颗粒细胞分裂，大量细胞出现核固缩；卵泡塌陷。鼠类和兔等动物闭锁卵泡肥大的膜内层细胞被卵泡周围的结缔组织分隔成小块并分散在基质中，该细胞形态结构类似黄体细胞，细胞体积大，呈多边形，胞质中含有许多脂滴，称为间质腺（interstitial gland, IG），兔卵巢中间质细胞（interstitial cell，IC）非常发达，在基质中到处可见（图 7-8）。近期的研究表明，卵泡闭锁中可见细胞凋亡现象，颗粒细胞凋亡可能触发卵泡的闭锁，颗粒层先出现细胞凋亡，随后见于卵泡膜内层。

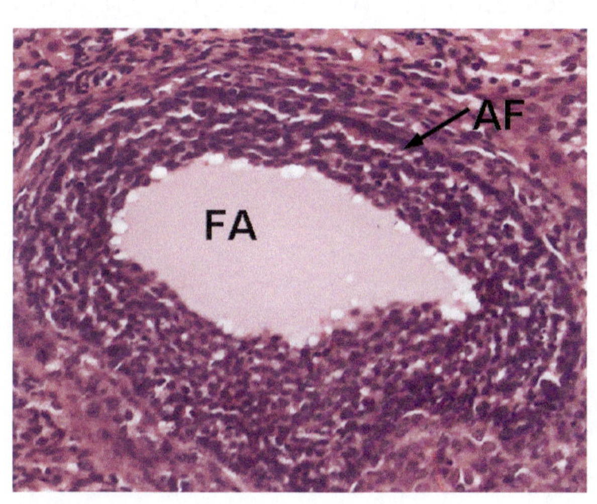

A

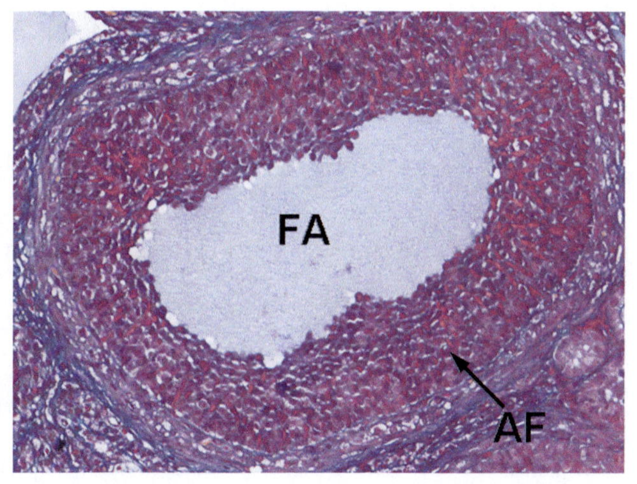

B

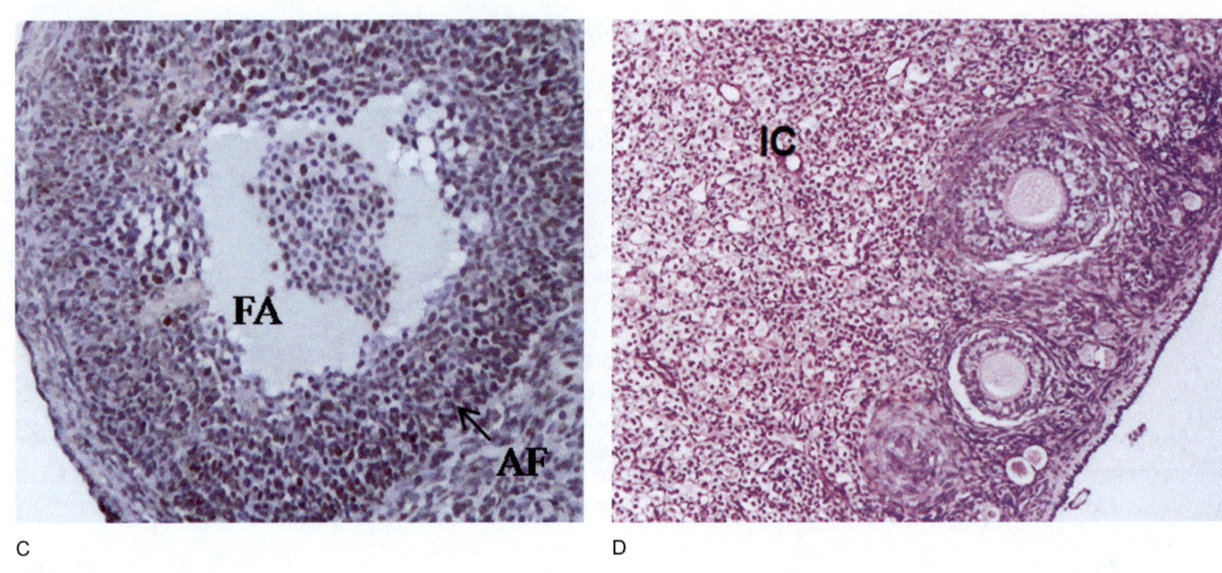

图 7-8 闭锁卵泡

A. SD 大鼠（HE，200×）
B. SD 大鼠（Azan，200×）
C. SD 大鼠闭锁卵泡（TUNEL，200×）
D. 兔卵巢（HE，100×）

FA/ 卵泡腔
AF/ 纤维环
IC/ 肺泡上皮细胞

（六）黄体

排卵后残留于卵巢内的卵泡壁连同壁上的血管一起向卵泡腔塌陷，在黄体生成素的作用下逐渐发育成一个体积较大、含丰富血管的内分泌细胞团，肉眼观呈黄色，称为黄体（corpus luteum, CL）。由颗粒层卵泡细胞衍化来的黄体细胞占多数，细胞体积大，呈多角形，胞质染色浅，细胞中有脂滴，为颗粒黄体细胞，由卵泡膜细胞衍化来的黄体细胞较小，呈圆形或多角形，染色较深，数量较少，为膜黄体细胞。大鼠动情周期为 4 ～ 6 天，小鼠的动情周期为 4 ～ 5 天，兔的动情周期为 8 ～ 15 天，豚鼠为 12 ～ 18 天（平均 16.5 天），均无月经，其卵子未受精时的黄体叫周期性黄体，此时黄体细胞排列紧密，胞质少而嗜酸，如图 7-9A，B 所示。卵子受精后形成的黄体如图 7-9C，D 所示，持续存在，黄体细胞排列略疏松，胞浆丰富透明样，称为妊娠黄体，可分泌黄体酮。大、小鼠生成的黄体退化，黄体退变时，结缔组织增生，黄体细胞凋亡，细胞变小，核固缩，胞质染色浅，内有许多空泡状脂滴，继而黄体细胞自溶，残片被巨噬细胞吞噬，巨噬细胞增多（图 7-9E，F），黄体内的毛细血管退变，成纤维细胞显著增多，生成大量胶原纤维，使黄体转变为纤维组织，继而发生透明样变，成为白体。

第二节 输 卵 管

输卵管（oviduct）是把卵子输送到子宫去的管道。卵巢前端的输卵管呈漏斗状，称之为输卵管漏斗部；周围有呈放射状不规则的突起形成的伞，称为伞端，大、小鼠的输卵管伞发育不良；中间一段

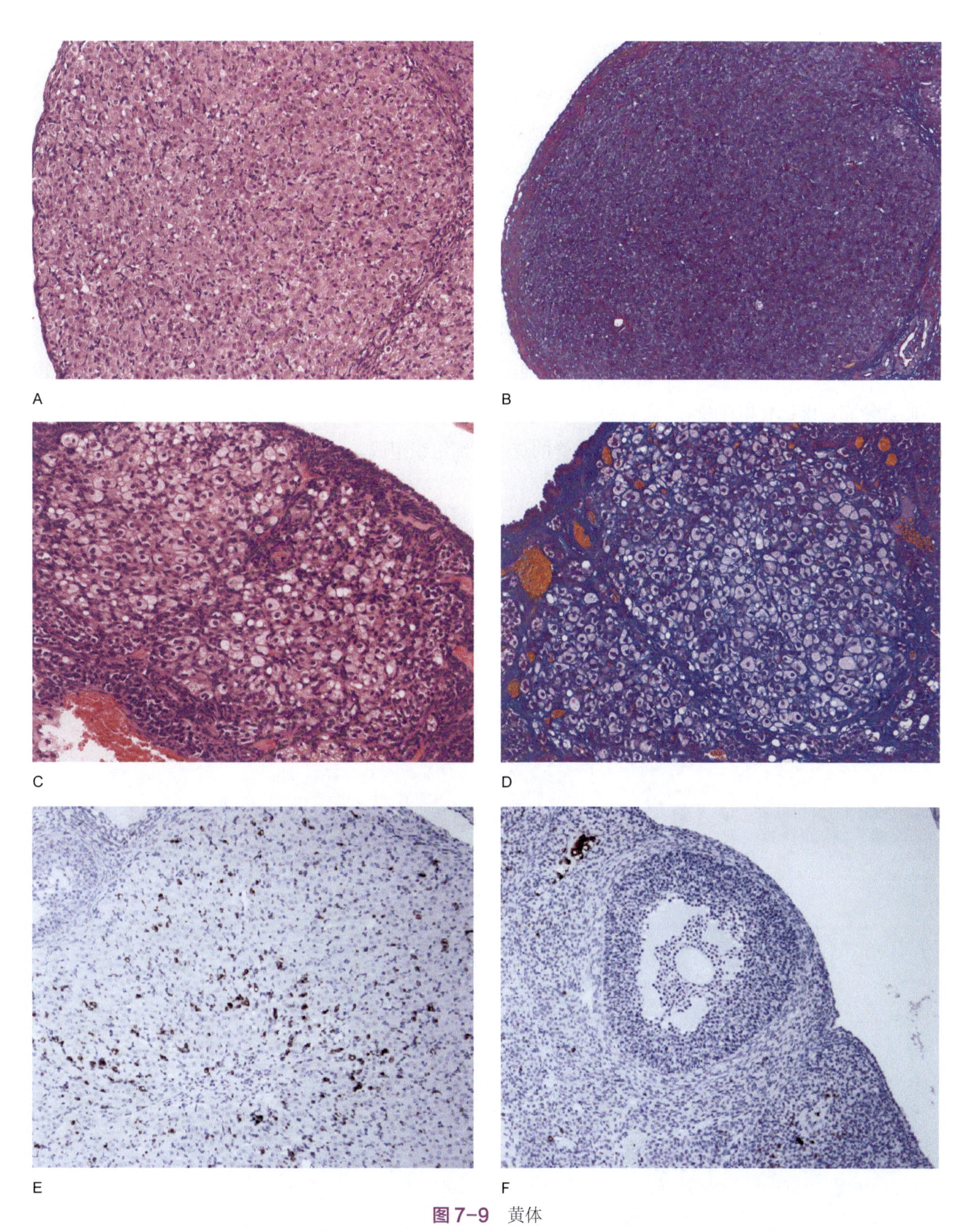

图7-9 黄体

A. SD大鼠黄体退变早期（HE，100×）；B. SD大鼠黄体退变晚期（Azan，100×）；C. SD大鼠妊娠黄体（HE，100×）
D. SD大鼠妊娠黄体（Azan，100×）；E. SD大鼠退变早期（CD68 IHC，100×）；F. SD大鼠退变晚期（CD68 IHC，100×）

输卵管称为输卵管壶腹部；与子宫相连的一段，直而细，壁厚、腔窄，称为输卵管峡部。输卵管峡部与子宫或子宫角相通。由于大、小鼠的输卵管短而弯曲，紧贴卵巢，各部的区分比较困难，兔的输卵管几乎呈直行。

输卵管分为以下几部分（图 7-10）。

（1）黏膜（mucosa）：黏膜上皮（mucous epithelium, MEp）大部分为 1 ～ 2 层有纤毛细胞的单层柱状上皮，少部分为无纤毛细胞，纤毛有节奏地向子宫方向摆动，有助于卵子和发育中的胚胎移向子宫。无纤毛细胞呈柱状，顶部较宽，核卵圆形，染色深，可在特定情况下转变为纤毛细胞。Masson 染色可见黏膜固有层（lamina propria mucosa, LPM）中含有较多的纤维结缔组织。黏膜形成许多皱襞，高大有分支，使管腔呈不规则状。

（2）肌层（muscular layer）：以环形肌（circular muscular layer, CML）为主，纵行肌散在分布，输卵管系膜中还有平滑肌，收缩时有牵拉输卵管的作用，也可以协助卵子在输卵管中运行。

（3）浆膜下层（subserous layer, SsL）：为包在肌层外面的一层结缔组织，内含有来自卵巢和子宫的血管分支、淋巴管和神经。

（4）浆膜（serosa）：由间皮和富有血管的疏松结缔组织组成。

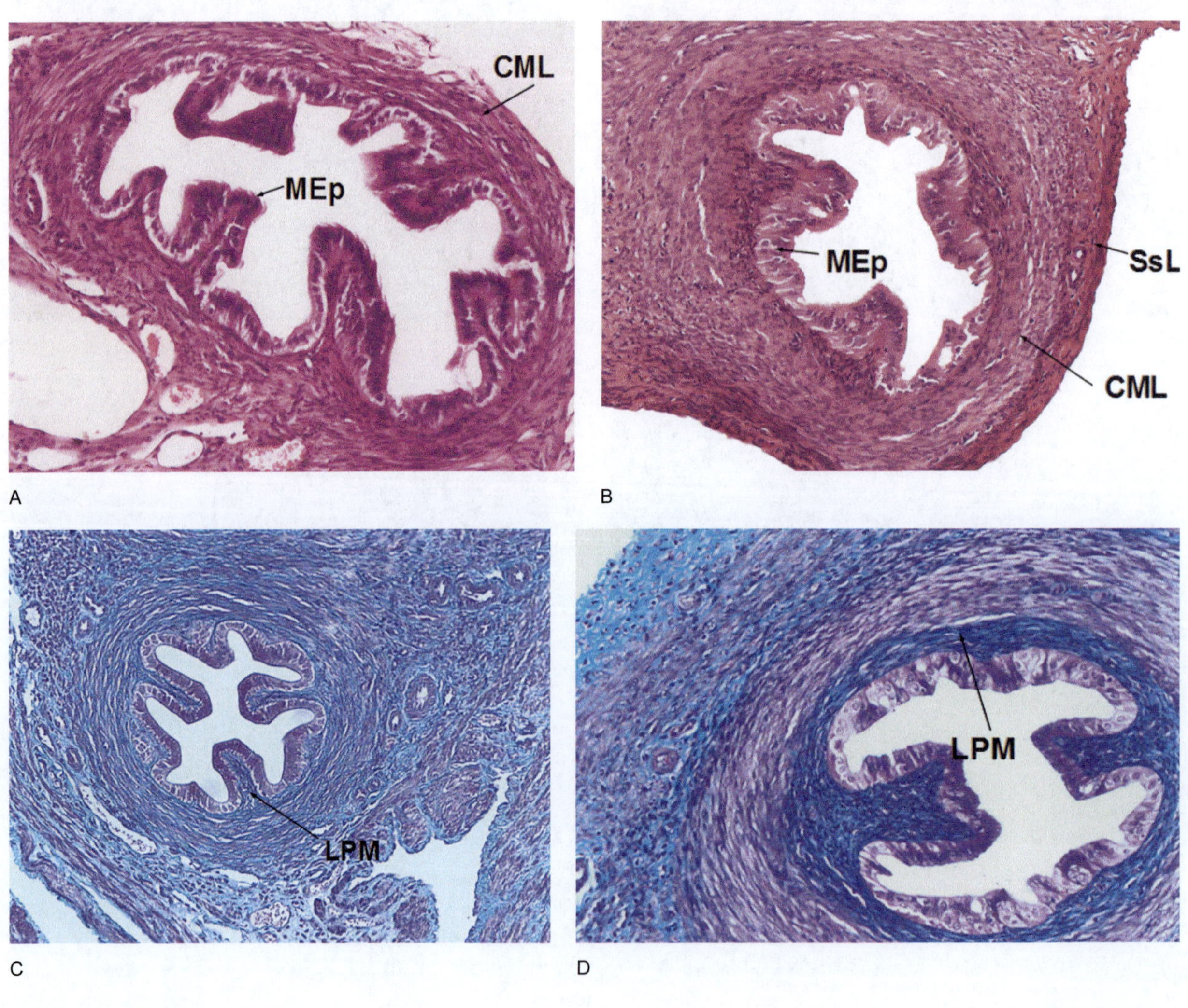

图 7-10 输卵管

A. BALB/c 小鼠（HE，100×）
B. SD 大鼠（HE，100×）
C. BALB/c 小鼠（Masson，100×）
D. SD 大鼠（Masson，100×）

CML/ 环形肌
MEp/ 黏膜上皮
SsL/ 浆膜下层
LPM/ 固有层

输卵管黏膜上皮（epithelium, E）为单层柱状，由纤毛细胞（ciliated cell, CC）和分泌细胞（secreted cell, SC，也称无纤毛细胞）构成。纤毛细胞在漏斗部和壶腹部最多，细胞呈柱状，核浅染，呈圆形或卵圆形，纤毛多集中在细胞表面的中心部，纤毛之间可见微绒毛，以细胞周边部为多。一般认为，哺乳动物包括人的输卵管黏膜上皮的纤毛有节奏地向子宫方向摆动，而兔的输卵管峡部一些纵形嵴表面的纤毛细胞，纤毛摆动朝向卵巢，邻近嵴上的另一些纤毛细胞，纤毛则摆动朝向子宫，纤毛的摆动将有助于卵子和发育中的胚胎移向子宫。分泌细胞夹在纤毛细胞之间，细胞呈柱状，顶部较宽，核卵圆形，染色深，可在特定情况下转变为纤毛细胞，其分泌物构成输卵管液，对卵细胞有营养作用。HE 染色中两种细胞不易区分，Azan 染色中 SC 细胞核深染，胞浆呈蓝色，CC 细胞核及浆均浅染，呈淡蓝色，且可见纤毛。PAS 染色中 SC 细胞的分泌物呈红色，位于细胞顶部，而 CC 细胞无分泌功能，PAS 呈阴性（图 7-11）。

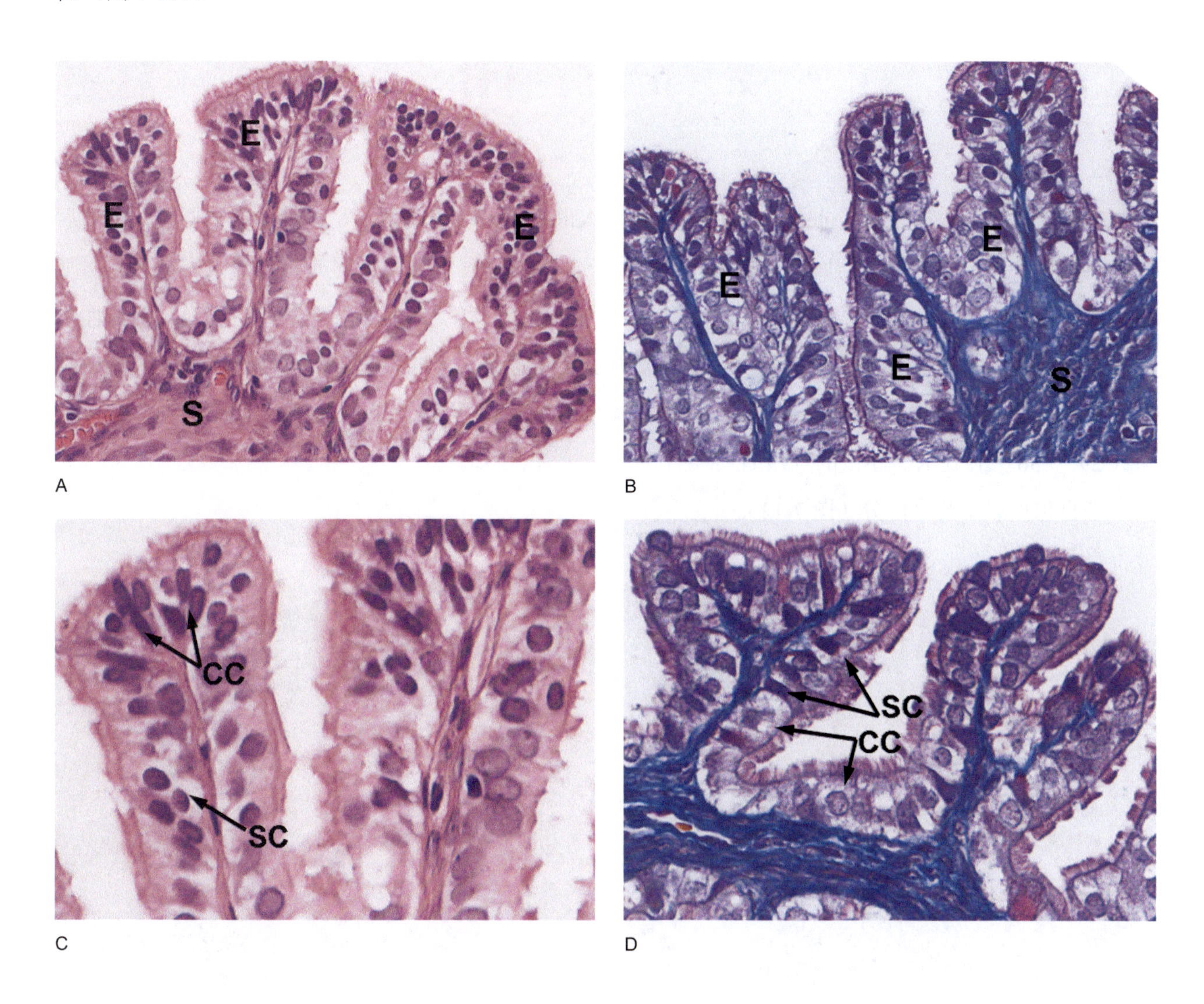

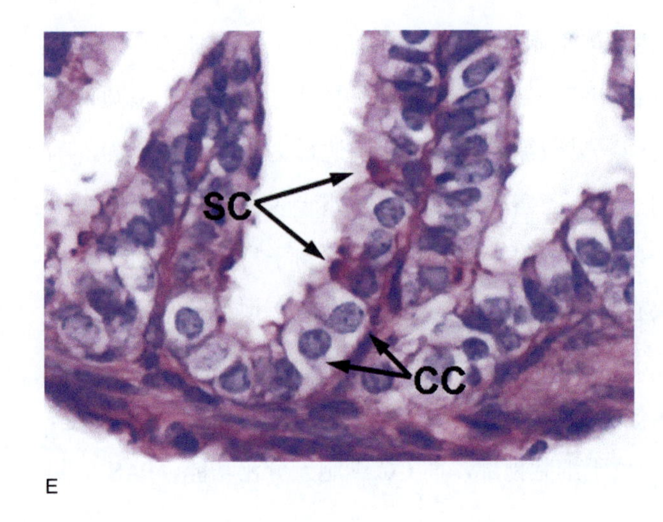

E

图 7-11 输卵管黏膜

A. F344 大鼠（HE，400×）
B. F344 大鼠（Azan，400×）
C. KM 小鼠（HE，400×）
D. KM 小鼠（Azan，400×）
E. KM 小鼠（PAS，400×）

E/ 黏膜上皮
S/ 浆膜
CC/ 纤毛细胞
SC/ 分泌细胞

第三节 子 宫

啮齿类动物与人的子宫（uterus）有明显区别，人的子宫是单子宫型，是一个厚壁的器官，呈前后略扁的倒置梨形，可分为子宫底、子宫体和子宫颈三部分。子宫体与颈之间的狭窄部分为峡部。而啮齿类动物为双子宫型，两个子宫角的腔是完全分开的，两个子宫颈外口开口于共同的阴道，并深埋于突入阴道的黏膜褶内，这些黏膜褶突入阴道腔成为子宫阴道部。大鼠的子宫相对于小鼠的子宫短而且直（图 7-1）。小鼠妊娠期为 19 ～ 21 天，大鼠妊娠期为 21 天，而豚鼠的妊娠期为 68（62 ～ 72）天，兔为 29 ～ 36 天，比大、小鼠的妊娠期长。

子宫包括以下几个部分（图 7-12）。

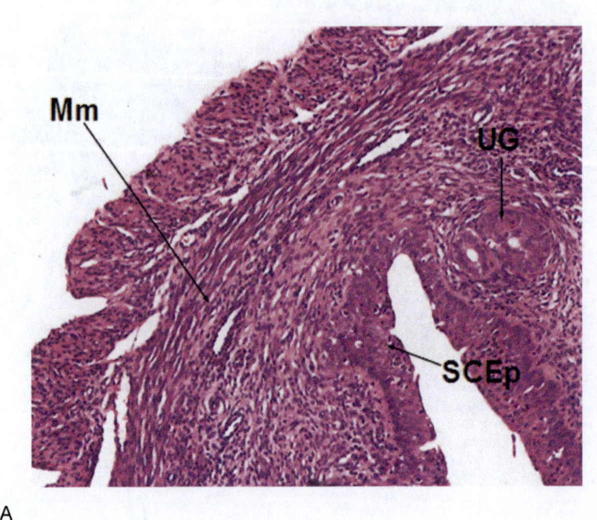

A

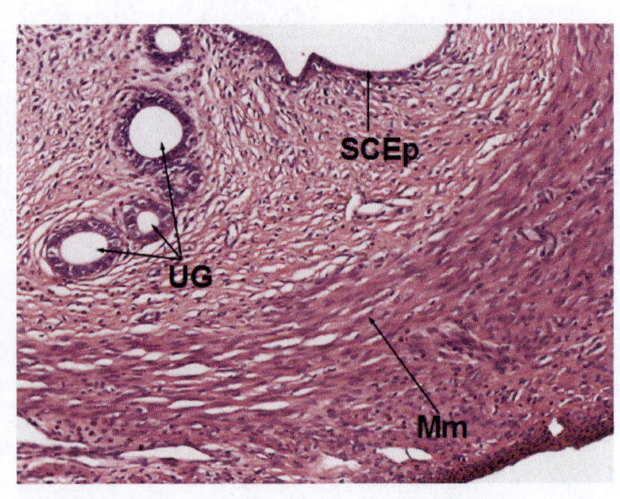

B

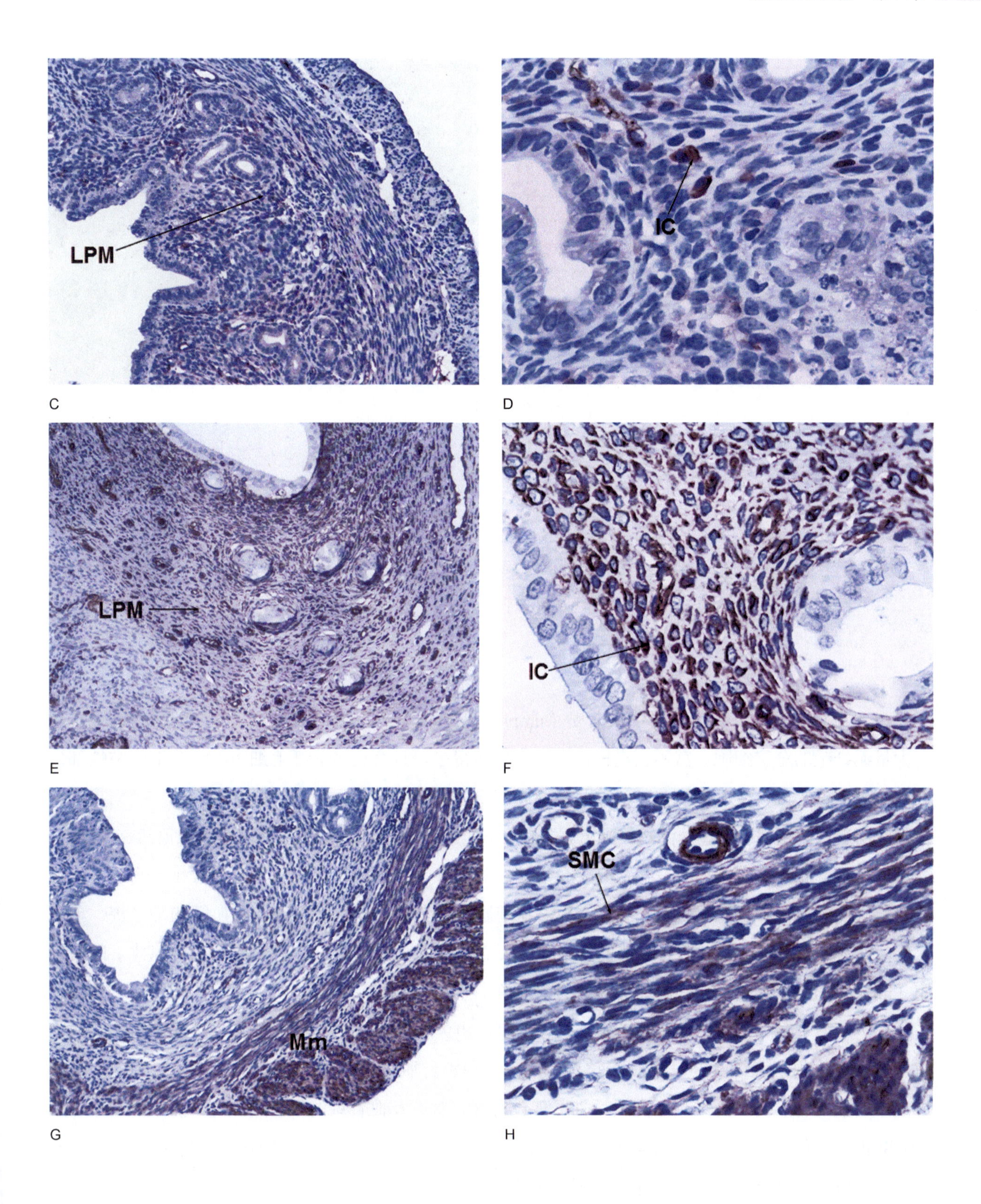
LPM
IC
C
D
LPM
IC
E
F
SMC
Mm
G
H

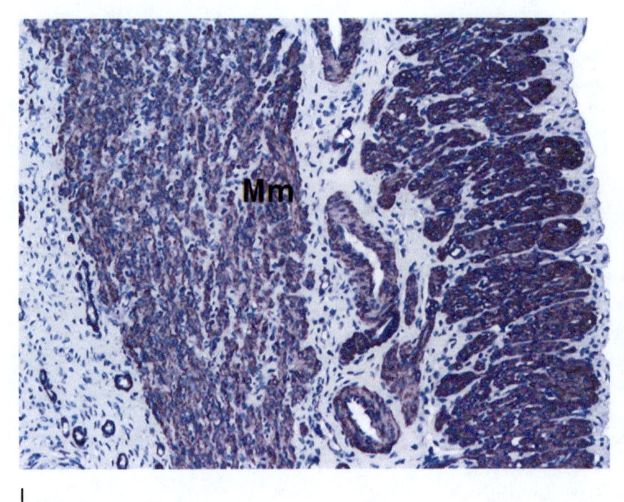

I

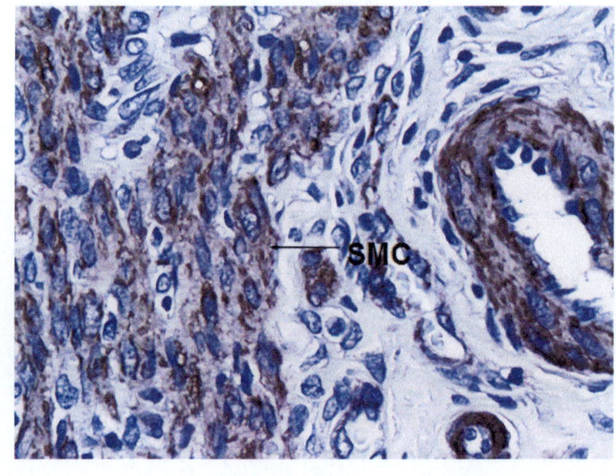

J

图 7-12 子宫

A. BALB/c 小鼠（HE，100×）
B. SD 大鼠（HE，100×）
C. BALB/c 小鼠（Vimentin IHC，100×）
D. BALB/c 小鼠（Vimentin IHC，400×）
E. SD 大鼠（Vimentin IHC，100×）
F. SD 大鼠（Vimentin IHC，400×）
G. BALB/c 小鼠（Actin IHC，100×）
H. BALB/c 小鼠（Actin IHC，400×）
I. SD 大鼠（Actin IHC，100×）
J. SD 大鼠（Actin IHC，400×）

Mm/ 子宫肌层
UG/ 子宫腺
SCEp/ 单层柱状上皮
LPM/ 黏膜固有层
IC/ 肺泡上皮细胞
SMC/ 平滑肌细胞

（1）子宫内膜：上皮为单层柱状上皮（simple columnar epithelium, SCEp），部分细胞有纤毛，还有大量无纤毛的分泌细胞。宫颈上皮较宫体部分要高得多，且有更多的纤毛细胞，纤毛细胞在峡部最多，可退变消失或再生，常聚在子宫腺开口的周围，子宫腺的纤毛向腺的开口方向摆动，表面上皮的纤毛向阴道方向摆动以推进分泌物的排出。子宫颈口的上皮为复层扁平上皮。分泌细胞的顶部有微绒毛，其数量、长度和形态有周期性变化，分泌合成糖原、中性黏多糖等，以顶质分泌方式排入宫腔。黏膜固有层（lamina propria mucosa, LPM）也称内膜基质，含有子宫腺、间质细胞及血管和神经等。单管状的子宫腺（uterine gland, UG），是子宫内膜的表面上皮向深部间质中凹陷形成管状的腺体；间质细胞（interstitial cell, IC）胞浆 Vimentin 免疫组化呈阳性着色。

（2）子宫肌层（myometrium, Mm）：肌层很厚，由大量的平滑肌纤维和结缔组织间隔组成，通常有三层结构：内层大多数为纵形肌，间有少量环行和斜行肌纤维；外层以环形和纵行肌为主，层间界限不明显，各层间肌纤维相互交织。肌层富含血管。肌层及血管壁的平滑肌细胞（smooth muscular cell, SMC）胞浆 Actin 免疫组化呈阳性着色。实验动物的子宫肌层与人相同，但在子宫角靠近子宫体处，两个子宫角的肌层合成一个中间隔，称为纵膈。

（3）外膜：为单层扁平上皮构成的浆膜。

未妊娠子宫内膜上皮呈高柱状，排列紧密，核分裂少见。固有层内子宫腺较小，纤维和基质较多（图 7-13）。

交配 24h 内的子宫内膜上皮呈高柱状，但核分裂多见。固有层内子宫腺开始变大，子宫肌层变薄，子宫腔扩张，腔内可见大量黏液样物质，HE 染色呈粉红色均质状，其间可见多量精子（图 7-14）。

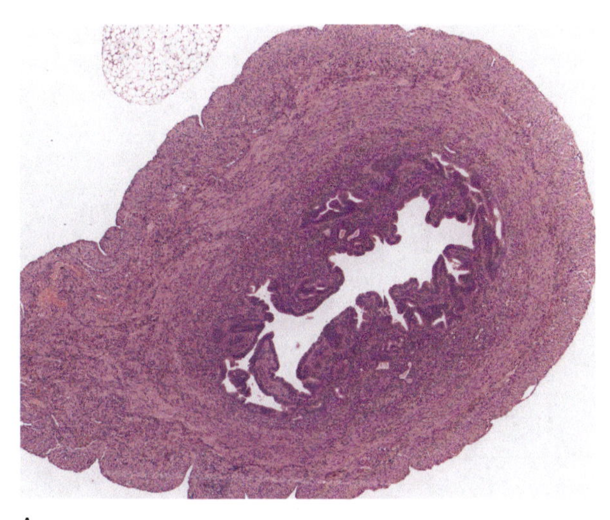
A

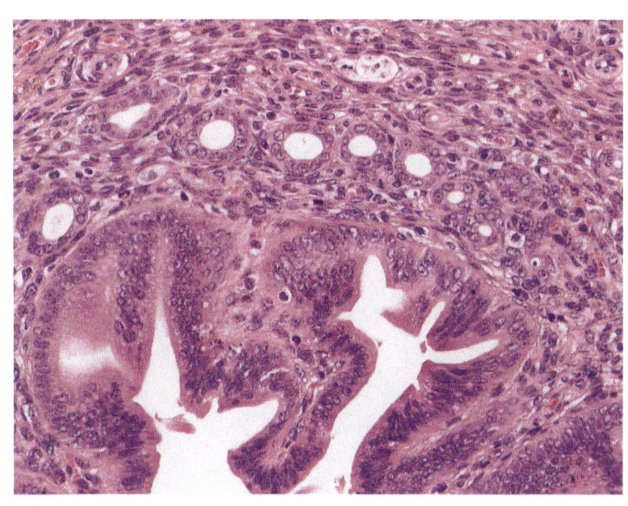
B

图 7-13　未妊娠子宫

A. KM 小鼠（HE，30×）；B. KM 小鼠（HE，200×）

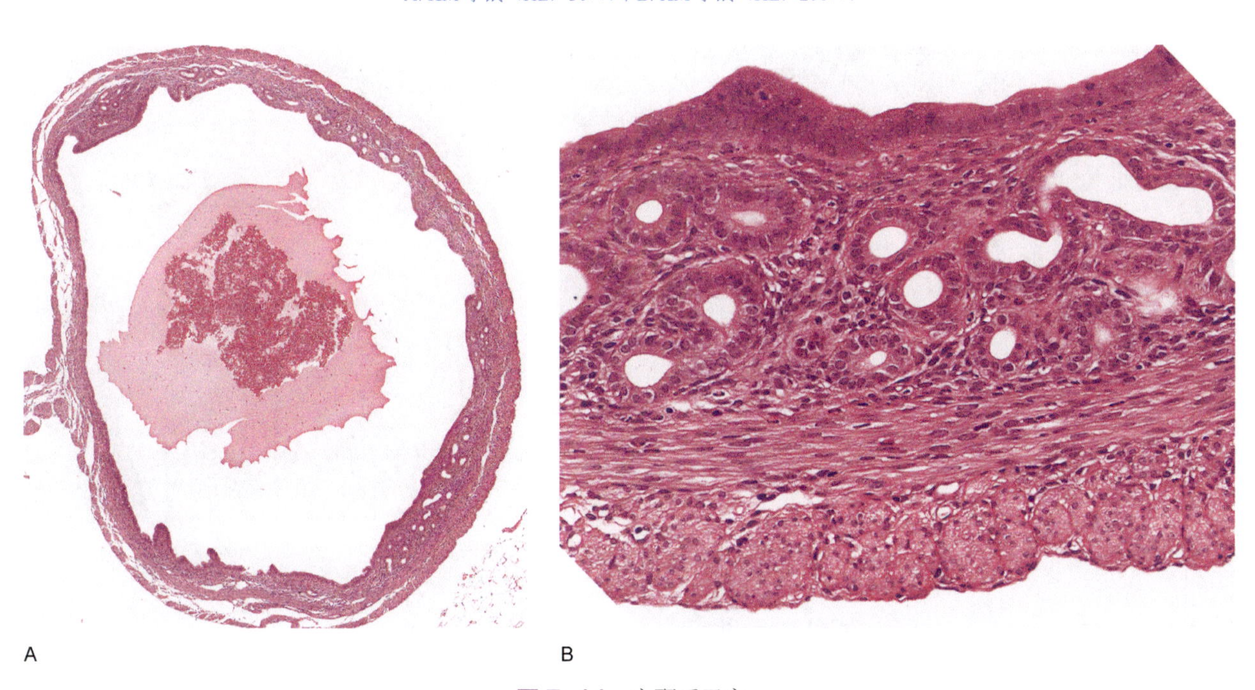
A　　B

图 7-14　交配后子宫

A. KM 小鼠（HE，15×）；B. KM 小鼠（HE，200×）

小鼠受精后，子宫内膜上皮依然呈柱状，核分裂多见，固有层腺体进一步变大，腺腔扩大，血管充血明显，固有层内组织液增多，使细胞变得松散。子宫肌层也呈轻度水肿状态（图 7-15）。

图 7-16 为小鼠妊娠 5 ～ 7 天子宫，此时子宫内膜基质细胞已发育为蜕膜细胞（decidual cell）和内膜颗粒细胞（endometrial granulocyte），此时未形成明显的胚胎。

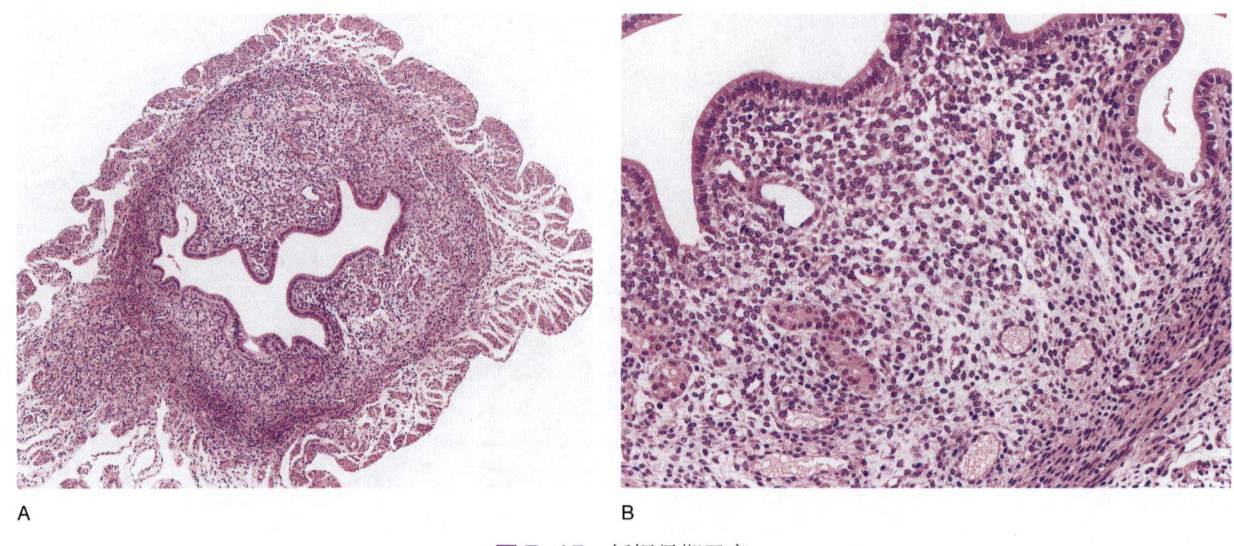

图 7-15 妊娠早期子宫

A. KM 小鼠（HE，30×）；B. KM 小鼠（HE，200×）

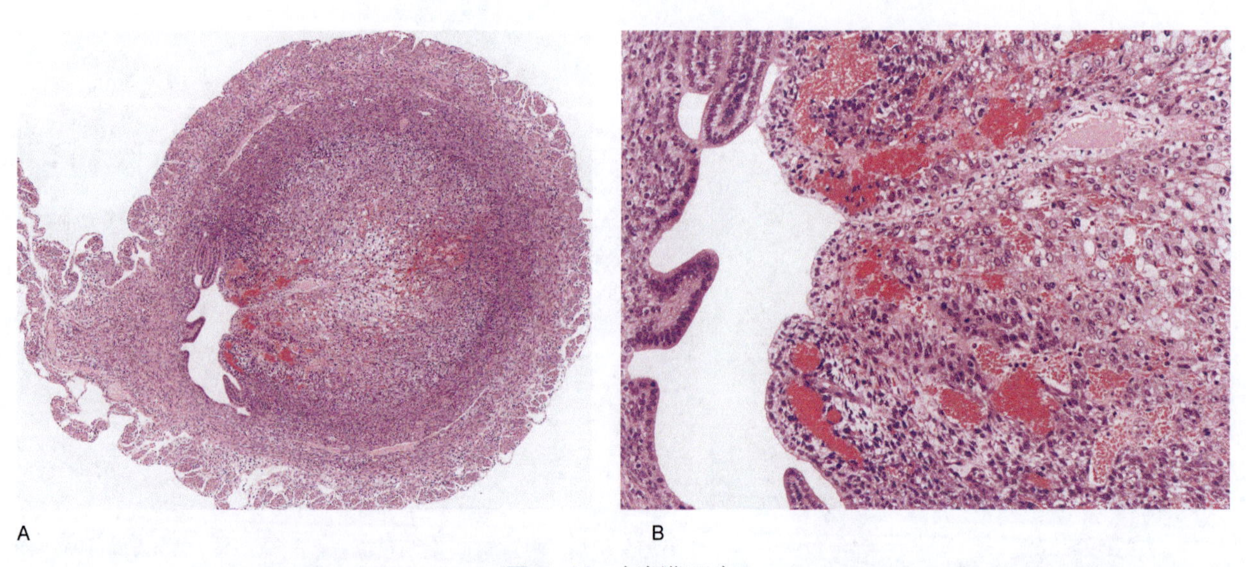

图 7-16 妊娠期子宫

A. KM 小鼠（HE，30×）；B. KM 小鼠（HE，200×）

图 7-17A 为小鼠妊娠 9 ～ 10 天的子宫，可见小胚胎，图 7-17B 显示胎盘蜕膜组织，图 7-17C 显示胎囊及胚胎组织，图 7-17D 为绒毛组织。

大、小鼠动情周期和妊娠周期比较短，在多次妊娠后子宫肌层内可出现陈旧性出血（remote hemorrhage, Rhe），出血区内有较多含铁血黄素颗粒，普鲁士蓝染色呈蓝色（图 7-18）。

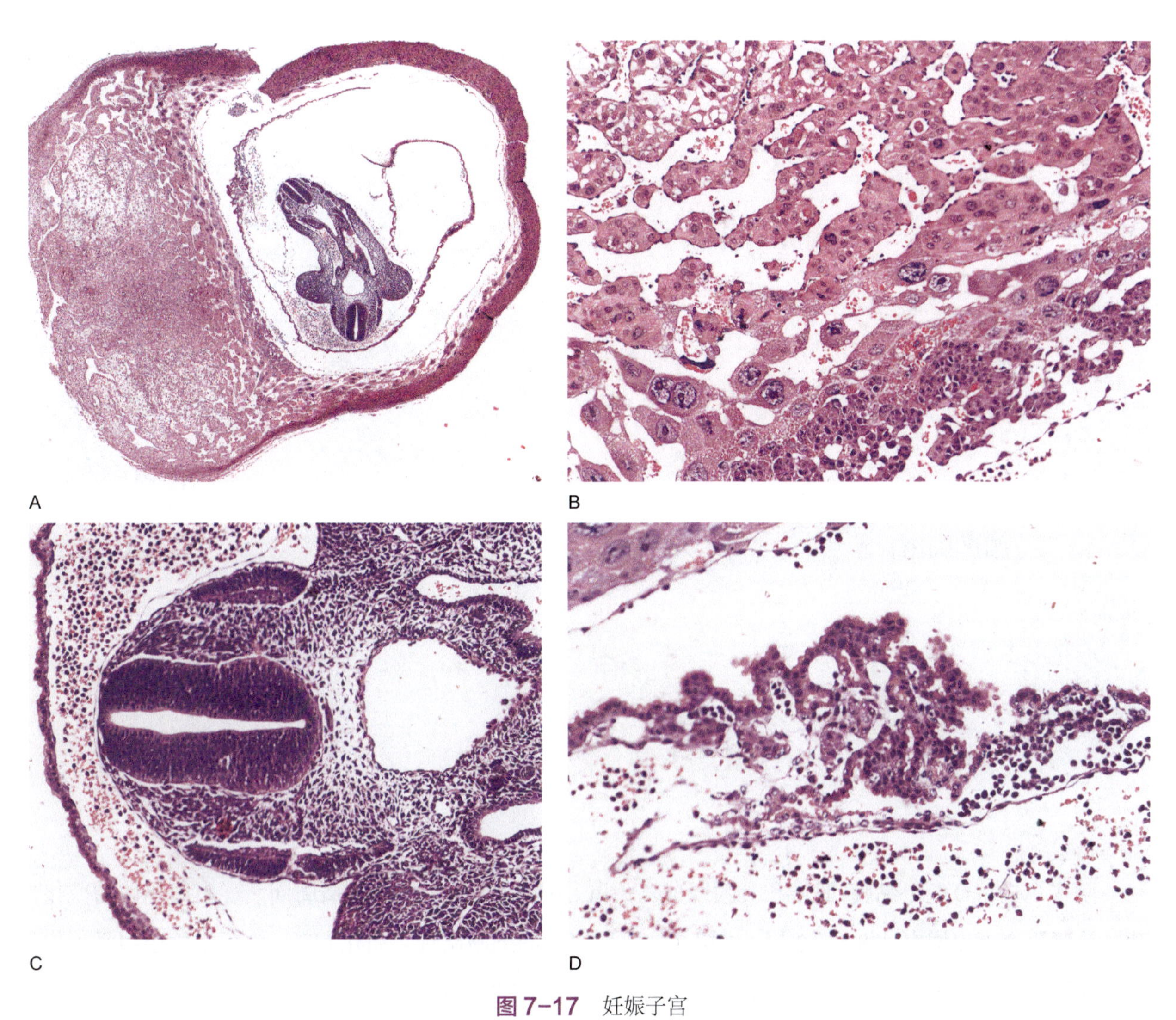

图 7-17　妊娠子宫

A. KM 小鼠子宫内胚胎（HE，15×）；B. KM 小鼠胎盘及蜕膜组织（HE，200×）；
C. KM 小鼠胎囊及胚胎组织（HE，200×）；D. KM 小鼠绒毛组织（HE，200×）

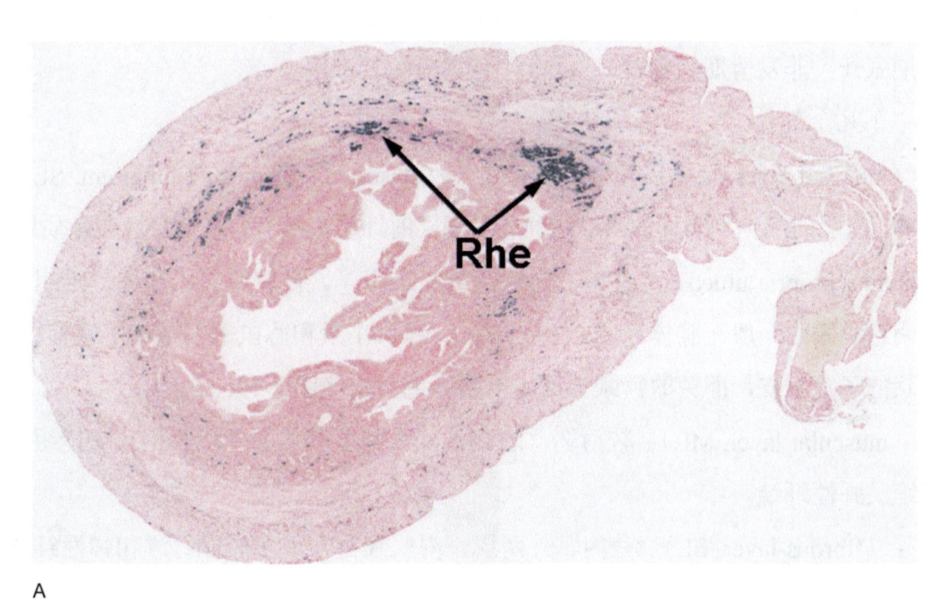

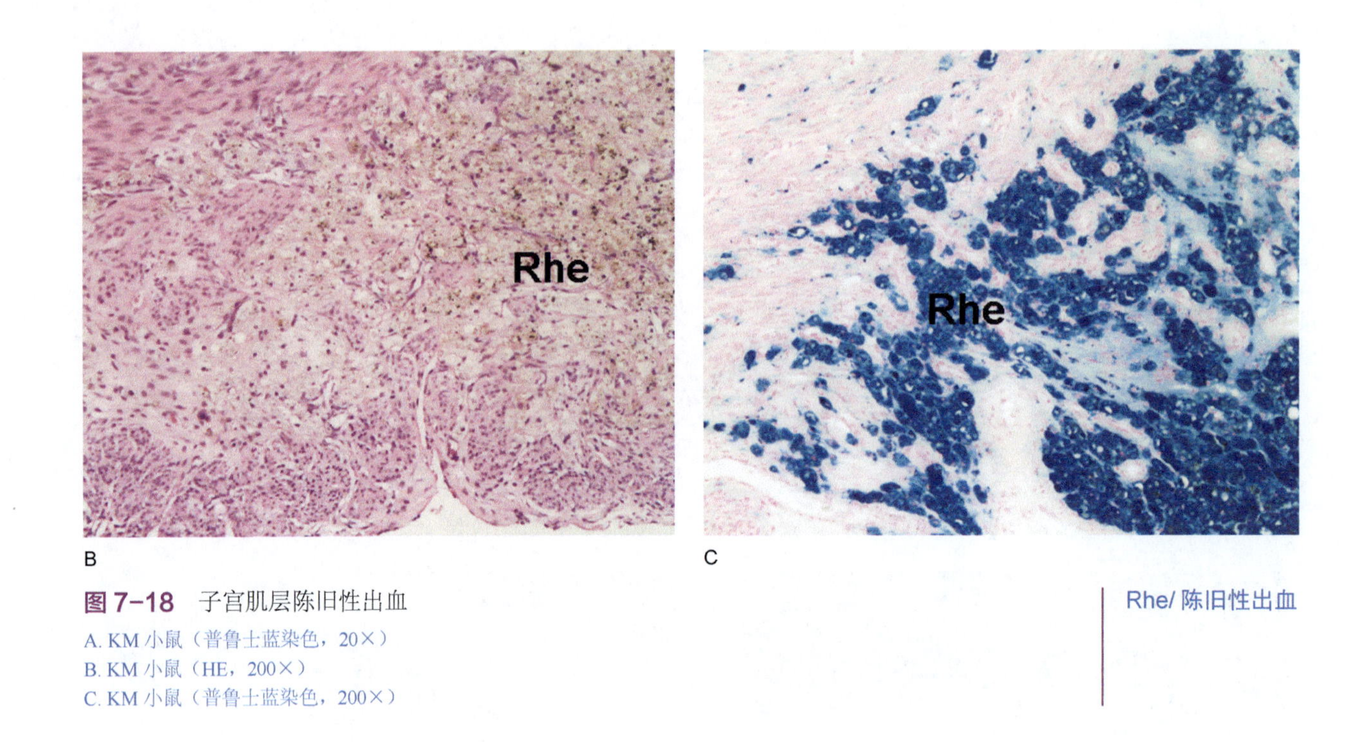

图 7-18 子宫肌层陈旧性出血

A. KM 小鼠（普鲁士蓝染色，20×）
B. KM 小鼠（HE，200×）
C. KM 小鼠（普鲁士蓝染色，200×）

Rhe/ 陈旧性出血

第四节 阴　道

阴道(vagina)壁由黏膜、肌层和外膜组成。大鼠、小鼠的阴道上皮随动情周期表现出周期性的变化，动情前期阴道上皮增厚达 8 ～ 12 层，浅层 3 ～ 4 层以下的细胞出现角质化颗粒，为角化复层扁平上皮；动情期阴道上皮达 6 ～ 10 层，浅层 3 ～ 5 层角化；动情后期角化层完全脱落，上皮变薄；动情间期上皮逐渐增厚达 10 层，上皮细胞间有许多白细胞，表面上皮可分泌黏液，阴道中可见脱落的上皮、黏液和白细胞。兔的阴道黏膜上皮看不到与大、小鼠相同的变化。豚鼠的阴道与大、小鼠不同的是有阴道闭合膜，发情期张开，非发情期闭合。

阴道包括以下几个部分。

（1）黏膜（mucosal layer）：上皮为复层扁平上皮（stratified squamous epithelium, SEp），上皮深层的细胞是柱状的，浅层的细胞和表面的棘状层相似，表层的细胞呈鳞状，其中有透明角质颗粒，未角化。黏膜固有层（lamina propria mucosa，LPM）由致密结缔组织、大量胶原纤维和弹纤维组织及丰富的毛细血管组成。阴道黏膜内一般无腺体（图 7-19A、B）。大鼠、小鼠和豚鼠的阴道向子宫移行的子宫颈部，直接移行为柱状的子宫上皮，而兔的宫颈上皮是单层纤毛上皮（图 7-19I，J，K）。

（2）肌层（muscular layer, ML）：较薄弱，内环、外纵两层纤长的平滑肌相互交错组成，肌束间有丰富的结缔组织及弹性纤维。

（3）纤维层（fibrous layer, FL）：分内、外两层，内层致密含很多胶原纤维和弹性纤维，外层为疏松结缔组织。

阴道黏膜固有层及纤维层中含有较多的纤维结缔组织，Masson 染色呈绿色。肌层及血管壁的平滑肌细胞（smooth muscular cell, SMC）胞浆 Actin 免疫组化呈阳性着色（图 7-19C ～ H）。

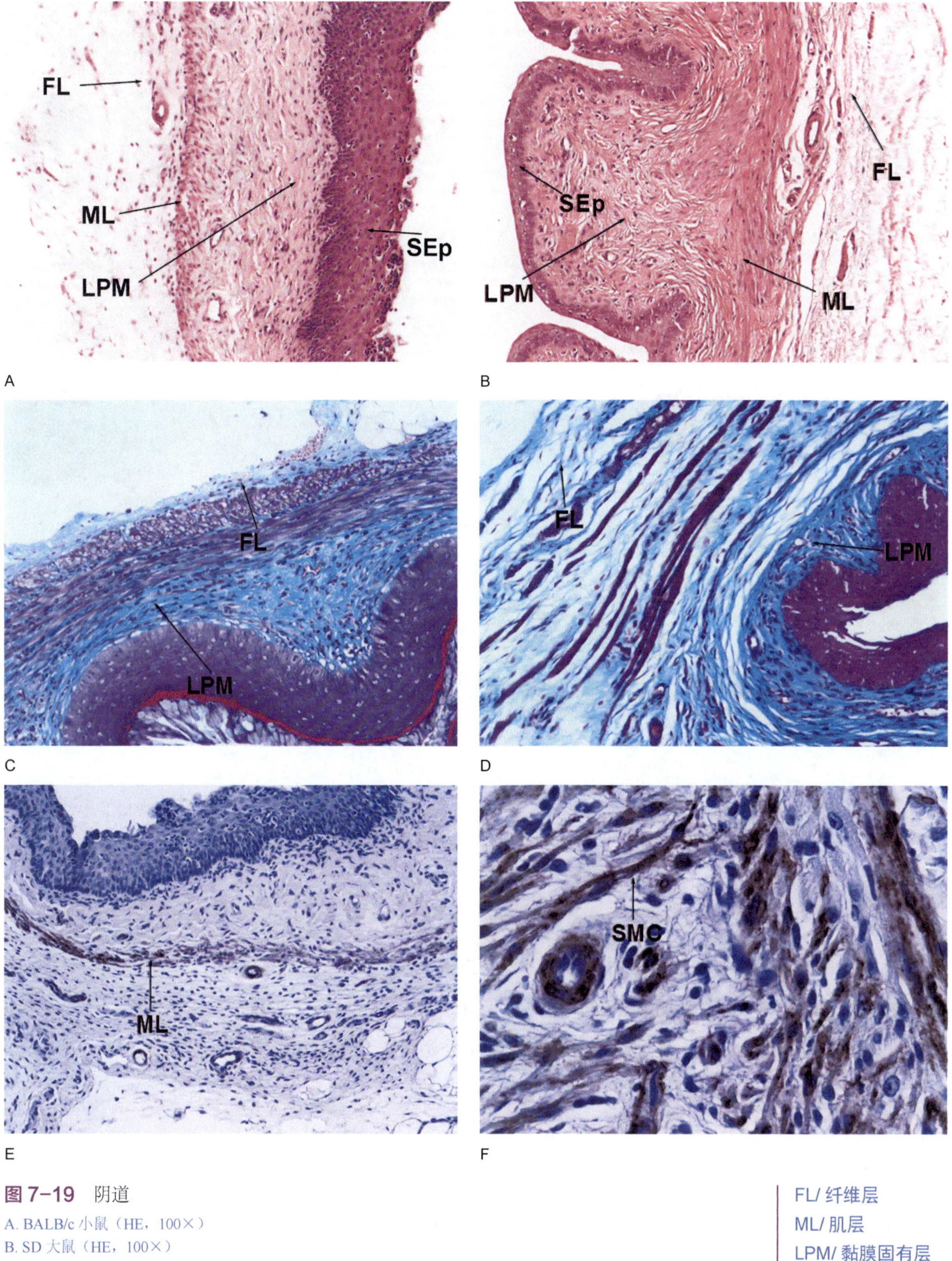

图 7–19 阴道

A. BALB/c 小鼠（HE，100×）
B. SD 大鼠（HE，100×）
C. BALB/c 小鼠（Masson，100×）
D. SD 大鼠（Masson，100×）
E. BALB/c 小鼠（Actin IHC，100×）
F. BALB/c 小鼠（Actin IHC，400×）

FL/ 纤维层
ML/ 肌层
LPM/ 黏膜固有层
SEp/ 复层扁平上皮
SMC/ 平滑肌细胞

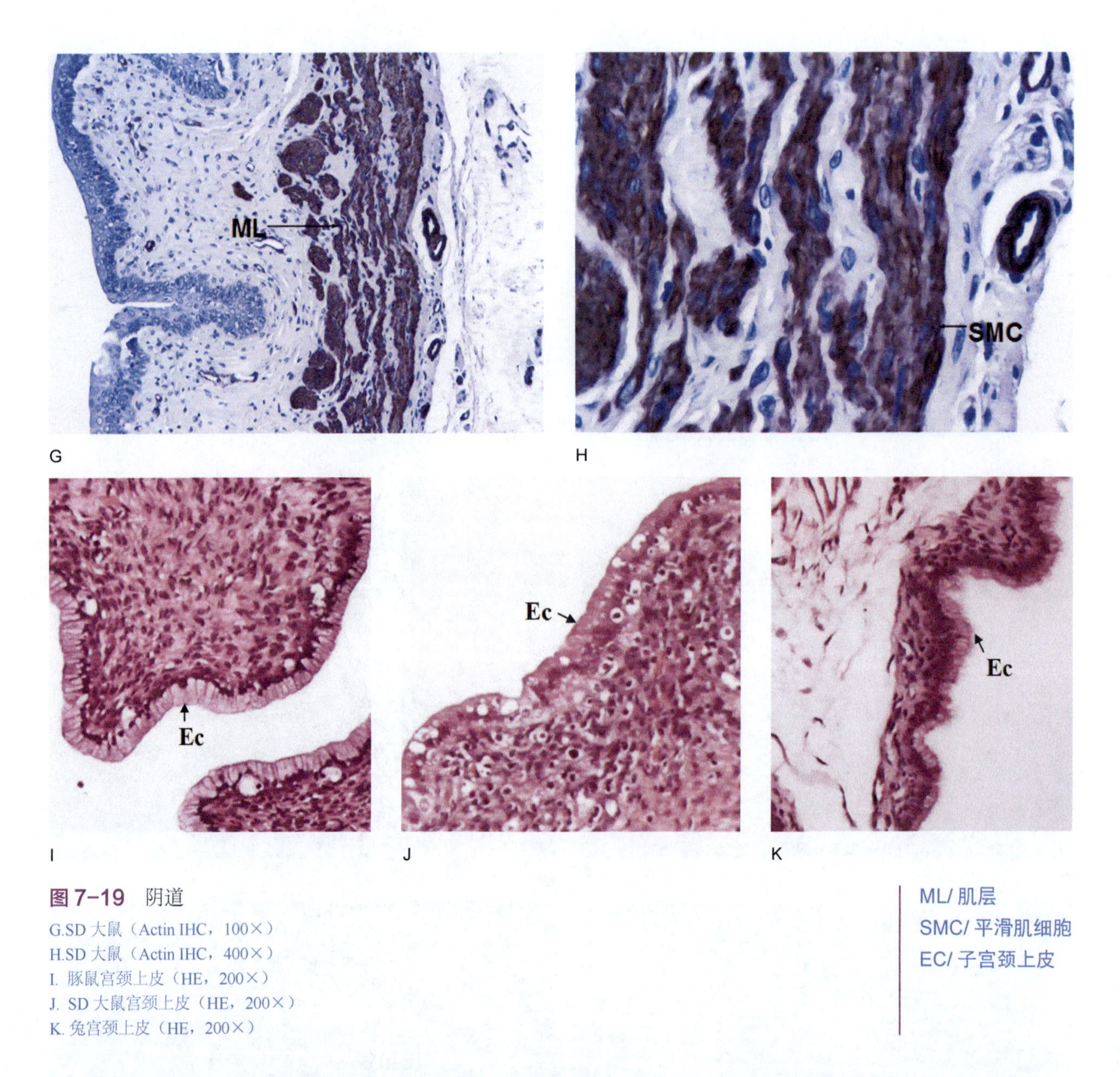

图 7-19 阴道

G.SD 大鼠（Actin IHC，100×）
H.SD 大鼠（Actin IHC，400×）
I. 豚鼠宫颈上皮（HE，200×）
J. SD 大鼠宫颈上皮（HE，200×）
K. 兔宫颈上皮（HE，200×）

ML/ 肌层
SMC/ 平滑肌细胞
EC/ 子宫颈上皮

阴道黏膜在孕期和非孕期可见明显区别：图 7-20A 为妊娠 6 ～ 7 天的小鼠，其上皮增厚，细胞增殖并增大，呈高柱状，胞浆透明，充满分泌物，在阴道内可见明显细丝状分泌物，结缔组织变得疏松；图 7-20B 为非妊娠小鼠，其上皮细胞胞浆嗜酸，未见分泌状态，在阴道内未见分泌物。

第五节 乳 腺

乳腺（mammary gland）为皮肤的衍生物，到达性成熟时生长发育，妊娠后充分发育，分娩后有分泌乳汁的能力，可视为雌性生殖系统的延续。乳腺的大小因年龄和性周期有明显变化。在首次妊娠

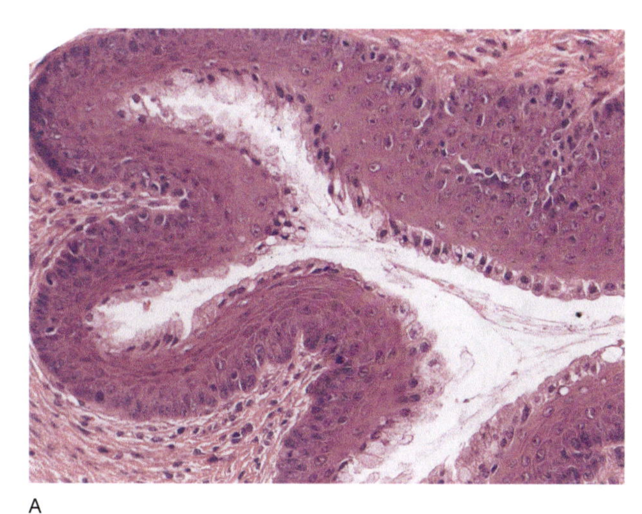
A

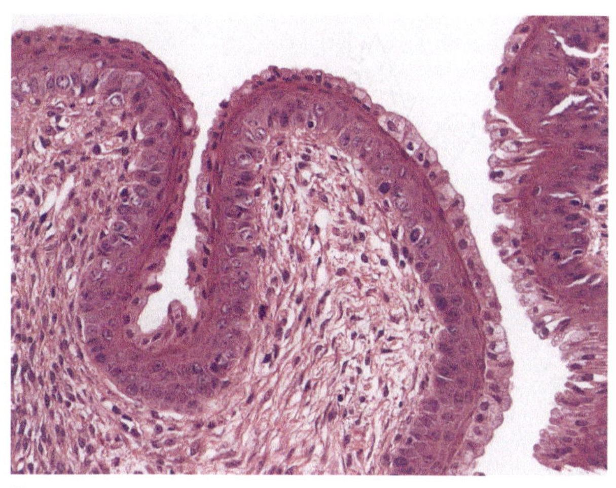
B

图 7-20　阴道

A. 妊娠 6 ～ 7 天 KM 小鼠（HE，100×）；B. 非妊娠 KM 小鼠（HE，100×）

以前，乳腺组织只由围绕乳头的少量短腺管组成，腺腔狭窄，分泌部不发达。分娩前腺泡大量增加，连接成片，腺细胞增大，腺泡腔扩大，乳腺分泌活动明显增强，腔内出现大量分泌物。

乳腺主要由乳腺腺泡、导管及其间的结缔组织构成。纤维结缔组织发出很多间隔，将乳腺分割成许多乳腺叶，乳腺叶又分为很多乳腺小叶，每个小叶为一个复管泡状腺。乳腺小叶之间有一层较厚的致密结缔组织，称小叶间隔。小叶间隔与真皮网织层相互延续，纤维多而粗大，细胞成分少。小叶间隔两侧为脂肪组织，小叶内的结缔组织比较疏松，内含较多的成纤维细胞和脂肪细胞，少量巨噬细胞、淋巴细胞和浆细胞。乳腺的腺泡上皮为单层立方或柱状，腺腔很小，腺上皮与基底膜之间有肌上皮细胞，细胞呈梭形，胞体较小。导管包括小叶内导管、小叶间导管和总导管。小叶内导管多为单层立方或柱状上皮，小叶间导管为复层柱状上皮。总导管开口于乳头，管壁为复层扁平上皮，与乳头表皮相连续。乳腺在静止期和活动期有明显差异。

静止期乳腺：导管和腺体均不发育，腺泡小而少，脂肪组织和结缔组织极为丰富，腺泡上皮为单层立方或扁平的细胞。

活动期乳腺：乳腺的小导管和腺泡迅速增生，腺泡增大，同时结缔组织和脂肪组织减少。分泌前的腺泡呈高柱状，分泌后的腺泡为立方形或扁平形，妊娠后期，腺泡开始分泌，腺腔扩大，腔内充满了乳汁。静止期与活动期乳腺的形态特点，人和实验动物是基本相同的。

小鼠的乳腺共 5 对，胸部 3 对，后腹股沟部 2 对；大鼠的乳腺共 6 对，胸部 3 对，后腹股沟部 3 对。兔有 3 ～ 6 对乳腺，豚鼠雌雄腹部均有一对乳腺，且成年雌豚鼠乳头很长，约 8mm（图 7-21）。

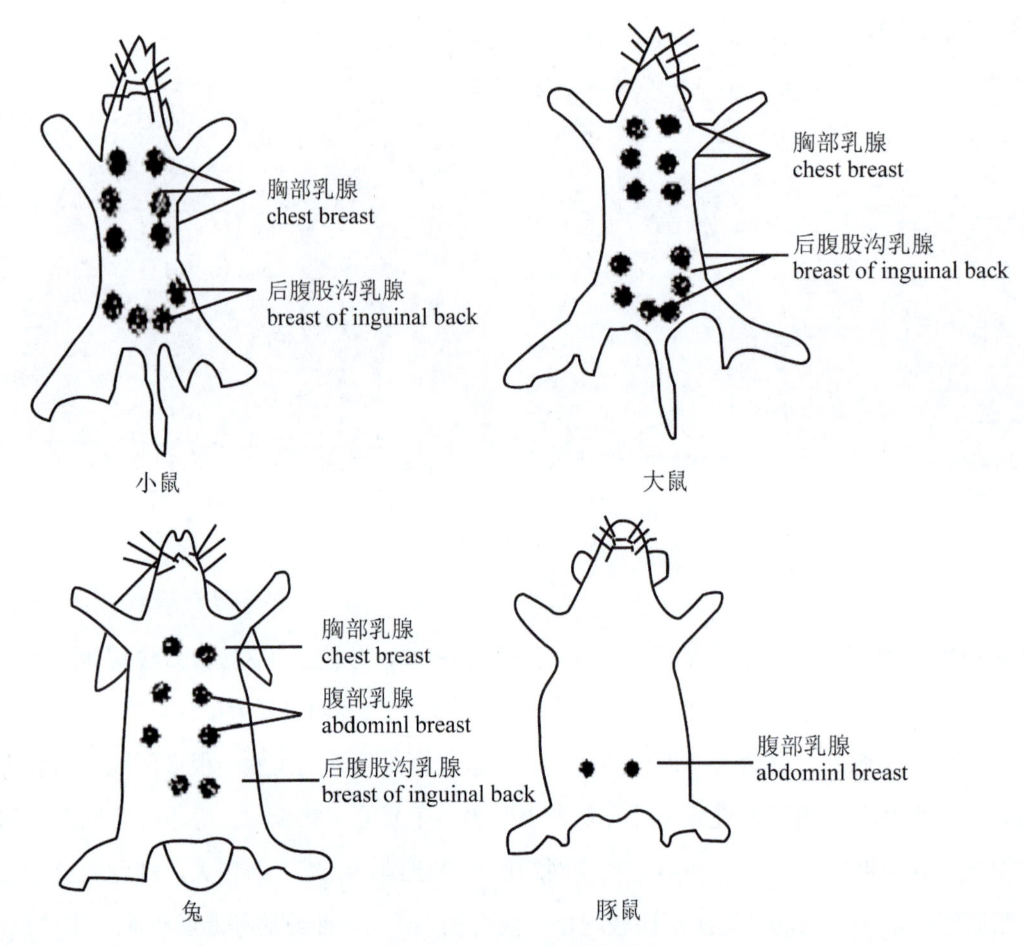

图 7-21 乳腺分布模式图

大、小鼠在首次妊娠前，乳腺的导管（lactiferous duct, LaD）和腺泡（acinus, A）均不发达，腺泡小而少，脂肪组织（AT）和结缔组织非常丰富，上皮性导管稀少，孤立或成簇的散在于结缔组织中。Mallory 染色，乳腺腺泡和乳腺导管呈橘黄色，肌上皮细胞（myoepithelial cell, MC）呈红色，纤维结缔组织为淡蓝色（图 7-22）。

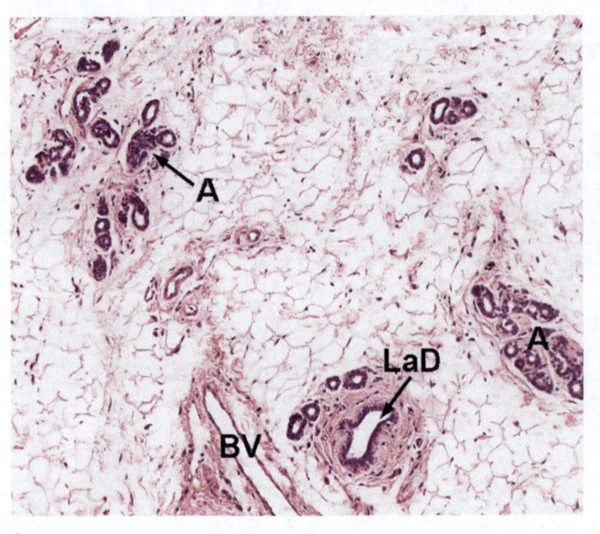

A

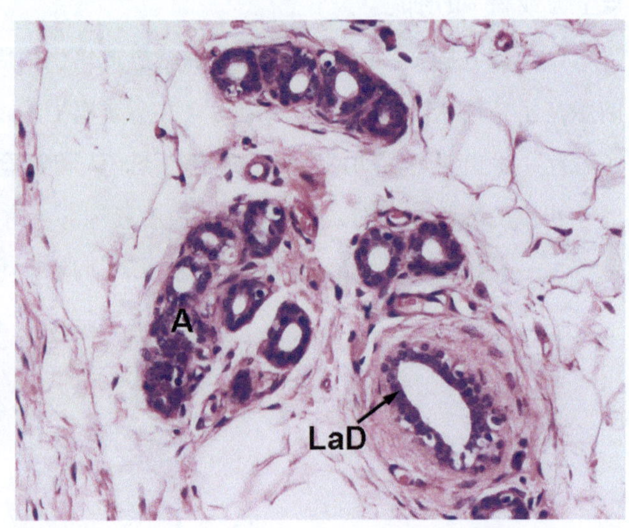

B

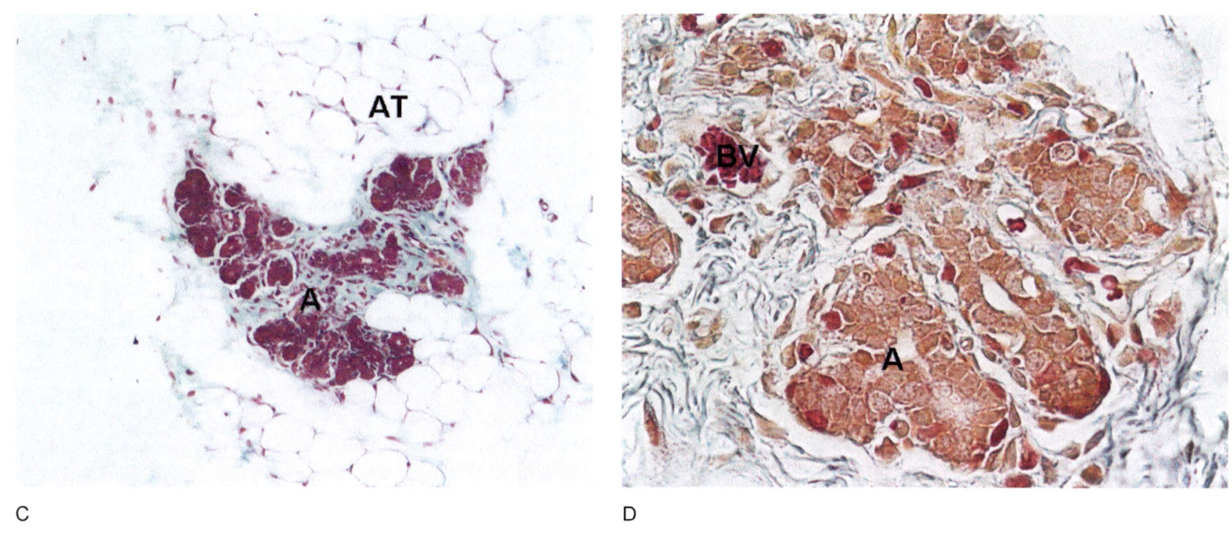

图 7-22　静止期乳腺

A. KM 小鼠（HE，100×）
B. KM 小鼠（HE，200×）
C. KM 小鼠（Masson，100×）
D. KM 小鼠（Mallory，400×）

A/ 腺泡
LaD/ 导管
BV/ 血管
AT/ 脂肪组织

大、小鼠妊娠期在激素的作用下，乳腺（mammary gland, MG）的小导管和腺泡迅速增生，腺泡增大，同时小叶内和小叶间的结缔组织和脂肪组织减少，腺泡管和腺泡大小不一，形态不同，上皮为单层立方或单层低柱状，为分泌型上皮，细胞较大胞质嗜酸性，呈颗粒状，顶部胞质可见大小不等的小泡和脂滴。肌上皮细胞因腺泡的扩张而变扁，位于上皮细胞和基质之间。妊娠后期及哺乳期，在垂体分泌的催乳素的作用下，腺泡开始分泌，腺腔里充满分泌物（图 7-23）。

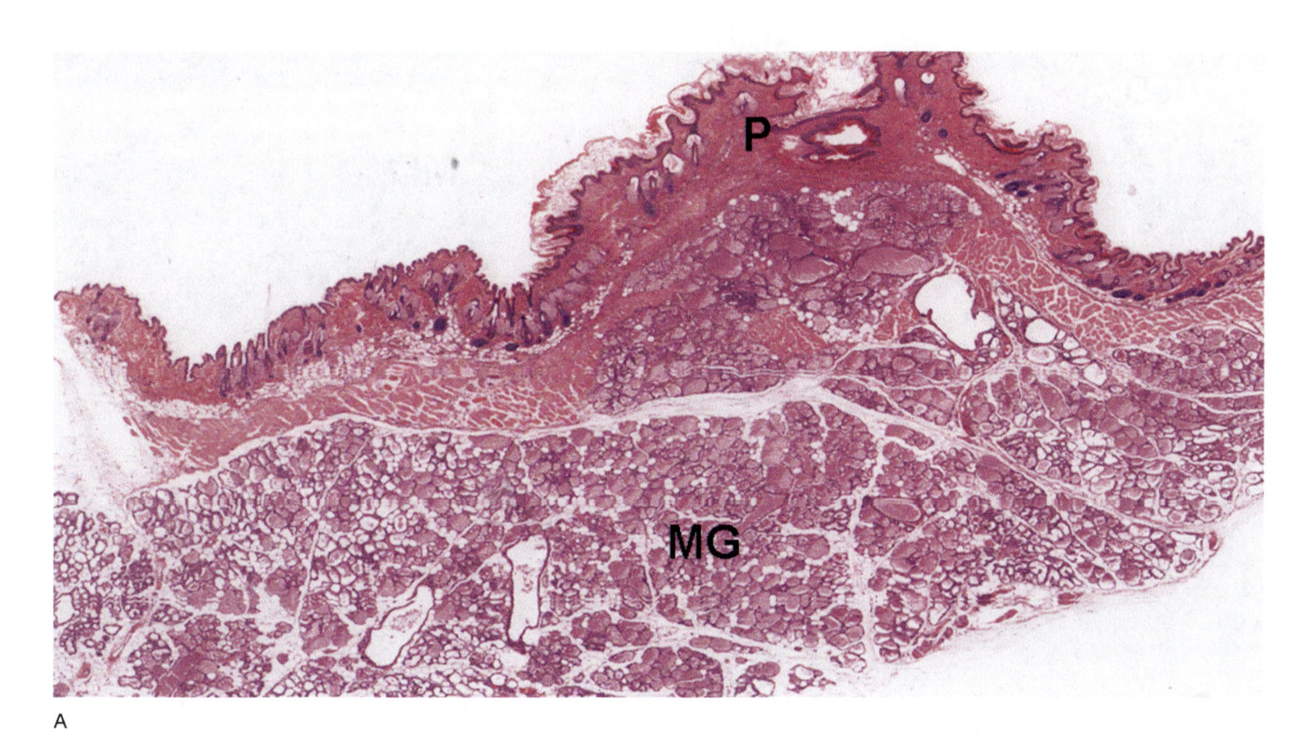

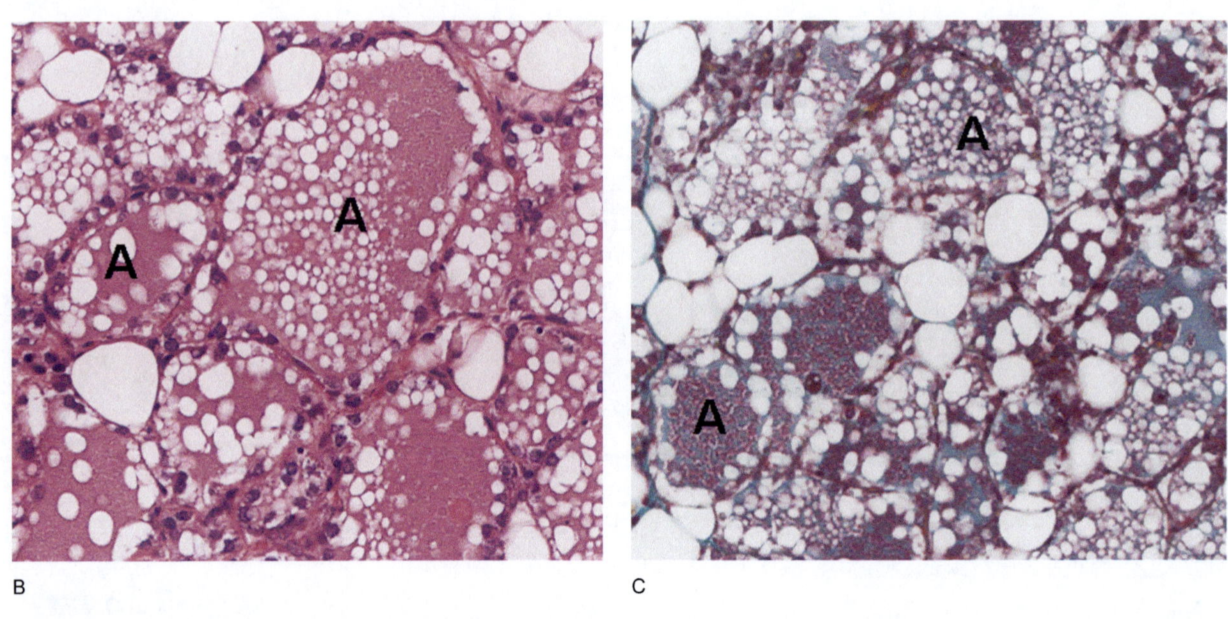

图 7-23 分泌期乳腺

A. KM 小鼠（HE，15×）
B. KM 小鼠（HE，200×）
C. KM 小鼠（Masson，200×）

A/ 腺泡
P/ 乳头
MG/ 乳腺

乳腺导管包括小叶内导管（intralobular duct, IaD）、小叶间导管（interlobular duct, IeD）和总导管（main duct, MD）。小叶内导管多为单层柱状上皮或单层立方上皮，小叶间导管则为复层柱状上皮。总导管开口于乳头，管壁为复层扁平上皮，与乳头表皮相连续。

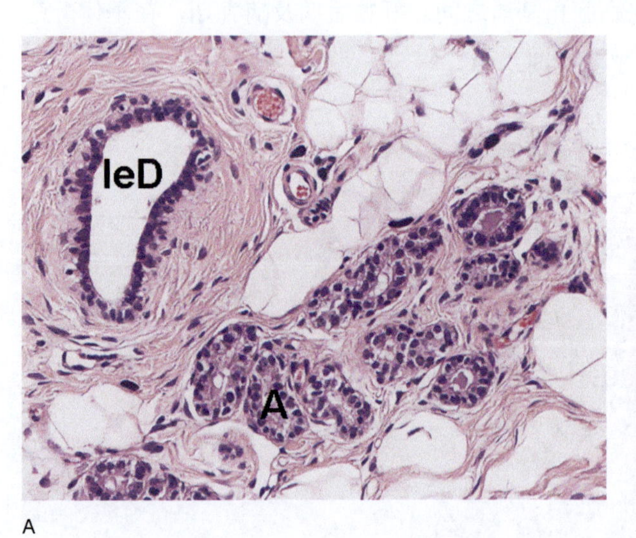

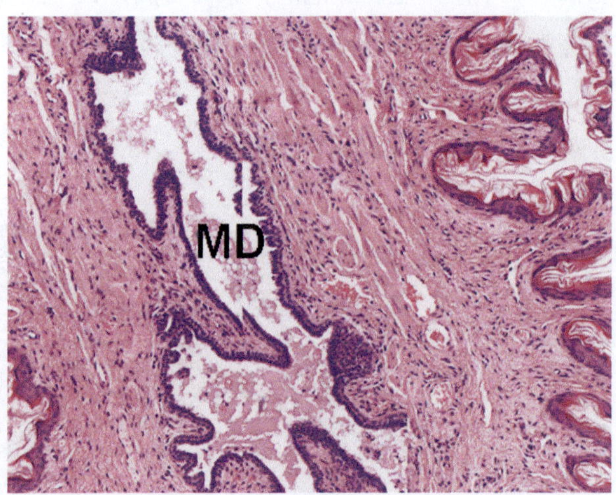

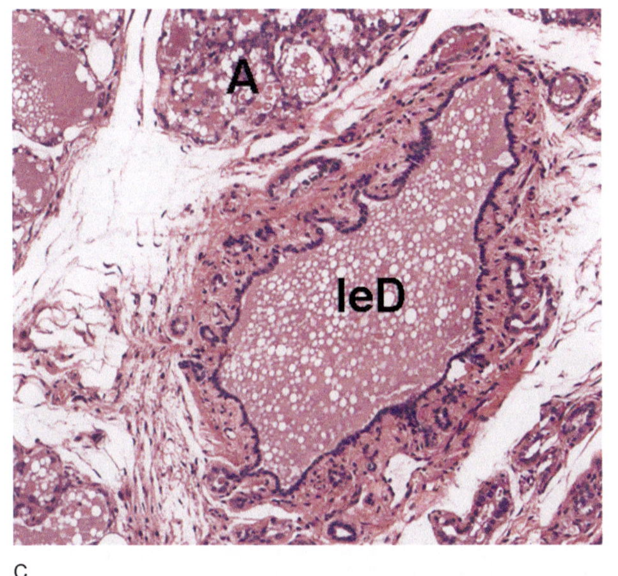

C

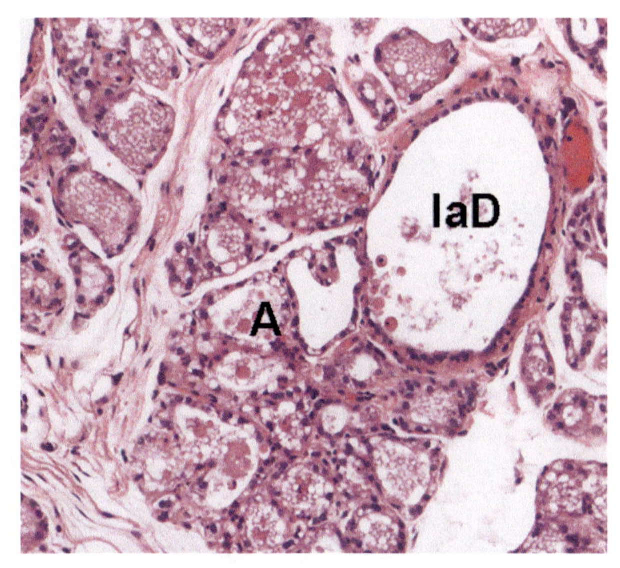

D

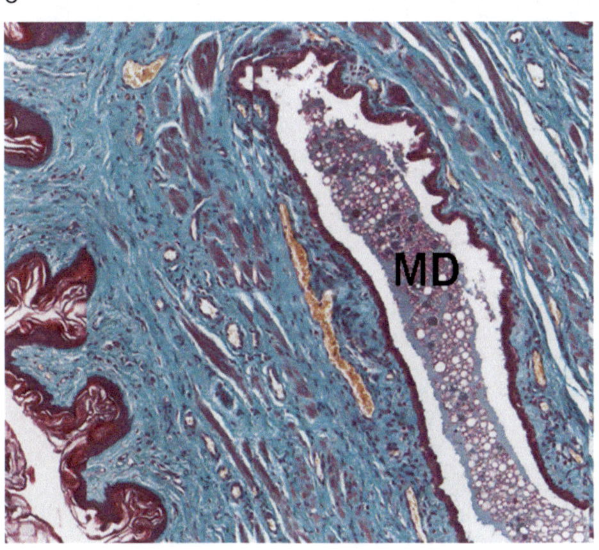

E

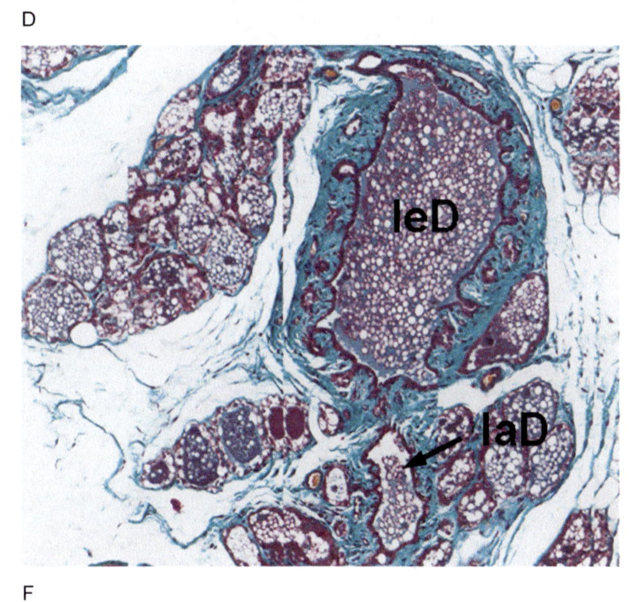

F

图 7-24　乳腺导管

A. KM 小鼠静止期乳腺小叶间导管和腺泡（HE，100×）
B. KM 小鼠静止期乳腺总导管（HE，100×）
C. KM 小鼠分泌期乳腺小叶间导管（HE，100×）
D. KM 小鼠分泌期乳腺小叶内导管和腺泡（HE，100×）
E. KM 小鼠分泌期乳腺总导管（Masson，100×）
F. KM 小鼠分泌期乳腺小叶间导管和小叶内导管（Masson，100×）

IeD/ 小叶间导管
A/ 腺泡
MD/ 总导管
IaD/ 小叶内导管

—— 比较组织学 ——

（1）啮齿类等动物因无月经，其卵子未受精时的黄体叫周期性黄体，而不叫人类的月经黄体；

（2）人卵巢表面生殖上皮下无基膜，而啮齿类动物基膜则非常明显。

（3）大鼠、豚鼠、兔的卵巢均较小鼠卵巢表面光滑，兔的卵巢呈长条状，输卵管直行，卵巢与子宫输卵管并未在同一方向上，而是弯折向下。

（4）人、犬、大鼠卵巢内闭锁卵泡约占卵泡总数的99.9%，小鼠为77%。

在阴道向子宫移行的子宫颈部，大鼠、小鼠的阴道上皮与人相似，为直接移行为柱状的子宫上皮，兔的宫颈上皮为单层纤毛上皮。

（5）啮齿类动物与人的子宫有明显区别，人的子宫是单子宫型，是一个厚壁的器官，呈前后略扁的倒置梨形，可分为子宫底、子宫体和子宫颈三部分，子宫体与颈之间的狭窄部分为峡部。而啮齿类动物为双子宫型，两个子宫角的腔是完全分开的，两个子宫颈外口开口于共同的阴道，并深埋于突入阴道的黏膜褶内，这些黏膜褶突入阴道腔成为子宫阴道部。小鼠、豚鼠的子宫均为直行“Y”字形结构，其中大鼠的相对较短些，兔子的子宫与它们的子宫性状不同，为细长弯曲状结构。

（6）啮齿类动物子宫腺较人的短，不能到达肌层。

（7）在阴道向子宫移行的子宫颈部，大鼠、小鼠的阴道上皮直接移行为柱状的子宫上皮，兔的宫颈上皮为单层纤毛上皮。

（8）阴道黏膜上皮随动情周期不同而显示出不同的组织学改变，但阴道口上皮不随动情周期而变化，兔阴道没有此种变化。

（9）与人相比，常用实验动物的乳腺对数较多且多少不一，分布范围广，常成对分布在胸部至腹股沟处，其中小鼠乳腺共有5对；大鼠的乳腺共6对，后腹股沟部多1对；兔乳腺有3～6对；豚鼠乳腺腹部仅有1对。

（10）静止期与活动期乳腺的形态特点人和实验动物类似。

第8章 神经系统

CHAPTER 8
NERVOUS SYSTEM

神经系统由脑、脊髓及与它们相连的脑神经、脊神经、自主神经和神经节共同组成。中枢神经系统借助感觉器官或感受器接收体内外各种刺激，通过反射方式借助效应器支配和调节各组织器官的功能活动。脑与脊髓构成中枢神经系统，脑脊神经节、自主神经节、脑神经、脊神经和自主神经构成周围神经系统。肉眼观察脑和脊髓标本可区分为灰质（grey matter）和白质（white matter）。神经元是神经系统构造和功能的基本单位。神经元由神经细胞体和突起构成，神经元之间借突触彼此连接。神经元的细胞体位于脊髓、脑的灰质和神经节内，突起即神经纤维，在中枢构成脑和脊髓的白质，在外周构成神经。神经纤维的末端与感受器或效应器联系形成各种神经末梢器。本章主要介绍大脑、小脑、脑干、脊髓及坐骨神经的组织学结构。

第一节　大　　脑

大脑（cerebrum）皮质分左、右两半球，中间以白质相连。大脑实质可分为外层的皮质（cortex, Cor）和深层的髓质（medulla, Med）两部分，以及外面覆盖的软脑膜（pia mater, PM）。啮齿类动物的大脑嗅球发达，表面平滑缺少沟回，整个大脑成一尖端向前的锲形体。

实验动物的大脑不像人那样有明显的沟回，因此也没有明显的划分脑叶，图 8-2 和图 8-4 可见位于表面的端脑（telencephalon, TeC）和被包裹在里面的间脑（diencephalon, DiC），以及它们之间的海马结构（hippocampus, H），包括海马和齿状回（dentate gyrus, DG）。可以见到大脑半球之间的白质连接 - 胼胝体（corpus callosum, CC）、位于大脑半球之间的第 3 脑室（3rd ventricle, 3V）、背侧海马联合（dorsal hippocampal commissure, DHC）。

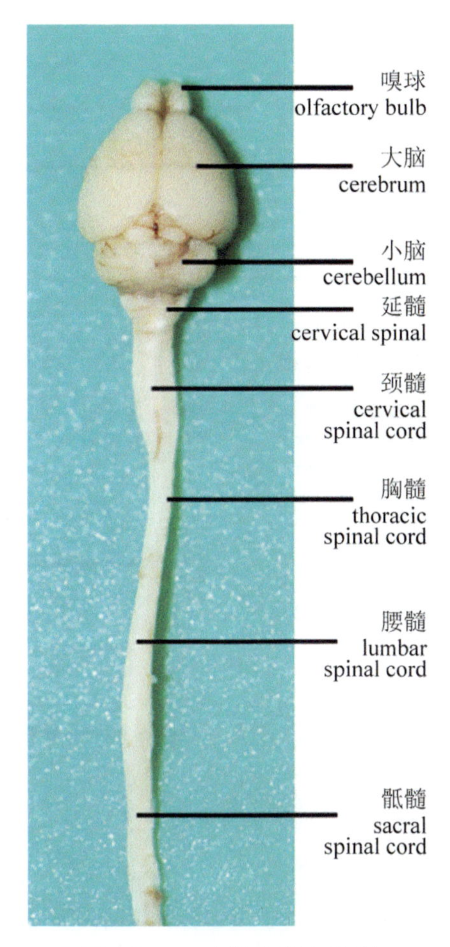

图 8-1 KM 小鼠中枢神经系统

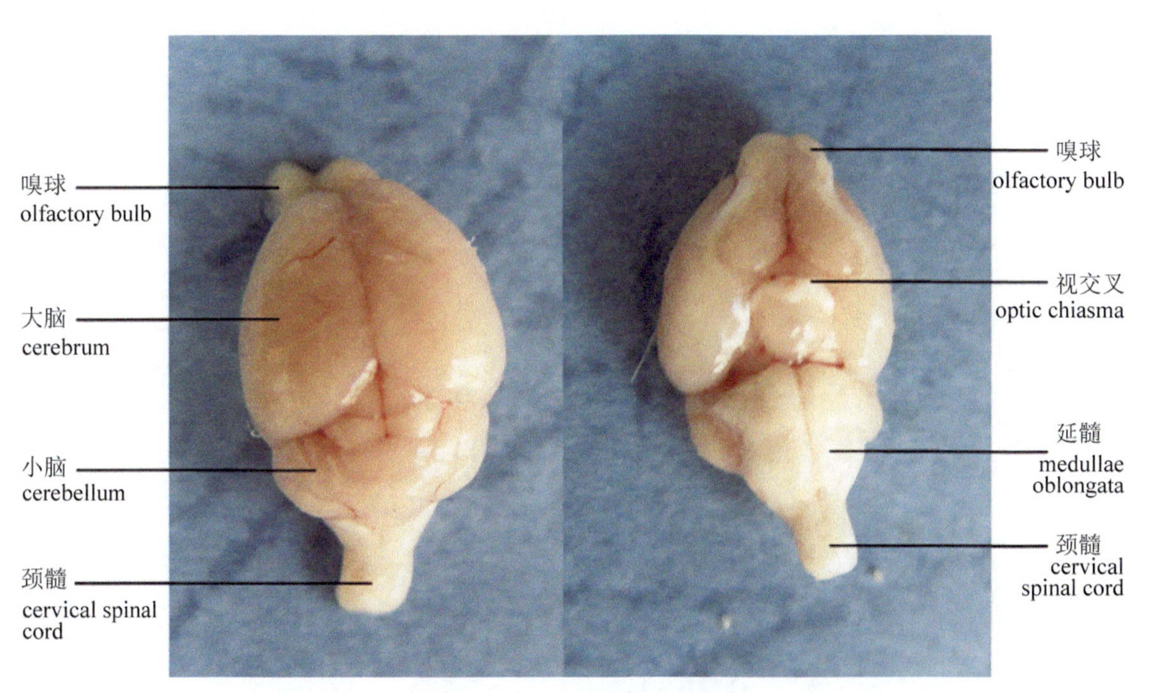

图 8-2 大鼠脑冠状面解剖图

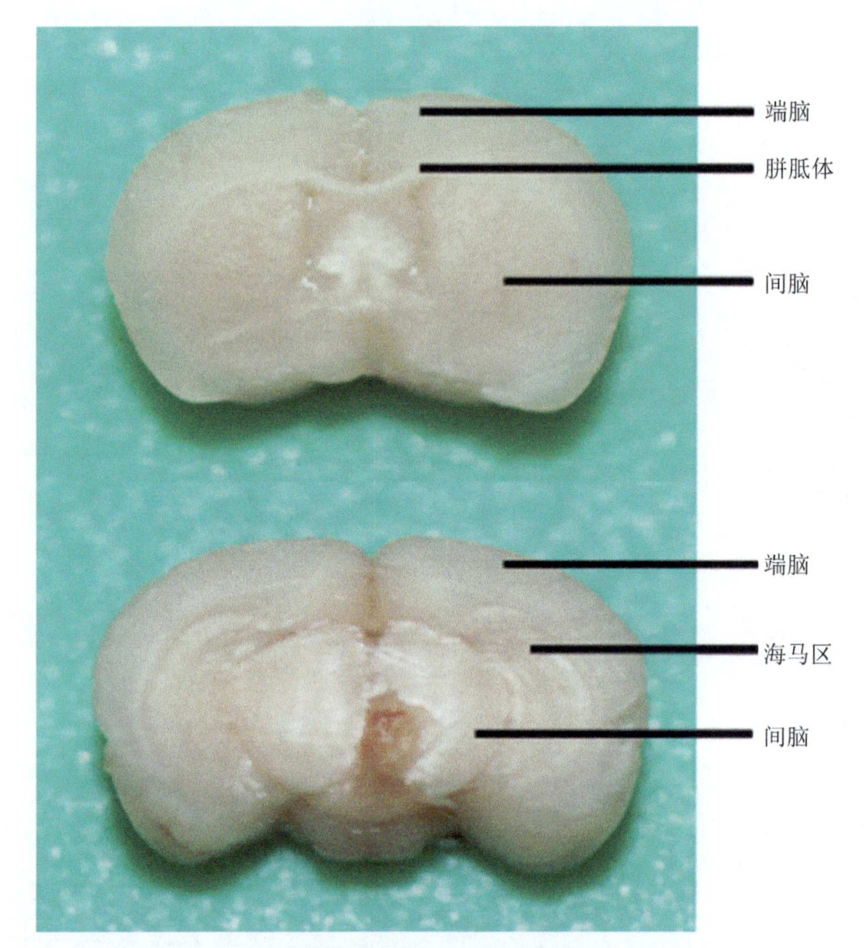

图 8-3 大鼠脑整体背腹面观

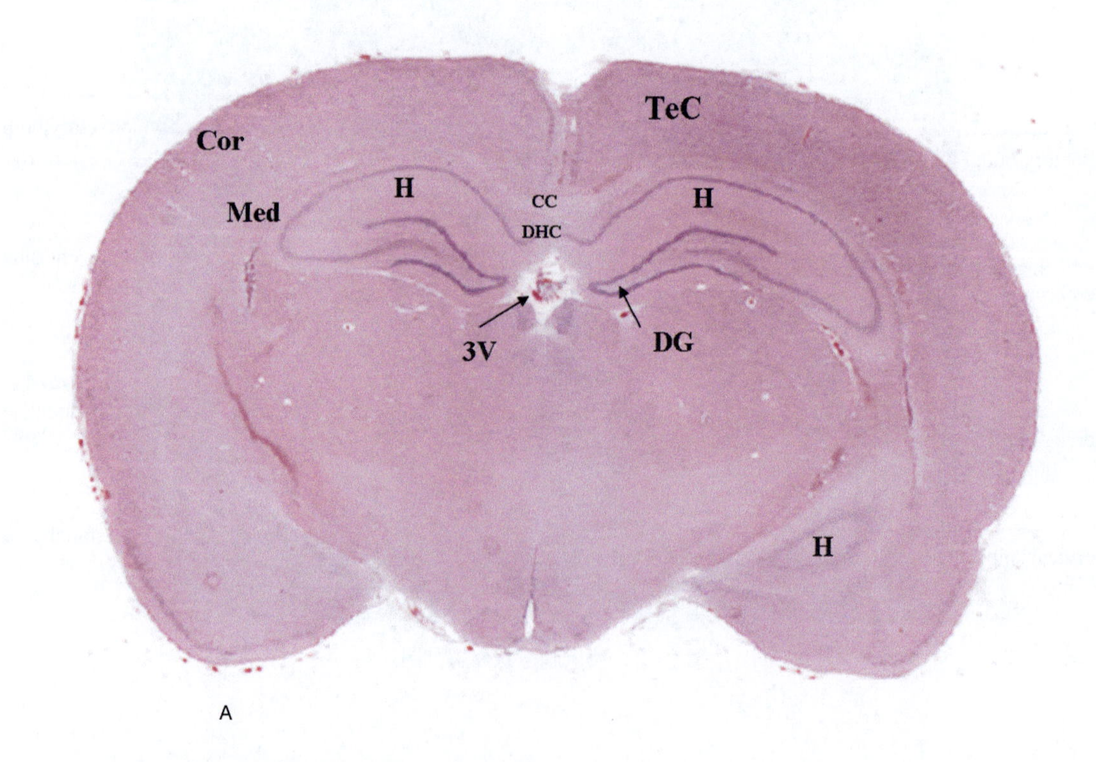

A

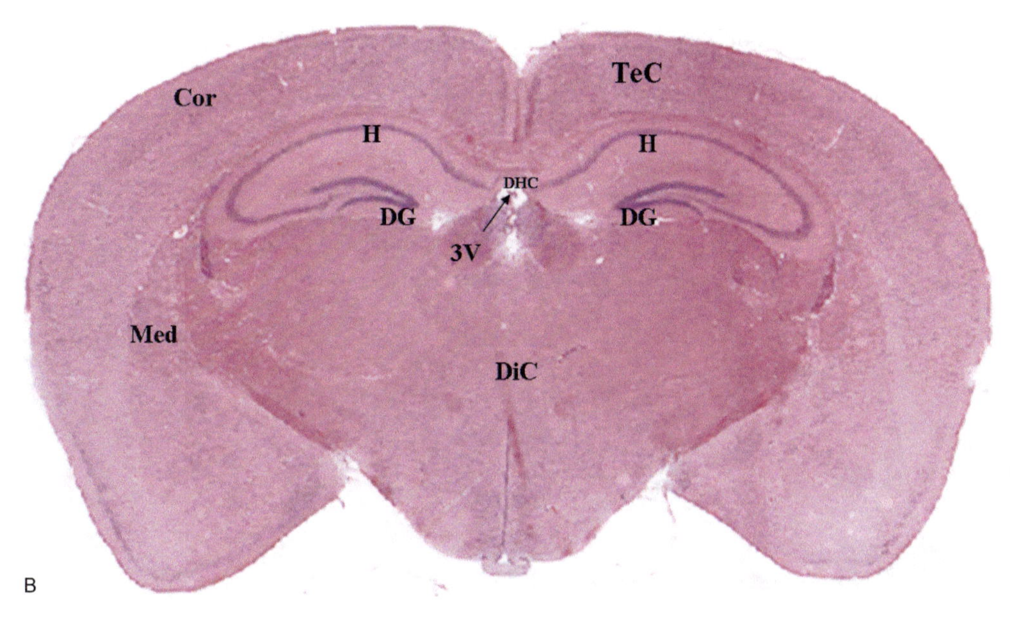

图 8-4 大脑经海马冠状切面

A. F344 大鼠（HE，10×）
B. KM 小鼠（HE，10×）

Cor/ 皮质
Med/ 髓质
H/ 海马
CC/ 白质连接 - 胼胝体
DHC/ 背侧海马联合
3V/ 第 3 脑室
DG/ 齿状回
TeC/ 端脑
DiC/ 间脑

（一）皮质

大脑皮质（cortex, Cor）主要由神经元的胞体及其突起、神经胶质细胞及神经纤维组成。大脑皮质神经元都是多极神经元，按其细胞形态分为锥体细胞（pyramidal cell, PyC）、颗粒细胞（granular cell）和梭形细胞（fusiform cell）。大脑皮质的细胞构筑基本上是 6 层结构。在不同区域，略有差异和特点，如中央前回的第 4 层不明显，第 5 层内有巨大锥体细胞；视皮质第 4 层发达，而第 5 层细胞较小。

大脑皮质由表面向深层通常可分为 6 层（图 8-5）。

（1）分子层（molecular layer, ML）：位于软脑膜下，神经纤维丰富，神经元小而少，主要是水平细胞（horizontal cell）、星形细胞（stellate cell）及许多平行于皮质表面的神经纤维。

（2）外颗粒层（external granular layer, EgL）：含有大量星形细胞和少量小锥体细胞，皮质深层细胞的轴突上升到此层，形成广泛的突触连接和复杂的皮质内回路。

（3）外锥体细胞层（extenal pyramidal layer, EpL）：此层较厚，含有许多中、小型锥体细胞（cell, PyC）和星形细胞，细胞的顶树突伸至分子层，轴突进入髓质。

（4）内颗粒层（internal granular layer, IgL）：细胞密集，含有大量星形细胞。感觉皮质的内颗粒层尤为发达。颗粒细胞的短轴突在此层分支，与来自其他皮质区、皮质下区或邻近层的神经纤维形成突触。

（5）内锥体细胞层（internal pyramidal layer, IpL）：又称节细胞层，含有中型和大型锥体细胞，此层细胞及其他层细胞的树突和轴突相互交错，与神经胶质细胞的突起组成致密的神经毯。

（6）多形细胞层（polymorphic layer, PL）：主要以梭形细胞为主，还有少量的锥体细胞和颗粒细胞。

大脑组织含有丰富的血管（blood vessel, BV），血管周围有神经胶质细胞（neuroglia cell, NC）围成的血管周围腔（perivascular space, PS），这与大脑的血脑屏障功能密切相关。

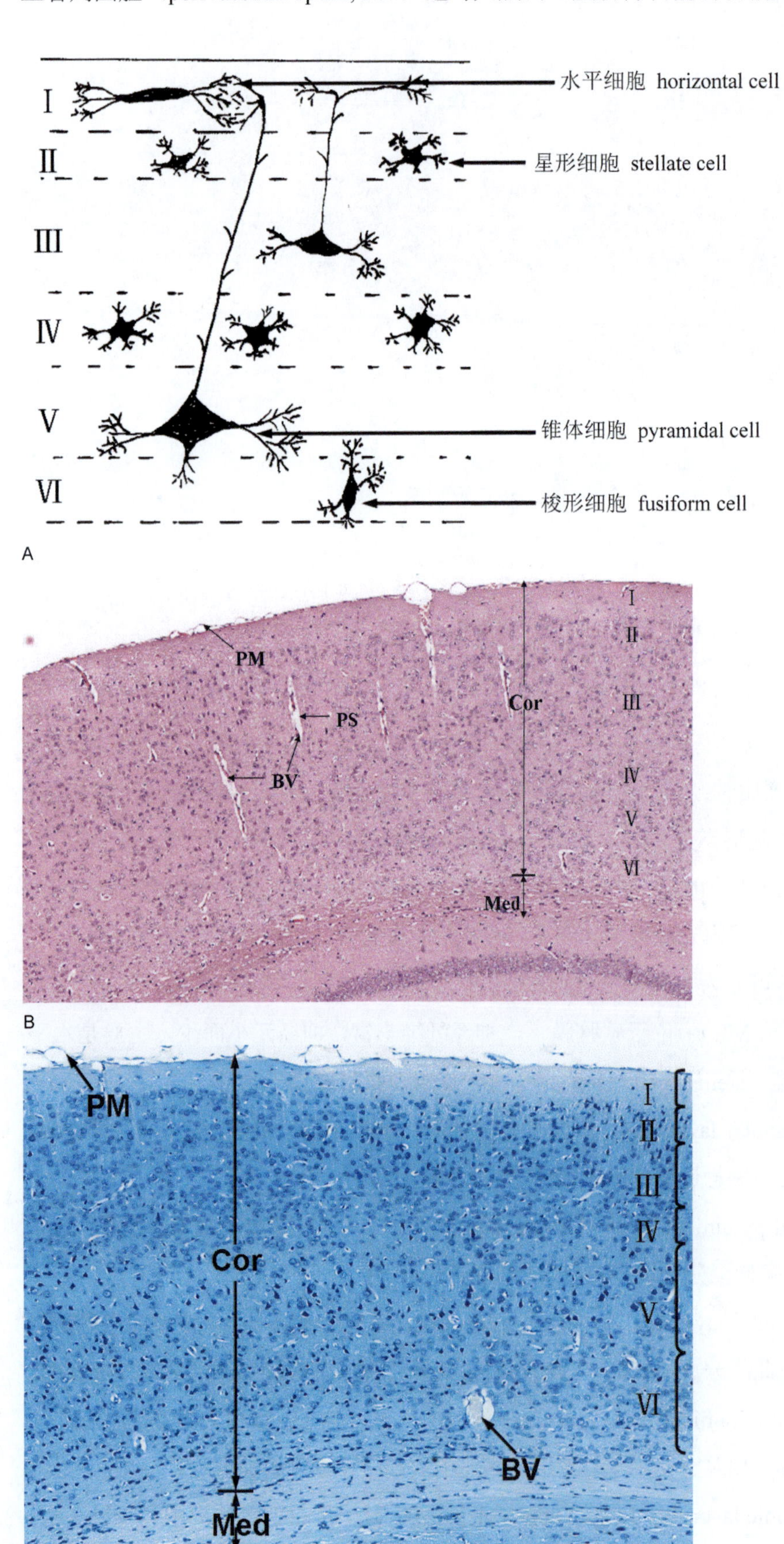

图 8-5 大脑皮质分层

A. 大脑皮质分层模式图

B. KM 小鼠（HE，40×）

C. KM 小鼠（甲苯胺蓝染色，60×）

PM/ 软脑膜

PS/ 血管周围腔

BV/ 血管

Cor/ 皮质

Med/ 髓质

大脑皮质主要有三种神经元：锥体细胞（pyramidal cell, PyC），数量较多，可分为大、中、小三型，胞体呈锥形，尖端发出一条较粗的轴突（axon, AX），大、中型锥体细胞的轴突较长，是大脑皮质的主要投射神经元；颗粒细胞（granular cell），数量最多，胞体小，呈颗粒状，包括星形细胞（stellate cell）、水平细胞（horizontal cell）和篮状细胞（basket cell）等，以星形细胞最多；梭形细胞（fusiform cell），数量较少，大小不一，主要分布在皮质第6层。HE染色中，大、小鼠小型锥体细胞、颗粒细胞及梭形细胞组织形态差异不明显，大、中型锥体细胞较易区分（图8-6）。

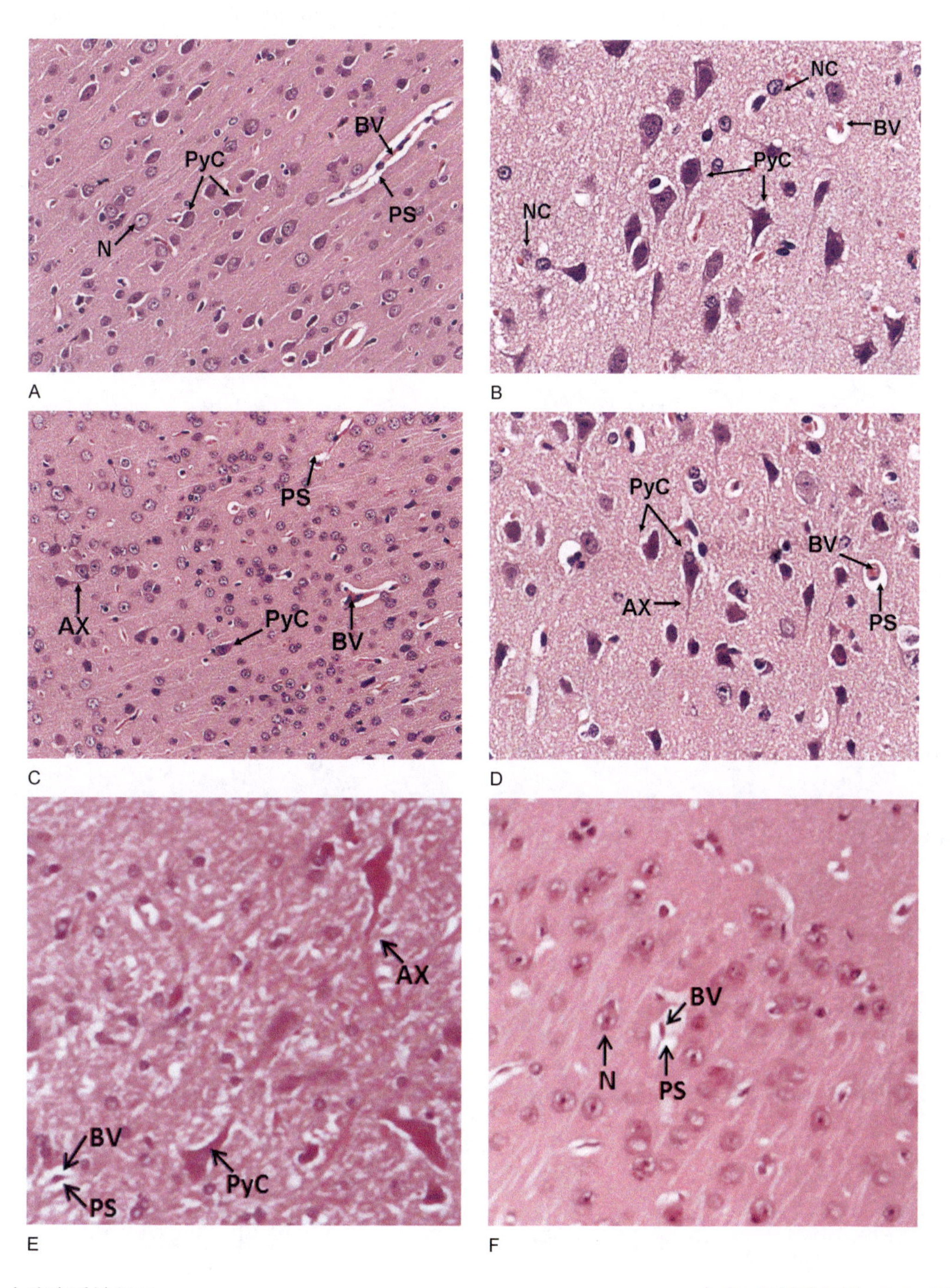

图8-6 大脑皮质神经元

A. SD大鼠（HE，200×）；B. F344大鼠（HE，400×）
C. BALB/c小鼠（HE，200×）；D. KM小鼠（HE，400×）
E. 兔（HE，400×）；F. 豚鼠（HE，200×）

PyC/锥体细胞 PS/血管周围腔
N/神经元 NC/胶质细胞
BV/血管 AX/轴突

大脑皮质内神经元轴树突之间形成突触，是形成神经传导的物质基础。改良 Bieschowsky 银染法，可清晰显示神经元自胞体发出的粗长的轴突（AX）和细短树突（ramified dendrite, RD），轴树突之间形成网络联系。神经元特异性烯醇化酶（neuron-specific enolase, NSE）是神经内分泌细胞特有的一类酶，抗 NSE 免疫组织化学染色将神经元（neuron, N）染为棕黄色，神经胶质细胞不着色。甲苯胺蓝可将锥体细胞内的尼氏体（Nissl body, Nb）染成深蓝色。尼氏体嗜碱性，在人的大神经元如脊髓运动神经元的胞浆内，呈粗大的斑块状，在小神经元的胞浆内呈颗粒状。电镜下，由发达的粗面内质网和游离的核糖体构成，表明神经元具有活跃的蛋白质合成功能，主要合成更新细胞器所需的结构蛋白、合成神经递质所需的酶类以及肽类的神经调质。大、小鼠大脑皮质神经元尼氏体不如脑干等部位神经元的尼氏体清晰（图 8-7）。

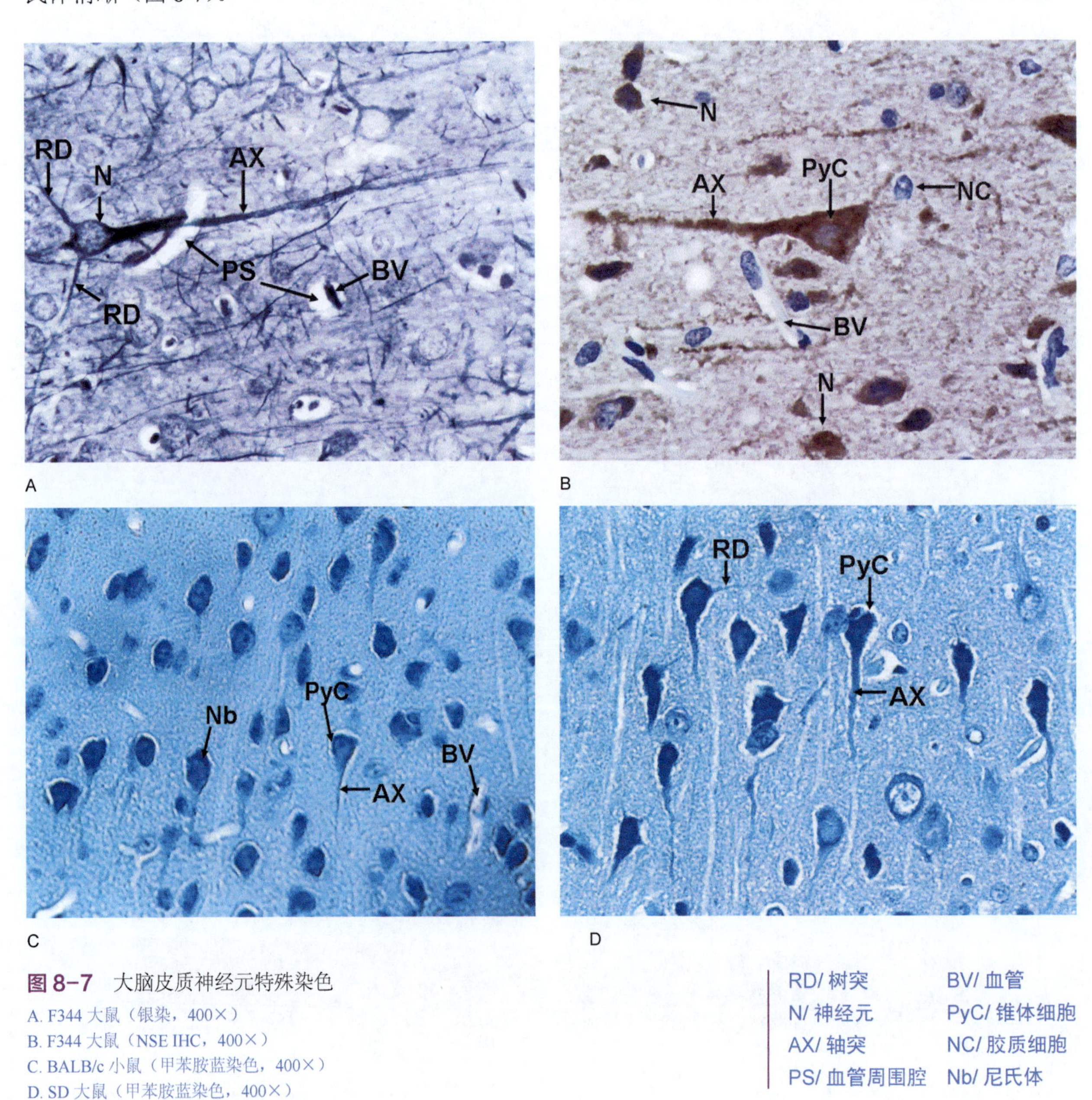

图 8-7 大脑皮质神经元特殊染色

A. F344 大鼠（银染，400×）
B. F344 大鼠（NSE IHC，400×）
C. BALB/c 小鼠（甲苯胺蓝染色，400×）
D. SD 大鼠（甲苯胺蓝染色，400×）

RD/ 树突　BV/ 血管
N/ 神经元　PyC/ 锥体细胞
AX/ 轴突　NC/ 胶质细胞
PS/ 血管周围腔　Nb/ 尼氏体

Neurofilament 是一种神经元特异性中间丝，构成细胞骨架及参与细胞内物质运输，特异性表达于神经细胞胞浆内，并伸入树突及轴突，抗 Neurofilament 免疫组织化学染色显示棕黄色细丝状结构为神经纤维（NF），神经元细胞核（Nn）及胶质细胞核经苏木素复染后为蓝色（图 8-8）。

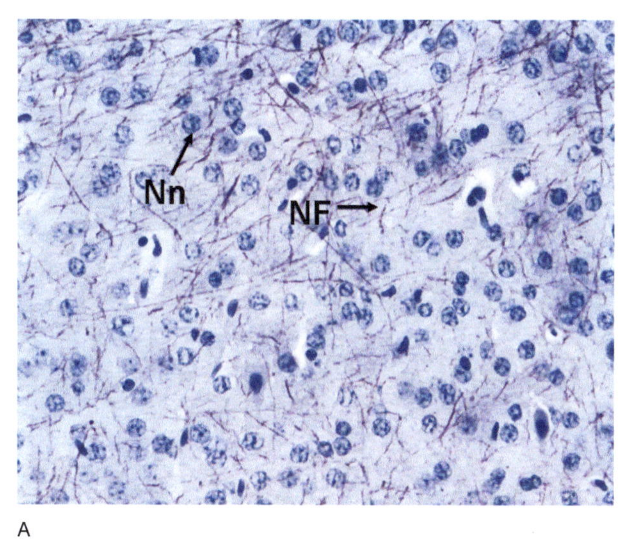

A

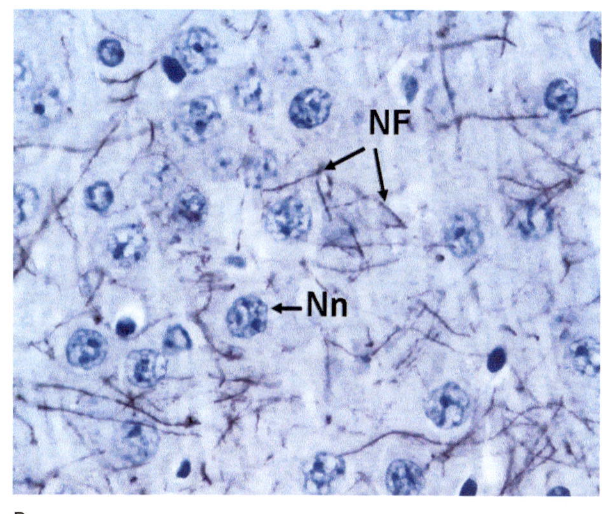

B

图 8-8　大脑皮质神经纤维

A. KM 小鼠（Neurofilament IHC，200×）

B. BALB/c 小鼠（Neurofilament IHC，400×）

Nn/ 神经元细胞核

NF/ 神经纤维

S-100 是一种可溶性神经酸性蛋白。在神经胶质细胞胞浆和胞核中表达，如图所示，胶质细胞核及胞浆表达阳性，因而呈现棕黄色。神经元细胞不表达。胶质细胞对于神经元起到保护、支持的作用（图 8-9）。

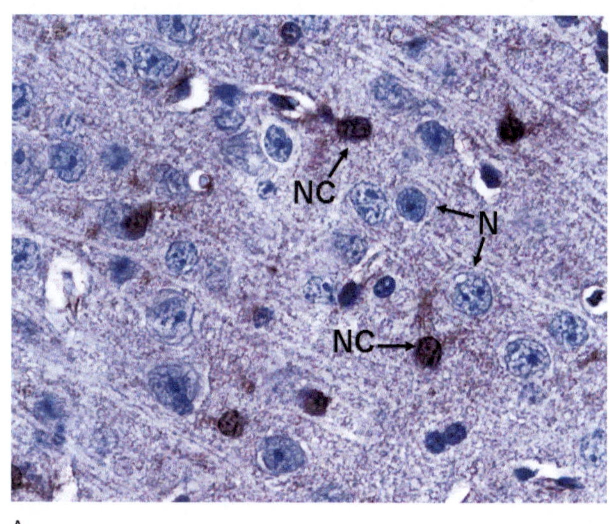

A

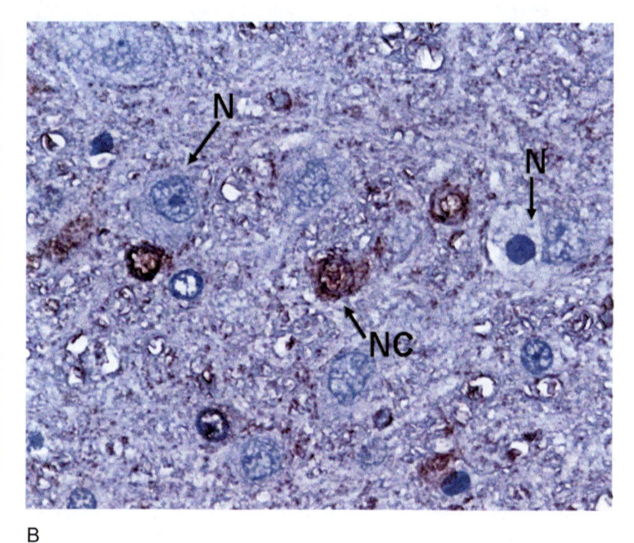

B

图 8-9　大脑皮质神经胶质细胞

A. BALB/c 小鼠（S-100 IHC，400×）

B. SD 大鼠（S-100 IHC，400×）

NC/ 鼻腔

N/ 神经元

GFAP（glial fibrillary acidic protein）是表达于纤维性星形胶质细胞的胶质原纤维蛋白，多位于大脑髓质及附近，免疫组织化学抗 GFAP 染色特异性显示大脑髓质中的星形胶质细胞（图 8-10）。

KM 小鼠和 BALB/c 小鼠星形胶质细胞的中间丝较 F344 和 SD 大鼠粗短。

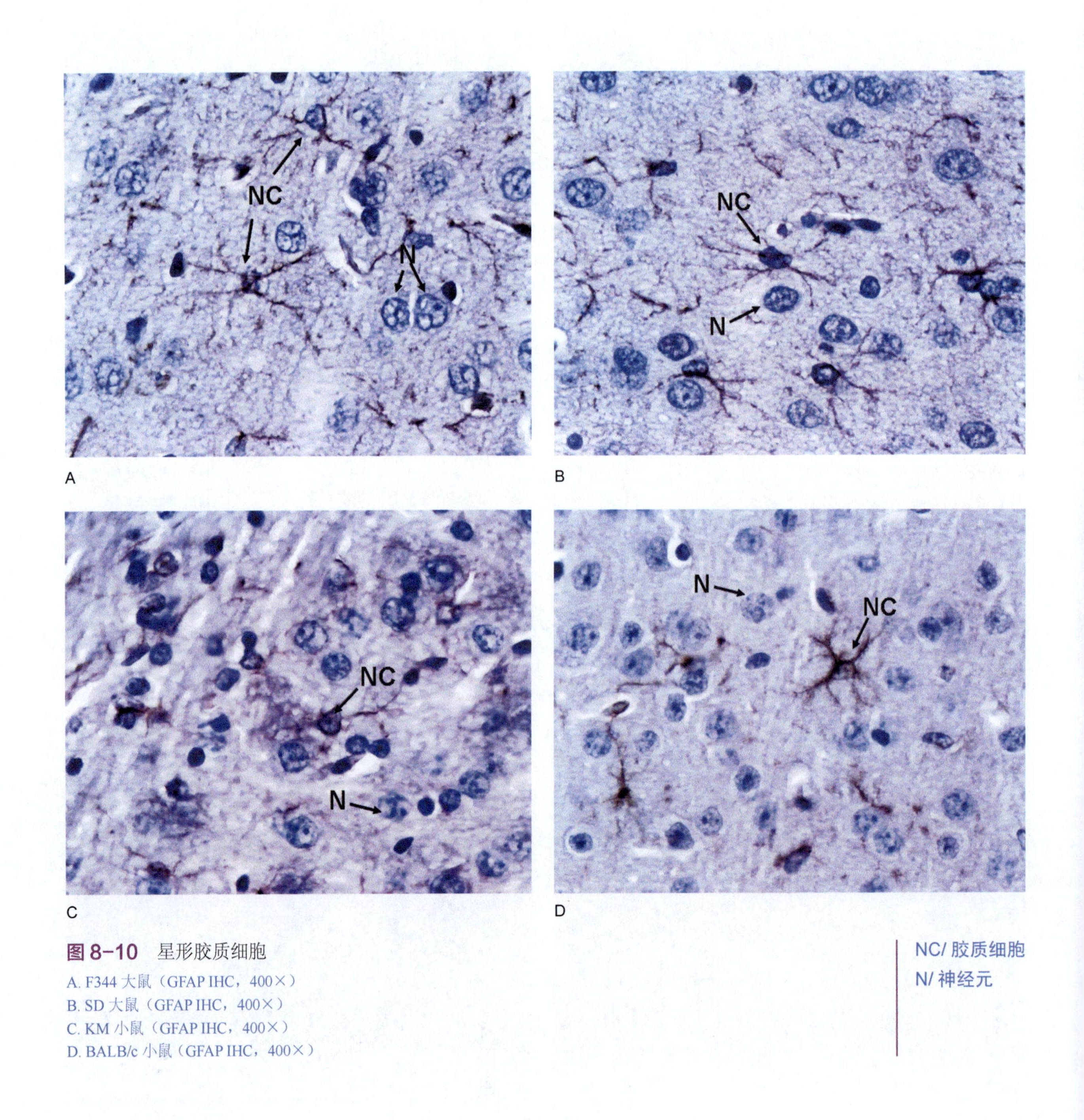

图 8-10 星形胶质细胞

A. F344 大鼠（GFAP IHC，400×）
B. SD 大鼠（GFAP IHC，400×）
C. KM 小鼠（GFAP IHC，400×）
D. BALB/c 小鼠（GFAP IHC，400×）

NC/ 胶质细胞
N/ 神经元

（二）大脑海马

海马（hippocampus）是大脑发育过程中较保守的区域，在学习和事件、空间位置等记忆中发挥着关键作用。研究表明，其细胞分子机理是依赖于海马突触可塑性，即神经细胞间信息传递效能的长时增强或长时降低。

海马根据细胞的形态分为 CA1、CA2、CA3、CA4 区，通常情况下术语上的“海马结构”指的是齿状回和 CA1 ～ CA3 部位，以及脑下脚。一般在组织图片上多显示前 3 个区。图 8-11B 所显示的为 F344 大鼠海马 CA1 区（上）和 CA2（下）。CA1 区的神经元约有 4 ～ 5 层，呈带状排列。CA2 区细胞由 7 ～ 8 层神经细胞组成，且细胞较 CA1 区大（图 8-11）。

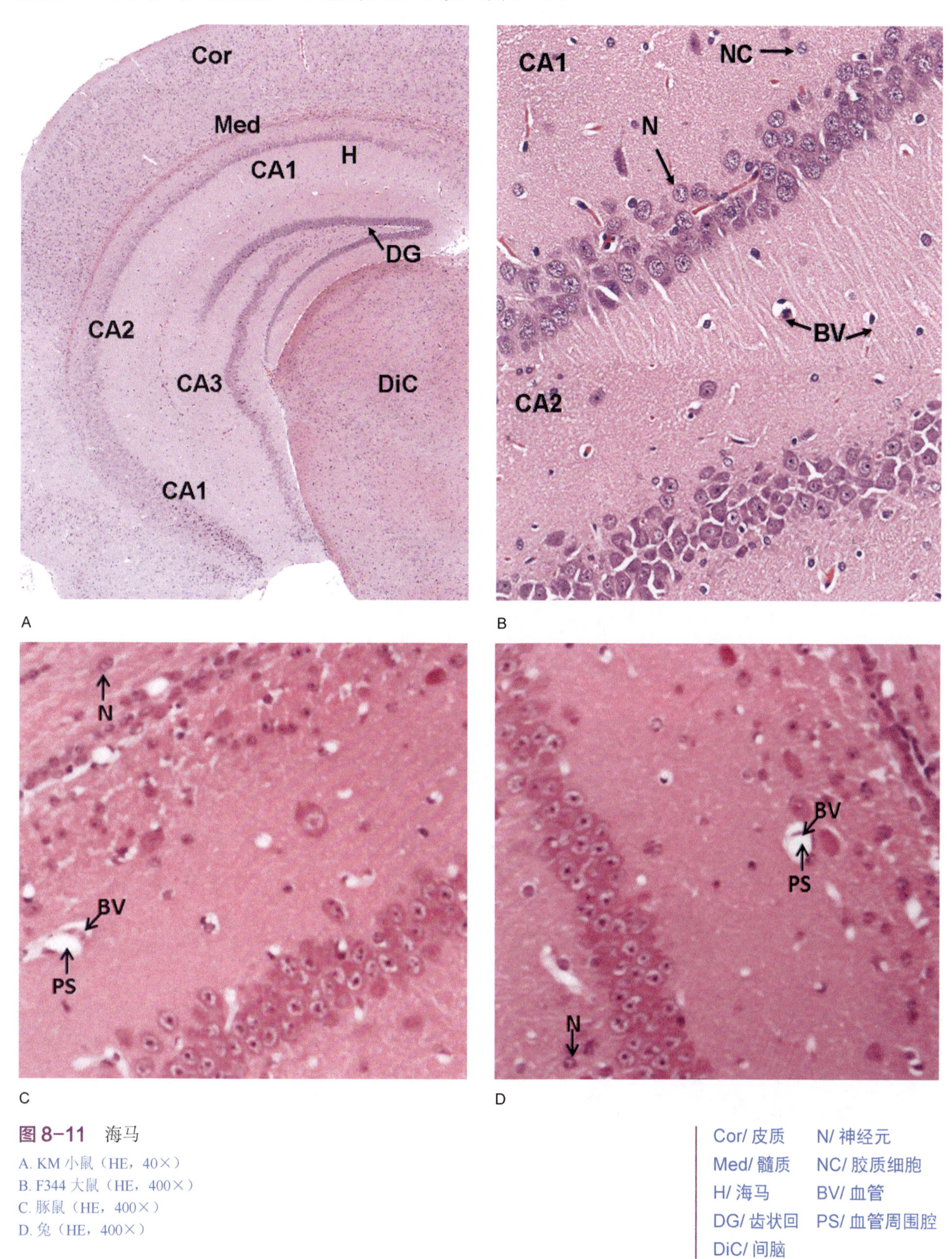

图 8-11　海马

A. KM 小鼠（HE，40×）
B. F344 大鼠（HE，400×）
C. 豚鼠（HE，400×）
D. 兔（HE，400×）

Cor/ 皮质　N/ 神经元
Med/ 髓质　NC/ 胶质细胞
H/ 海马　BV/ 血管
DG/ 齿状回　PS/ 血管周围腔
DiC/ 间脑

（三）脉络丛

大脑皮质外层覆盖了薄层结缔组织组成的软脑膜，软脑膜除覆盖大脑皮质外，还突入脑室（ventricle）内构成单层立方或矮柱状上皮组成的脉络组织（tela chorioidea）。

脉络组织内的血管呈簇状，外覆单层脉络丛上皮细胞，形成脉络丛（choroid plexus, CP）。脉络丛内富含血管和巨噬细胞。脉络丛上皮细胞（choroid epithelium cell, CEC）较大，表面有许多微绒毛，细胞核大而圆，胞质内线粒体很多。F344、SD 大鼠和 BALB/c 小鼠、KM 小鼠、兔及豚鼠在脉络丛上皮细胞组织形态学上未见明显差异（图 8-12）。

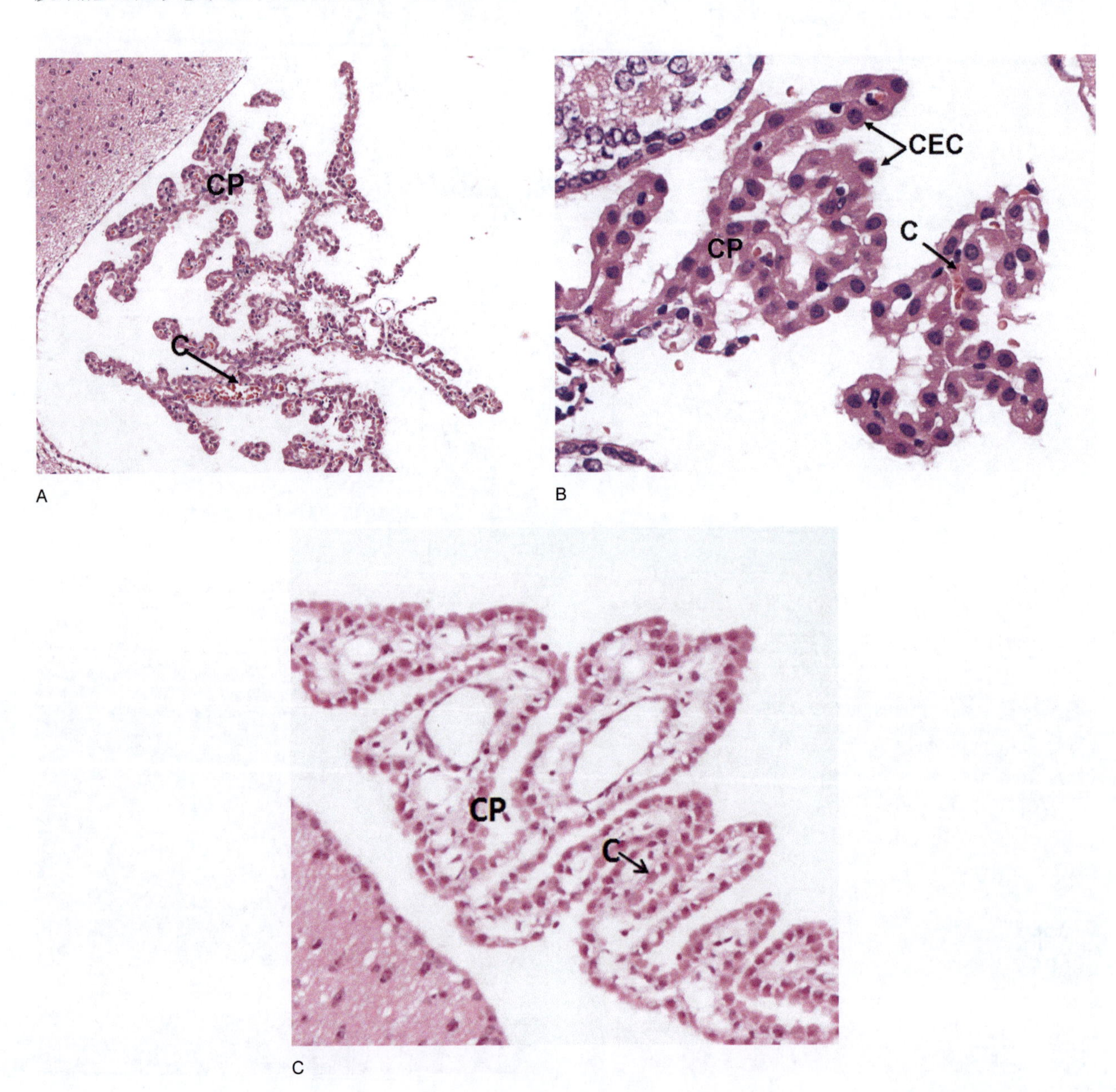

图 8-12 脉络丛上皮细胞

A. SD 大鼠第四脑室（HE，100×）
B. KM 小鼠第三脑室（HE，400×）
C. 豚鼠第三脑室（HE，200×）

CP/ 脉络丛
C/ 毛细血管
CEC/ 脉络丛上皮细胞

第二节 小 脑

小脑皮质（cerebellar cortex）表面有许多平行的浅沟，两沟之间的薄片为小脑叶片或小脑回。叶片表层为皮质，深部为髓质。小脑（cerebellum）每一叶片的皮质结构基本相同，含有许多神经元、神经胶质细胞及血管等。皮质可从外向内分为分子层、浦肯野细胞层和颗粒层。在皮质内有5种神经元：外星形细胞、篮状细胞、浦肯野细胞、颗粒细胞及高尔基细胞。

小脑皮质也称为小脑灰质，由外向内依次分为以下三层（图8-13）。

（1）分子层（molecular layer, ML）：此层较厚，位于最表面，神经元较少，主要有两种，一种是小型多突的星形细胞，轴突较短，分布于浅层；另一种是篮状细胞，胞体较大、轴突较长，分布于深层。细胞间大部分为神经纤维。

（2）浦肯野细胞层（Purkinje cell layer, PCL）：由单层浦肯野细胞胞体有规律排列组成。浦肯野细胞（Purkinje cell, PuC）是小脑皮层中最大的神经元，胞体呈梨形，核呈圆形，染色质少，核仁明显，胞质内含有嗜碱性的尼氏体，分布于核周呈同心圆排列。树突主干伸入分子层，轴突自胞体底部发出，离开皮质进入髓质，组成小脑皮质唯一的传出纤维，终止于小脑内部的核群。

（3）颗粒层（granular layer, GL）：此层由密集的颗粒细胞和高尔基细胞组成。颗粒细胞（small granule cell, SGC）很小，胞质少，染色深，细胞核相对较大，胞体直径与淋巴细胞近似，故此层可见密集深染的细胞核。颗粒细胞间的神经纤维相对较少。高尔基细胞主要分布在颗粒层浅部，数量较少，胞体较大，树突分支较多。图中可见小脑皮质清晰地分为三层：分子层、浦肯野细胞层、颗粒层。颗粒层下面即为髓质，其内除含有浦肯野细胞的轴突外，主要含有髓神经纤维。

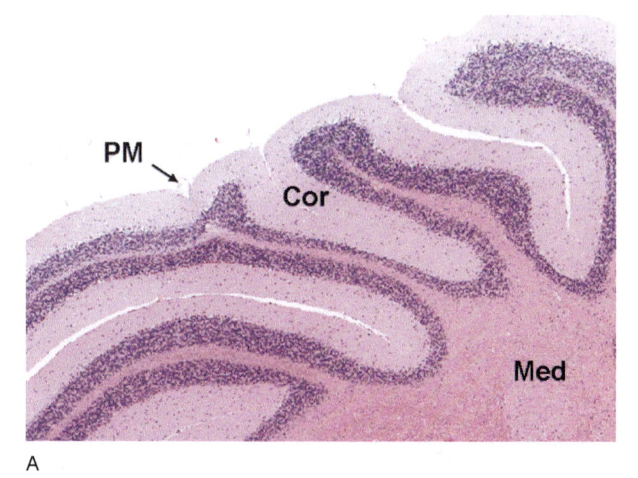

A

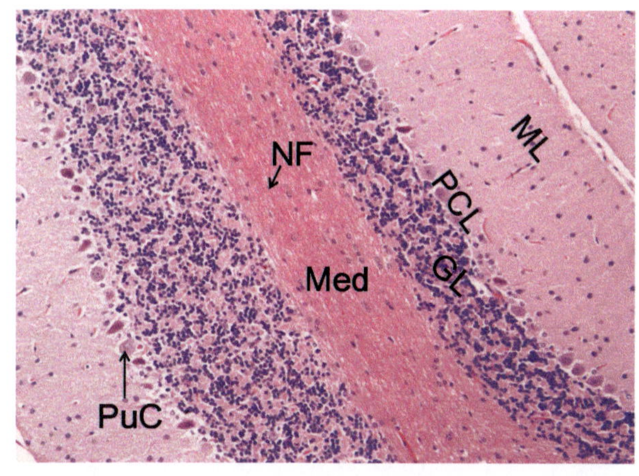

B

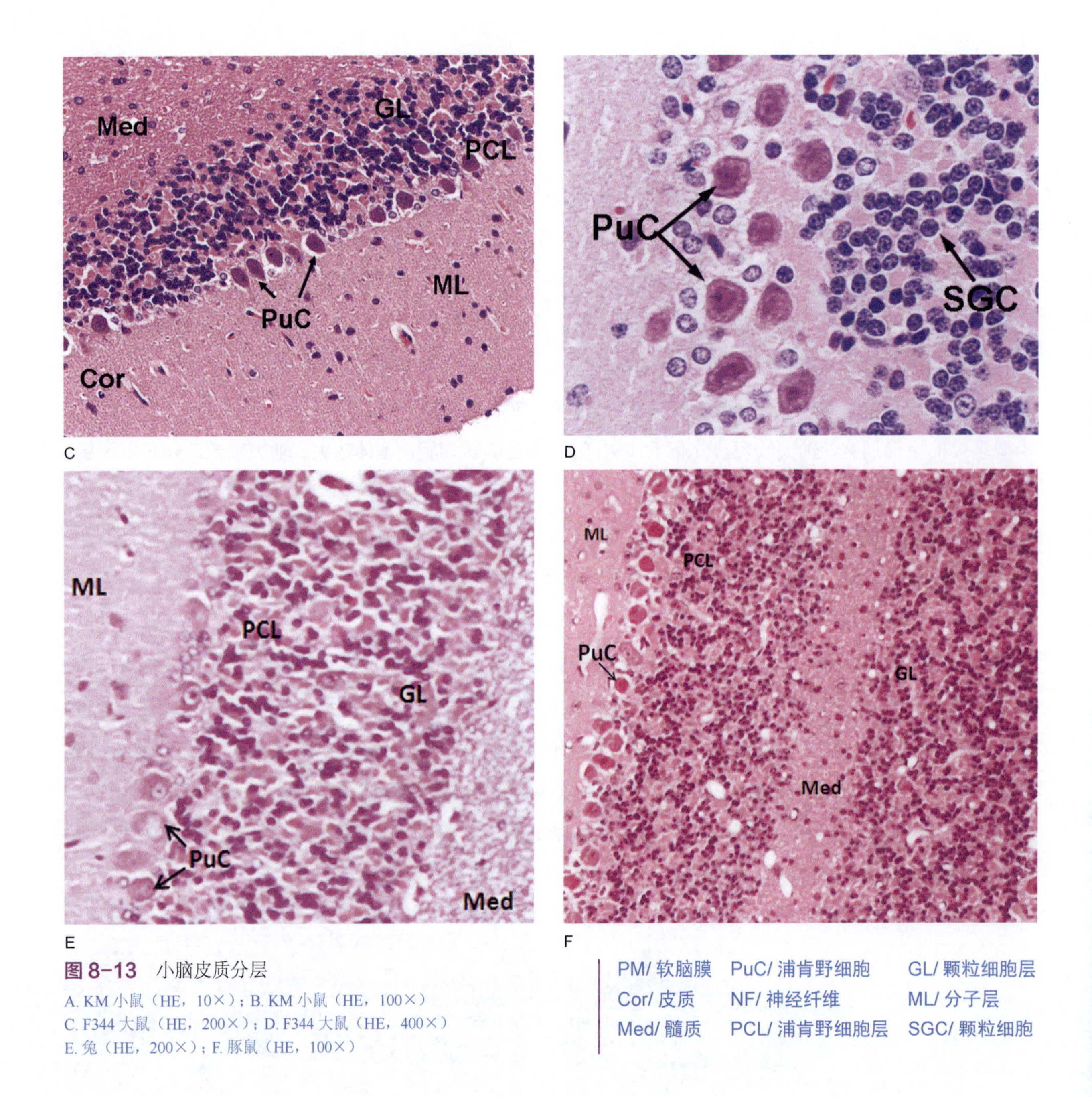

图 8-13 小脑皮质分层

A. KM 小鼠（HE，10×）；B. KM 小鼠（HE，100×）
C. F344 大鼠（HE，200×）；D. F344 大鼠（HE，400×）
E. 兔（HE，200×）；F. 豚鼠（HE，100×）

PM/ 软脑膜　PuC/ 浦肯野细胞　GL/ 颗粒细胞层
Cor/ 皮质　NF/ 神经纤维　ML/ 分子层
Med/ 髓质　PCL/ 浦肯野细胞层　SGC/ 颗粒细胞

第三节　脑干与脊髓

(一) 脑干

脑干（brain stem）包括灰质、白质和网状结构。

与大脑不同，脑干灰质不形成皮层，而形成核群。例如，中脑的红核、黑质，延脑的楔束核、薄束核，脑桥的脑桥核、舌下神经核等脑神经核。

脑干部位神经元胞浆内有粗大的尼氏体，强嗜碱性（图 8-14）。

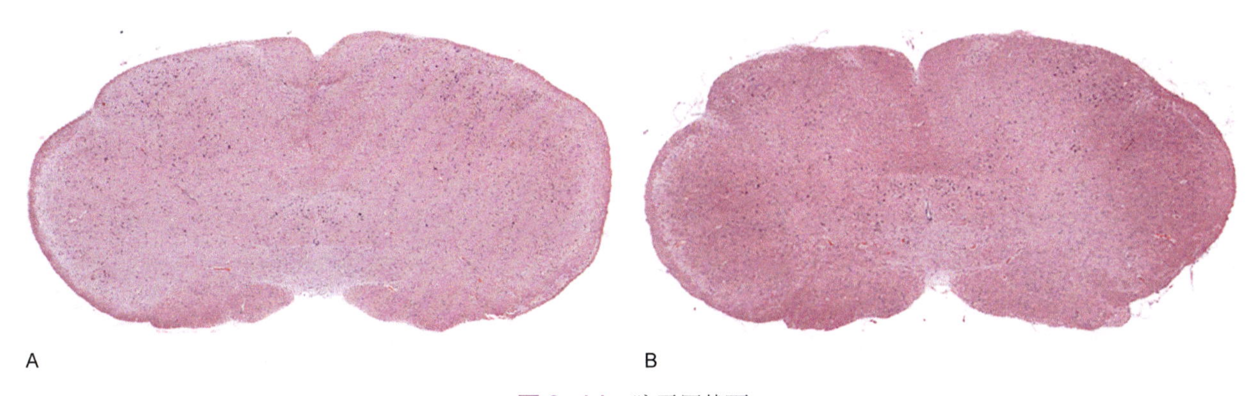

图 8-14　脑干冠状面

A. F344 大鼠（HE，10×）；B. SD 大鼠（HE，10×）

脑干白质由上行或下行的神经纤维组成。脑干（延脑）白质中的有髓神经纤维常规石蜡切片，因脂类被溶解而蛋白质被保留在光镜下呈网状，可见髓鞘（myelin sheath, MS）及其中的神经轴突（axon, AX）、周围散在的神经胶质细胞（NC）（图 8-16）。

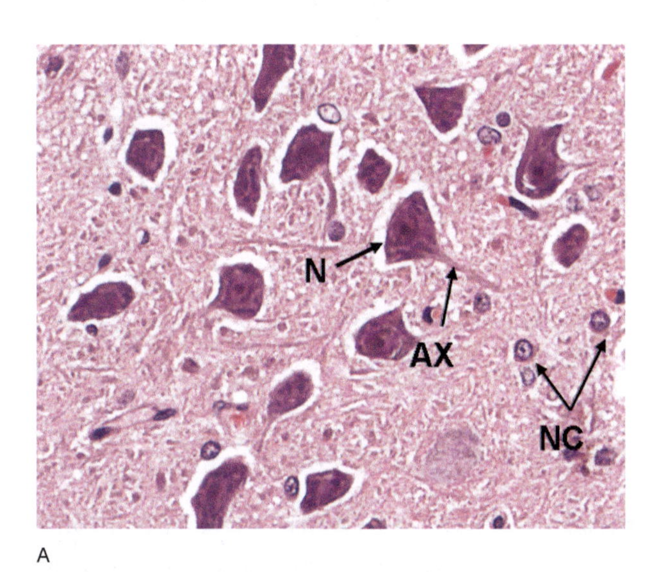

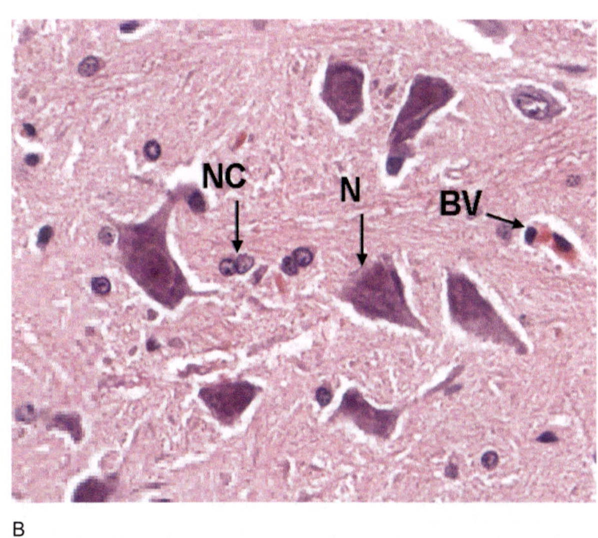

图 8-15　脑干中的神经元核群

A. F344 大鼠（HE 400×）
B. SD 大鼠（HE，400×）

N/ 神经元
AX/ 轴突
NC/ 胶质细胞
BV/ 血管

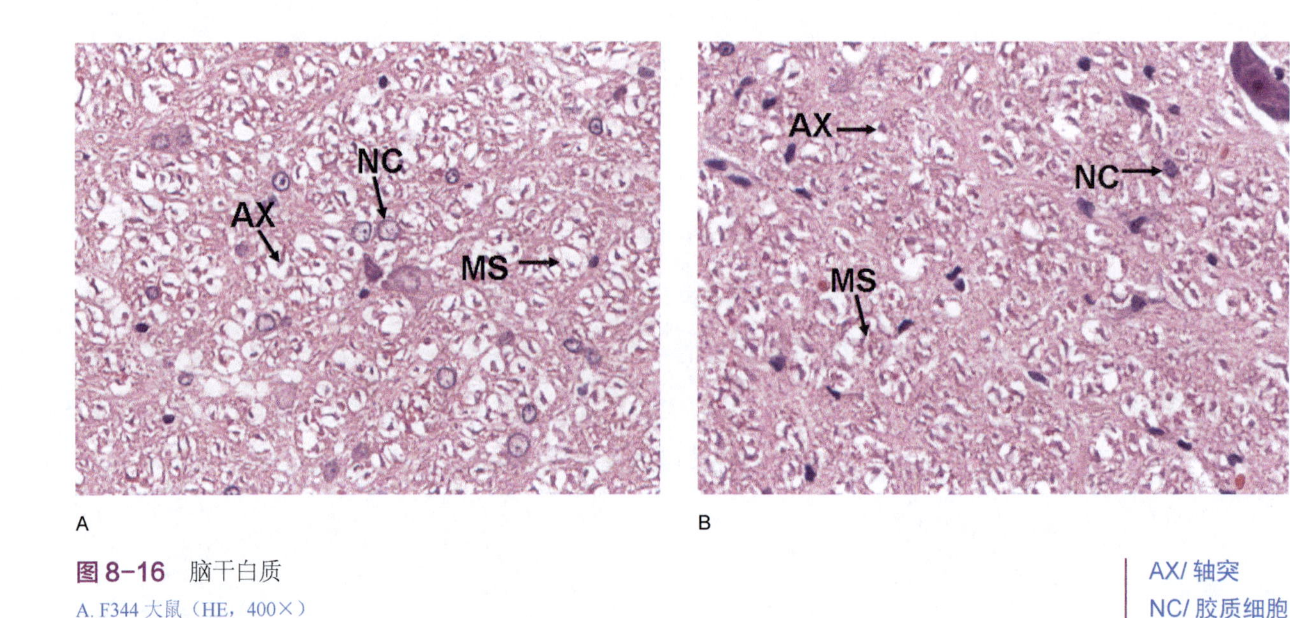

图 8-16 脑干白质

A. F344 大鼠（HE，400×）
B. SD 大鼠（HE，400×）

AX/ 轴突
NC/ 胶质细胞
MS/ 髓鞘

网状结构有许多神经纤维（NF）纵横交织，其间散在大小不等的神经元胞体（N）及神经胶质细胞（NC）（图 8-17）。

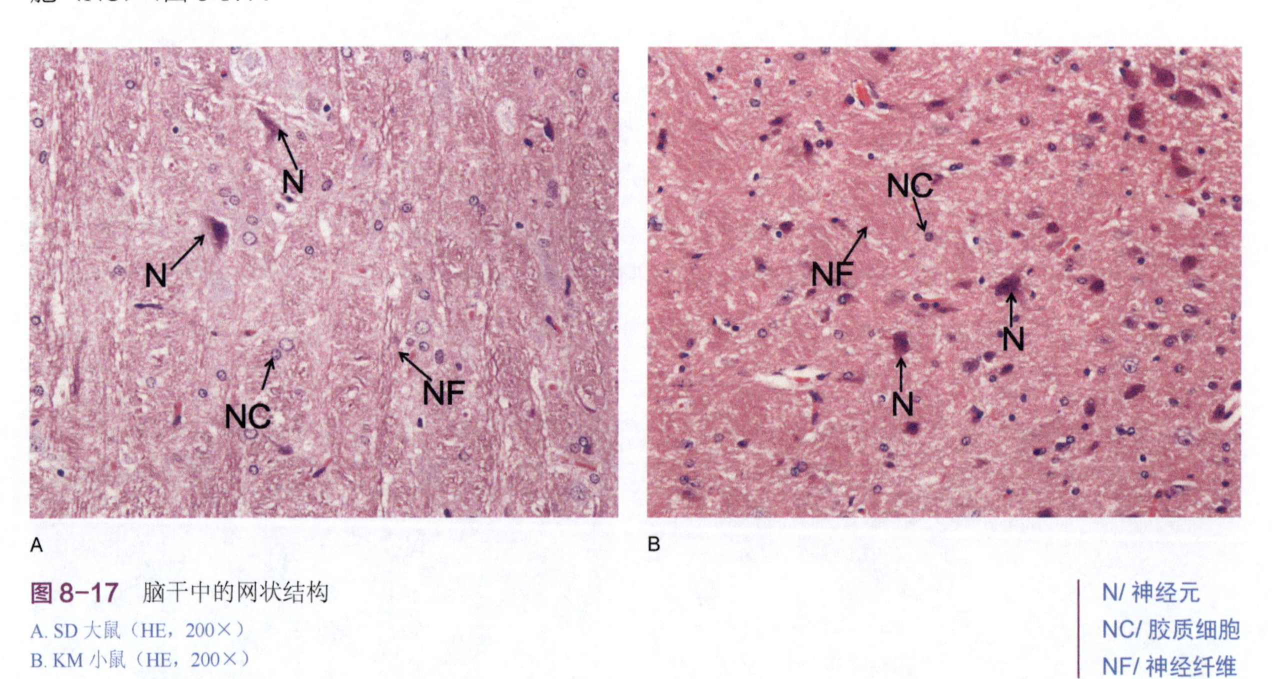

图 8-17 脑干中的网状结构

A. SD 大鼠（HE，200×）
B. KM 小鼠（HE，200×）

N/ 神经元
NC/ 胶质细胞
NF/ 神经纤维

（二）脊髓

脊髓（spinal cord）位于椎管内，呈背腹略扁的圆柱形，分为颈、胸、腰、骶、尾共 5 段，横断面呈扁圆形，其外包裹着脊髓膜。脊髓与脑相反，中央为灰质，灰质的外周为白质。脊髓背面正中位置有浅的背正中沟，其内方向有神经胶质细胞形成的薄的背正中隔（dorsal median septum, DMS），可达到中央管附近。与其相对应的腹面中央有腹正中裂（ventral median fissure, VMF），裂间填充软膜。所有节段的脊髓外面都包被着缺乏血管的纤维硬膜（图 8-18）。

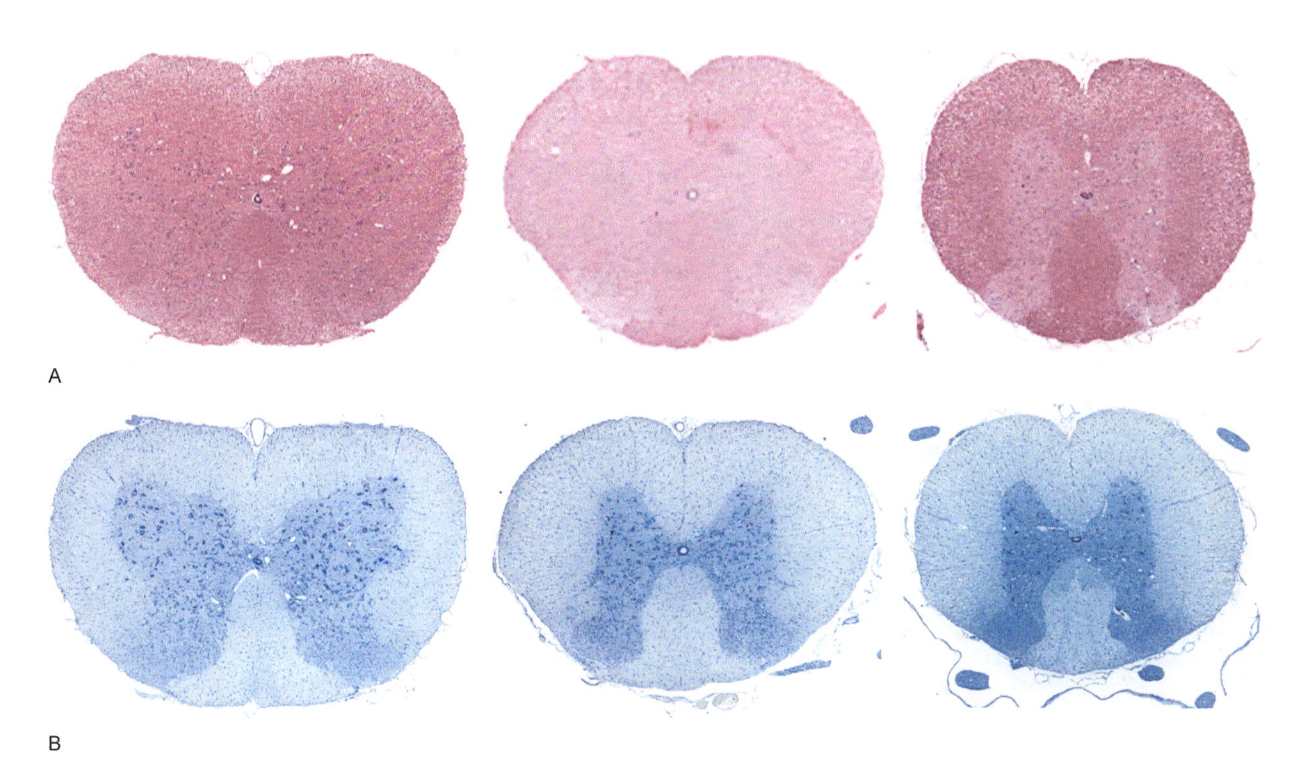

图 8-18　颈、胸、腰髓横断面

A. SD 大鼠（HE，50×）；B. SD 大鼠（甲苯胺蓝染色，50×）

1. 灰质

灰质（gray matter, GM）居中，形如蝴蝶状或 H 形，主要由神经元的胞体、树突、神经胶质细胞和无髓神经纤维构成，又分为 4 个突出的部分。

（1）腹角（ventral horn, VH）：又称前角，伸向腹侧，为较粗钝的突起。前角内有体积很大的神经元胞体，又称角细胞（horn cell, HC），是前角运动神经元，为多极神经元，细胞核圆形，位于中央，其胞浆内可见嗜碱性的团块状的尼氏体（Nissl body, NB）。

（2）背角（dorsal horn, DH）：又称后角，为较细突起。后角中的神经元较小，多为感觉神经元。

（3）侧角：主要见于胸腰段脊髓，为交感神经系统的节前神经元，其轴突终止于交感神经节，与节细胞建立突触。

灰质中央有一小孔，称为中央管（central canal, CC），管周被覆一层立方形或矮柱状室管膜上皮（ependymal epithelium, EE）。

2. 白质

白质（white matter, WM）着色浅，围绕在灰质周围。主要结构为纵行的神经纤维，多数是有髓神经纤维，纤维外有神经胶质细胞的突起包绕。

3. 脊髓膜

脊髓膜（dura mater, DM）由外向内分为三层。

（1）硬脊膜（dura mater, DM），由结缔组织组成。

（2）蛛网膜（arachnoid），由许多结缔组织小梁构成，因制片原因多不能被保存。

（3）软脊膜（pia mater），为紧贴脊髓表面的薄层结缔组织，含有丰富的血管。

中央管周被覆一层立方形或矮柱状室管膜上皮，前角内有体积很大的角细胞胞体，是前角运动神经元，为多极神经元，细胞核圆形，位于中央（图 8-19）。

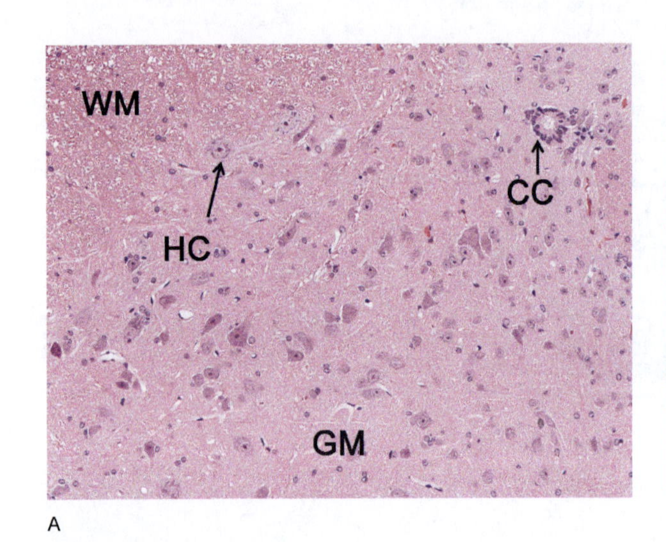

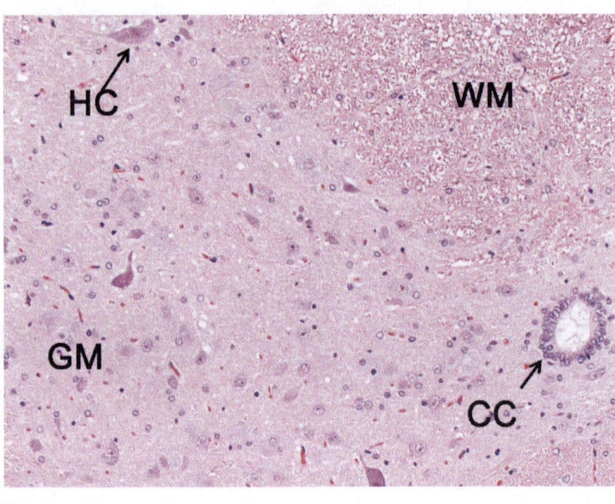

图 8-19 腰髓角细胞与中央管

A. BALB/c 小鼠颈髓（HE，200×）

B. SD 大鼠腰髓（HE，200×）

WM/ 白质
HC/ 角细胞
GM/ 灰质
CC/ 中央管

尼氏体（Nissl body, Nb），嗜碱性，由发达的粗面内质网和游离核糖体构成。在大、小鼠脊髓前角运动神经元胞浆内，如呈较粗大的斑块状。HE 染色中神经元尼氏体不是很明显；在甲苯胺蓝染色中，可见神经元细胞核及胞浆内深蓝染色的斑块；改良甲苯胺蓝染色可见神经元胞浆、细胞核质及基质均呈粉红色，而尼氏体斑块依然呈蓝色（图 8-20）。

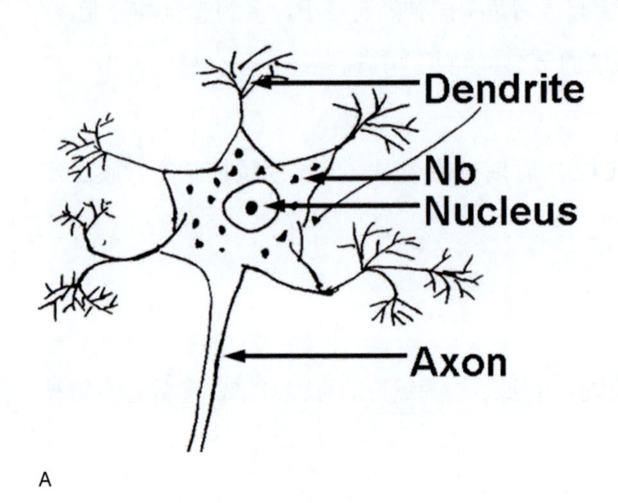

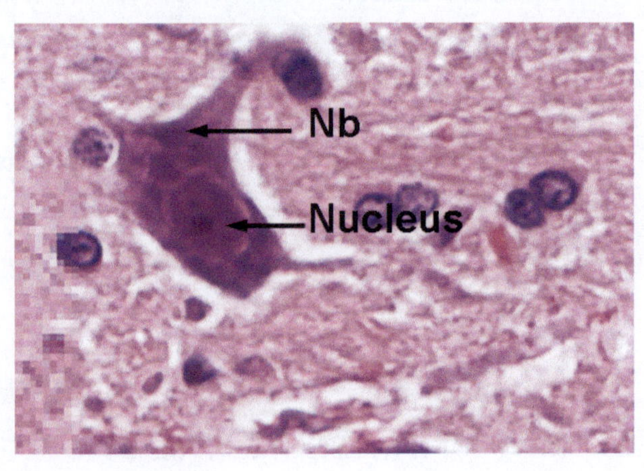

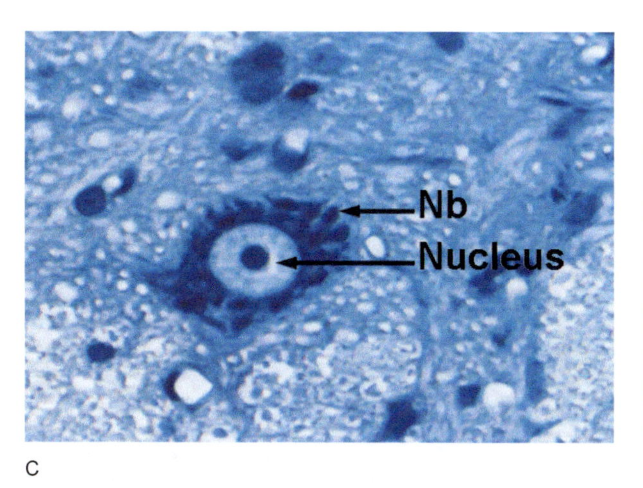

C

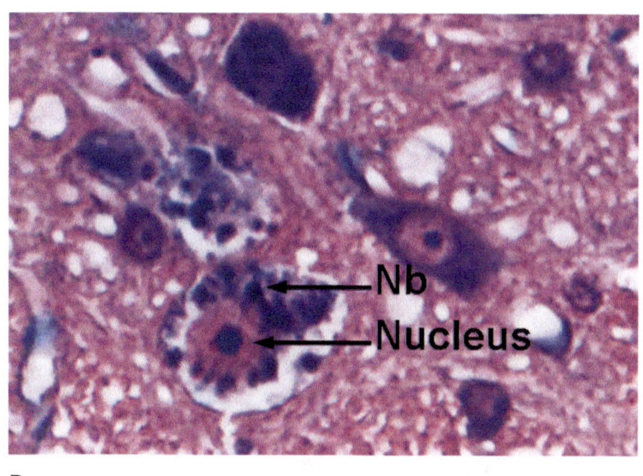

D

图 8-20 脊髓神经元尼氏体

A. 神经元模式图
B. SD 大鼠（HE，400×）
C. SD 大鼠（甲苯胺蓝染色，400×）
D. SD 大鼠（改良甲苯胺蓝染色，400×）

Nb/ 尼氏体
Nucleus/ 细胞核
Dentrite/ 树突
Axon/ 轴突

脊髓横断面显示脊髓灰质（GM）呈蝴蝶状或 H 形，分为背角（DH）和腹角（VH）；周围是脊髓的白质（WM）；背正中隔（DMS），可达到中央管附近。与其相对应的腹面中央有腹正中裂（VMF），裂间填充软膜（图 8-21 和图 8-22）。

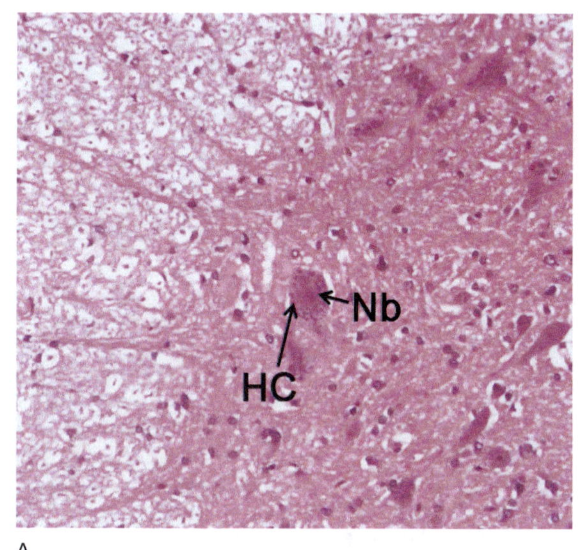

A

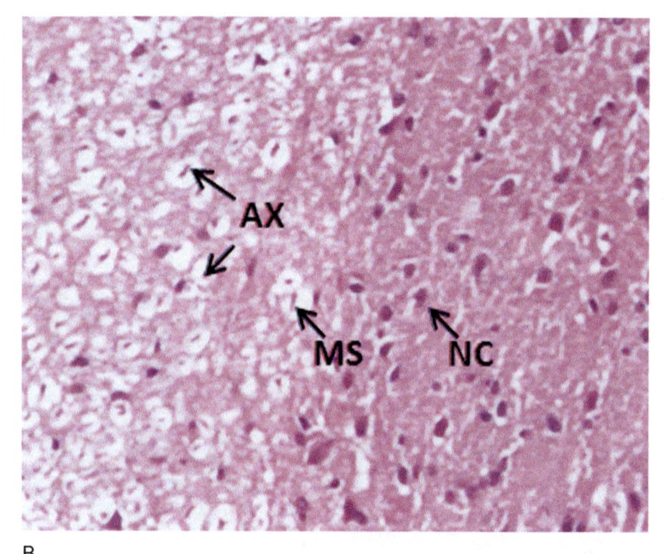

B

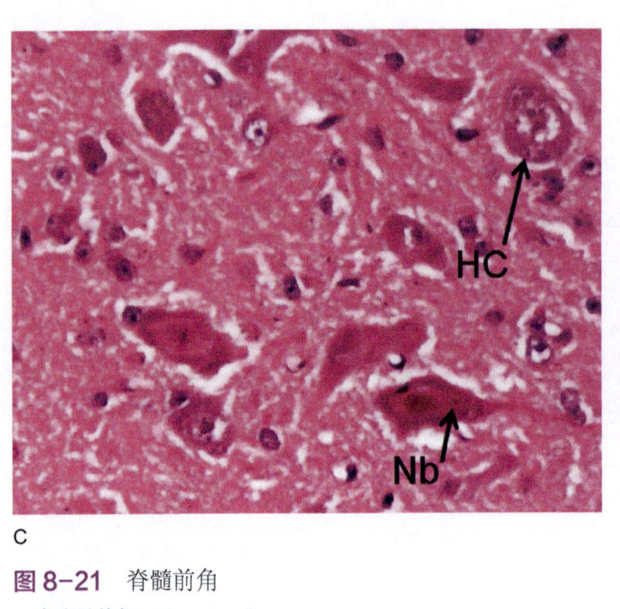

C

D

图 8-21 脊髓前角

A. 兔脊髓前角（HE，200×）
B. 兔脊髓后角（HE，200×）
C. 豚鼠脊髓前角（HE，400×）
D. 豚鼠脊髓后角（HE，400×）

HC/ 角细胞
Nb/ 尼氏体
AX/ 轴突
MS/ 髓鞘
NC/ 胶质细胞

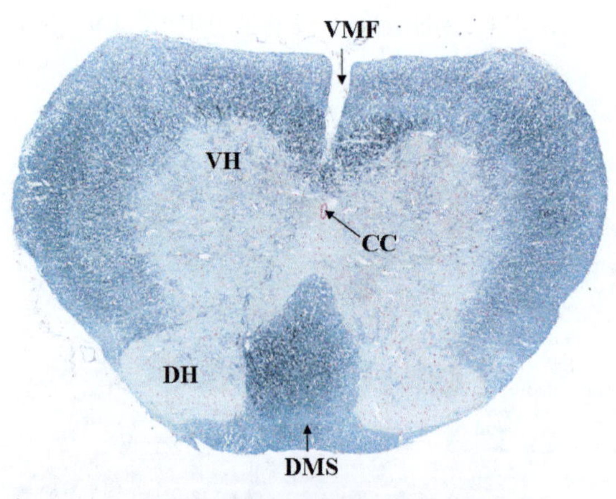

A

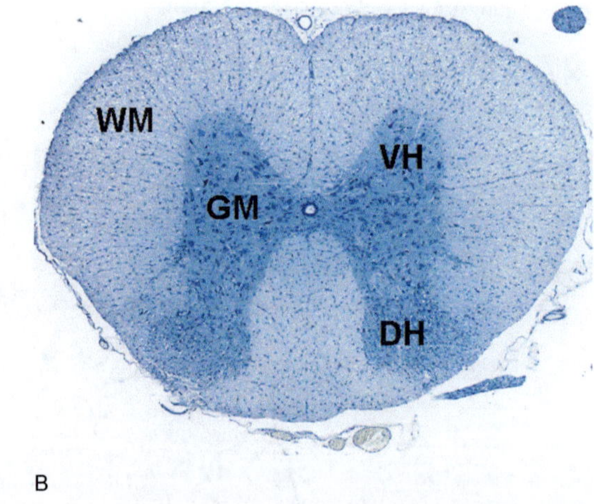

B

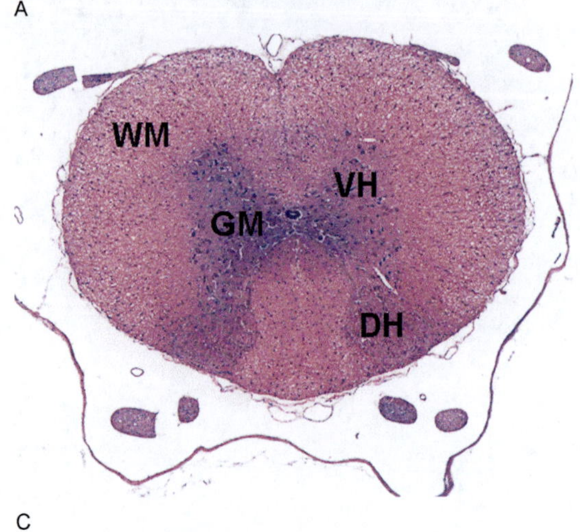

C

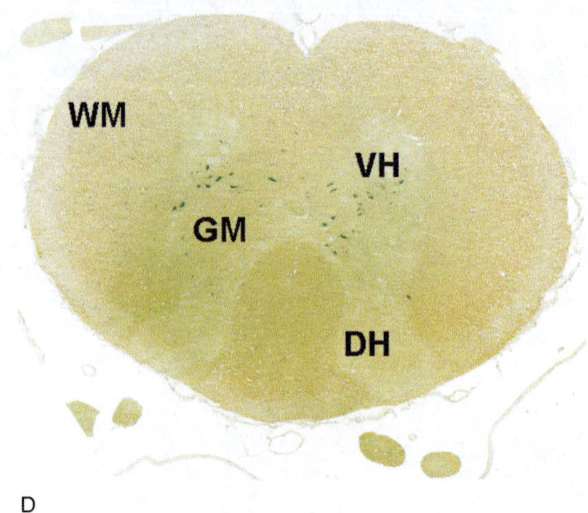

D

图 8-22 脊髓横断面

A. SD 大鼠（银染＋固绿染色，50×）；B. SD 大鼠（甲苯胺蓝染色，50×）
C. SD 大鼠（改良甲苯胺蓝染色，50×）；D. SD 大鼠（MGOP 染色，50×）

VMF/ 腹正中裂　DMS/ 背正中隔
VH/ 腹角　WM/ 白质
DH/ 背角　GM/ 灰质
CC/ 中央管

白质主要结构为纵行的神经纤维，多数为有髓神经纤维。髓鞘（MS）脂类被溶解、蛋白被保留，呈网状，经固绿染为暗绿色；髓鞘中心黑色是神经纤维，即神经元的轴突（AX）和长的树突。髓鞘周围神经胶质细胞(NC)呈红色。甲苯胺蓝染色中髓鞘呈淡蓝色，轴突和神经胶质细胞呈深蓝色(图 8-23)。

腰髓灰质横断面银染加固绿染色显示脊髓灰质，可见纵横交织的神经纤维（NF）经银染为黑色，角神经元（HC）呈红色（图 8-24）。

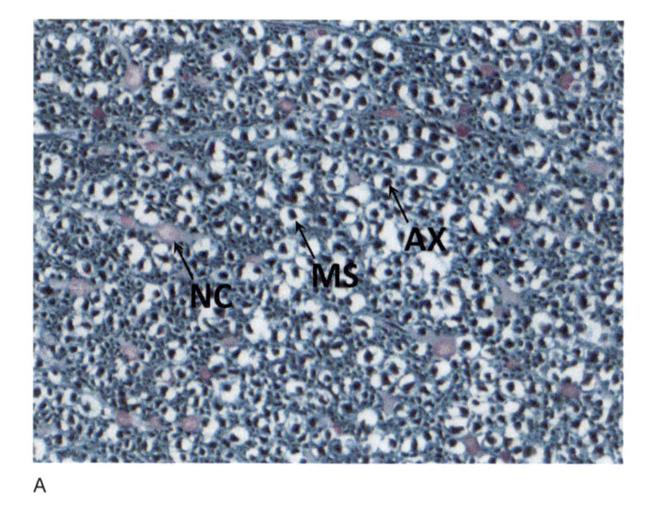

A

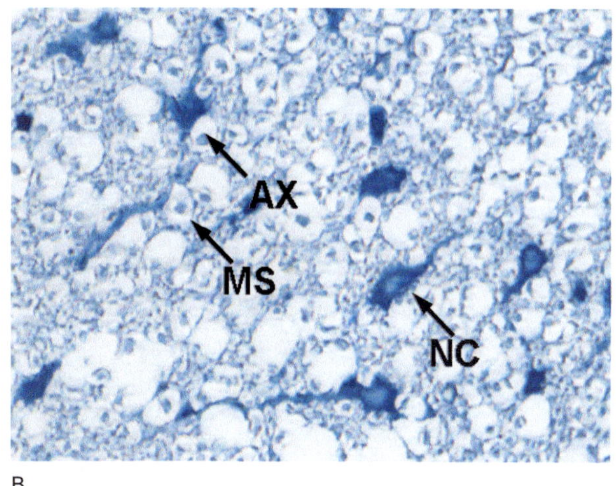

B

图 8-23 腰髓白质

A. SD 大鼠（银染 + 固绿双染，400×）

B.SD 大鼠（甲苯胺蓝染色，400×）

NC/ 神经胶质细胞
MS/ 髓鞘
AX/ 轴突

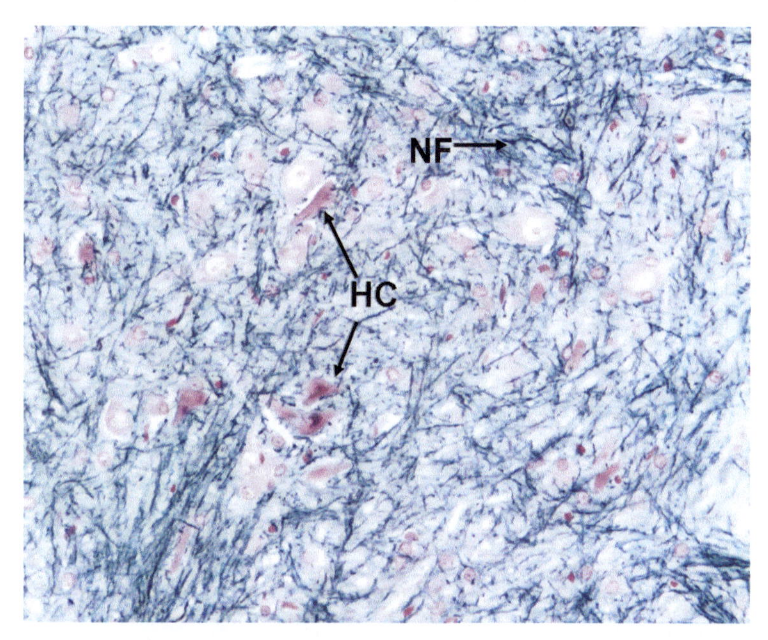

图 8-24 SD 大鼠 腰髓灰质（银染 + 固绿染色，400×）

NF/ 神经纤维
HC/ 角细胞

第四节　坐骨神经

坐骨神经（sciatic nerve）为有髓神经纤维，主要由位于神经纤维中央的轴突（axon, AX）和施万细胞（Schwann cell）构成（图 8-26）。

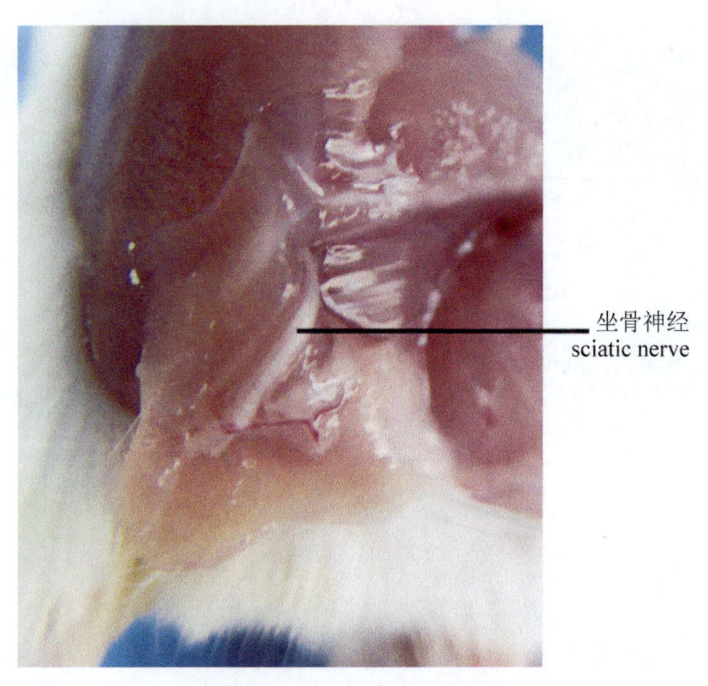

图 8-25　坐骨神经大体解剖图

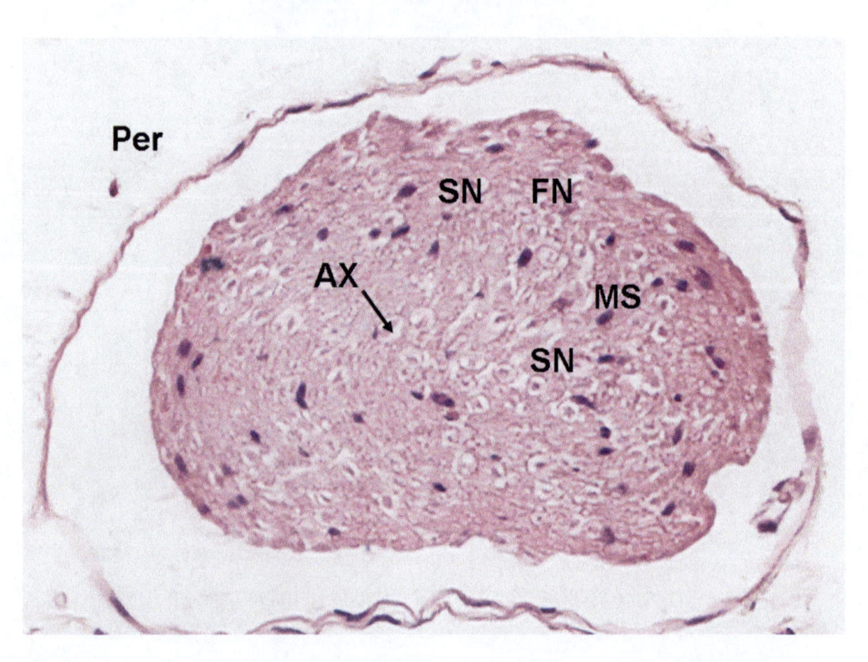

图 8-26　BALB/c 小鼠坐骨神经横断面（HE，200×）

Per/ 神经束膜
AX/ 轴突
SN/ 施万氏细胞核
FN/ 纤维细胞核
MS/ 髓鞘

整个坐骨神经外围有神经外膜（epineurium, Epn），为疏松结缔组织，在神经内有多个圆形的神经束，大小不等。神经束（bundle of nerve fiber, NFB）表面外有致密结缔组织，称为神经束膜（perineurium, Per）。在每个神经束内有大量圆形的神经纤维（nerve fiber, NF），每条神经纤维外面可见很薄的结缔组织，即神经内膜（endoneurium, End）。在坐骨神经轴突的外面圆筒状的髓鞘（myelin sheath, MS），是来源于施万细胞。HE 染色时，髓鞘呈网状，这是因为在制片过程中类脂被溶解，而蛋白质被保留所致。髓鞘外有神经膜，叫做施万膜（Schwann sheath, SS），是由施万氏细胞及其基膜围绕形成的，在坐骨神经横断面有时可见到扁平状长椭圆形的施万氏细胞核（Schwann nuclei, SN）及纤维细胞核（fibrocyte nuclei, FN）。纵切面可见到藕样结构，即朗飞结（Ranvier node, RN）（图 8-27）。

图 8-27D 显示髓鞘呈绿色，神经纤维成黑色，施万细胞核呈红色。可以清楚地看见朗飞结。

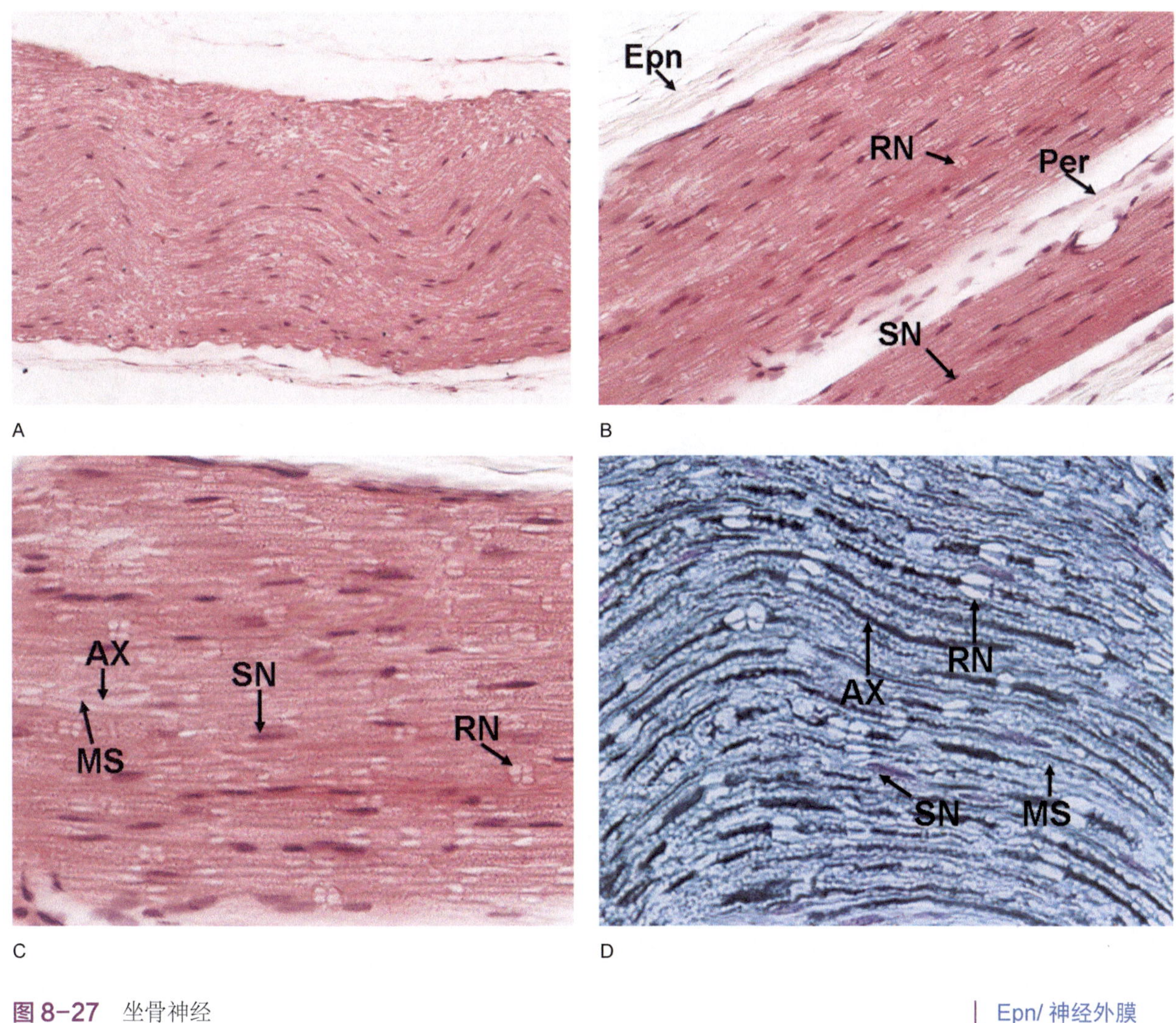

图 8-27 坐骨神经

A. BALB/c 小鼠（HE，100×）
B. F344 大鼠（HE，200×）
C. F344 大鼠（HE，400×）
D. KM 小鼠（银染 + 固绿染色，400×）

Epn/ 神经外膜
RN/ 朗飞结
SN/ 施万氏细胞核
Per/ 神经束膜
AX/ 轴突
MS/ 髓鞘

—— 比较组织学 ——

（1）啮齿类动物的大脑嗅球发达，表面平滑缺少沟回，也没有明显的划分脑叶，整个大脑成一尖端向前的锲形体。

（2）大鼠大脑神经细胞及神经胶质细胞体积较小鼠略大，兔、豚鼠、大鼠大脑皮质及髓质较小鼠厚。

（3）大鼠的星形胶质细胞中间丝较小鼠细长；小鼠、大鼠、豚鼠、兔的小脑和脊髓形态结构未见明显差异。

（4）大、小鼠大脑皮质神经元尼氏体不如脑干等部位神经元的尼氏体清晰。

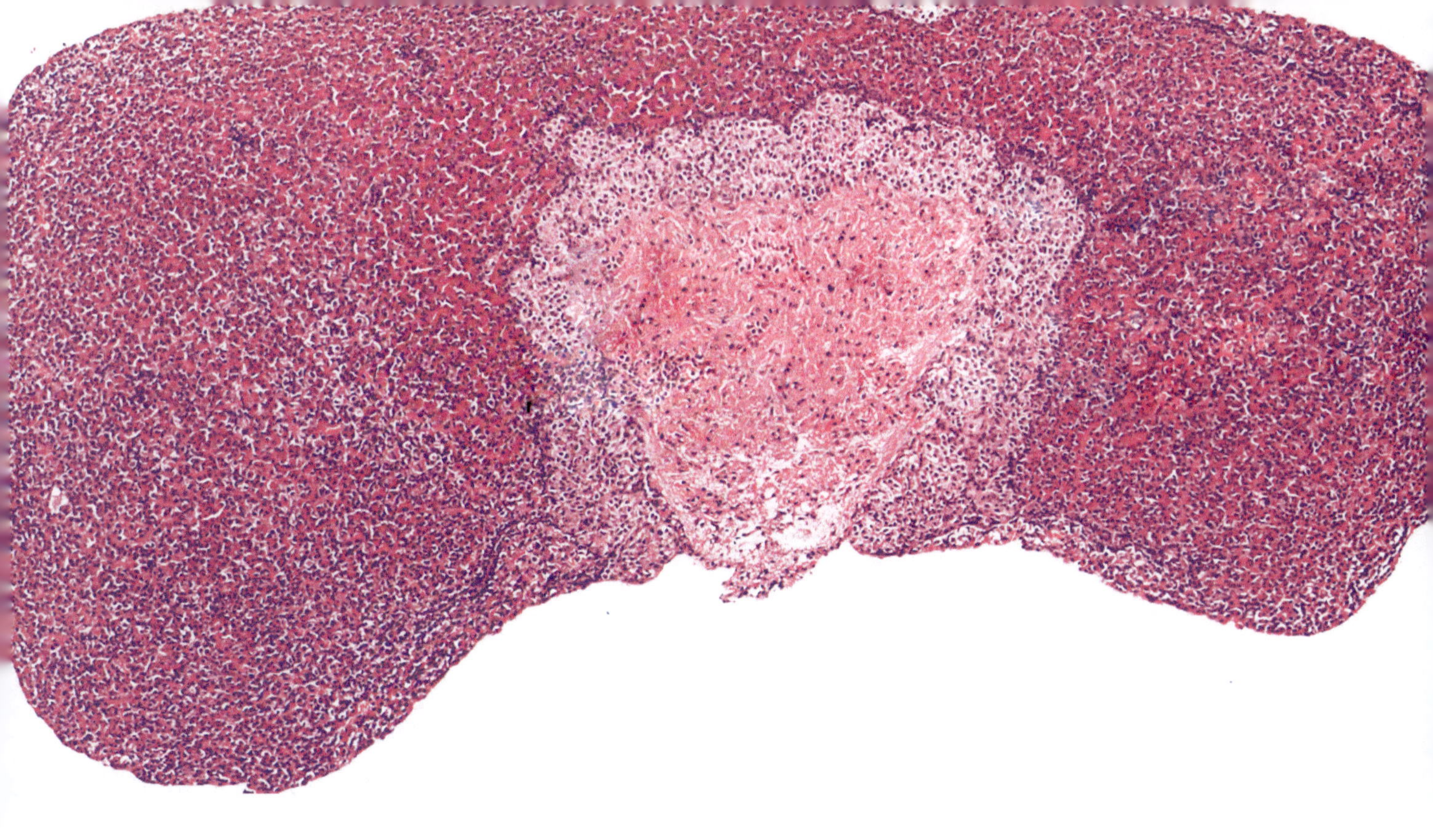

第 9 章 CHAPTER 9 ENDOCRINE SYSTEM

内分泌系统

内分泌系统（endocrine system）是机体的重要调节系统，它与神经系统相辅相成，共同调节机体的生长发育和各种代谢，维持内环境的稳定，并影响行为和控制生殖等。内分泌系统由内分泌腺（如垂体、甲状腺、甲状旁腺、肾上腺、松果体等）和分布于其他器官的内分泌细胞组成。内分泌腺的共同结构特点包括：腺细胞排列呈索状、网状、团状或滤泡状，没有导管，毛细血管丰富。内分泌细胞的分泌物称为激素（hormone），它们通过血液循环到达靶器官或靶细胞而发挥作用。本章主要涉及垂体、甲状腺、甲状旁腺、肾上腺、松果体等内分泌腺。

第一节 垂 体

垂体（pituitary gland）位于蝶鞍垂体窝内，分为腺垂体和神经垂体两部分，表面包以结缔组织被膜。腺垂体来自胚胎口凹的外胚层上皮，包括远侧部、中间部及结节部三部分。远侧部最大，中间部位于远侧部和神经部之间，结节部围在漏斗周围。神经垂体由间脑底部的神经外胚层向腹侧突出的神经垂体芽发育而成。神经垂体分为神经部和漏斗两部分，漏斗与下丘脑相连。

垂体是大脑的特殊附属物，可分泌多种激素。这些激素按功能分为两大类：作用于非内分泌器官如生长激素（growth hormone, GH）、催乳素（prolactin, PRL）、抗利尿激素（antidiuretic hormone, ADH）、催产素（oxytocin）和黑素细胞刺激素（melanocyte stimulating hormone, MSH）；作用于其他内分泌器官如促甲状腺激素（thyroid stimulating hormone, TSH）、促肾上腺皮质激素（adrenocorticotrophic hormone, ACTH）、卵泡刺激素（follicle stimulating hormone, FSH）、黄体生成素（luteinising hormone, LH）。因此，甲状腺、甲状旁腺、肾上腺又可称为垂体依赖的内分泌腺。

垂体位于颅底蝶鞍垂体窝内，为卵圆形小体，中央呈灰白色，两侧略呈灰红色（图 9-1）。

垂体根据发生来源分为两部分，即腺垂体（adenohypophysis）和神经垂体（neurohypophysis）。腺垂体包括远侧部（pars distalis, PD）、结节部（pars tuberalis）和中间部（pars intermedia, PI），神经垂体包括神经部（pars nervosa, PN）和漏斗部（pars stalk），图中切面可显示腺垂体远侧部、中间部及神经垂体神经部；一般将腺垂体远侧部称为垂体前叶（anterior lobe, AL），腺垂体中间部和神经垂体神经部

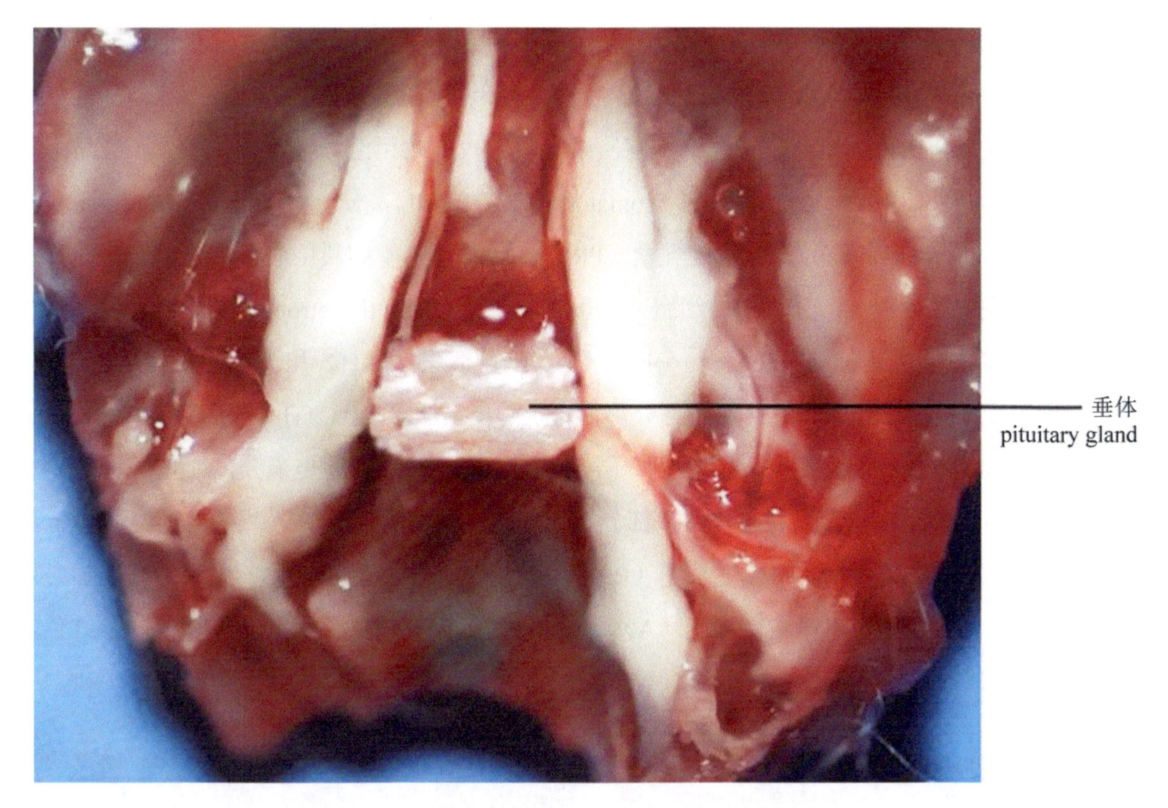

图 9-1　KM 小鼠垂体解剖结构

合称为垂体后叶（posterior lobe, PL）。垂体的结构组成可显示如下：

- 垂体 hypophysis
  - 腺垂体 adenohypophysis
    - 远侧部 pars distalis → 前叶 anterior lobe
    - 结节部 pars tuberalis
    - 中间部 pars intermedia
  - 神经垂体 neurohypophysis
    - 神经部 pars nervosa
    - 漏斗 pars stalk

（中间部 pars intermedia 与神经部 pars nervosa 合称 后叶 posterior lobe）

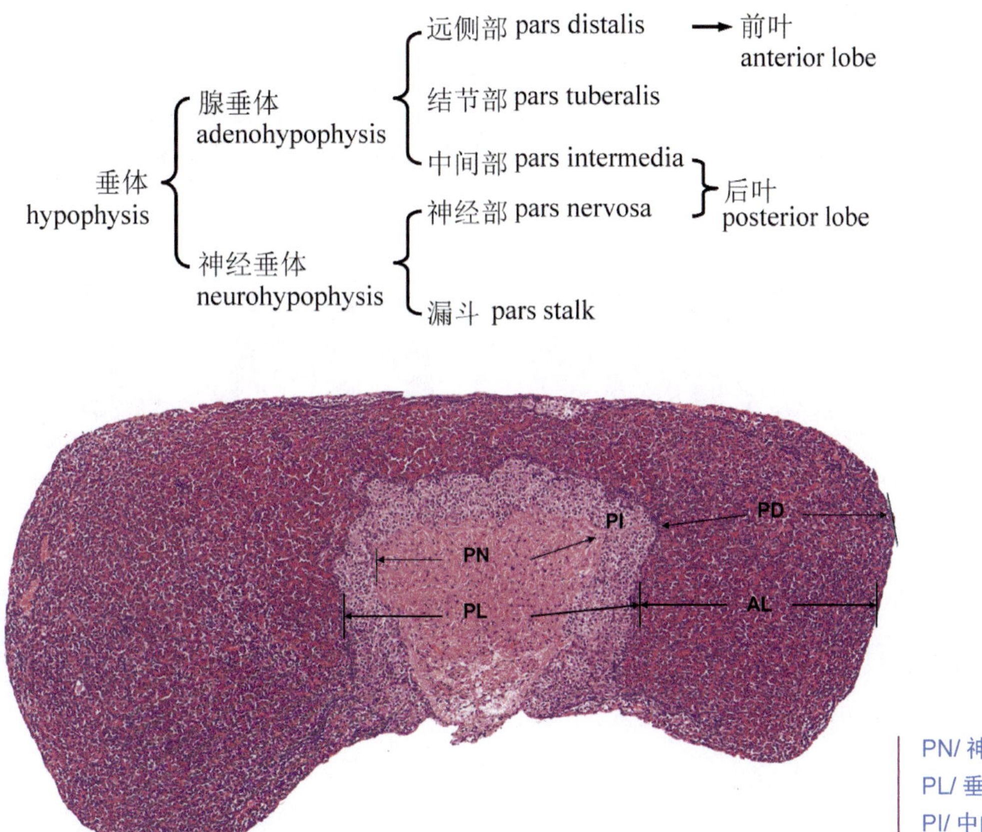

图 9-2　BALB/c 小鼠垂体（HE，35×）

PN/ 神经部
PL/ 垂体后叶
PI/ 中间部
PD/ 远侧部
AL/ 垂体前叶

腺垂体远侧部即垂体前叶由许多大小不一的上皮细胞组成，细胞呈团状或索状排列，按照其形态和嗜色性质可分为嗜酸性细胞（acidophilic cell, A）、嗜碱性细胞（basophilic cell, B）及嫌色细胞（chromophobe cell, C）三种类型。嗜酸性细胞胞质中有较粗大的嗜伊红颗粒，胞体较大，数量多且成群分布，主要分为两种细胞：生长激素细胞（somatotroph, STh cell），分泌生长激素（GH）；催乳激素细胞（mammotroph, prolactin cell），分泌催乳素（PRL）。嗜碱性细胞胞质中有嗜碱性蓝色颗粒，常单个存在，三种细胞中数量最少，分为三种细胞：促甲状腺激素细胞（thyrotroph, TSh cell）分泌促甲状腺激素（TSH）；促性腺激素细胞（gonadotroph）分泌卵泡刺激素（FSH）和黄体生成素（LH）；促肾上腺皮质激素细胞（corticotroph, ACTH cell）分泌促肾上腺皮质激素（ACTH）和促脂激素（lipotropic hormone）。嫌色细胞胞质透明无颗粒，胞膜不明显，体积小，数量多，有的是未分化细胞，有的有突起，称为滤泡细胞，可能起支持营养或吞噬作用，部分嫌色细胞内有分泌颗粒，可产生 ACTH。Azan 染色中嗜酸性细胞（A）胞浆呈黄色，嗜碱性细胞（B）胞浆呈蓝色，嫌色细胞（C）胞浆透明不显色。高碘酸 - 无色品红 - 橙黄 G 染色中嗜酸性细胞（A）胞浆呈淡橙色，嗜碱性细胞（B）胞浆呈紫红色，嫌色细胞（C）胞浆透亮不显色（图 9-3）。

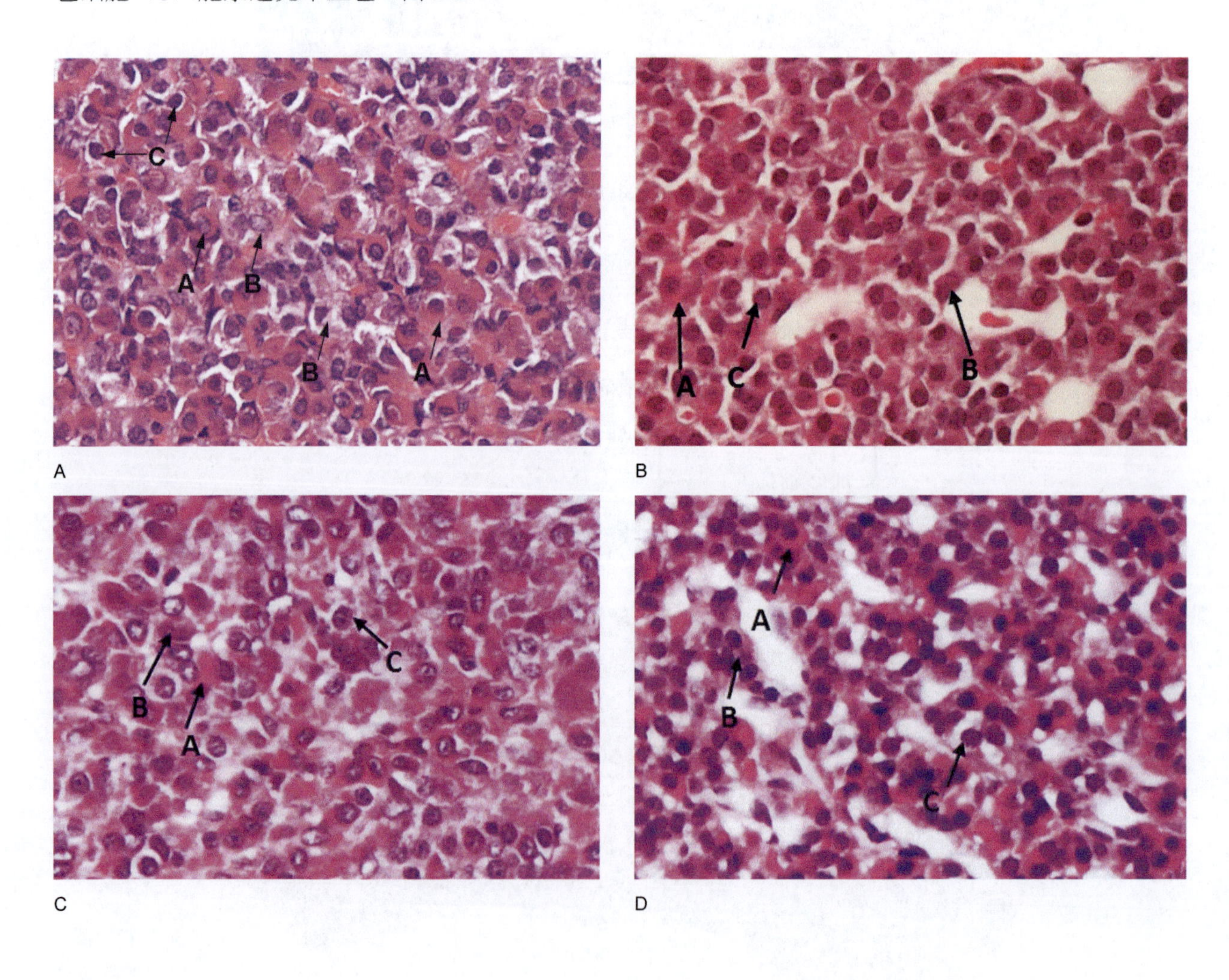

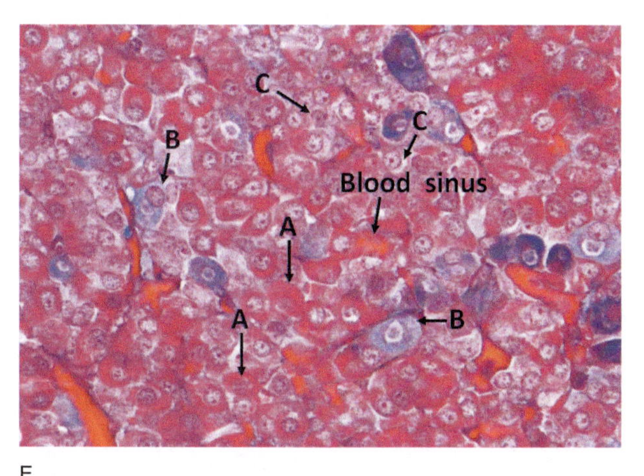

E

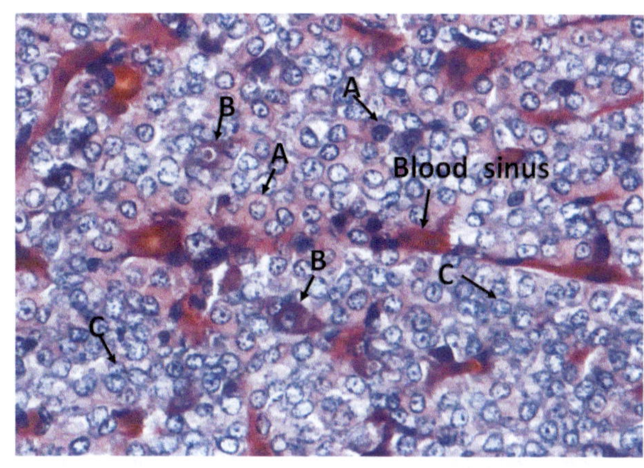

F

图9-3　腺垂体远侧部

A. BALB/c 小鼠（HE，200×）
B. SD 大鼠（HE，200×）
C. 兔（HE，200×）
D. 豚鼠（HE，200×）
E. BALB/c 小鼠（Azan，400×）
F. SD 大鼠（高碘酸 - 无色品红 - 橙黄 G，400×）

C/ 嫌色细胞
A/ 嗜酸性细胞
B/ 嗜碱性细胞
Blood sinus/ 血窦

青年大鼠嗜酸性细胞卵圆形、圆形或三角形，中等大小，多成群分布，约占细胞总数的 40%；嗜碱性细胞体积大，卵圆形、圆形或多边形，在远侧部的中间部位分布较多，约占细胞总数的 10%；嫌色细胞体积较小，圆形或多边形，胞浆少，细胞界限不清，数量多，约占细胞总数的 50%。老龄大鼠嗜酸性细胞减少，以雌性更为显著。摘除性腺或老龄雄性大鼠垂体中分泌促性腺激素的嗜碱性细胞肥大，胞浆内形成胶体样空泡，核被挤压到边缘，称为去雄不育细胞。Azan 染色中嗜酸性细胞（A）胞浆呈黄色，嗜碱性细胞（B）胞浆呈蓝色，嫌色细胞（C）胞浆透明不显色（图 9-4）。

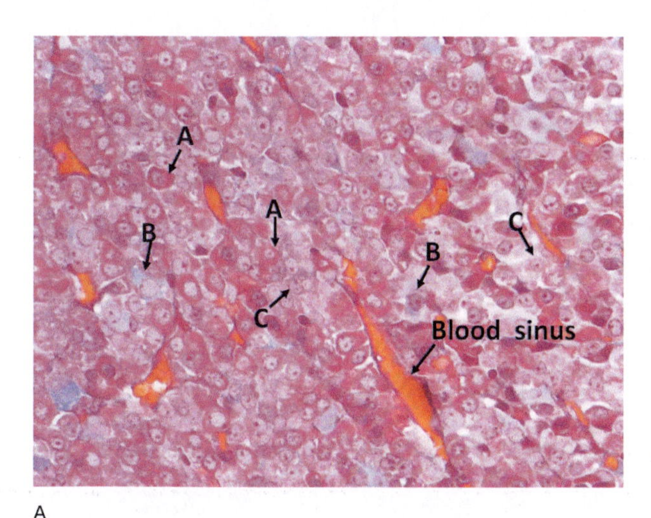

A

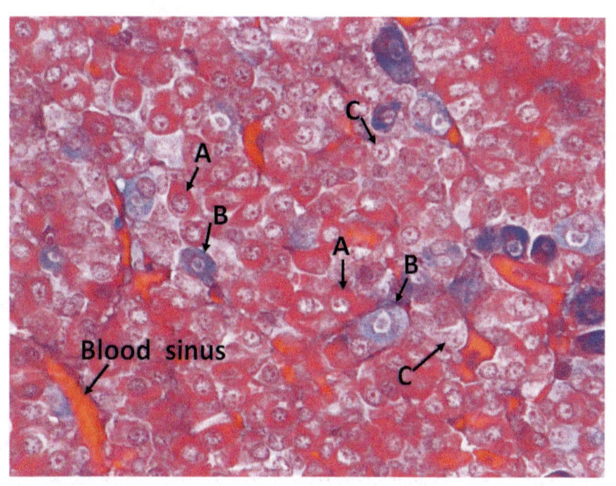

B

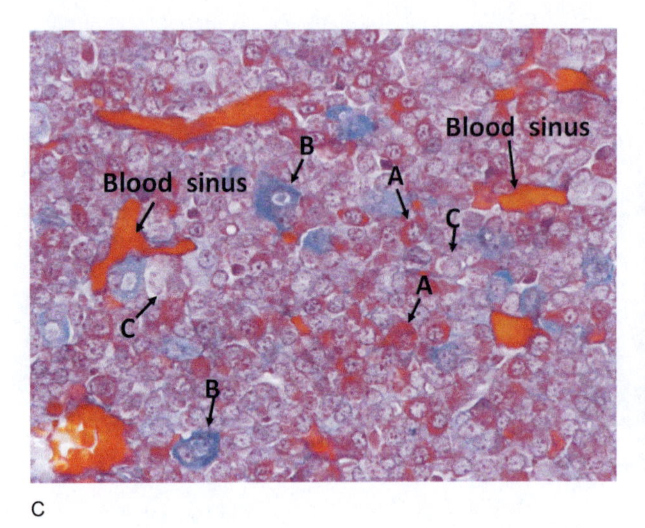

C

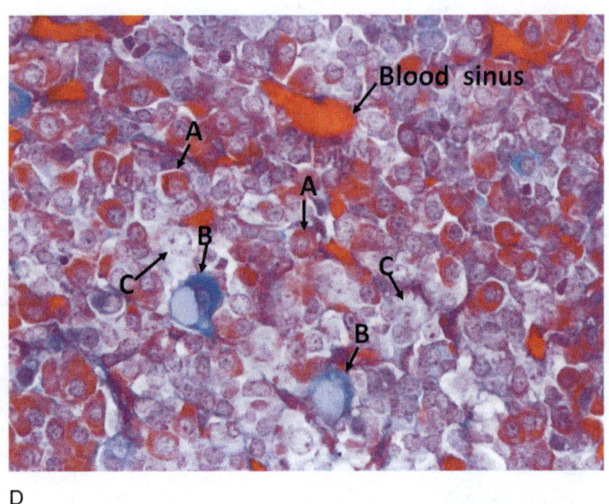

D

图 9-4 青年大鼠与老年大鼠腺垂体远侧部的比较

A. SD 大鼠雌 4 月龄（Azan，400×）
B. SD 大鼠雄 4 月龄（Azan，400×）
C. SD 大鼠雌 22 月龄（Azan，400×）
D. SD 大鼠雄 22 月龄（Azan，400×）

C/ 嫌色细胞
A/ 嗜酸性细胞
B/ 嗜碱性细胞
Blood sinus/ 血窦

分泌促肾上腺皮质激素（ACTH）的嗜碱性细胞和分泌催乳素（PRL）的嗜酸性细胞免疫组织化学染色胞浆呈现阳性。大鼠垂体前叶中分泌催乳素的细胞最多，占 30% ～ 50%，而人类垂体前叶中分泌生长激素的细胞最多，约占 50%（图 9-5）。

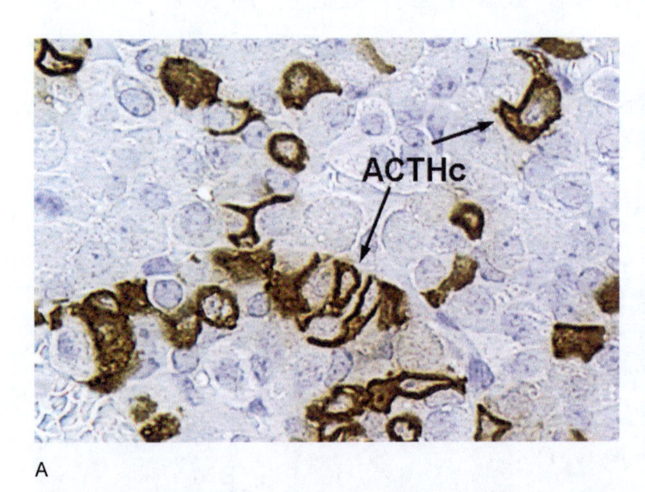

A

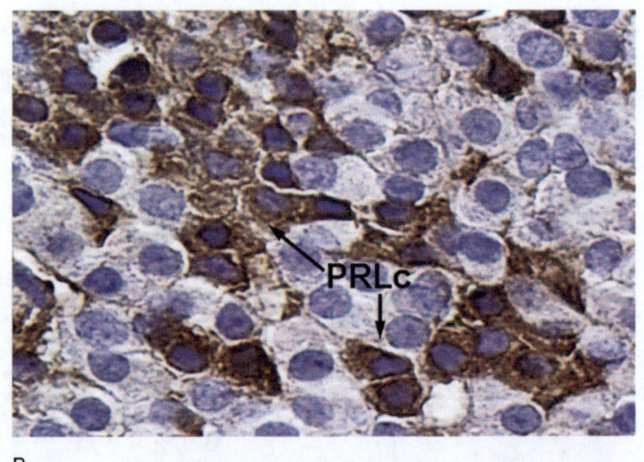

B

图 9-5 腺垂体远侧部的促肾上腺皮质激素细胞和催乳激素细胞

A. KM 小鼠（ACTH IHC，400×）
B. SD 大鼠（PRL IHC，400×）

ACTHc/ 促肾上腺皮质激素细胞
PRLc/ 催乳激素细胞

促黑素细胞刺激素（melanocyte stimulating hormone, MSH），在人类主要由垂体中间叶分泌，中间叶退化后，由垂体前叶分泌。MSH 主要作用于黑色素细胞，激活酪氨酸酶，并促进酪氨酸酶合成，从而促进黑色素合成，使皮肤及毛发颜色加深。MSH 可能还参与促肾上腺皮质激素释放激素、生长素、胰岛素、醛固酮和黄体生成素等激素的分泌调节，以及抑制摄食行为等。在啮齿类动物，主要由腺垂体远侧部嗜碱性细胞分泌，存在种属、性别及年龄差异分布，大鼠垂体 MSH 的表达随年龄增加表达减少，雄性表达量多于雌性，其中雄性 SD 大鼠垂体表达相对多于 F344 大鼠（图 9-6）。

电镜下，生长激素细胞胞质中含有大量电子密度高而均匀的分泌颗粒（图 9-7）。

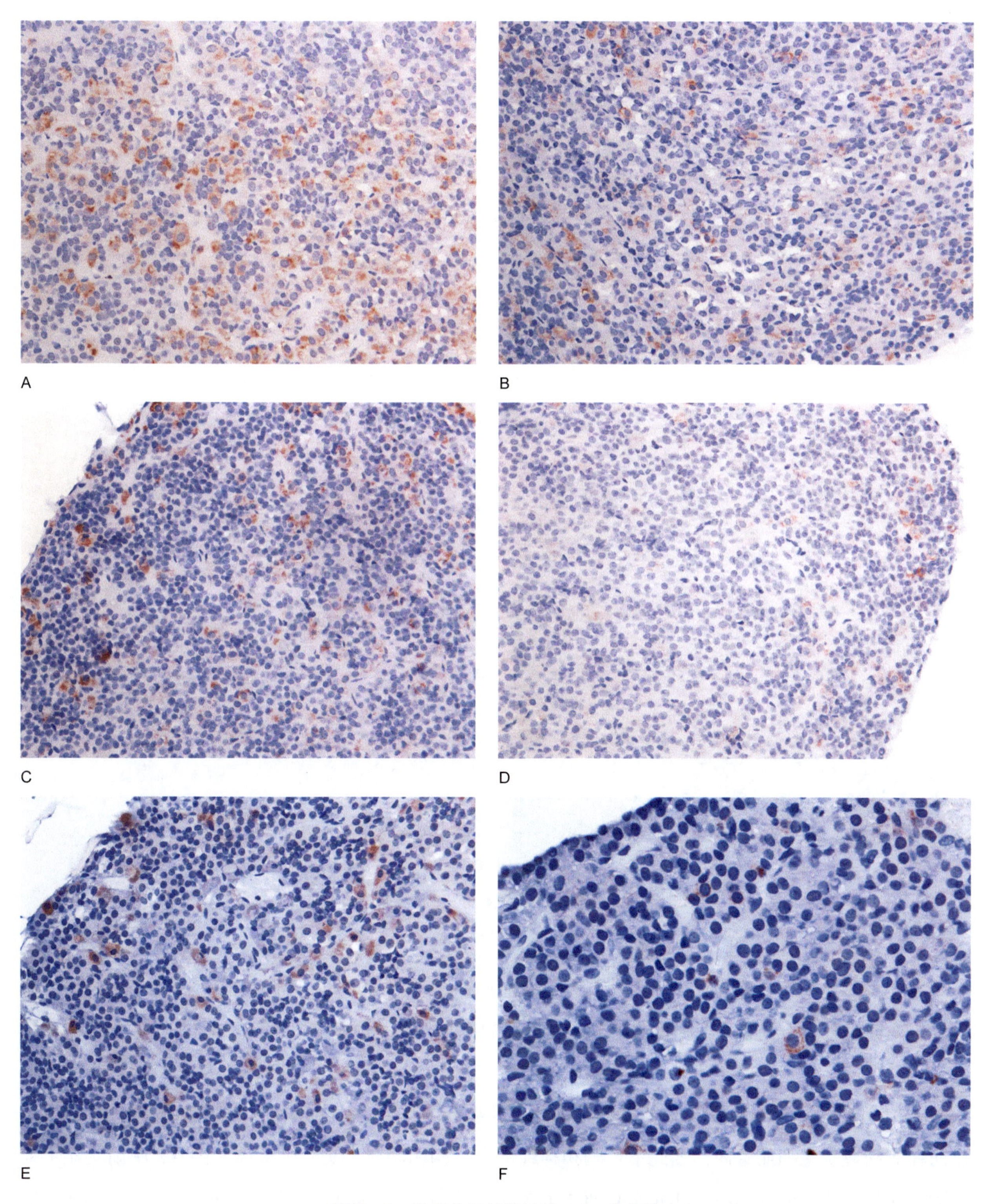

图 9-6 腺垂体远侧部分泌 MSH 的细胞

A. SD 大鼠雄 4 周龄（MSH IHC，200×）；B. SD 大鼠雌 4 周龄（MSH IHC，200×）
C. F344 大鼠雄 4 周龄（MSH IHC，200×）；D. F344 大鼠雌 4 周龄（MSH IHC，200×）
E. SD 大鼠雄 4 月龄（MSH IHC，200×）；F. SD 大鼠雌 4 月龄（MSH IHC，200×）

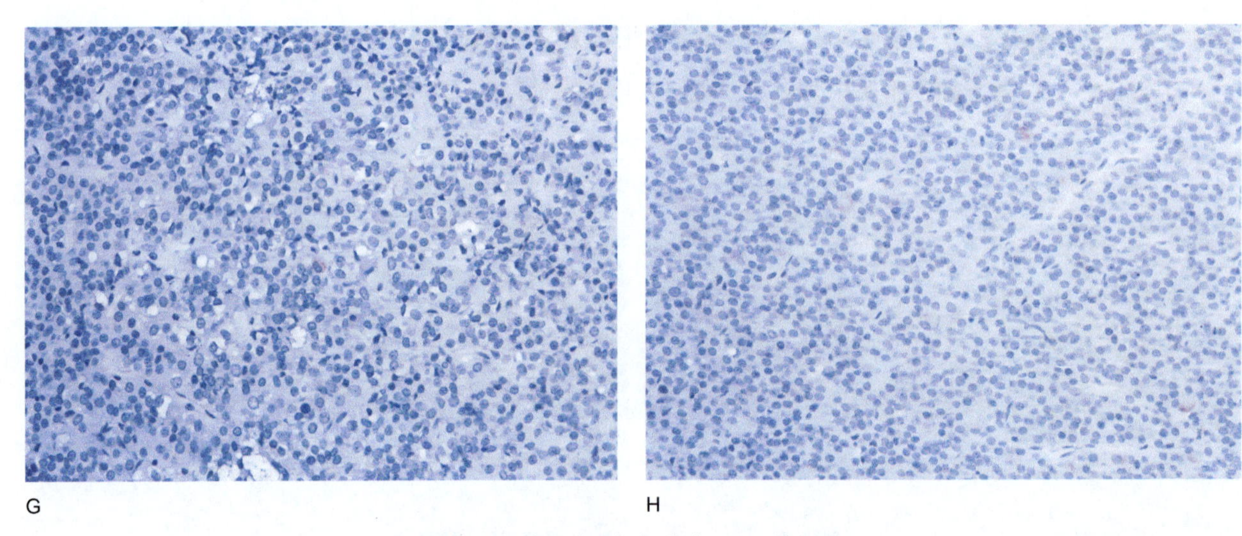

G H

图 9-6 腺垂体远侧部分泌 MSH 的细胞

G. SD 大鼠雄 22 月龄（MSH IHC，200×）；H. SD 大鼠雌 22 月龄（MSH IHC，200×）

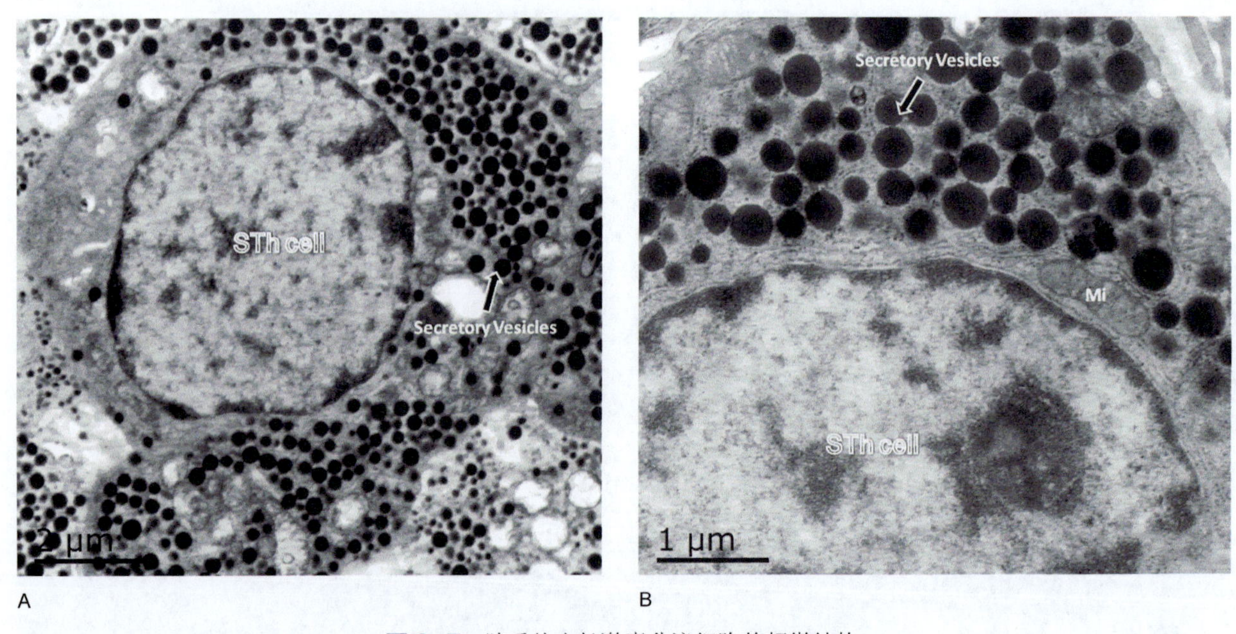

A B

图 9-7 腺垂体生长激素分泌细胞的超微结构

A. F344 大鼠 3 周龄雌垂体；B. BALB/c 小鼠 3 周龄雄垂体

神经垂体与下丘脑连为一体，内含有大量无髓神经纤维、神经胶质细胞（neuroglial cells, NC）和丰富的毛细血管。神经胶质细胞呈纺锤形或具有短的突起，称垂体细胞（pituicytes），垂体细胞不分泌激素，起支持、营养和保护功能。下丘脑视上核和室旁核的神经内分泌细胞能合成和分泌抗利尿激素（ADH）和催产素（oxytocin），这两种激素的分泌颗粒经下丘脑垂体束运输，到达垂体神经部后储存，进而释放到窦状毛细血管内。因此下丘脑和神经部在结构和功能上是一个整体。图 9-8 中箭头显示神经胶质细胞核（nuclei of neuroglial cell, NCN）及窦状毛细血管（sinusoidal capillaries, SC）。Azan 染色中胞核呈蓝褐色，毛细血管呈橘黄色，神经纤维呈蓝色。高碘酸 - 无色品红 - 橙黄 G 染色中胞核呈蓝色，毛细血管不显色，神经纤维呈粉红色。

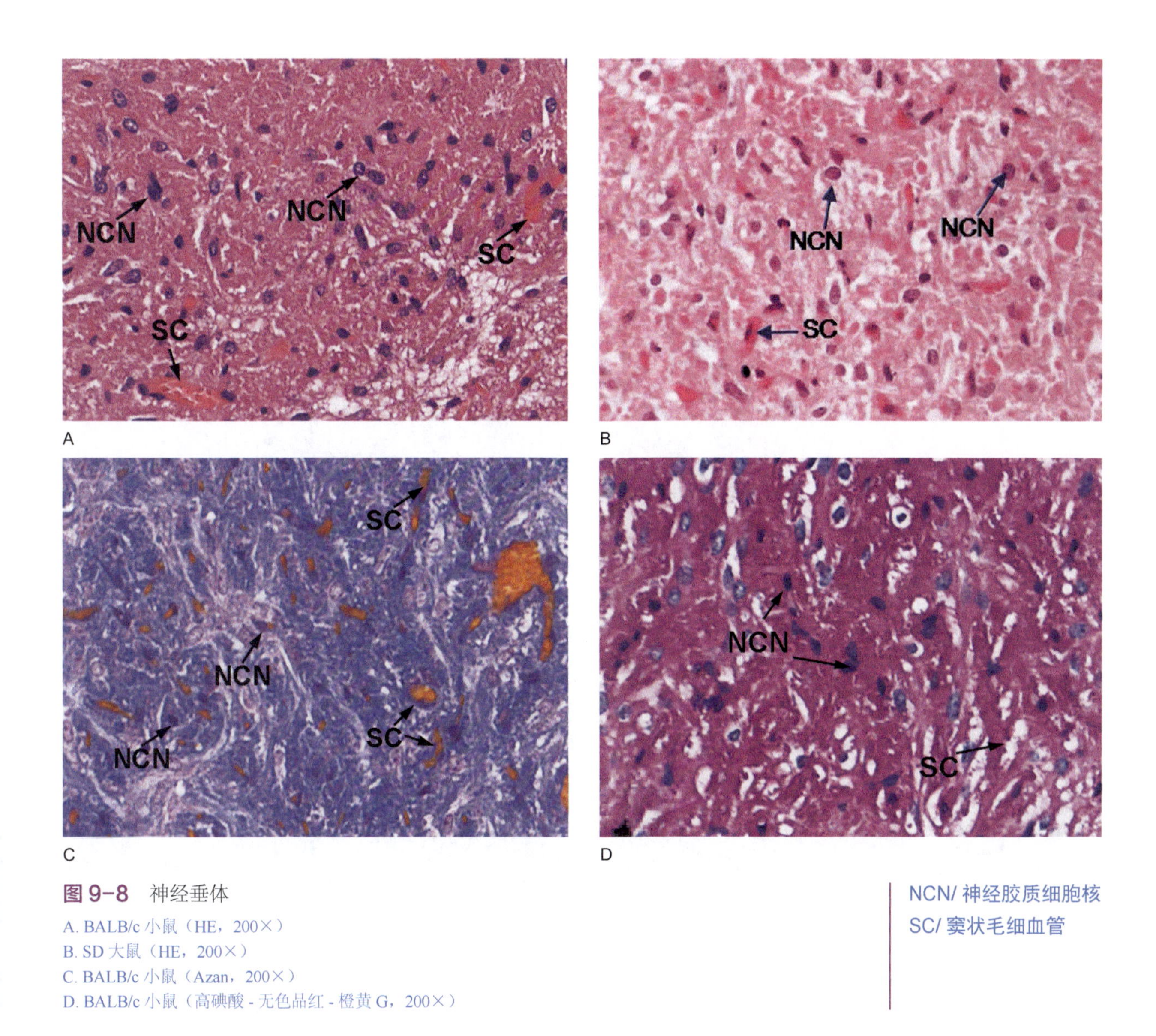

图 9-8　神经垂体

A. BALB/c 小鼠（HE，200×）
B. SD 大鼠（HE，200×）
C. BALB/c 小鼠（Azan，200×）
D. BALB/c 小鼠（高碘酸 - 无色品红 - 橙黄 G，200×）

NCN/ 神经胶质细胞核
SC/ 窦状毛细血管

图 9-9A 神经垂体内含大量无髓神经纤维（non-medullated nerve fiber, NF），由下丘脑神经内分泌细胞的轴突组成，神经纤维（neurofilament）免疫组织化学染色中呈丝状棕黄色。图 9-9B 神经垂体内分部于无髓神经纤维之间的细胞为神经胶质细胞（neuroglia cell, NC），胶质纤维酸性蛋白（glial fibrillary acidic protein, GFAP）免疫组织化学染色中胶质细胞的星形突起呈棕黄色。图 9-9C 神经胶质细胞是神经垂体的主要细胞成分，又称为垂体细胞（pituicyte），突触素（synaptophysin）免疫组织化学染色中，胶质细胞胞浆内可见棕黄色阳性颗粒。

与远侧部（PD）和神经部（PN）相比，垂体中间部（PI）呈狭长带状，主要为嗜碱细胞（CC），呈圆形或多角形，胞质丰富，核卵圆形深染。可分泌 ACTH 和促黑色素细胞激素（MSH）。Azan 染色中可清晰显示中间部，细胞核明显，胞浆淡染。高碘酸 - 无色品红 - 橙黄 G 染色中，中间部显示不如 Azan 染色清晰，但也能分辨，胞核明显，胞浆呈淡粉色。人类中间部很薄，发育较差。啮齿类动物中间部比较大，由衬覆立方上皮的垂体裂与腺垂体分开。大鼠及小鼠中间部的细胞可达 10 ～ 15 层（图 9-10）。

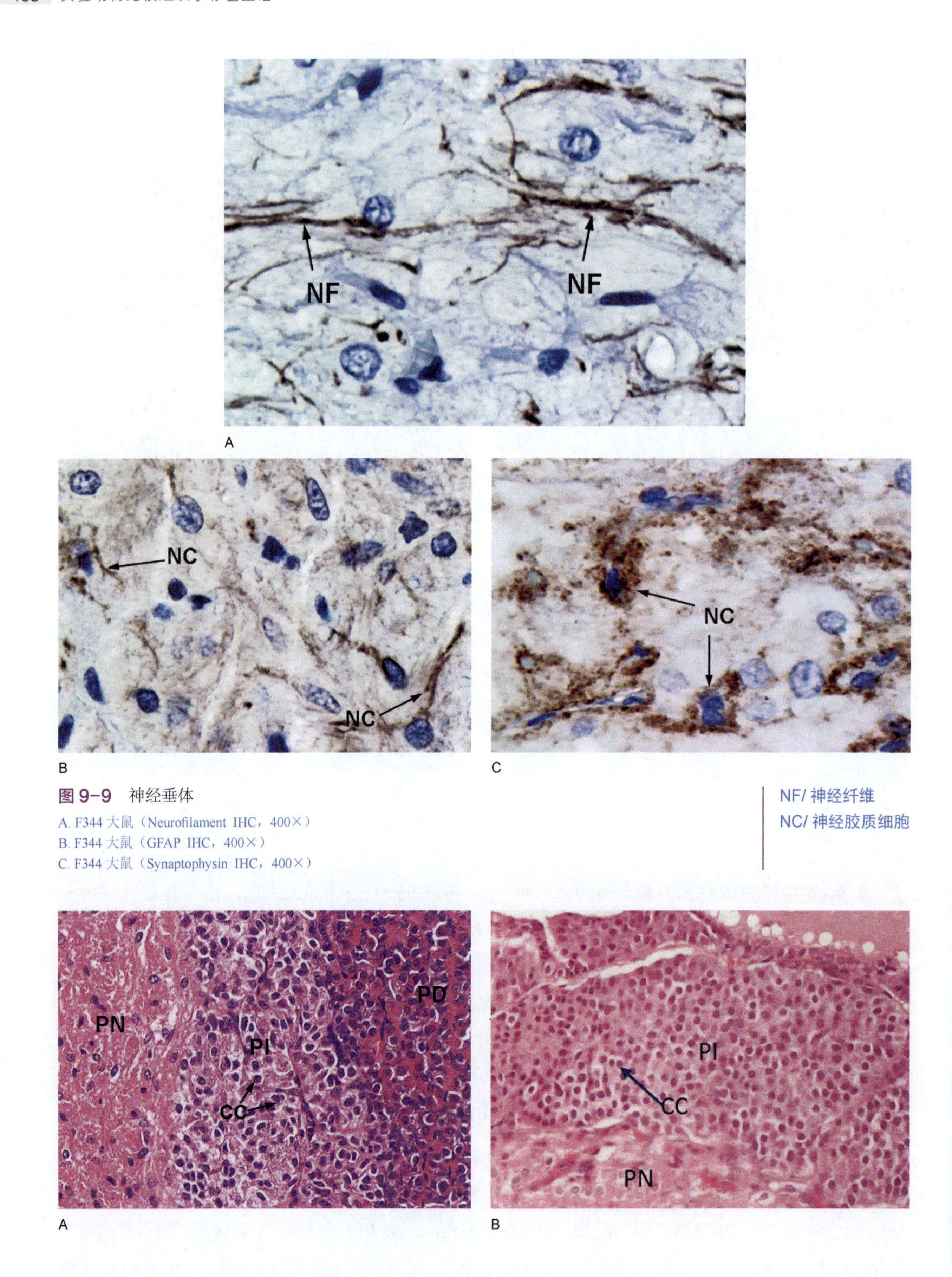

图 9-9 神经垂体

A. F344 大鼠（Neurofilament IHC，400×）
B. F344 大鼠（GFAP IHC，400×）
C. F344 大鼠（Synaptophysin IHC，400×）

NF/ 神经纤维
NC/ 神经胶质细胞

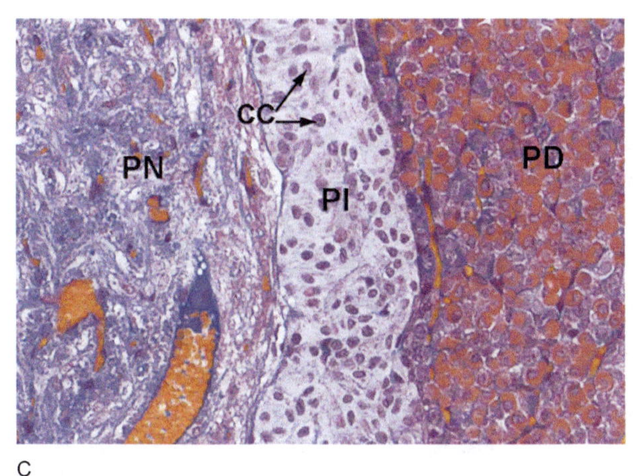

C

D

图 9-10　腺垂体中间部

A. BALB/c 小鼠（HE，200×）
B. SD 大鼠（HE，200×）
C. BALB/c 小鼠（Azan，200×）
D. BALB/c 小鼠（高碘酸 - 无色品红 - 橙黄 G，200×）

PN/ 神经部
PI/ 中间部
PD/ 远侧部
CC/ 中间部嗜碱细胞

β 脂肪酸释放激素（ lipotrophic hormone, LPH）主要由人垂体远侧部细胞分泌，作用于脂肪细胞，促进脂肪分解，产生脂肪酸。在啮齿类动物主要由垂体中间部细胞分泌，部分由垂体远侧部细胞分泌，性别及种属差异不明显，但随年龄增加表达减少（图 9-11）。

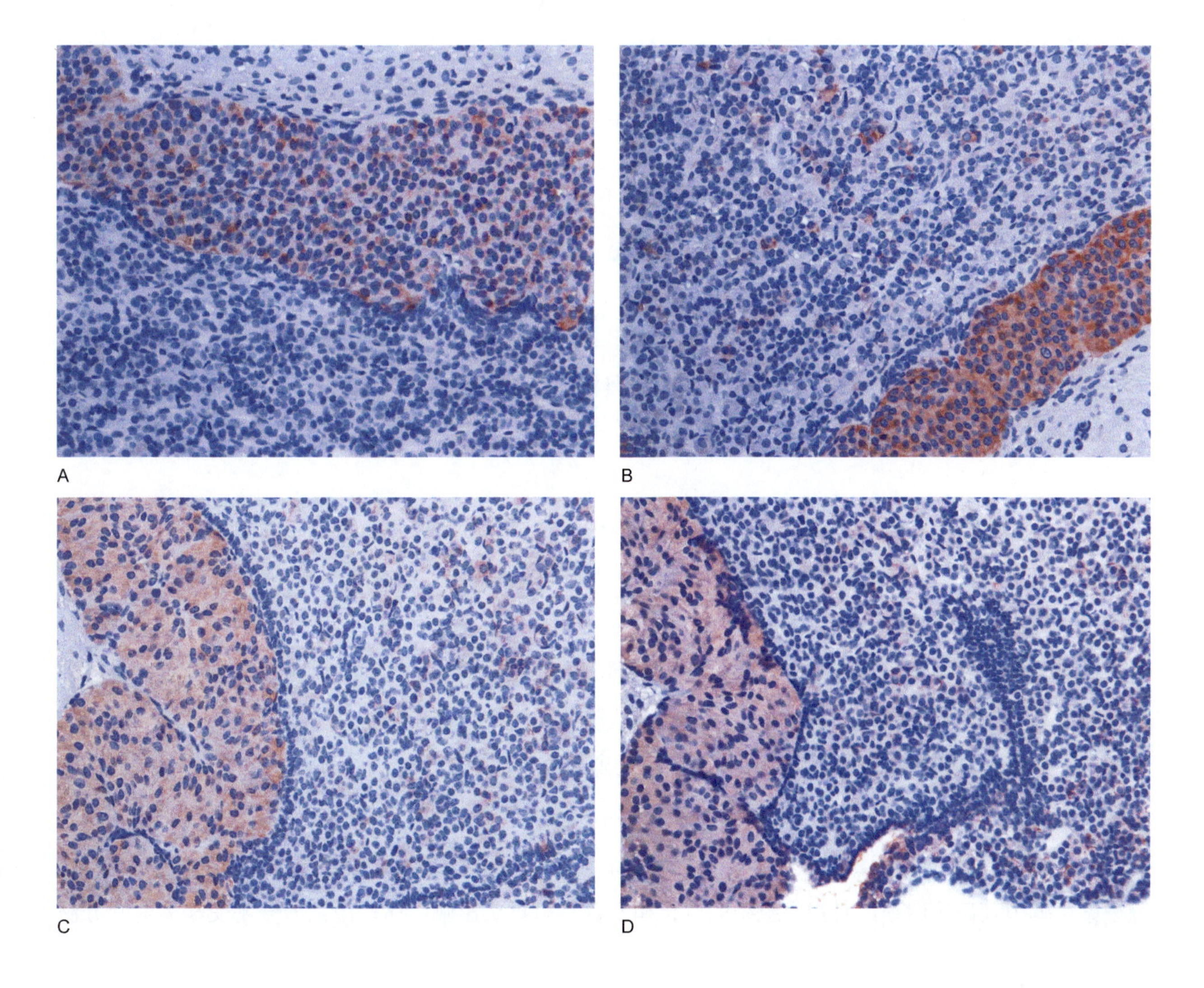

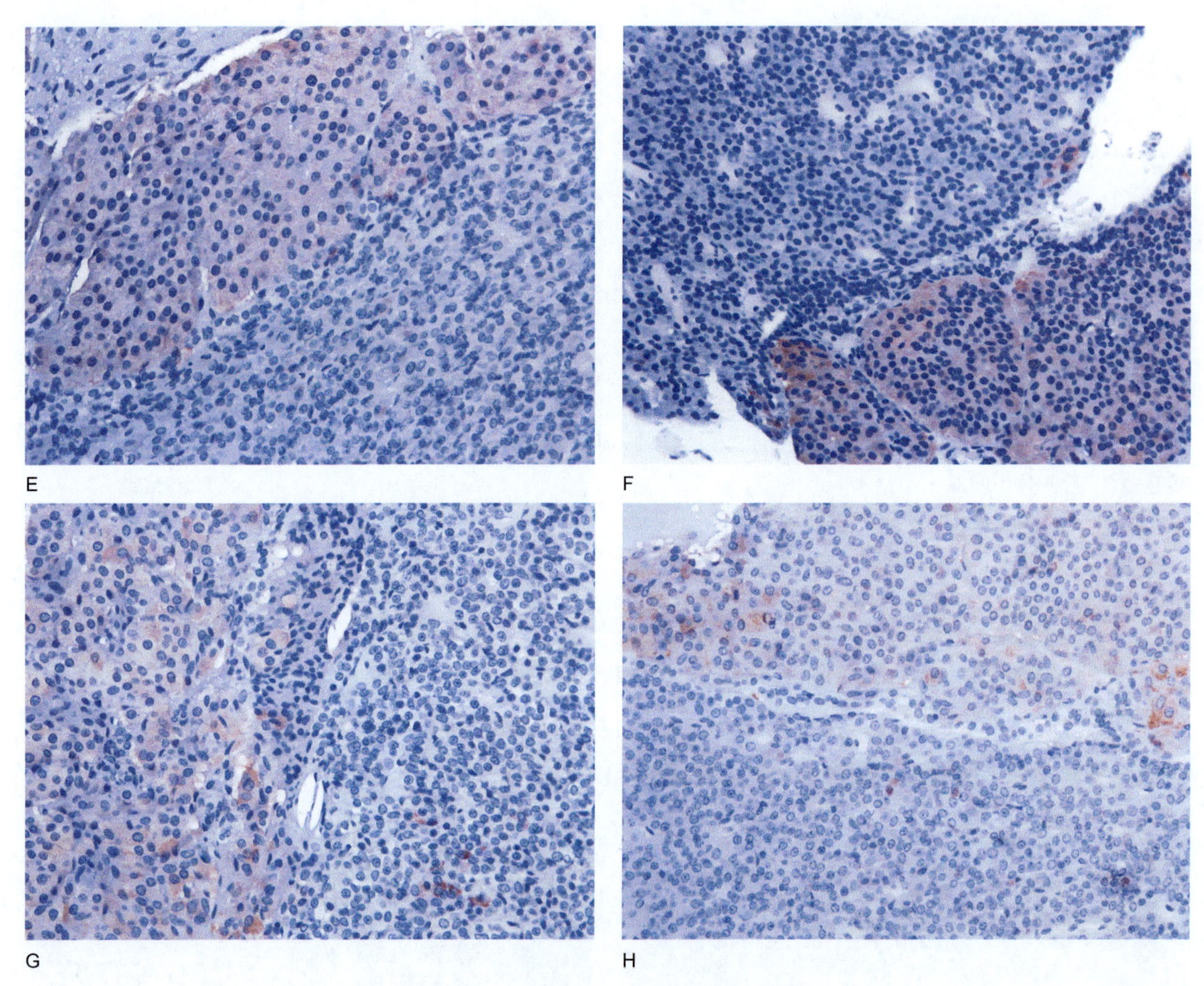

图 9-11 腺垂体中间部分泌 LPH 的细胞

A. SD 大鼠雄 4 周龄（LPH IHC，200×）；B. SD 大鼠雌 4 周龄（LPH IHC，200×）；C. KM 小鼠雄 4 周龄（LPH IHC，200×）
D. KM 小鼠雌 4 周龄（LPH IHC，200×）；E. SD 大鼠雄 4 月龄（LPH IHC，200×）；F. SD 大鼠雌 4 月龄（LPH IHC，200×）
G. SD 大鼠雄 22 月龄（LPH IHC，200×）；H.SD 大鼠雌 22 月龄（LPH IHC，200×）

第二节 甲 状 腺

甲状腺（thyroid）分左、右两叶，中间以峡部相连。甲状腺表面包有薄层结缔组织被膜。结缔组织伸入腺实质，将其分成许多大小不等的小叶，每个小叶内含有许多甲状腺滤泡（follicle），大小不一，呈球形、卵圆形或多角形，滤泡大小和形状随性别、年龄、饮食而有变化。雌性动物的甲状腺略重。动脉由被膜随结缔组织进入腺体内，在滤泡周围形成毛细血管网，毛细血管网再汇集成静脉。淋巴管和血管并行，在滤泡周围形成毛细淋巴管网。甲状腺的神经来自迷走神经和交感神经，神经分支与血管并行，分布到血管的平滑肌和腺细胞，调节甲状腺的分泌活动。

甲状腺滤泡主要分泌两种类型的激素——含碘激素 T3（tri-iodothyronine）和 T4（tetra-iodothyronine），T3 的直接分泌量较少，具有代谢活性，T4 通过去除 1 个碘分子后可转化为 T3。甲状腺激素可调节基础代谢率，对神经组织的生长和发育具有重要影响，这些激素的分泌受垂体前叶分泌的 TSH 调节。下丘脑检测到血中的甲状腺激素水平降低的时候，即释放 TRH，作用于垂体前叶，释放 TSH。滤泡旁细胞（C 细胞）分泌降钙素（calcitonin），可调节血钙水平，与甲状旁腺激素相呼应。降钙素通过抑制骨钙分解而降低血钙水平。它的分泌只依赖于血钙水平的变化，与垂体、甲状旁腺激素水平无关。甲状腺的独特之处在于它在滤泡内储存大量无活性激素，是唯一在细胞外储存激素的内分泌腺。甲状腺的大部分滤泡组织来自内胚层，而 C 细胞来自神经嵴。

甲状腺及甲状旁腺位于气管和食管两侧，喉部气管环两侧呈粉红色蝴蝶形，图 9-12 中标记为小鼠左侧甲状腺及甲状旁腺。

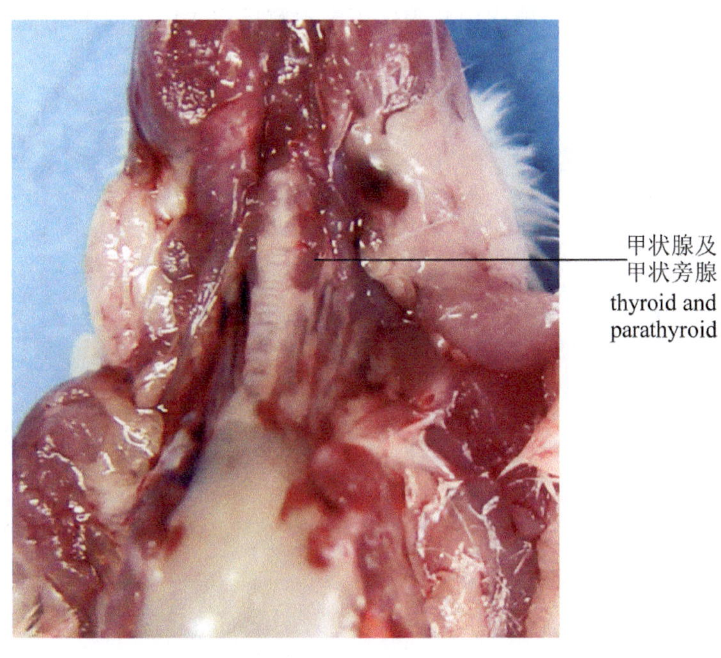

图 9-12 BALB/c 小鼠甲状腺解剖结构

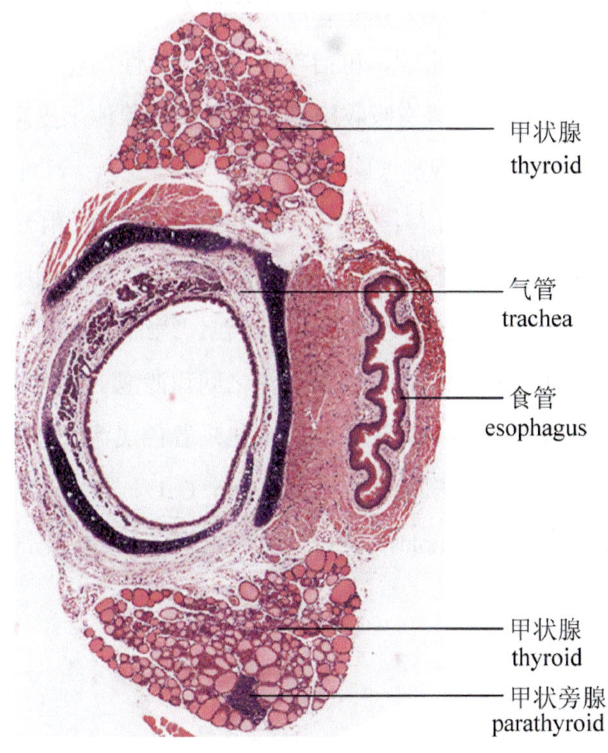

图 9-13 KM 小鼠甲状腺及甲状旁腺（HE，15×）

甲状腺（thyroid）和甲状旁腺（parathyroid）位于气管及食管两侧，甲状旁腺埋在甲状腺内部，靠近上极。

甲状腺表面的结缔组织被膜伸入实质，将实质分成大小不等的小叶，间质中血管丰富，大于肾脏的单位供血量。甲状腺实质主要由大小不等的滤泡（follicles, F）组成，是甲状腺的基本功能单位。滤泡壁由单层滤泡细胞构成，滤泡腔内充满上皮细胞分泌的胶质（colloid, Co），主要由甲状腺球蛋白构成，HE 染色呈粉红色（图 9-14）。滤泡细胞的功能是合成和分泌甲状腺球蛋白，摄取和氧化碘。滤泡细胞内碘浓度可达血浆内的 30 ～ 40 倍。滤泡细胞将碘释放进滤泡腔使甲状腺球蛋白碘化。碘化甲状腺球蛋白以两种形式储存 ——T3 和 T4。碘化甲状腺球蛋白水解后将 T3 和 T4 释放入血液。

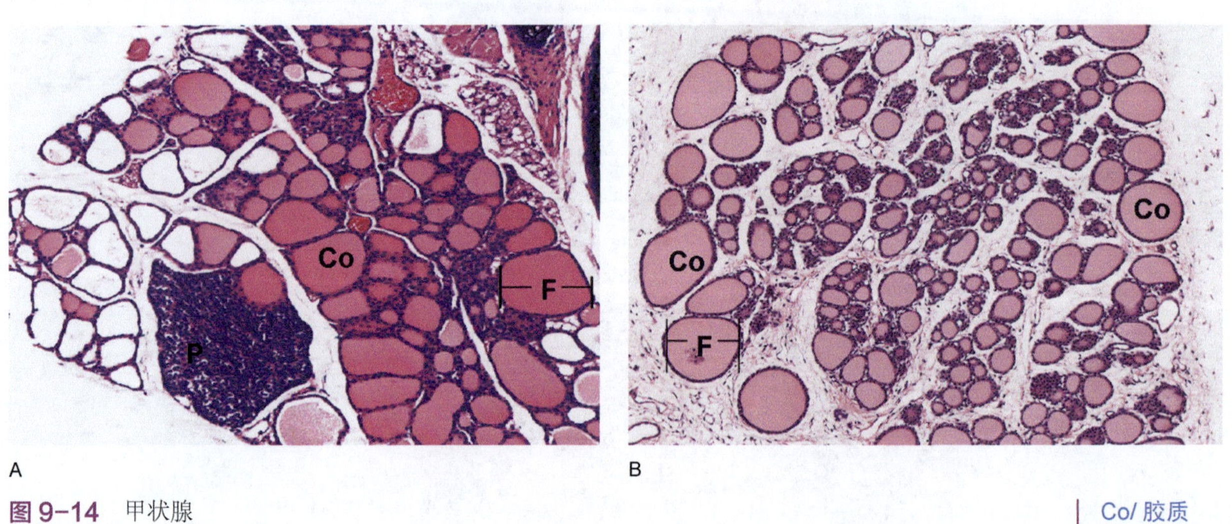

图 9-14 甲状腺

A. BALB/c 小鼠（HE，60×）
B. F344 大鼠（HE，60×）

Co/ 胶质
P/ 甲状旁腺
F/ 滤泡

甲状腺滤泡内的胶质为滤泡上皮细胞分泌物在腔内的储存形式，PAS 染色阳性。滤泡上皮细胞的形态、胶质的性质和含量受多种因素的影响，包括年龄、饮食、性别和内分泌状态。活跃的腺体上皮呈柱状，胶质稀薄，染色较浅，胶质边缘有吸收空泡。不活跃的腺体上皮扁平，腺腔扩张，充满浓稠胶质。随年龄增长，滤泡变大，大小不规则（图 9-15）。

电镜下可见滤泡上皮细胞游离面有微绒毛，胞质内有发达的粗面内质网和较多的线粒体（mitochondria, Mi），高尔基复合体位于核上区，溶酶体散在于胞质中。细胞顶部相邻面有紧密连接封闭滤泡腔，使甲状腺球蛋白不致泄出。紧密连接下方有桥粒，绕细胞侧面排列。

甲状腺滤泡旁细胞（parafollicular cell, PC）位于滤泡之间和滤泡上皮细胞（follicular cell, FC）之间，体积稍大，占甲状腺上皮细胞的不到 0.1%，HE 染色中胞浆着色浅淡，如图 9-17A 所示。 PC 有时呈团状分布，有时散布在 FC 之间，可分泌降钙素（calcitonin, Cal）。银染法可见胞浆内有嗜银颗粒。神经元特异性烯醇化酶（(neuron specific enolase, NSE）免疫组织化学染色滤泡上皮细胞（FC）胞浆无阳

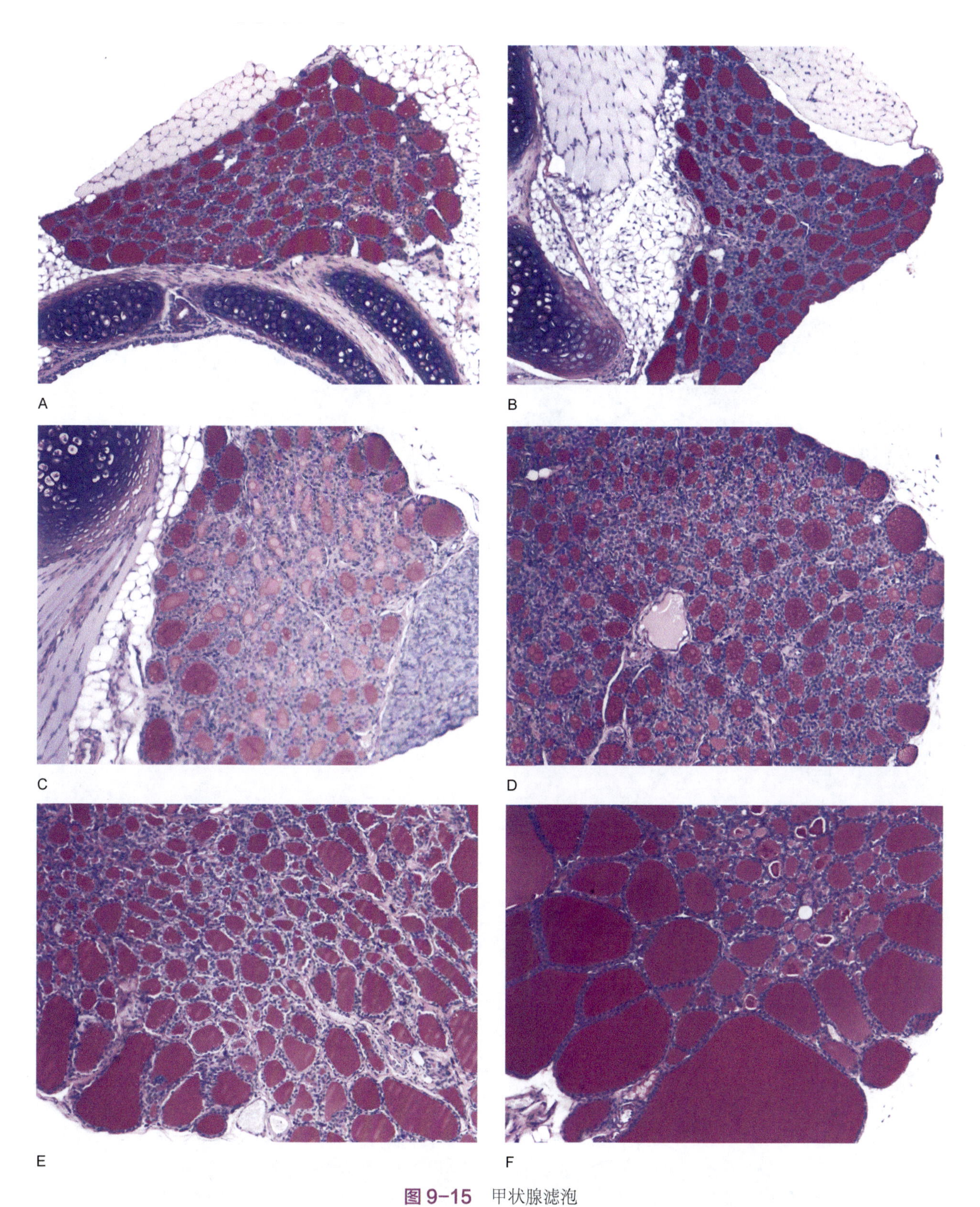

图9-15　甲状腺滤泡

A. KM小鼠雌4周龄（PAS，100×）；B. KM小鼠雄4周龄（PAS，100×）；C. SD大鼠雌4周龄（PAS，100×）
D. SD大鼠雄4周龄（PAS，100×）；E. SD大鼠雌4月龄（PAS，100×）；F. SD大鼠雄22月龄（PAS，100×）

性着色，滤泡旁细胞（PC）胞浆呈明显棕黄色。降钙素（Cal）免疫组织化学染色，PC的细胞浆呈现阳性着色。人类甲状腺的C细胞分布相对集中，在甲状腺中上1/3处，而大鼠C细胞分布较广泛，但以中间部最多。

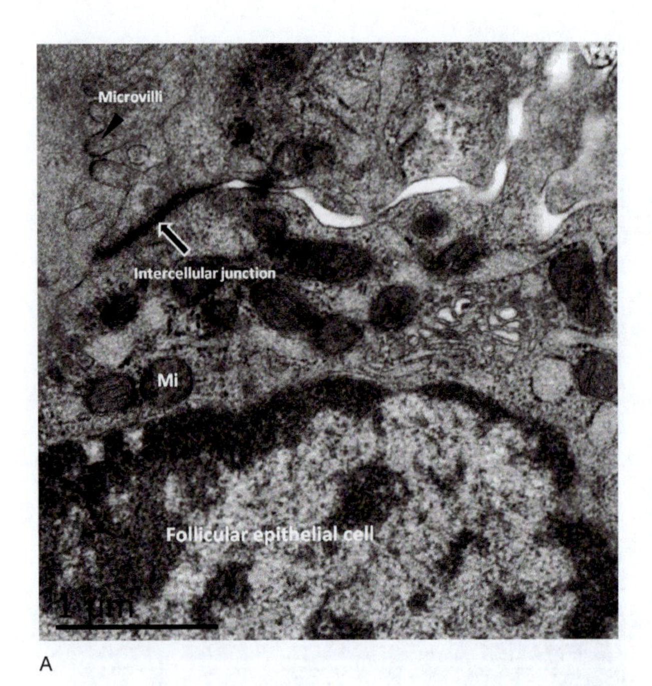

A

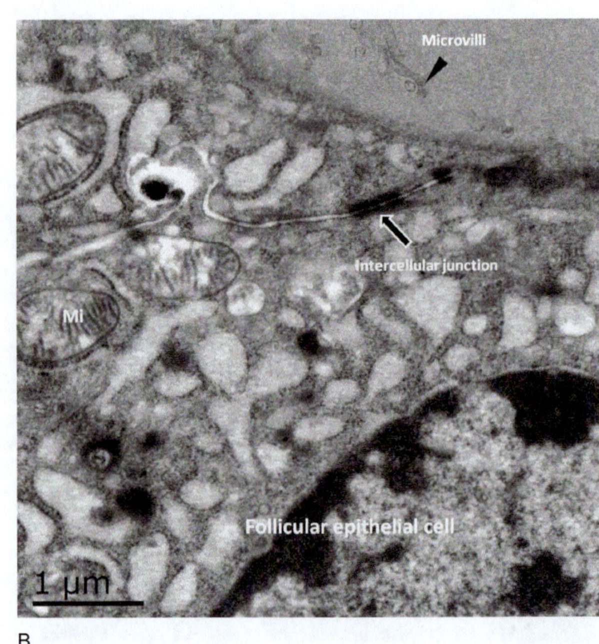

B

图 9-16 甲状腺滤泡上皮细胞的超微结构

A. F344 大鼠 3 周龄雌甲状腺；B. KM 小鼠 3 周龄雌甲状腺

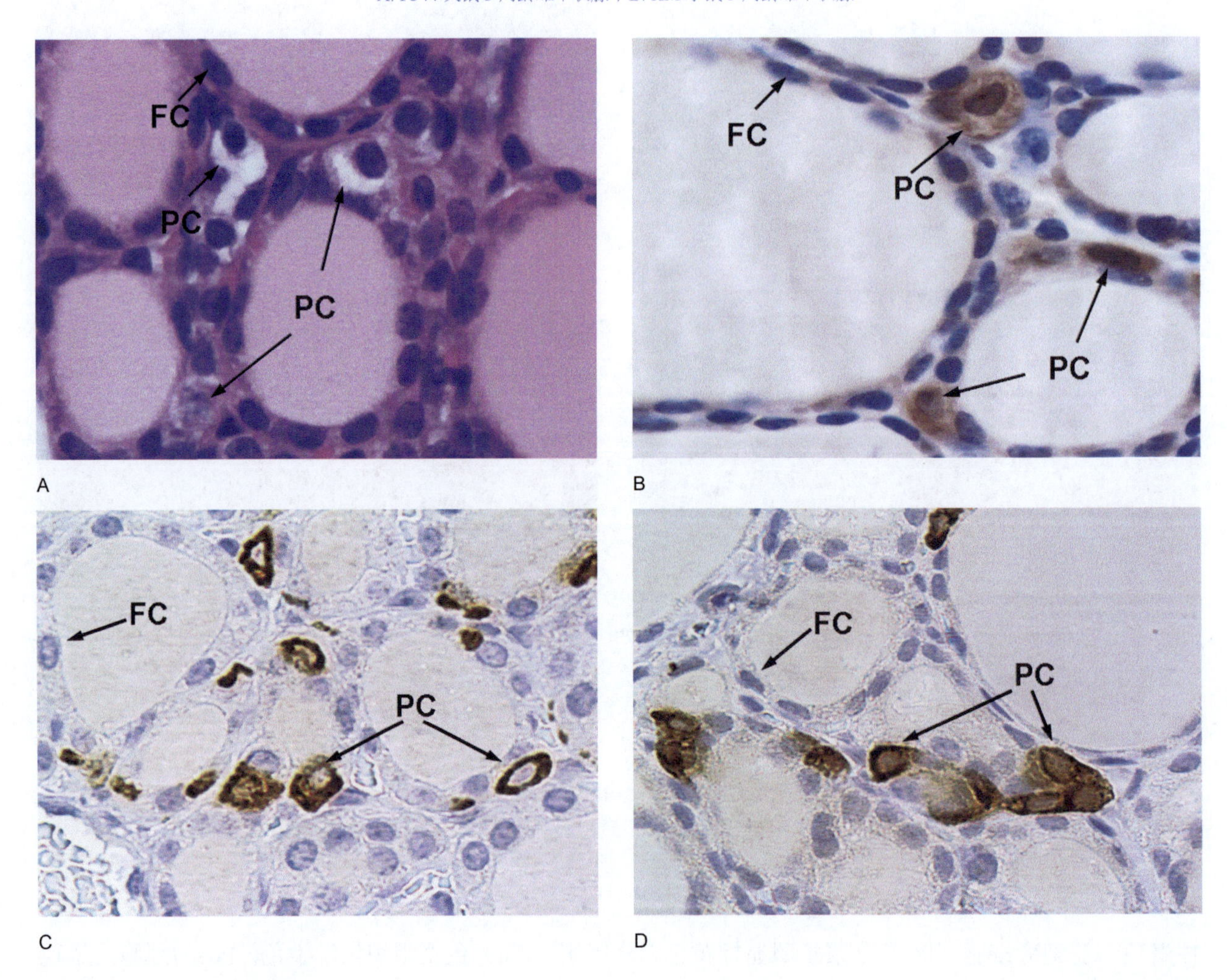

图 9-17 甲状腺滤泡旁细胞

A. BALB/c 小鼠（HE，400×）；B. BALB/c 小鼠（NSE IHC，400×）

C. KM 小鼠（Calcitonin IHC，400×）；D. SD 大鼠（Calcitonin IHC，400×）

FC/ 滤泡上皮细胞

PC/ 滤泡旁细胞

第三节 甲状旁腺

甲状旁腺（parathyroid, P）呈梭形，通常位于甲状腺的前外侧，微白色，有时也埋在甲状腺组织中。人类及大多数动物有两对甲状旁腺，而大鼠、小鼠和豚鼠只有一对甲状旁腺，埋藏于靠近上极的甲状腺组织边缘。同龄雌鼠的甲状旁腺体积比雄鼠的大一倍。大鼠通常有副甲状旁腺，位于喉部附近食管的背外侧或位于胸腺内。腺表面包有薄层结缔组织被膜，腺细胞排列成索团状，其间富含有孔毛细血管及少量结缔组织，还可见散在脂肪细胞，并随年龄增长而增多。小鼠的腺细胞为主细胞（chief cell, CC），人类则有主细胞和嗜酸性细胞（oxyphil cell, OC）两种。

甲状旁腺通过分泌甲状旁腺素（parathormone）来调节血钙和血磷的水平，其主要通过三种途径来调节血钙水平：一是直接作用于骨组织，增加破骨细胞重吸收率和促进骨基质的分解；二是直接作用于肾脏，增加肾小管对钙离子的重吸收并抑制磷的重吸收；三是促进小肠上皮对钙的重吸收。血钙的降低会刺激甲状旁腺激素的分泌，与甲状腺滤泡旁细胞分泌的降钙素共同作用以维持血钙的平衡。

甲状旁腺一般位于甲状腺（thyroid, T）深部背侧面，腺体表面包有薄层结缔组织被膜（capsule, Cap），实质内腺细胞排列成索团状，其间有毛细血管和少量结缔组织（图 9-18）。

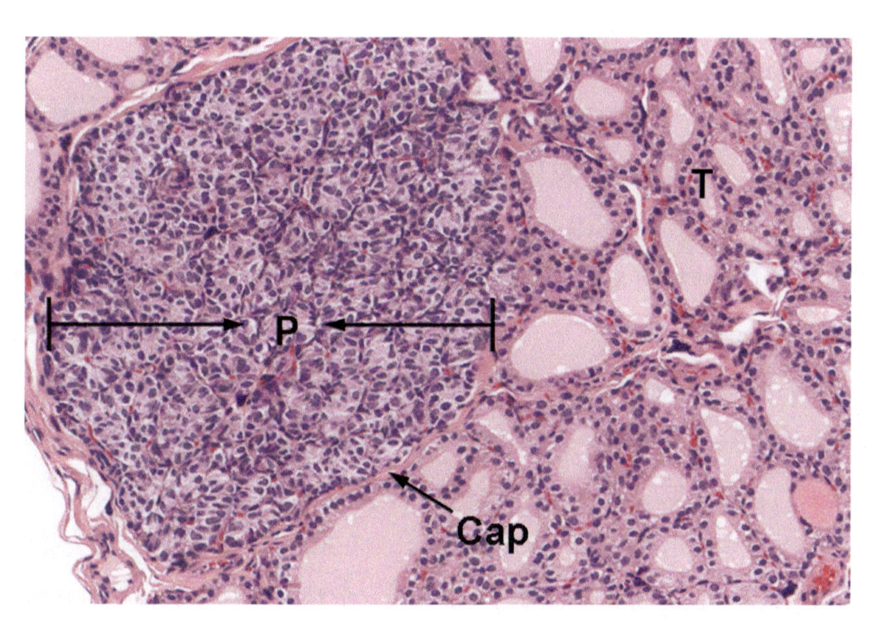

图 9-18 甲状旁腺 SD 大鼠（HE，100×）

P/ 甲状旁腺
Cap/ 甲状旁腺被膜
T/ 甲状腺

甲状旁腺腺细胞主要有两种：主细胞和嗜酸性细胞。主细胞可分为亮细胞（light cell, LC）和暗细胞（dark cell, DC）。亮细胞呈球形或卵圆形，胞浆淡染，有细小颗粒；暗细胞呈三角形或多角形，胞浆少(图 9-19)。通常认为 LC 为静息期的主细胞，DC 是活动期的主细胞。主细胞分泌甲状旁腺激素。嗜酸性细胞较主细胞略大，胞浆嗜酸性，散在分布，数量很少，无分泌功能，其具体功能还有待进一步研究。大鼠和小鼠甲状旁腺内几乎没有嗜酸性细胞。

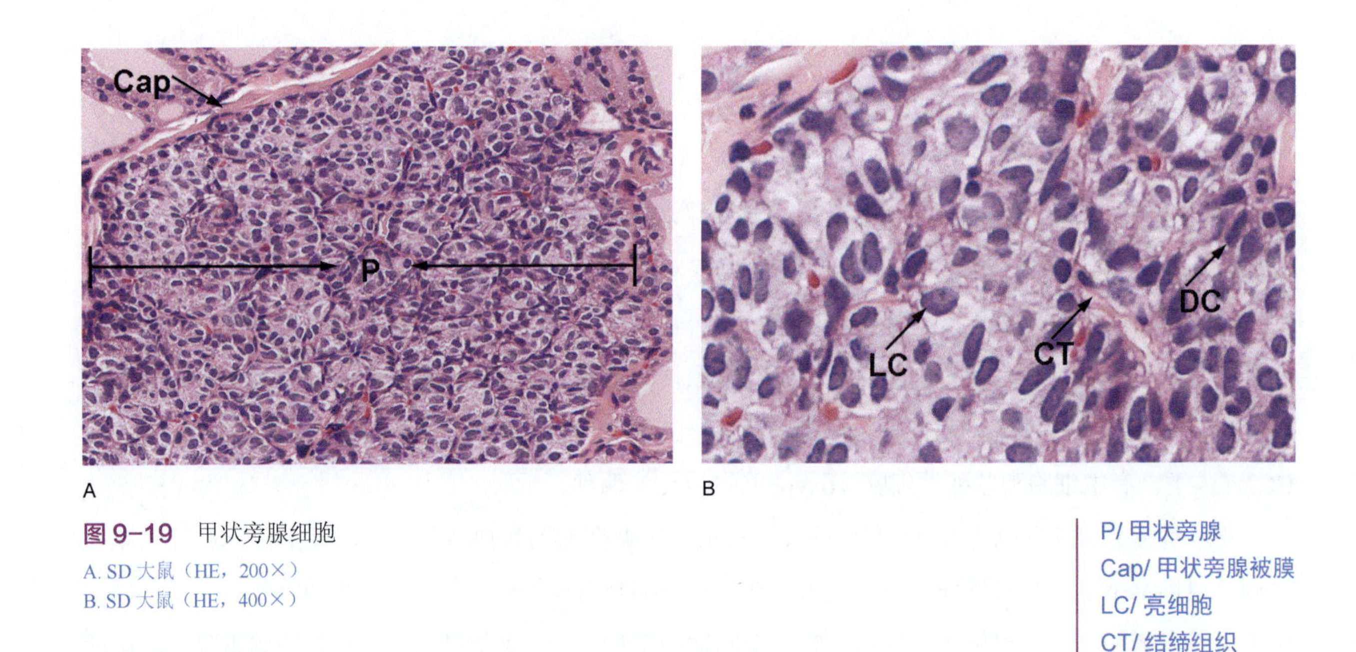

图 9-19 甲状旁腺细胞

A. SD 大鼠（HE，200×）
B. SD 大鼠（HE，400×）

P/ 甲状旁腺
Cap/ 甲状旁腺被膜
LC/ 亮细胞
CT/ 结缔组织
DC/ 暗细胞

第四节 肾 上 腺

肾上腺（adrenal gland）位于肾的上方，雌性腺体较雄性重。肾上腺由皮质和髓质组成，切面皮质呈淡黄色，髓质呈棕褐色，皮质：髓质：皮质约为 1：2：1。肾上腺皮质来自中胚层，髓质来自神经嵴。表面包以结缔组织被膜，少量结缔组织伴随血管和神经伸入腺实质内。

肾上腺皮质约占肾上腺体积的 80%，根据皮质细胞的形态结构和排列等特征，可将皮质分为三个带，即球状带（zona glomerulosa, ZG）、束状带（zona fasciculate, ZF）和网状带（zona reticularis, ZR）。球状带位于被膜下方，较薄；束状带是皮质中最厚的部分；网状带薄，位于皮质的内层。小鼠肾上腺皮质网状带不明显，在早期出现 X 带。小鼠 X 带相应于灵长类肾上腺的胎儿皮质，但于生后 10 天左右才开始发育，断奶时发育完成，退化有性别差异：雄性的 X 带在青春期消失，不发生脂肪空泡化，而雌性的 X 带在第一次妊娠时迅速退化，如果不交配，则在第 9 周时退化。有些去势的动物可不退化。X 带的退化或保留受 20α- 羟基类固醇脱氢酶活性的调节，此酶对于啮齿类妊娠时孕激素的平衡具有重要调节作用。小鼠的肾上腺皮质有三个特点：① 可见附属皮质组织，附着于皮质或分散于左侧腹膜后脂肪组织中；②在皮髓交界处可见细胞内棕黄色颗粒状至泡沫状的蜡样脂源性色素。此色素在 X 带退化时累积，也可为老年性改变；③ A 型梭形细胞或 B 型多角形细胞在被膜下平行于被膜增生，向束状带水平或垂直扩张，可达皮髓交界处。

肾上腺皮质主要分泌类固醇激素（steroid hormone），人的肾上腺皮质激素主要是皮质醇，小鼠主要是皮质酮。按功能分为三类：盐皮质激素（mineralocorticoid）与水电解质平衡有关；糖皮质激素（glucocorticoid）调解碳水化合物、蛋白质和脂质代谢；性激素（sex hormone）调节性腺激素的分泌。

小鼠肾上腺髓质占 20%，由多角形嗜铬细胞和散在的神经节细胞构成，嗜铬细胞排列成小梁状或球形，周围有扁平的支持细胞围绕，支持细胞光镜下不明显。人类的嗜铬细胞可分泌肾上腺素（adrenaline, epinephrine, A）和去甲肾上腺素（noradrenaline, norepinephrine, N），而其他动物嗜铬细胞只能分泌其中一种。小鼠85%的嗜铬细胞分泌肾上腺素。嗜铬细胞基本上是交感神经系统中节后肾上腺素能神经元的变形（没有树突和轴突）。节前胆碱能交感神经支配肾上腺髓质，将嗜铬细胞分泌的儿茶酚胺释放入血液。

皮质和髓质激素分泌的控制机制完全不同，皮质的分泌活性主要由垂体ACTH调节，髓质儿茶酚胺类激素的分泌直接受交感神经系统控制。

小鼠肾上腺位于肾的上方，呈黄色，左侧略呈三角形，如图9-20所示，肾周脂肪包裹，仅小部分露出，右侧略呈半月形，被肝脏覆盖。

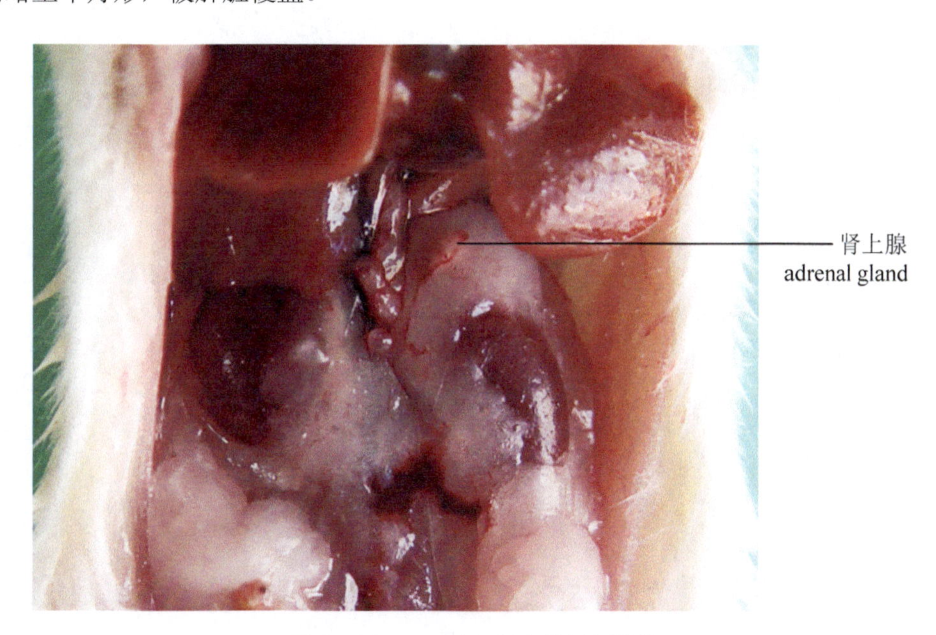

图9-20 KM小鼠肾上腺解剖结构

肾上腺周围被脂肪组织（adipose tissue, AT）包裹，表面有结缔组织被膜（capsule, Cap），肾上腺实质由周边的皮质（cortex, Cor）和中央的髓质（medulla, Med）两部分构成，两者在发生、结构和功能上均不同，皮质来自中胚层，髓质来自外胚层（图9-21）。

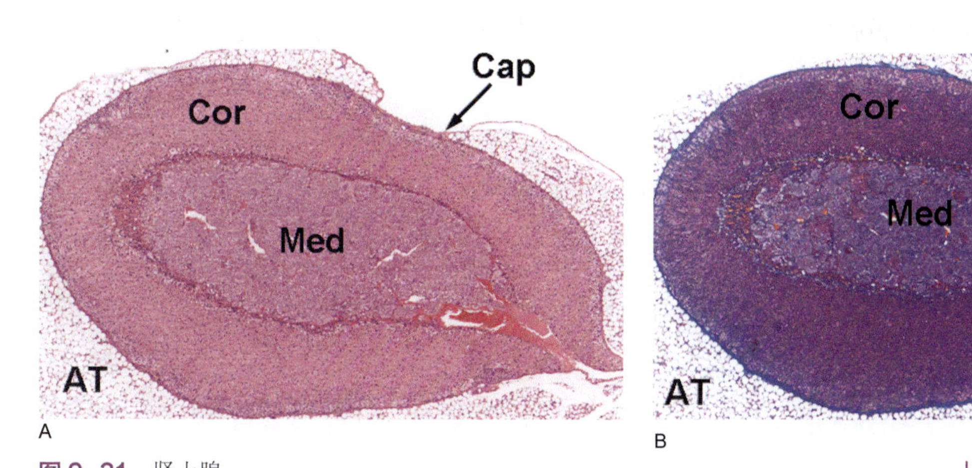

图9-21 肾上腺

A. KM小鼠（HE，60×）；B. KM小鼠（Azan，60×）

Cor/ 皮质 AT/ 脂肪组织
Med/ 髓质 Cap/ 被膜

球状带（ZG）位于被膜下方，较薄，约占皮质总体积的 10%;束状带（ZF）是皮质中最厚的部分，占皮质总体积的 80%；网状带（ZR）位于皮质的内层。Azan 染色中结缔组织被膜呈深蓝色，各区带细胞间也可见蓝染的结缔组织间隔，球状带细胞间结缔组织较丰富，蓝染明显，束状带细胞胞浆内脂滴染色清晰，排列呈带状，毛细血管呈橘黄色，网状带细胞间窦状毛细血管较多（图 9-22）。

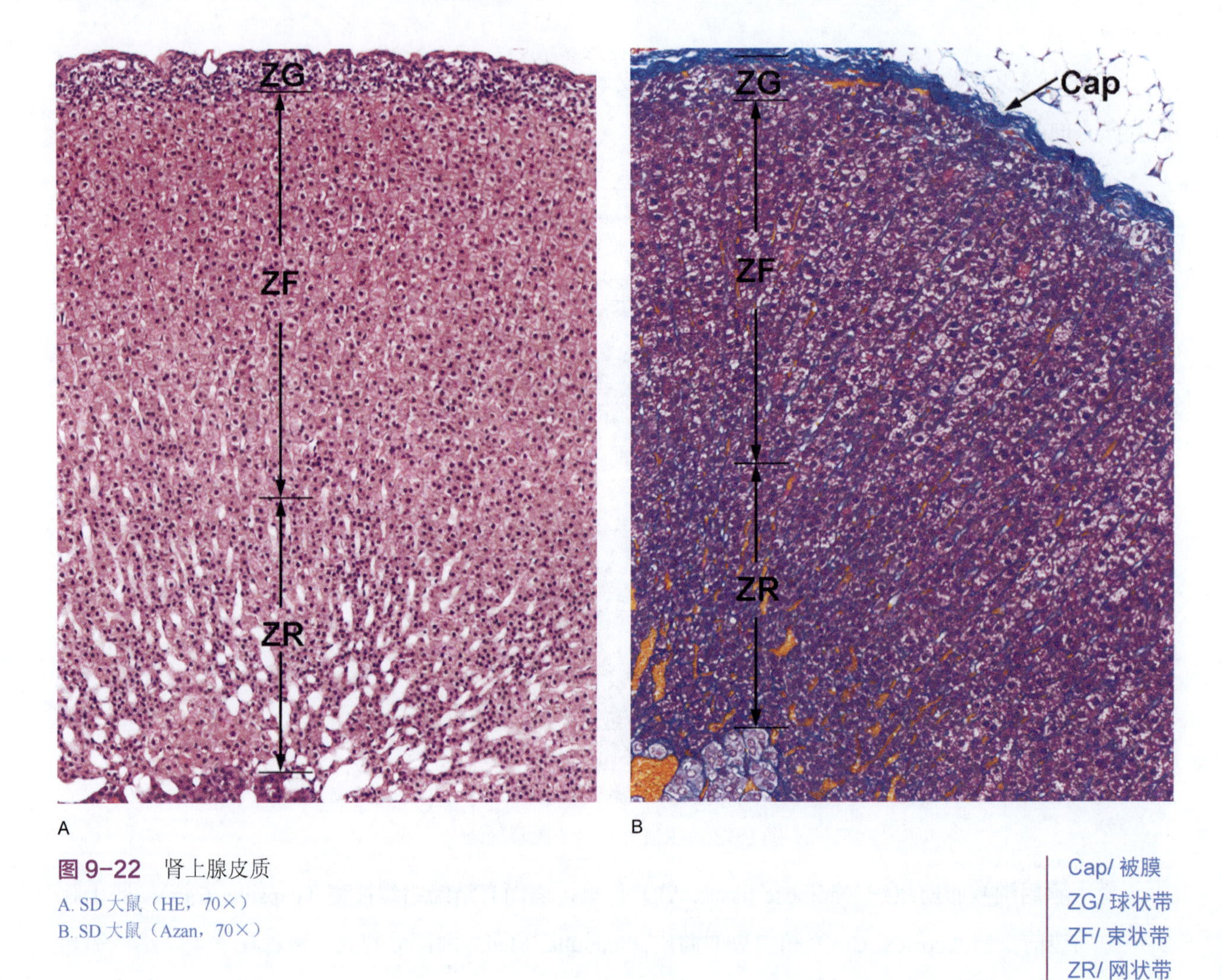

图 9–22 肾上腺皮质
A. SD 大鼠（HE，70×）
B. SD 大鼠（Azan，70×）

Cap/ 被膜
ZG/ 球状带
ZF/ 束状带
ZR/ 网状带

随动物年龄增加，肾上腺被膜增厚，细胞中脂滴增多。脂滴的含量也随动物生理状态而变化，在应激反应时，脂滴含量减少（图 9-23）。

球状带细胞（zona glomerulosa cell, ZGC）排列呈球团状或拱形，细胞较小，呈矮柱状或锥形，核小染色深，胞质较少，内含脂滴。细胞团之间为窦状毛细血管和少量结缔组织。球状带细胞分泌盐皮质激素（mineralocorticoid）。小鼠球状带较薄，部分区域不连续，大鼠的球状带比小鼠略厚，球状带细胞含脂滴多，在球状带与束状带之间的薄层区域处细胞含脂滴比较少。兔球状带发达，细胞排列呈索状（图 9-24）。

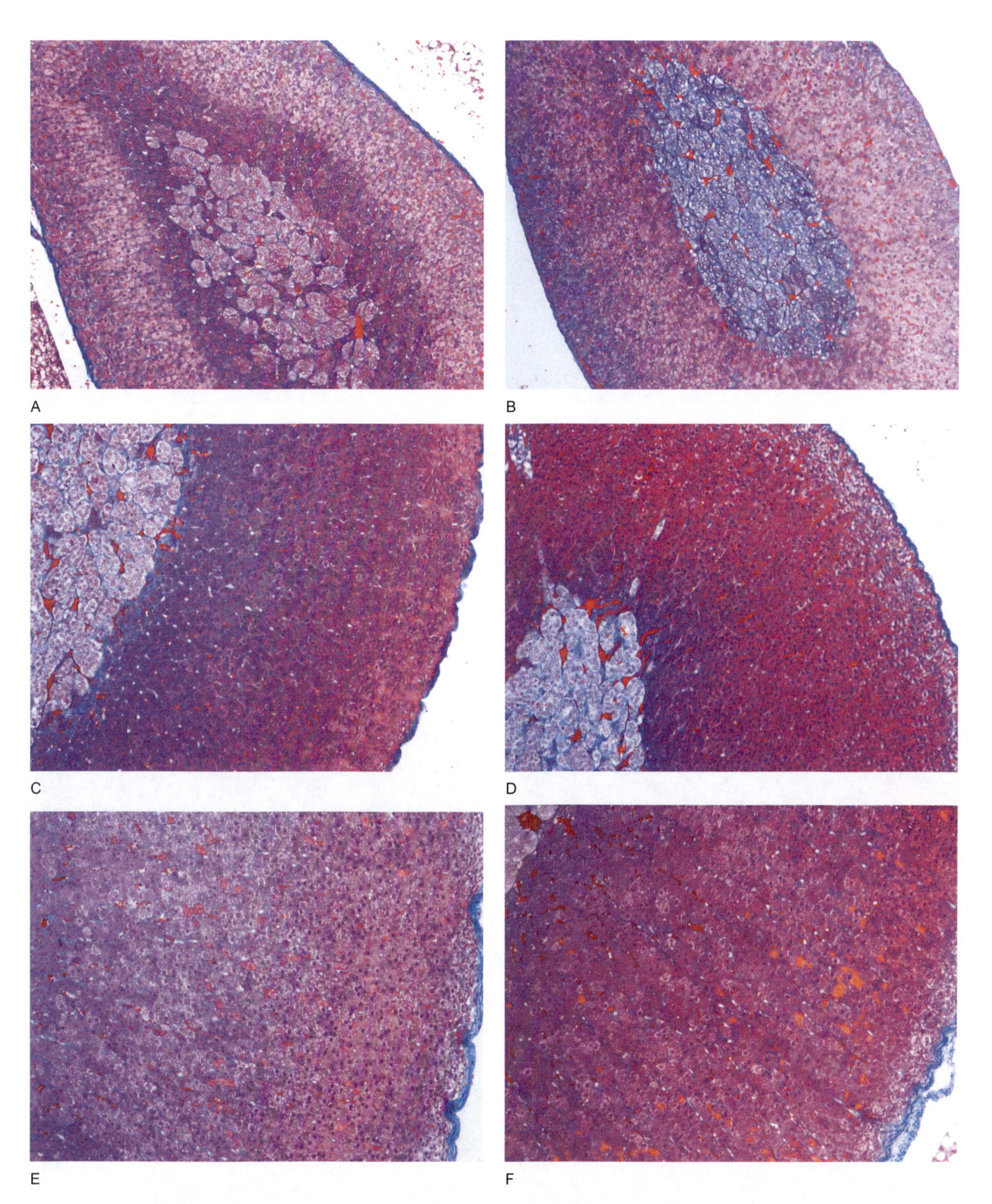

图 9-23　肾上腺皮质

A. BALB/c 小鼠雌 4 周龄（Azan，100×）；B. BALB/c 小鼠雄 4 周龄（Azan，100×）
C. SD 大鼠雌 4 周龄（Azan，100×）；D. SD 大鼠雄 4 周龄（Azan，100×）
E. SD 大鼠雌 4 月龄（Azan，100×）；F. SD 大鼠雄 4 月龄（Azan，100×）

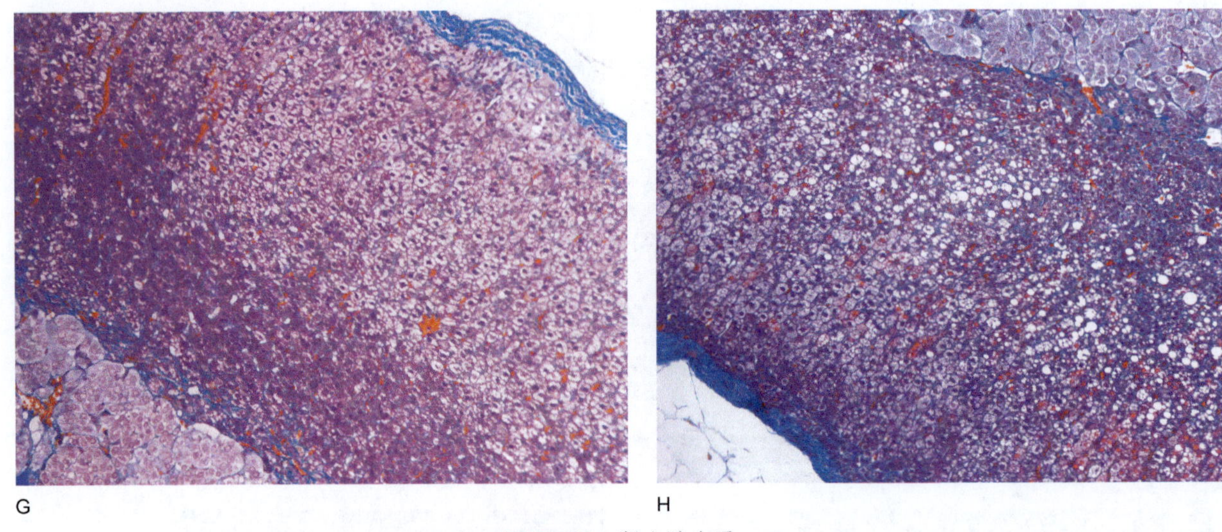

图 9-23 肾上腺皮质

G. SD 大鼠雌 22 月龄（Azan，100×）；H. SD 大鼠雄 22 月龄（Azan，100×）

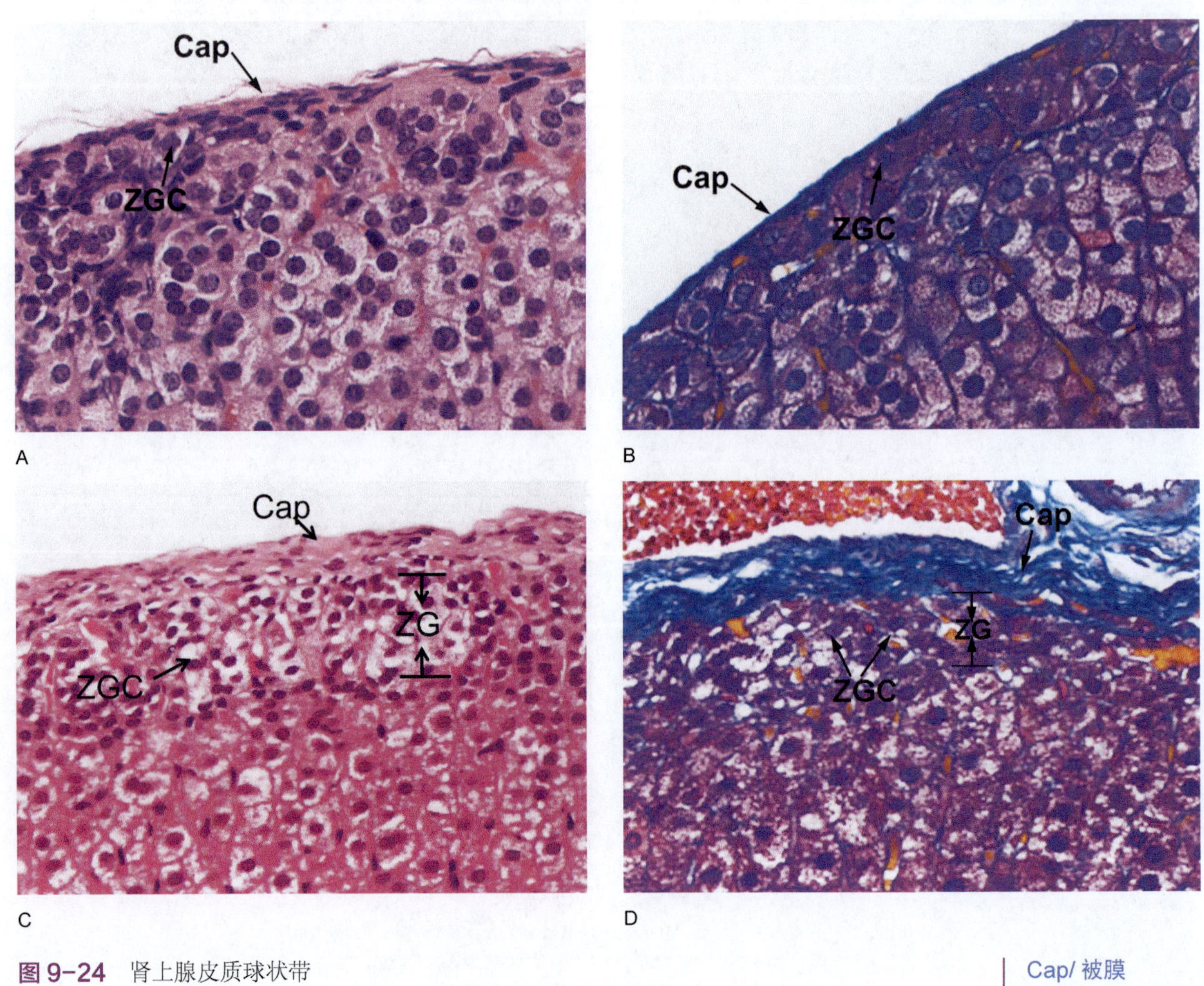

图 9-24 肾上腺皮质球状带

A. KM 小鼠（HE，200×）
B. KM 小鼠（Azan，200×）
C. SD 大鼠（HE，200×）
D. SD 大鼠（Azan，200×）

Cap/ 被膜
ZGC/ 球状带细胞
ZG/ 球状带

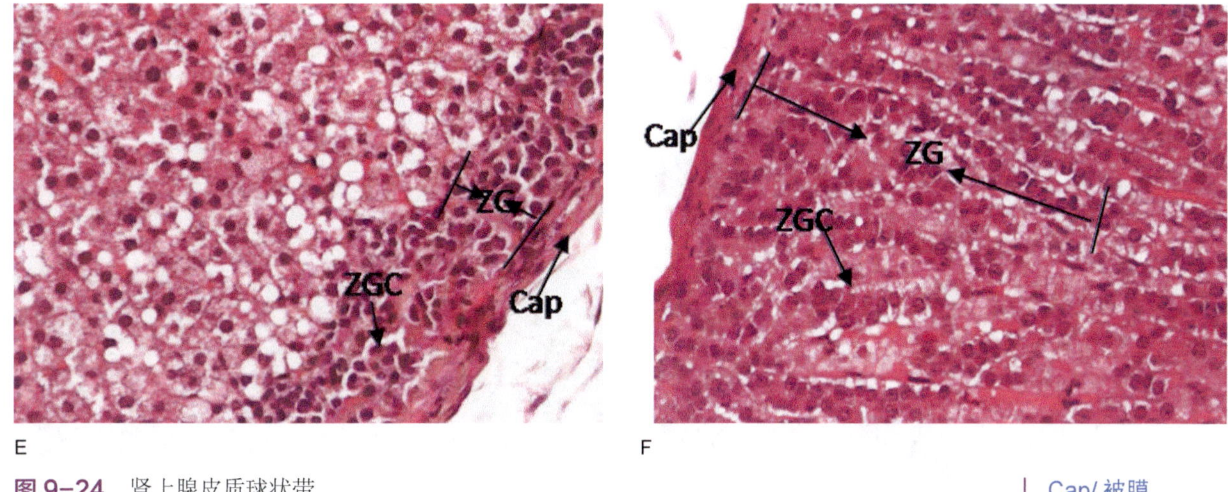

图 9-24　肾上腺皮质球状带

E. 豚鼠（HE，200×）
F. 兔（HE，200×）

Cap/ 被膜
ZGC/ 球状带细胞
ZG/ 球状带

束状带细胞（zona fasciculata cells, ZFC）比皮质其他两带的细胞大，细胞呈多边形，排列成单行或双行细胞索，索间为窦状毛细血管和少量结缔组织。细胞的胞核圆形，较大，着色浅。胞质内含有大量的脂滴，在常规切片标本中，因脂滴被溶解，故染色浅而呈空泡状。束状带细胞分泌糖皮质激素（glucocorticoid）（图 9-25）。

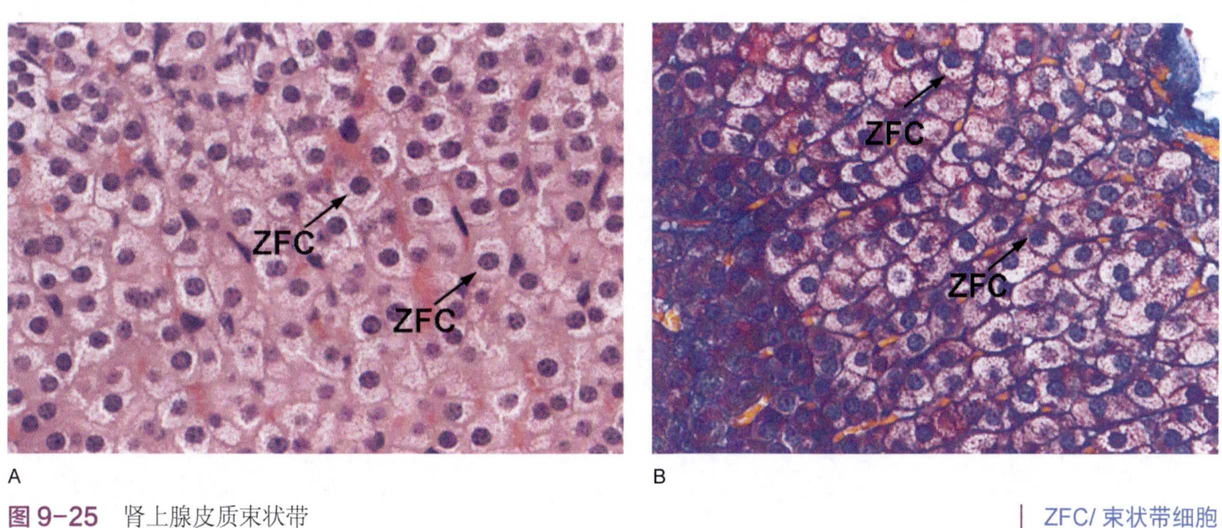

图 9-25　肾上腺皮质束状带

A. KM 小鼠（HE，200×）
B. KM 小鼠（Azan，200×）

ZFC/ 束状带细胞

电镜下肾上腺皮质束状带细胞内可见滑面内质网、线粒体（Mi）、高尔基体等细胞器发达，含有较多脂滴（图 9-26）。

网状带细胞（zona reticularis cell, ZRC）细胞索相互吻合成网，网间为窦状毛细血管和少量结缔组织。网状带细胞较束状带细胞小，胞核也小，着色较深，胞质内含较多脂褐素和少量脂滴，因而染色较束状带深。网状带细胞主要分泌雄激素，也分泌少量雌激素。人类的网状带较清楚，小鼠的网状带分界不清晰，常伸入髓质。小鼠的网状带细胞因不含 17-α 羟化酶，不能合成雄激素。豚鼠网状带较明显（图 9-27）。

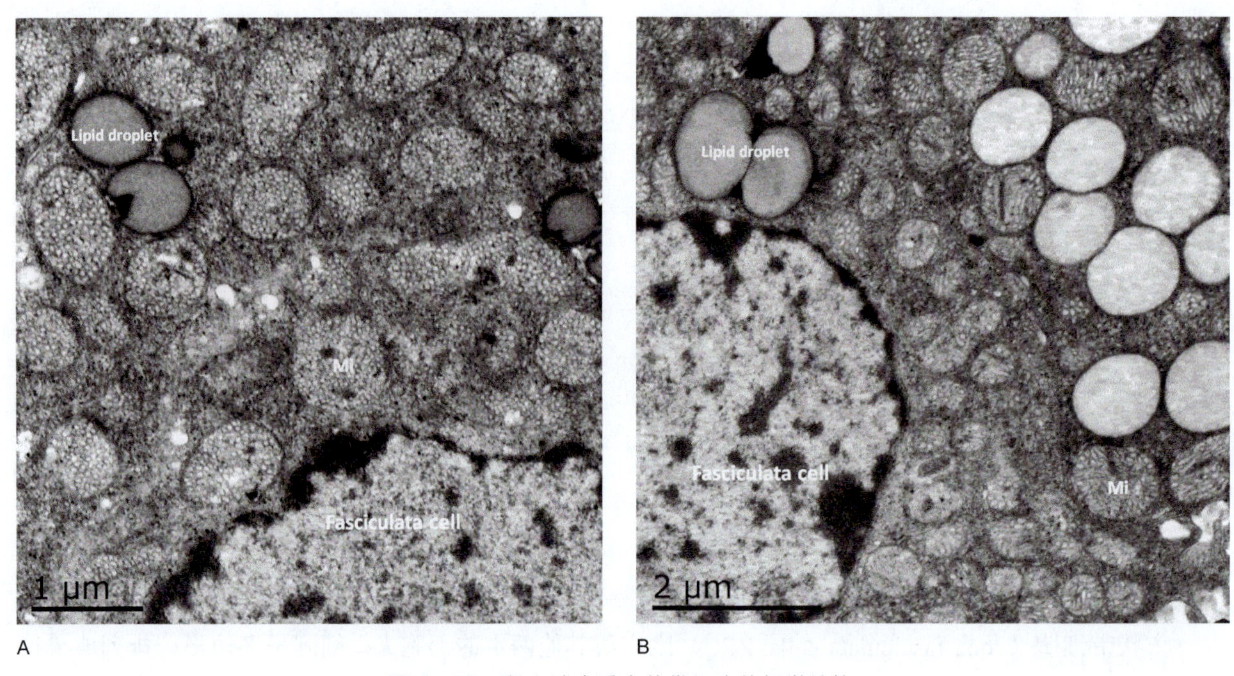

图 9-26 肾上腺皮质束状带细胞的超微结构

A. SD 大鼠 3 周龄雌肾上腺；B. BALB/c 小鼠 3 周龄雄肾上腺

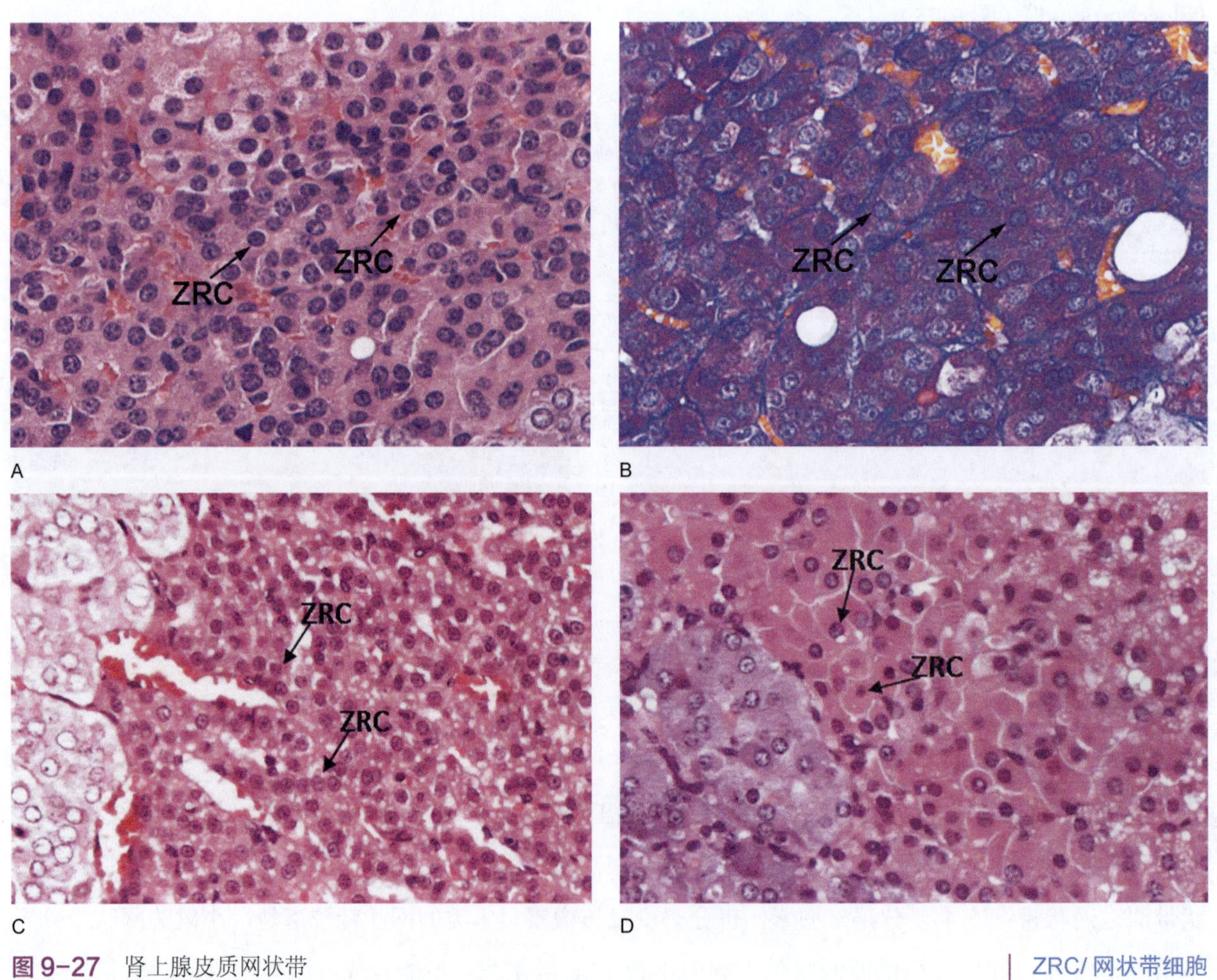

图 9-27 肾上腺皮质网状带

A. KM 小鼠（HE，200×）；B. KM 小鼠（Azan，200×）
C. SD 大鼠（HE，200×）；D. 豚鼠（HE，200×）

ZRC/ 网状带细胞

小鼠肾上腺皮质X区（X-zone, X）紧邻髓质（Med），与灵长类肾上腺的胎儿皮质相应，但与灵长类不同的是出生后10天才开始发育，且出生较长时间后才发生退化，由脂肪组织代替。其退化时间受20α-羟基类固醇脱氢酶活性的调节，有性别差异（图9-28）。

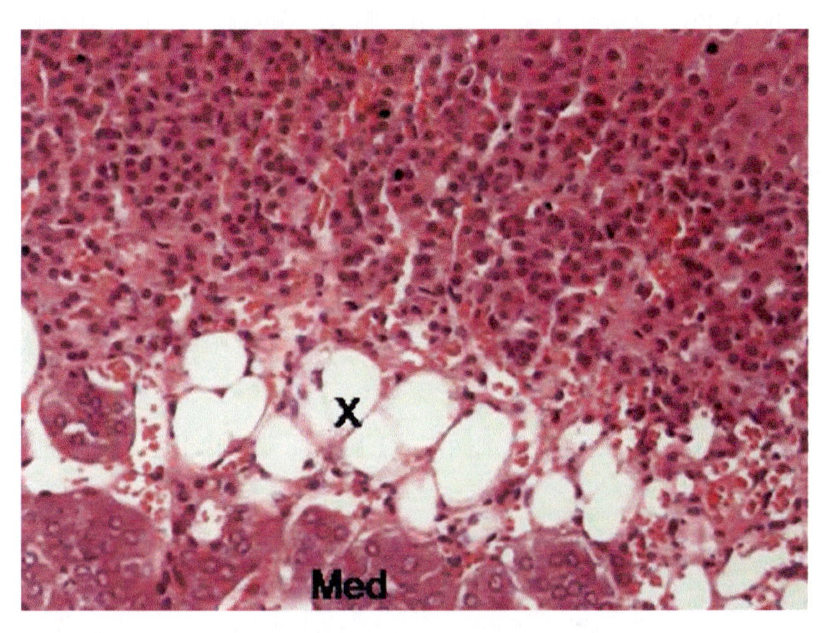

图9-28　肾上腺皮质X区KM小鼠（HE，100×）　　Med/髓质

髓质主要由排列成索或团的髓质细胞（medullary cell, MC）组成，其间为窦状毛细血管（vessle, V）和少量结缔组织。嗜铬细胞是大的上皮样细胞，胞浆丰富，嗜双色性，核圆形或椭圆形，染色质粗块状。如用含铬盐的固定液固定标本，胞质内呈现出黄褐色的嗜铬颗粒，因而髓质细胞（MC）又称为嗜铬细胞（chromaffin cell）。髓质细胞主要分泌肾上腺素（A）和去甲肾上腺素（N）。小鼠85%的嗜铬细胞分泌肾上腺素。图9-29中可见染色深浅不一的髓质细胞团，Azan染色中这种深浅区别更加明显。

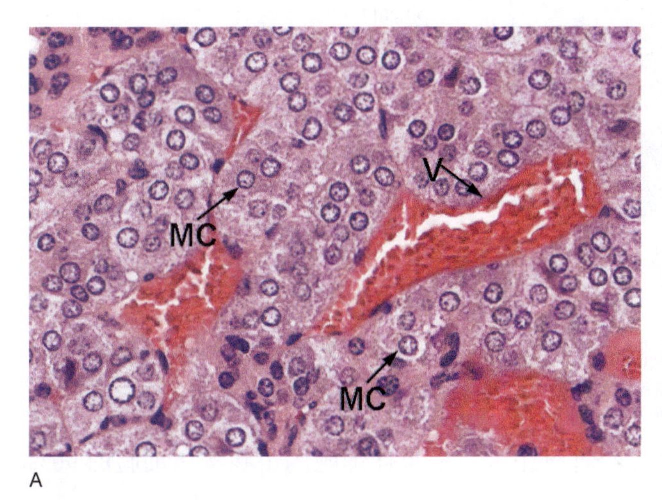

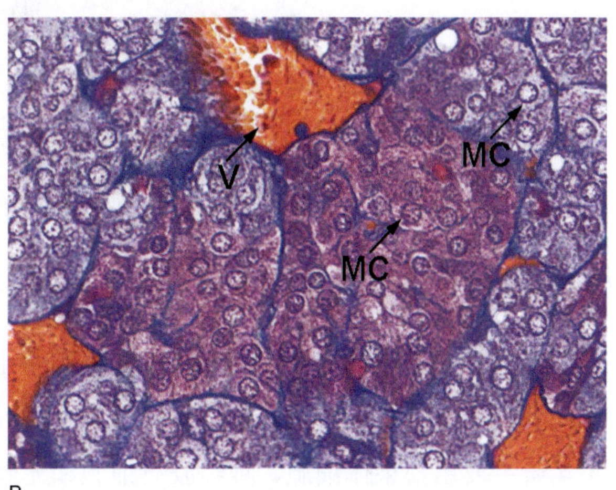

图9-29　肾上腺髓质

A. KM小鼠（HE，120×）

B. KM小鼠（Azan，120×）

MC/髓质细胞

V/窦状毛细血管

第五节 松 果 体

松果体（pineal body, PB）又称脑上腺，位于第三脑室后端间脑顶之上，第三脑室内衬脑室膜的一个小隐窝可扩展到松果体短柄内，松果体则借此柄与间脑顶部相连。腺体包以软脑膜，来自脑膜的结缔组织小梁进入腺体后环绕上皮样细胞索和滤泡。

在哺乳动物松果体主要通过分泌褪黑素（melatonin）参与下丘脑 - 垂体 - 性腺轴的调节，具有抑制生殖的作用。松果体的活动表现出明显的昼夜节律、月节律和年节律。松果体白天几乎不分泌褪黑激素，而夜间显著增加，影响昼夜节律的主要生理因素是光照。连续光照可使松果体重量减轻，细胞变小，神经纤维萎缩。如果实验过程中动物连续处于黑暗条件下或眼盲则松果体重量增加，细胞变大，胞质嗜碱性增强，脂滴增多。

松果体位于两大脑半球与小脑之间，以细柄与第三脑室后端间脑相连，呈扁椭圆形，灰白色。

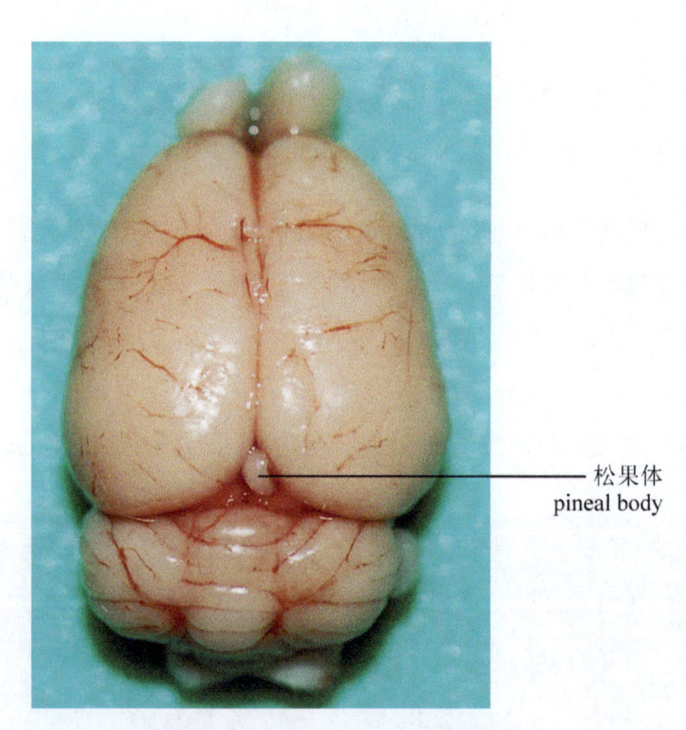

图 9-30 SD 大鼠松果体解剖结构

松果体外包以薄层结缔组织被膜，大鼠和小鼠的松果体为圆形，不分叶，人的松果体被膜的结缔组织进入腺实质形成中隔把实质分成许多小叶。HE 染色中，松果体由着色淡的上皮样细胞索组成，腺实质主要由松果体细胞、神经胶质细胞和无髓神经纤维组成。松果体细胞约占腺实质细胞的 90%（图 9-31）。

松果体主要由松果体细胞（pinealocyte, Pc）和神经胶质细胞（neuroglia cell, NC）组成。松果体细胞又叫主细胞，为特化的神经元，排列成团状或索状，胞体呈圆形或不规则形，核大，胞质弱嗜碱性，

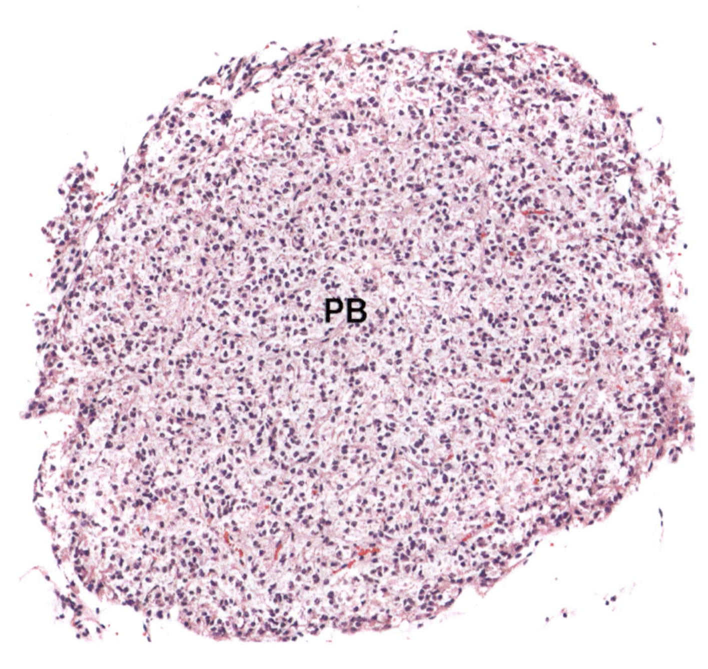

图 9-31　SD 大鼠松果体（HE，80×）　　PB/ 松果体

含有脂滴，有突起。松果体细胞分泌褪黑素，对光线敏感。胶质细胞主要为星形胶质细胞，分散在松果体细胞之间，胞核略小，染色深。神经胶质细胞主要起支持和营养作用。兔松果体细胞含脂滴较多（图 9-32）。

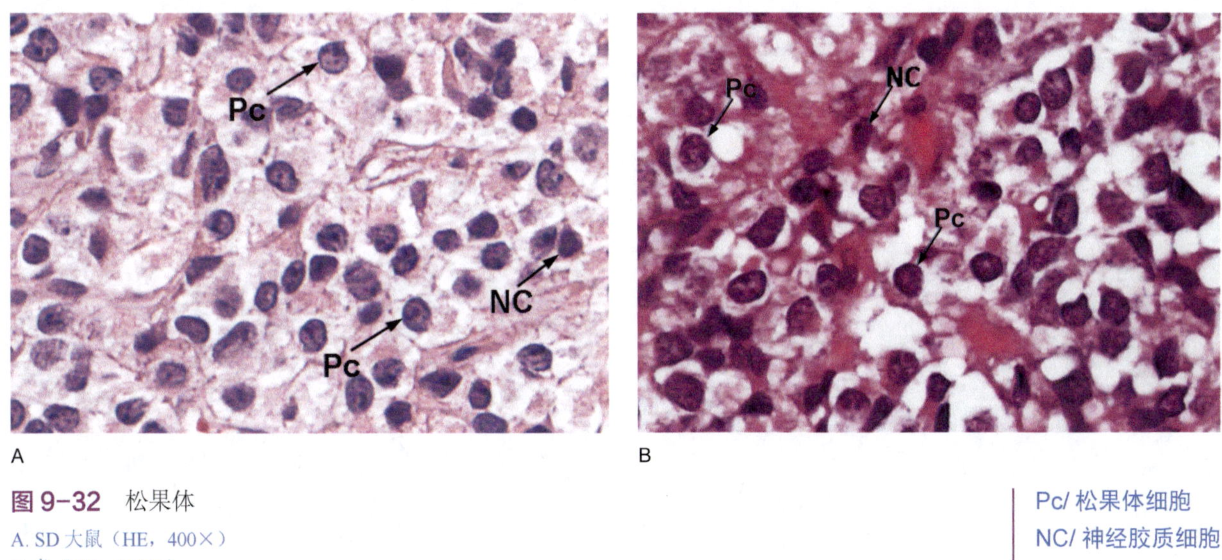

图 9-32　松果体

A. SD 大鼠（HE，400×）

B. 兔（HE，400×）

Pc/ 松果体细胞

NC/ 神经胶质细胞

松果体细胞主要分泌褪黑激素（melatonin, MLT），又称为松果体素，交感神经兴奋后，可释放入血。褪黑素可抑制下丘脑 - 垂体 - 性腺轴，使促性腺激素释放激素、促性腺激素、黄体生成素以及卵泡刺激素的含量均减低，并可直接作用于性腺，降低雄激素、雌激素及孕激素的含量。另外，MLT 有强大的神经内分泌免疫调节活性和清除自由基抗氧化能力。其表达未见种属及性别差异，并且老年鼠表达未见明显减少，老年鼠松果体细胞存在空泡变性（图 9-33）。

电镜下，松果体细胞胞质内线粒体（Mi）和游离核糖体较多，高尔基复合体较发达（图 9-34）。

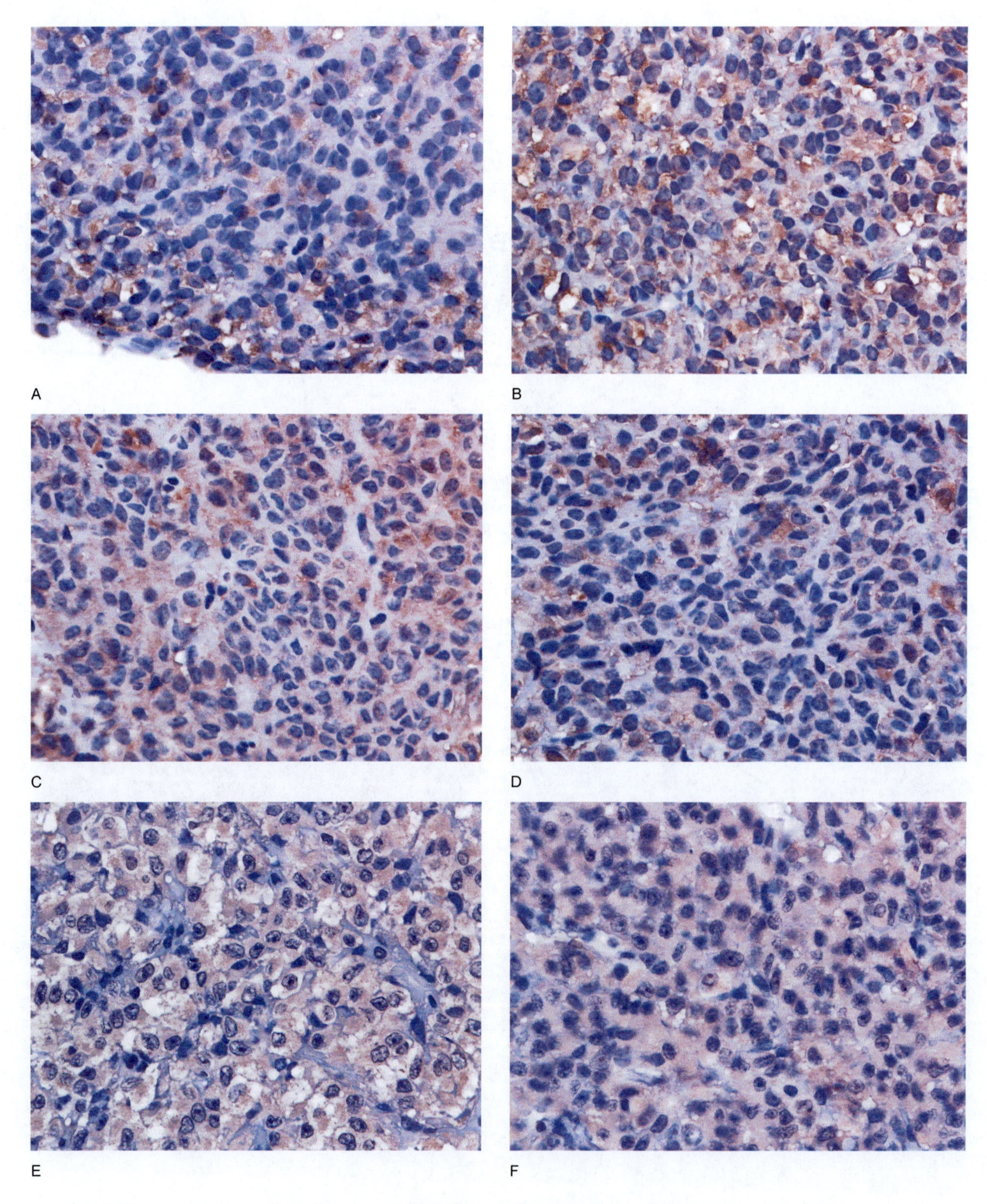

图 9-33 松果体细胞

A. F344 大鼠雄 3 周龄（MLT IHC，400×）；B. F344 大鼠雌 3 周龄（MLT IHC，400×）
C. BALB/c 小鼠雄 3 周龄（MLT IHC，400×）；D. BALB/c 小鼠雌 3 周龄（MLT IHC，400×）
E. SD 大鼠雄 22 月龄（MLT IHC，400×）；F. SD 大鼠雌 22 月龄（MLT IHC，400×）

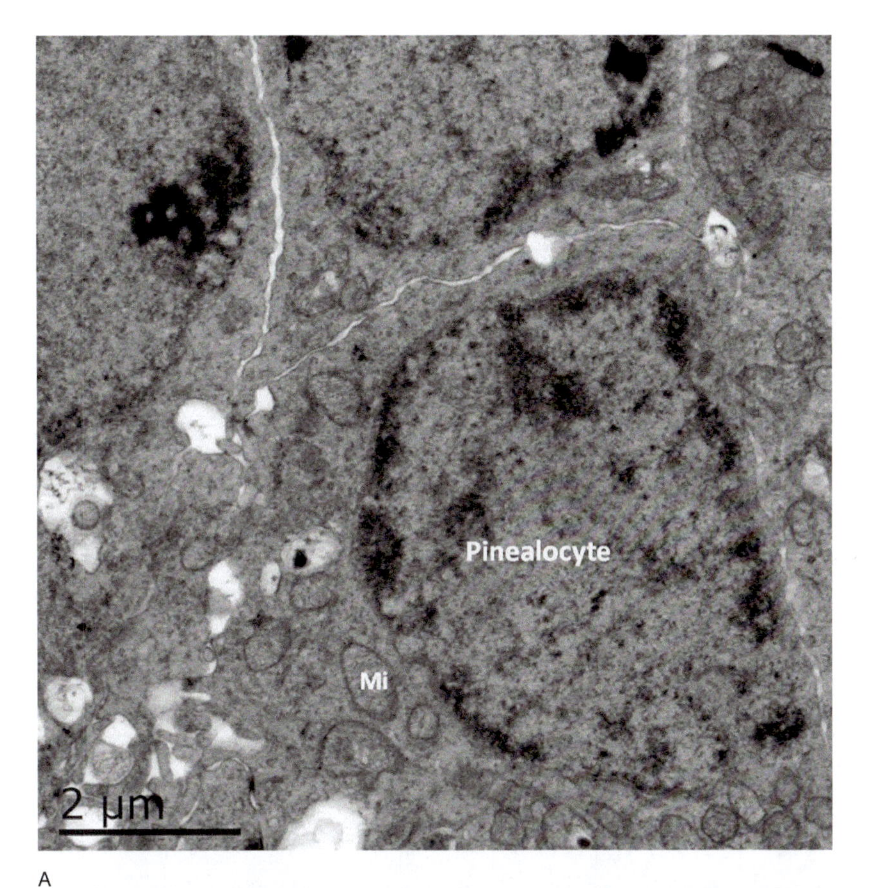

A

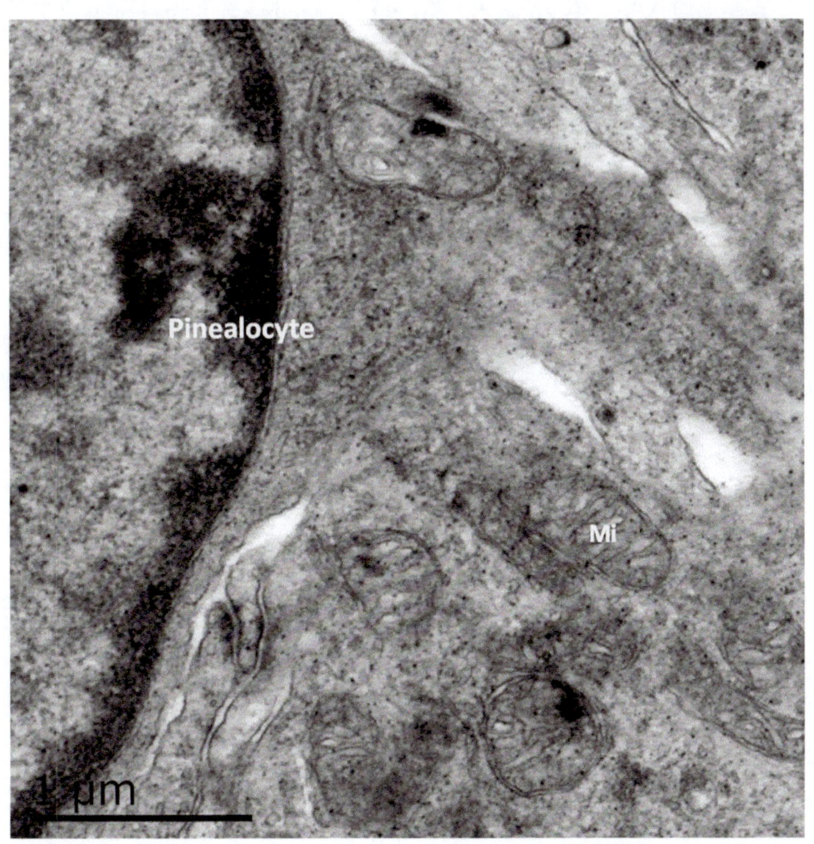

B

图 9-34　松果体细胞的超微结构

A. SD 大鼠 3 周龄雄松果体；B. F344 大鼠 3 周龄雌松果体

—— 比较组织学 ——

（1）同种系大鼠和小鼠相比，雌鼠的内分泌腺较雄鼠略重。

（2）犬的肾上腺形状与其他动物不同，犬左侧肾上腺为不正的梯形，前宽后窄，背腹扁平；右肾上腺略呈菱形，两端尖细。

（3）大鼠肾上腺皮质球状带较小鼠厚，细胞含脂滴较多，且球状带与束状带之间分界较清晰；兔球状带发达，细胞排列呈索状。小鼠的网状带不清晰，网状带细胞因不含17-α 羟化酶，不能合成雄激素；豚鼠网状带较明显。

（4）小鼠肾上腺可见附属皮质组织，附着于皮质或分散于左侧腹膜后脂肪组织中。小鼠肾上腺被膜下常可见A 型梭形细胞或B 型多角形细胞平行于被膜增生。

（5）肾上腺皮质主要分泌类固醇激素（steroid hormones），人的肾上腺皮质激素主要是皮质醇，小鼠主要是皮质酮。

（6）人类肾上腺的嗜铬细胞可分泌肾上腺素（adrenaline, epinephrine, A）和去甲肾上腺素（noradrenaline, norepinephrine, N），而其他动物嗜铬细胞只能分泌其中一种。小鼠85%的嗜铬细胞分泌肾上腺素。

（7）小鼠肾上腺皮质X区（X- zone, X）紧邻髓质（Med），与灵长类肾上腺的胎儿皮质相应，但与灵长类不同的是出生后10天才开始发育，且出生较长时间后才发生退化，由脂肪组织代替。其退化时间受20α- 羟基类固醇脱氢酶活性的调节，有性别差异。

（8）青年大鼠垂体嗜酸性细胞卵圆形、圆形或三角形，中等大小，多成群分布，约占细胞总数的40%；嗜碱性细胞体积大，卵圆形、圆形或多边形，在远侧部的中间部位分布较多，约占细胞总数的10%；嫌色细胞体积较小，圆形或多边形，胞浆少，细胞界限不清，数量多，约占细胞总数的50%。老龄大鼠嗜酸性细胞减少，以雌性更为显著。摘除性腺或老龄雄性大鼠垂体中分泌促性腺激素的嗜碱性细胞肥大，胞浆内形成胶体样空泡，核被挤压到边缘，称为去雄不育细胞。

（9）大鼠垂体前叶中分泌催乳素的细胞最多，占30%～50%，而人类垂体前叶中分泌生长激素的细胞最多，约占50%。

（10）大鼠垂体表达促黑素细胞刺激素，随年龄增加表达减少，雄性表达量多于雌性，其中雄性SD大鼠垂体表达相对多于F344大鼠。人的垂体中间部分泌黑素细胞刺激素。

（11）人类垂体中间部很薄，发育较差。啮齿类动物中间部比较大，由衬覆立方上皮的垂体裂与腺垂体分开。大鼠及小鼠中间部的细胞可达10～15层。

（12）β 脂肪酸释放激素在人与啮齿类动物的分布也不同，人主要由垂体前叶远侧部分泌，大鼠和小鼠主要由垂体中间部分泌，远侧部也部分分泌。

（13）人类甲状腺的C细胞分布相对集中，在甲状腺中上1/3处，而大鼠C细胞分布较广泛，但以中间部最多。

（14）甲状旁腺呈梭形，通常位于甲状腺的前外侧，微白色，又时也埋在甲状腺组织中。人类及大多数动物有两对甲状旁腺，而大鼠、小鼠和豚鼠只有一对甲状旁腺，埋藏于靠近上极的甲状腺组织边缘。

（15）同龄雌鼠的甲状旁腺体积比雄鼠的大一倍。大鼠通常有副甲状旁腺，位于喉部附近食管的背外侧或位于胸腺内。小鼠的腺细胞为主细胞（chief cell, CC），人类则有主细胞和嗜酸性细胞（oxyphil cell, OC）两种。

（16）甲状旁腺腺细胞主要有两种：主细胞和嗜酸性细胞，嗜酸性细胞较主细胞略大，胞浆嗜酸性，散在分布，数量很少，无分泌功能，其具体功能还有待进一步研究。大鼠和小鼠甲状旁腺内几乎没有嗜酸性细胞。

（17）大鼠和小鼠的松果体为圆形，不分叶，人的松果体分成许多不完全的小叶。

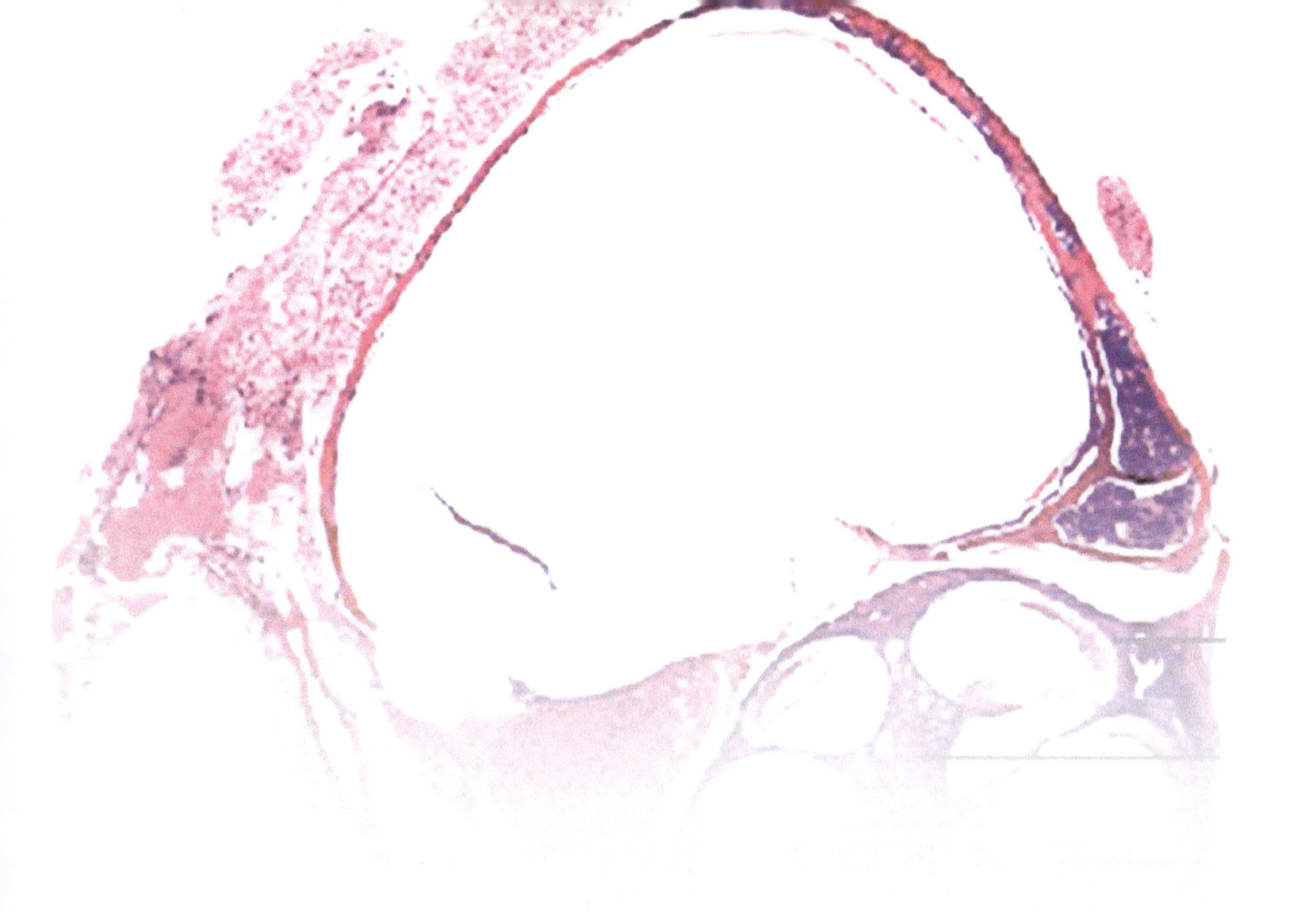

第 10 章 感觉器官

CHAPTER 10
SENSE ORGAN

第一节 皮　　肤

皮肤（skin）被覆于身体表面，由表皮（epidermis）和深层的真皮（dermis）组成，借皮下组织（hypodermis）与深部的深筋膜等结构相连（图 10-1）。皮肤中的毛（hair）、趾甲（nail）、皮脂腺（sebaceous gland）、汗腺（sweat gland）是胚胎发生时由表皮衍生的附属结构，称为皮肤附属器（skin appendages）。大鼠和小鼠全身皮肤结构基本相同，不同部位的皮肤厚度、角化程度等方面略有差异（图 10-2）；另外，不同部位的皮肤在毛的特点（粗细、数量、颜色、朝向）、腺体类型、色素沉着等方面均存在差异。皮肤具有屏障、保护、感觉、调节体温的功能，而且随着研究的深入，发现皮肤还有参与免疫应答等多种重要的功能，被认为是免疫系统的组成部分之一。大鼠和小鼠被覆全身的皮肤有毛，相对较薄，足跖屈侧是角化层较厚的无毛皮肤。

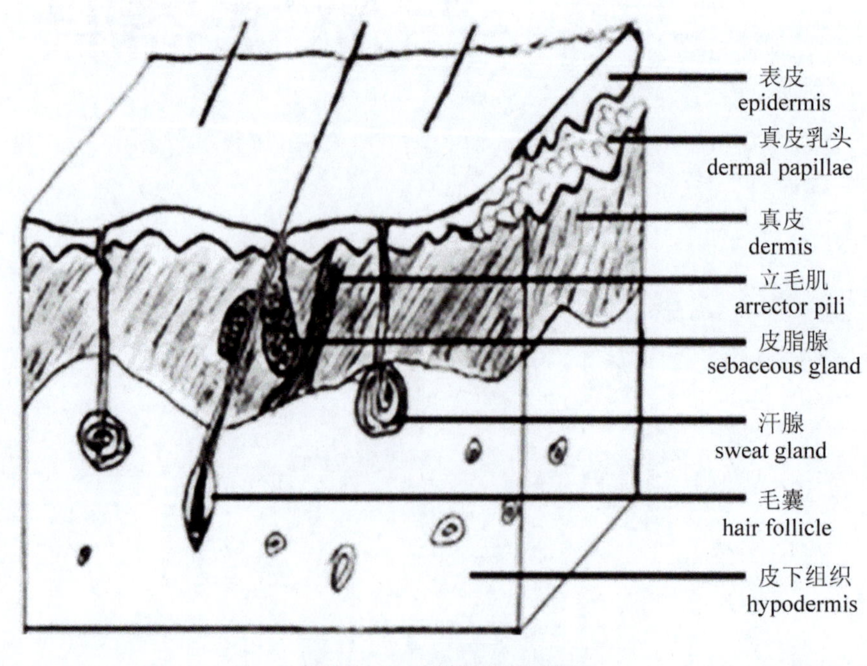

图 10-1　皮肤结构模式图

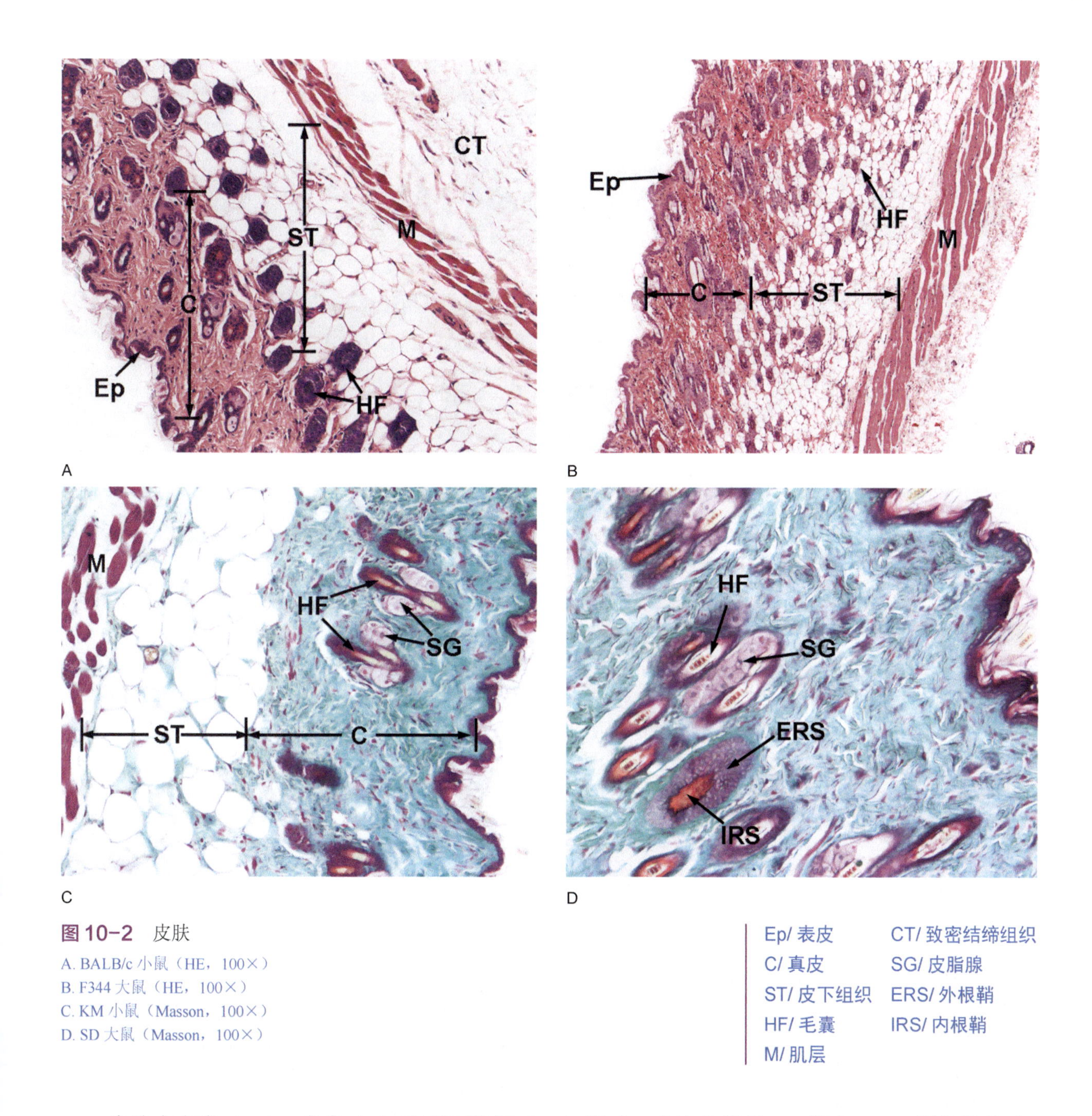

图 10-2 皮肤

A. BALB/c 小鼠（HE，100×）
B. F344 大鼠（HE，100×）
C. KM 小鼠（Masson，100×）
D. SD 大鼠（Masson，100×）

Ep/ 表皮　CT/ 致密结缔组织
C/ 真皮　SG/ 皮脂腺
ST/ 皮下组织　ERS/ 外根鞘
HF/ 毛囊　IRS/ 内根鞘
M/ 肌层

皮肤由表皮（Ep）、真皮（C）和皮下组织（ST）组成。表皮非常薄，一般由 2 ～ 4 层细胞构成。真皮位于表皮下，由致密结缔组织（CT）组成，含有大量毛囊（HF）及皮脂腺（SG）。皮下组织由疏松结缔组织和脂肪组织组成，皮下组织的深层为肌层（mascular layer, M）。

（一）表皮

表皮（epidermis）在胚胎发育中由外胚层分化而来，属于角化的复层鳞状上皮，全身各处厚度不一，另外，性别不同，表皮厚度也略有差异。小鼠口鼻部的表皮最薄，约 20 ～ 30μm，其次为眼睑皮肤，厚约 50 ～ 60μm，而爪垫部位的皮肤最厚，可达 150 ～ 400μm。表皮一般由 3 ～ 4 层细胞组成，从内到外可分为基底层（basal layer）、棘细胞层（spinous layer）、颗粒层（granular layer）和角质层（horny layer），与人类相比少了透明层（clear layer）。幼鼠皮肤常大部分缺少颗粒层。唇部和脚掌的皮肤较厚。

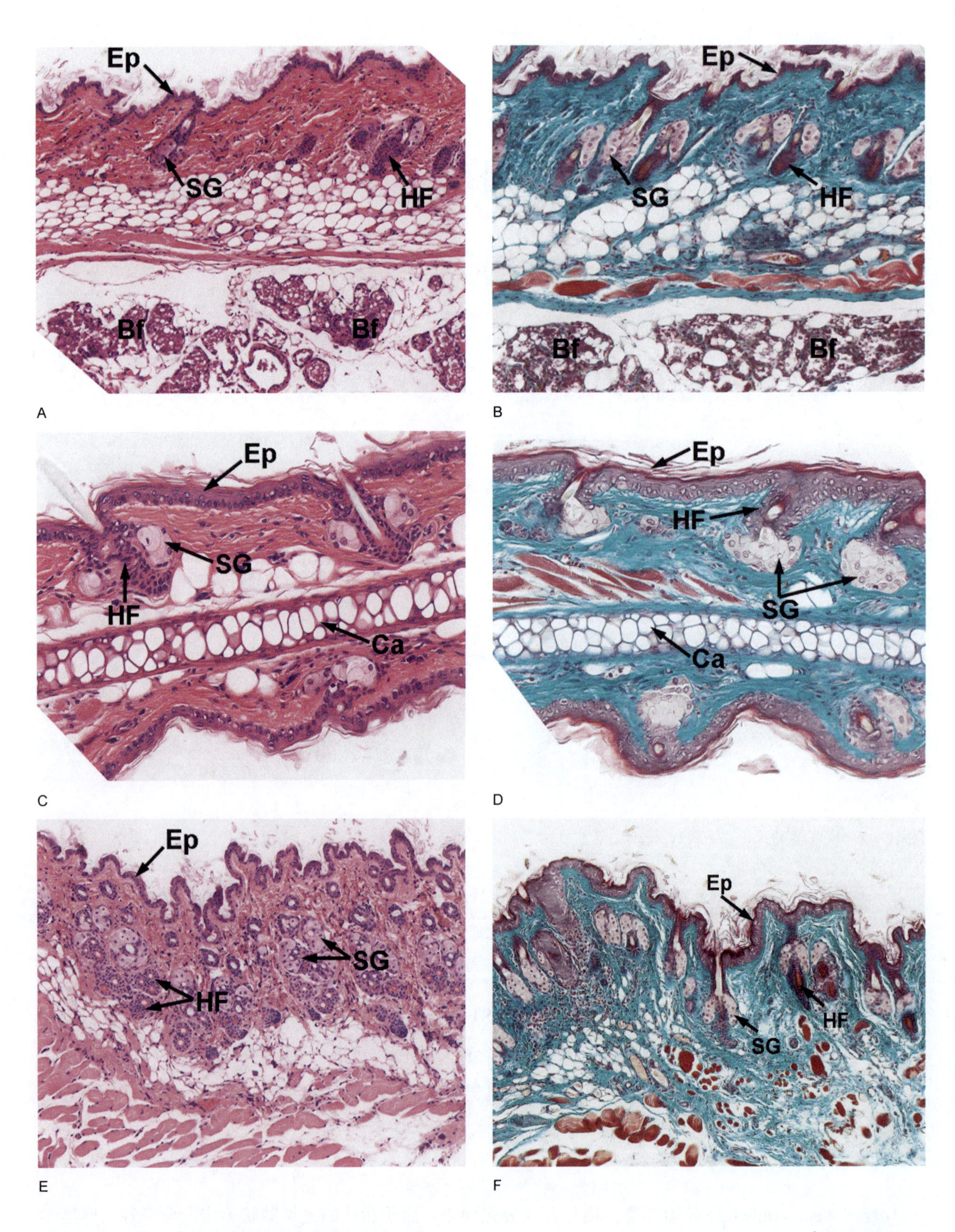

图 10-3 大鼠和小鼠特殊部位皮肤各部位皮肤变异

A. KM 小鼠背部皮肤（HE，100×）
B. KM 小鼠背部皮肤（Masson，100×）
C. KM 小鼠耳朵皮肤（HE，200×）
D. KM 小鼠耳朵皮肤（Masson，200×）
E. KM 小鼠头部皮肤（HE，100×）
F. KM 小鼠头部皮肤（Masson，100×）

Ep/ 表皮
HF/ 毛囊
SG/ 皮脂腺
Bf/ 棕色脂肪
Ca/ 软骨

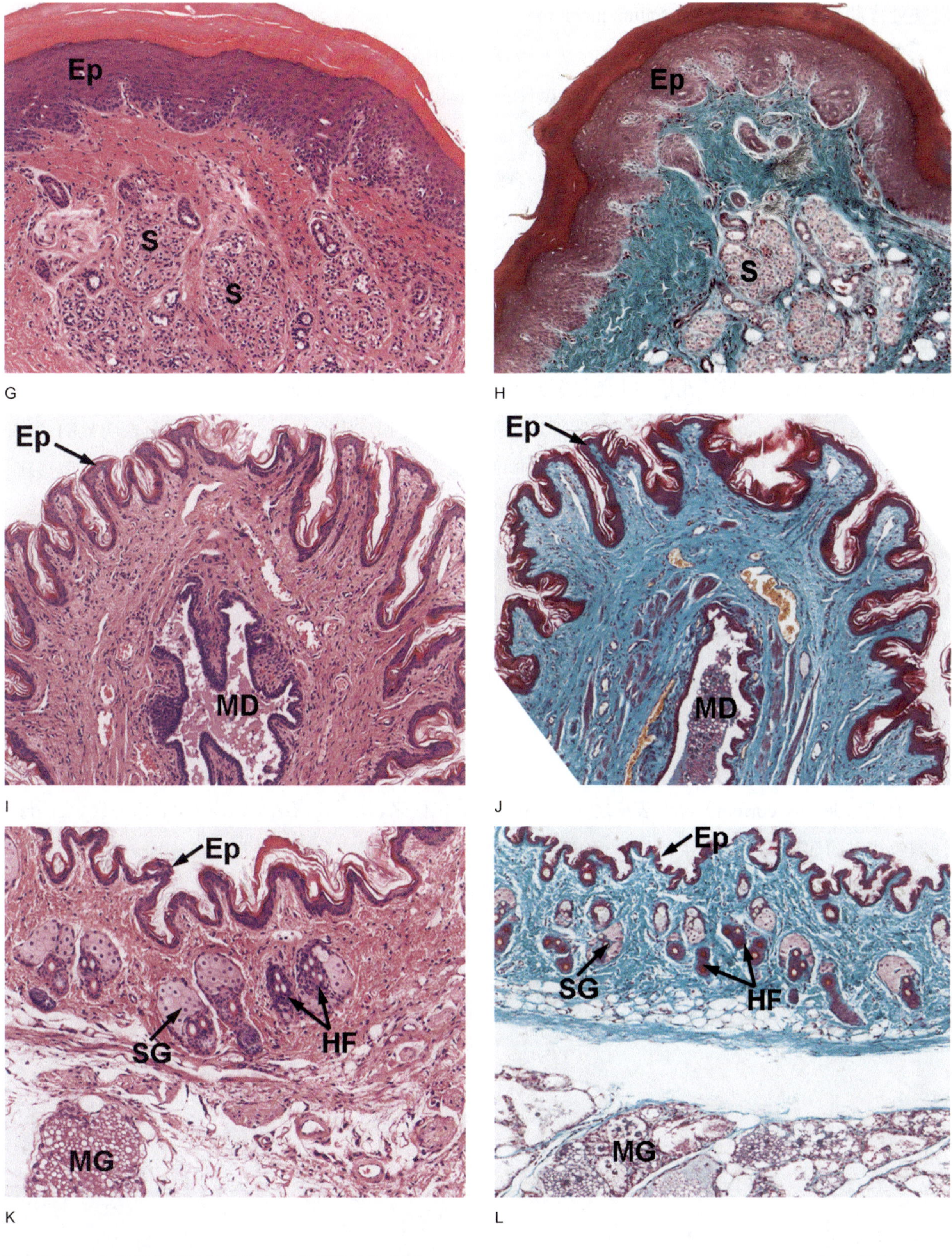

图 10-3 大鼠和小鼠特殊部位皮肤各部位皮肤变异

G. KM 小鼠足跖皮肤（HE，100×）
H. KM 小鼠足跖皮肤（Masson，100×）
I. KM 小鼠乳头皮肤（HE，100×）
J. KM 小鼠乳头皮肤（Masson，100×）
K. KM 小鼠乳腺皮肤（HE，100×）
L. KM 小鼠乳腺皮肤（Masson，100×）

Ep/ 表皮
HF/ 毛囊
SG/ 皮脂腺
S/ 汗腺
MD/ 乳腺导管
MG/ 乳腺腺泡

趾垫处皮肤较厚，有透明层（stratum lucidum）。

基底层由一层长轴与基膜相垂直的立方或矮柱状的基底细胞（basal cell）组成，细胞界限不清，细胞核呈卵圆形、深染，HE 染色胞浆强嗜碱性。棘细胞层位于基底层上方，为数层多边形细胞，细胞表面有许多棘状突起，相邻的棘细胞突起以桥粒（desmosome）相连。颗粒层在棘层的浅层，由数层扁梭形细胞组成，胞核深染，HE 染色胞质中有嗜碱性的透明角质颗粒。透明层由透明细胞组成，位于颗粒层的上方，在无毛的厚皮肤（如趾垫处等）中易见，HE 染色细胞为透明均质状，嗜酸性，折光性强。角质层位于表皮最表层，由数层角质细胞（horny cell）组成，角质细胞是没有细胞核和细胞器的死细胞，细胞为扁平状，胞浆呈均质状，充满角蛋白（keratin），轮廓不清，HE 染色为嗜酸性，呈现均质状的淡红色。角蛋白是角蛋白丝（keratin filament）与均质状物质的混合物，角蛋白丝属于中间丝的一种。随着皮肤细胞的代谢，最终浅层的细胞松解并脱落下来，称鳞屑（squama）。

Ebling 于 1954 年报道，雌性大鼠的背部皮肤基底层厚度和皮脂腺的大小随性周期有较明显的变化：动情前期，基底层最厚，皮脂腺最大；动情期基底层明显变薄，皮脂腺也相应减少；动情后期基底层最薄，皮脂腺体积最小；间期基底层开始增厚，皮脂腺也随之增大。

大鼠和小鼠颈背部皮肤的皮下组织内有很多棕色脂肪（brown fat, Bf）；耳朵皮肤内含大量软骨（cartilage, Ca）；头部皮肤的表皮最薄，皮下毛囊最多；足跖部皮肤的表皮最厚，只有此处皮肤真皮内含汗腺（sweat gland, S）；乳头皮肤的皮下组织内可见乳腺导管（mammary duct, MD）；乳腺皮肤的皮下组织内可见大量的乳腺腺泡（mammary gland, MG）。

（二）真皮

真皮（dermis, corium）位于表皮之下，由中胚层分化而来，除了致密结缔组织外，毛和毛囊、皮脂腺、汗腺等皮肤附属器也位于其中，与皮下组织没有明显的界限。真皮分为乳头层（papillary dermis）和网织层（reticular layer），除致密的纤维外，细胞含量较高，特别是幼鼠。胶原纤维、弹性纤维和网状纤

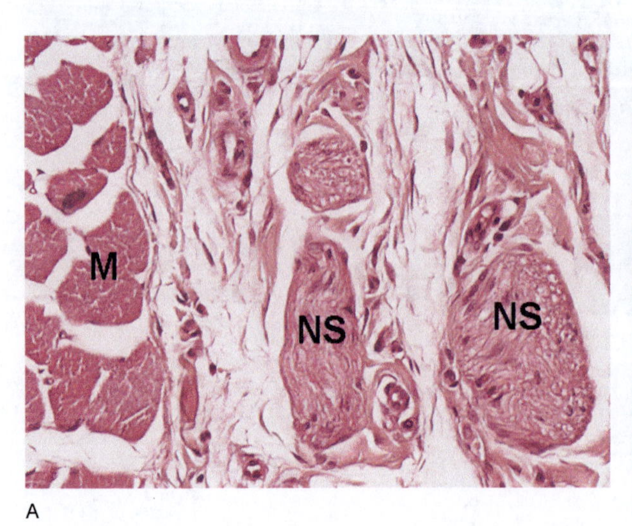

A

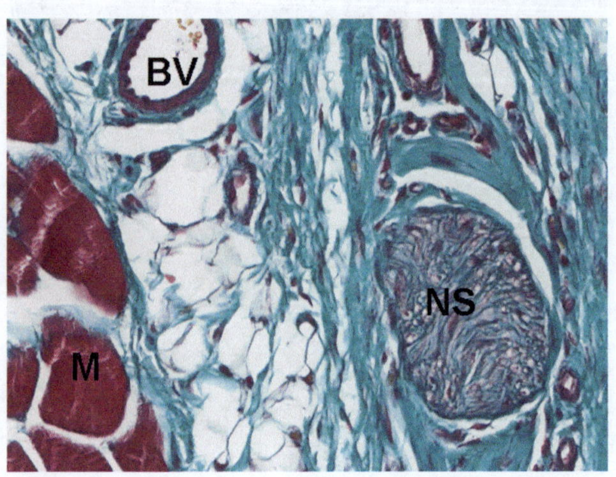

B

图 10-4 真皮

A. F344 大鼠（HE，200×）

B. F344 大鼠（Masson，200×）

M/ 肌层

NS/ 神经丛

BV/ 血管

维含量丰富，胶原纤维多聚集成束，弹性纤维起支架作用，网状纤维主要分布于小汗腺、皮脂腺、毛囊和毛细血管周围。沿基膜有网状纤维分布，表皮下真皮乳头层紧邻表皮下面，对表皮起机械性固定、代谢和营养作用。其胶原纤维较细，平行表皮排列，夹杂其中的弹性纤维高度分支。网织层厚，含有彼此交织的粗大胶原纤维和少量平行表面的弹性纤维。背部的皮肤较腹部的结缔组织稀疏，含水量高，脂类少。大鼠全身的皮肤除尾部外，在真皮和皮下组织都有很多肥大细胞。小鼠的真皮层比大鼠的真皮层薄，表皮与真皮间分界比较明显；大鼠真皮层较厚。

（三）皮下组织

皮下组织（hypodermis, subcutaneous tissue）由疏松结缔组织和脂肪组织组成，并有较大的血管（BV）和神经丛（NS）存在，将皮肤与深层的筋膜组织连接起来。在正常营养状况下只有中度的脂肪沉积，多为白色脂肪，但在颈的腹侧、腋下、两肩胛骨之间、胸廓上口和腹股沟等部位则为棕色脂肪。皮下组织以下为肌层。

（四）皮肤附属器

皮肤附属器（skin appendage）包括毛（hair）、皮脂腺（sebaceous gland）和汗腺（sweat gland）。

1. 毛

毛是哺乳动物的特征之一，除特殊培育的品系（裸大鼠、裸小鼠）外，大鼠和小鼠全身的绝大部分皮肤表面都被覆有毛，足掌、口唇等特殊部位没有毛。不同品系的大鼠和小鼠毛的颜色也各异。大鼠和小鼠的被毛一般分为硬毛（bristle hair）、针毛（awn hair）和绒毛（under hair）。硬毛最长，毛根粗，可区分为 A 和 B 两型：A 型较短，切面为扁圆形；B 型较长，切面为圆形，特化为触觉感受器。针毛长度约为硬毛的 1/2 ～ 3/4，毛干和毛根都比较细，末端尖细；绒毛长度约为硬毛的 1/3。

毛是由毛干、毛根和毛球三部分组成，伸出体表的部分称毛干（hair shaft），埋在皮肤内的部分称为毛根（hair root），毛根包在由上皮和结缔组织组成的毛囊（hair follicle）内，毛根毛囊的下端结合在一起，膨大成球，称毛球（hair bulb），毛球底部有结缔组织嵌入，此部分称毛乳头（dermal papilla），后者内有丰富的毛细血管和神经。毛球是毛和毛囊的生长点，毛乳头对其生长起诱导和维持作用。毛球的上皮细胞为幼稚细胞，称毛母质细胞（hair matrix cell）。

大鼠和小鼠的毛囊成簇分布，毛囊簇垂直身体长轴排列成行，背部毛较腹部毛稀疏，在大鼠背部毛囊簇行间距约 0.8mm，腹部毛囊簇行间距约 0.3mm。有时一个毛囊可包含几根毛形成复合毛囊。毛囊的形态随毛囊周期而变化，分为生长期（活跃的生长）、退行期（通过细胞凋亡进行调控）和休止期（静止期）。与人类毛囊周期全身的分布不同，小鼠的毛囊循环是从头到尾的波浪形推进。在毛囊周期期间，皮下脂肪层的厚度有变化，但真皮和表皮的厚度保持不变。Buther 曾报道大鼠毛生长的周期为 35 天，新生大鼠到 16 ～ 17 日龄为毛囊加长的生长期，之后出现很短的静息期，然后毛囊处于不活跃状态并逐渐变短，直到 32 ～ 34 日龄后再次出现新的生长。一般新毛的生长不排除原有的旧毛，而是毛囊中加入新生毛形成复合毛囊。大鼠长毛时，腹部先生长，再由腹部向背部扩展。

毛囊结构共有 5 层，最内层为毛髓质（hair medulla, M），由不完全角化的方形细胞组成。髓质外层为毛皮质（hair cortex, Cx），为毛发的主体，由纵列的梭行角质细胞组成。第三层为完全角化的透明角板，称毛小皮（cuticle, Cu）。第四层为毛根鞘，分为内根鞘（internal root sheath, IRS）和外根鞘（external root sheath, ERS）。最外层为结缔组织鞘（connective tissue sheath, CTS）。毛囊下端为富含毛细血管和神经的结缔组织内凹形成的毛乳头（dermal papilla）（图 10-5）。

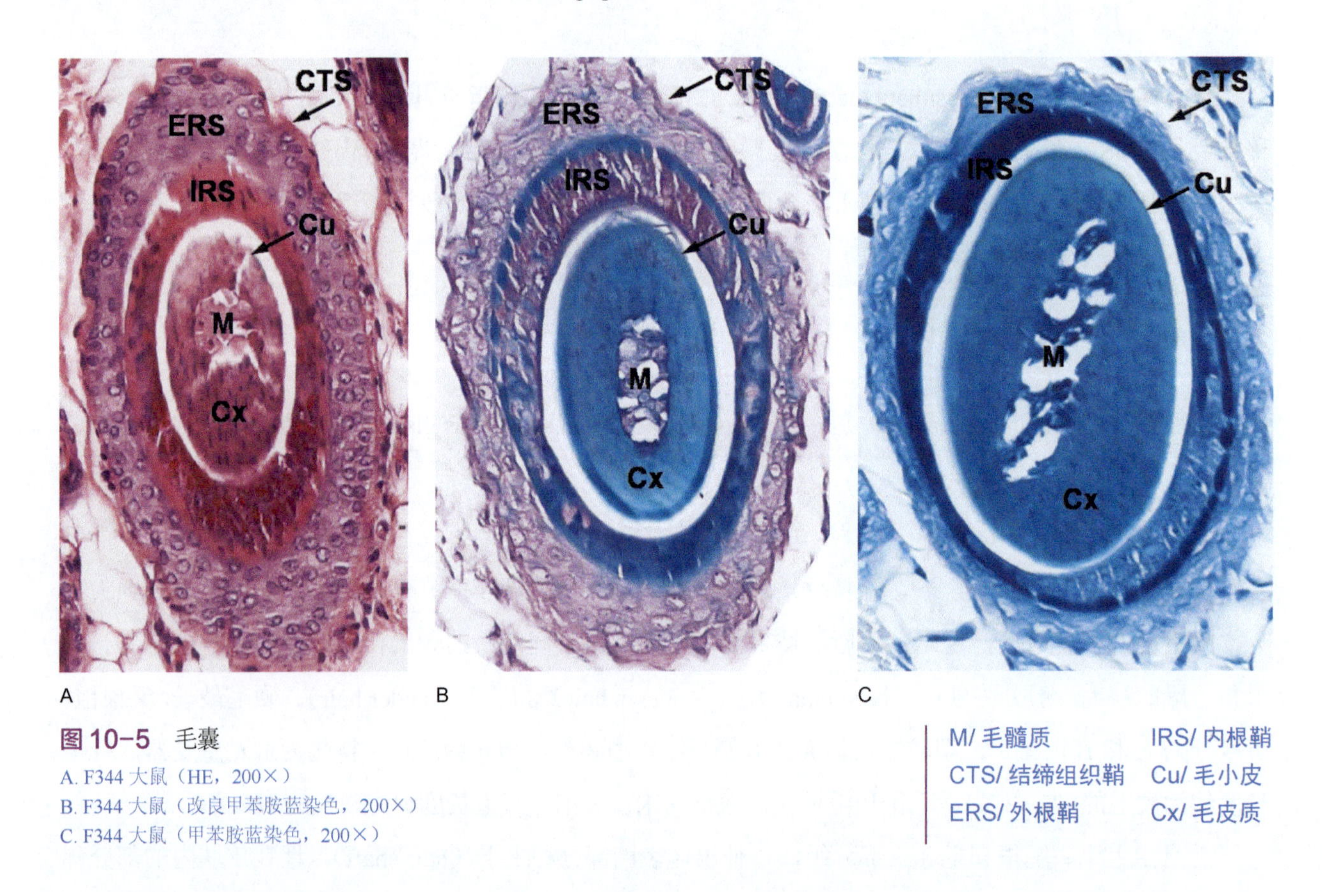

图 10-5 毛囊

A. F344 大鼠（HE，200×）
B. F344 大鼠（改良甲苯胺蓝染色，200×）
C. F344 大鼠（甲苯胺蓝染色，200×）

M/ 毛髓质　IRS/ 内根鞘
CTS/ 结缔组织鞘　Cu/ 毛小皮
ERS/ 外根鞘　Cx/ 毛皮质

毛根毛囊的下端结合在一起，膨大成球称毛球（hair bulb, HB），毛球底部有结缔组织嵌入，此部分称毛乳头（dermal papilla, DP）；毛球的上皮细胞为幼稚细胞，称毛母质细胞（hair matrix cell, HMc）。

2. 皮脂腺

皮脂腺为泡状腺，由一个或几个腺泡与一个共同的短导管构成，一般分布在毛囊周围。每个毛囊一般与一个或多个皮脂腺相连，皮脂腺分泌皮脂（sebum），具有润滑皮肤，保护毛发的作用。

图 10-7 中显示了毛囊（HF）、皮脂腺（SG）和立毛肌（M）三者之间的关系。皮脂腺包括分泌部和导管，分泌部由位于中央的腺细胞和位于周边的干细胞组成，干细胞可分化为腺细胞。大鼠和小鼠的立毛肌较细，一般由 1 ～ 2 根肌纤维组成。Masson 染色中立毛肌呈红色，纤维结缔组织呈绿色；甲苯胺蓝染色中立毛肌呈深蓝色，纤维结缔组织呈淡蓝色；改良甲苯胺蓝染色中立毛肌呈蓝色，结缔组织呈粉红色。

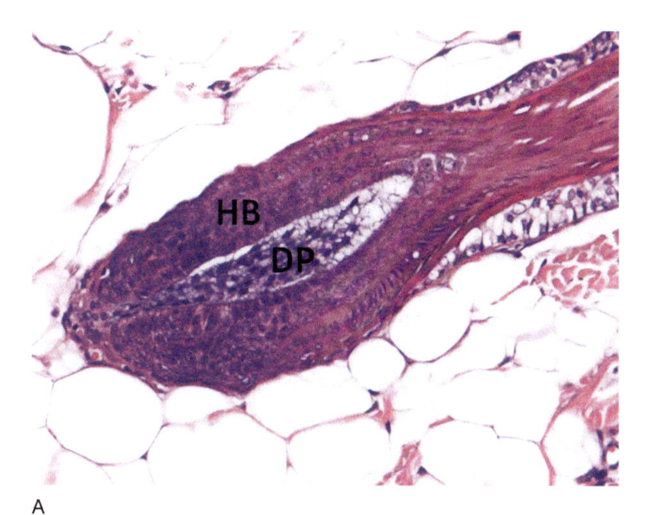

A

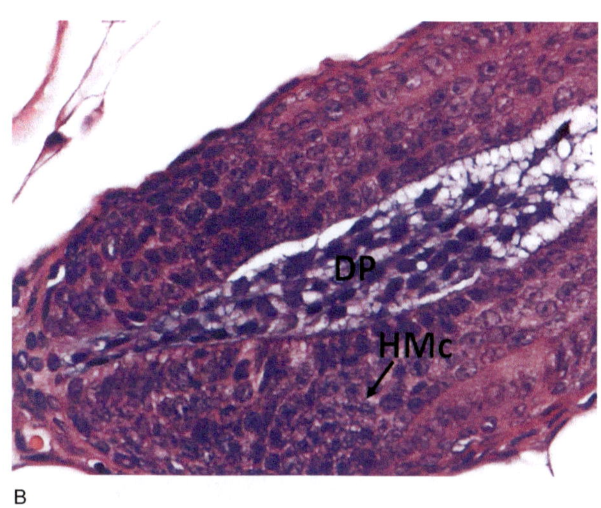

B

图 10-6 毛球和毛母质细胞

A. SD 大鼠（HE，200×）
B. SD 大鼠（HE，400×）

HB/ 毛球
DP/ 毛乳头
HMc/ 毛母质细胞

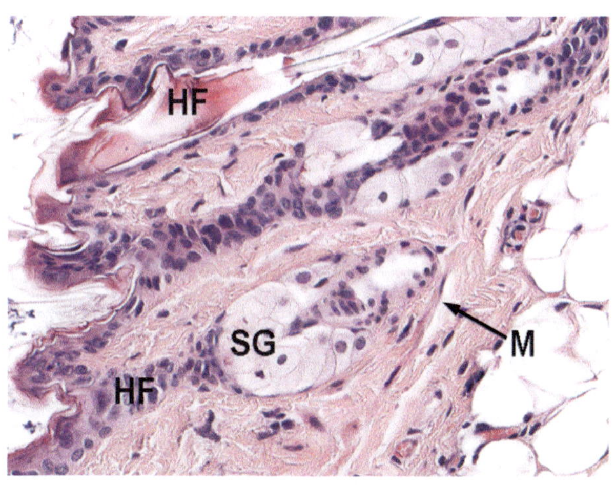

A

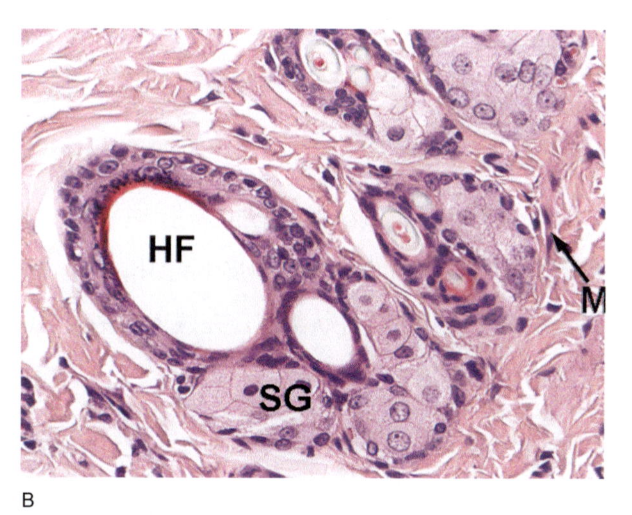

B

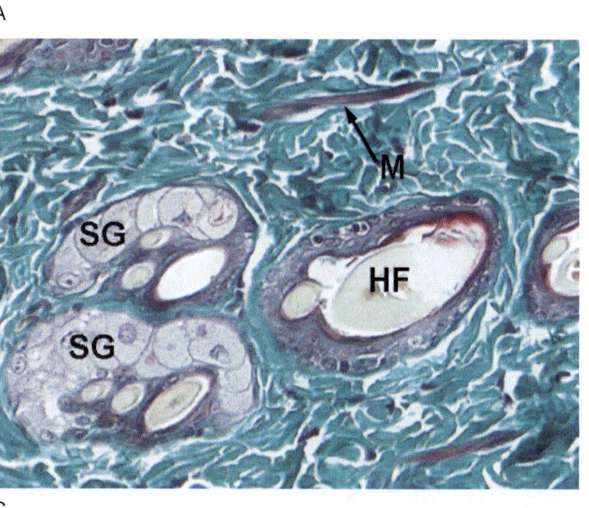
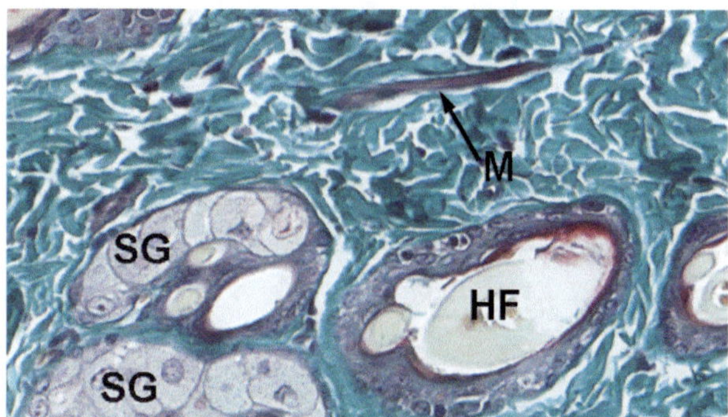

C

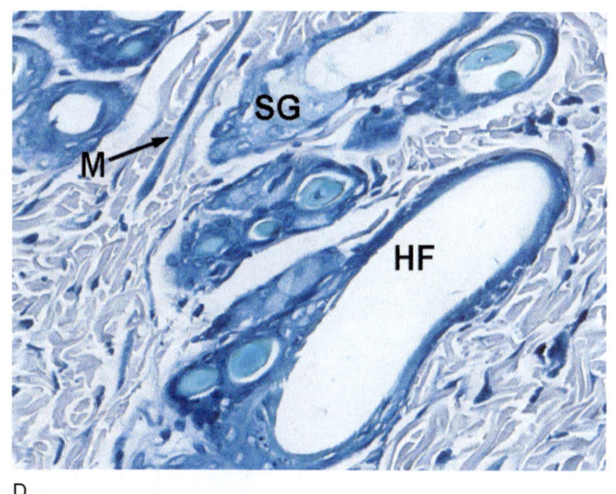

D

图 10-7 皮脂腺和立毛肌

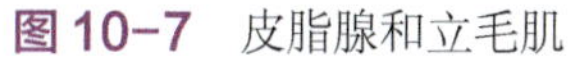

A. F344 大鼠（HE，200×）
B. F344 大鼠（HE，200×）
C. F344 大鼠（Masson，200×）
D. F344 大鼠（甲苯胺蓝染色，200×）

HF/ 毛囊
SG/ 皮脂腺
M/ 立毛肌

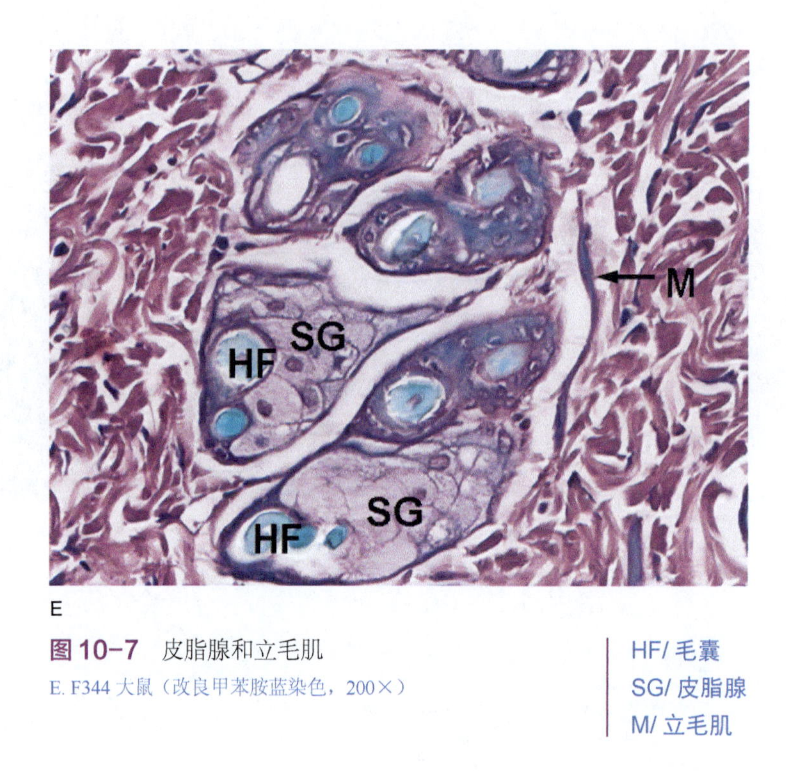

E

图 10-7 皮脂腺和立毛肌

E. F344 大鼠（改良甲苯胺蓝染色，200×）

HF/ 毛囊
SG/ 皮脂腺
M/ 立毛肌

3．汗腺

大鼠和小鼠皮肤汗腺不是很发达，主要通过尾巴散热，只有在足跖部有汗腺（sweat gland, S），汗腺的分泌部位于真皮的深层和皮下组织，导管短而弯曲。汗腺由分泌腺泡和导管（duct, D）组成，腺泡上皮为立方形或矮柱状细胞，在腺泡和基膜之间有肌上皮细胞（myoepithelial cell, Mc），它的收缩能帮助排除分泌物。

4．甲

甲是硬角蛋白结构，该结构覆盖远端指骨，与皮肤和腹侧的足垫有背侧连接。它是由位于甲床上的趾甲板，以及与相邻皮肤的表皮相连续的上皮细胞组成的。

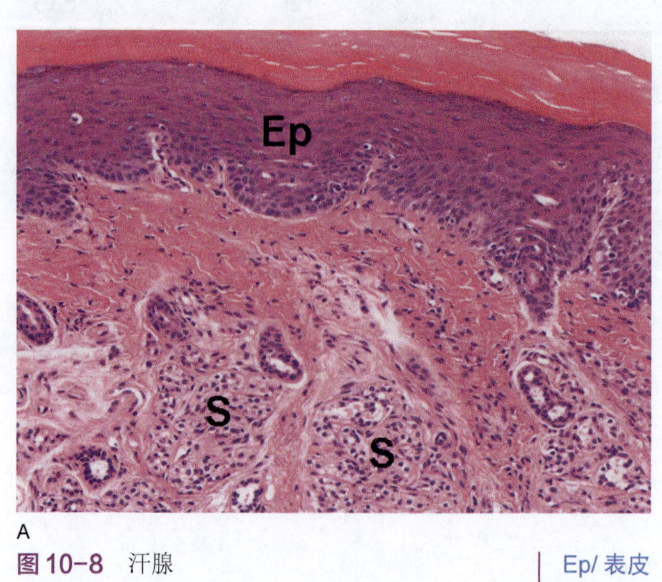

A

图 10-8 汗腺

A. KM 小鼠（HE，100×）

Ep/ 表皮
S/ 汗腺

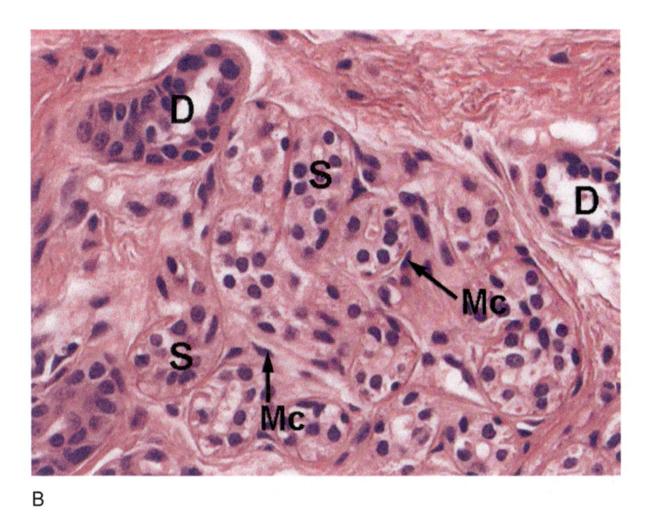

B

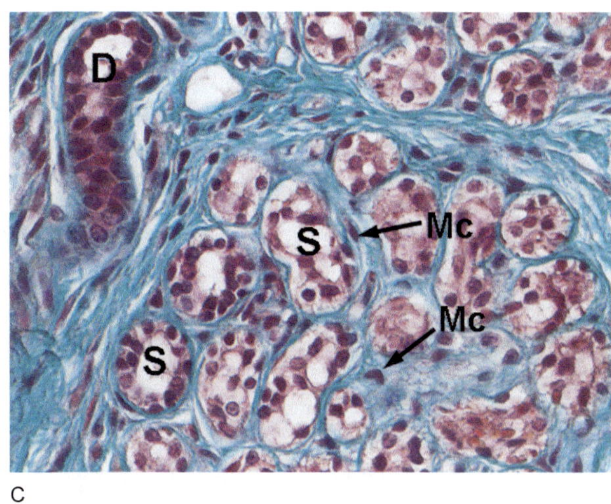

C

图10-8 汗腺

B. KM 小鼠（HE，200×）

C. KM 小鼠（Masson，200×）

S/ 汗腺

D/ 导管

Mc/ 肌上皮细胞

（五）触须

除全身的被毛外，大鼠和小鼠等啮齿类动物还有特殊的毛结构，就是触须（tactile hair）。触须是特化的硬毛，分布在一定的部位，按一定的形式排列。对大鼠和小鼠来说，触须是很重要的触觉器官，对确定方位起着特别重要的作用。大鼠每侧上唇有 50 ～ 60 根触须，水平方向排列为 8 ～ 10 行，由鼻向后延上唇分布。触须的长短不一，由吻端向后逐渐加长，背面的第一行到第四行逐渐变短。此外，

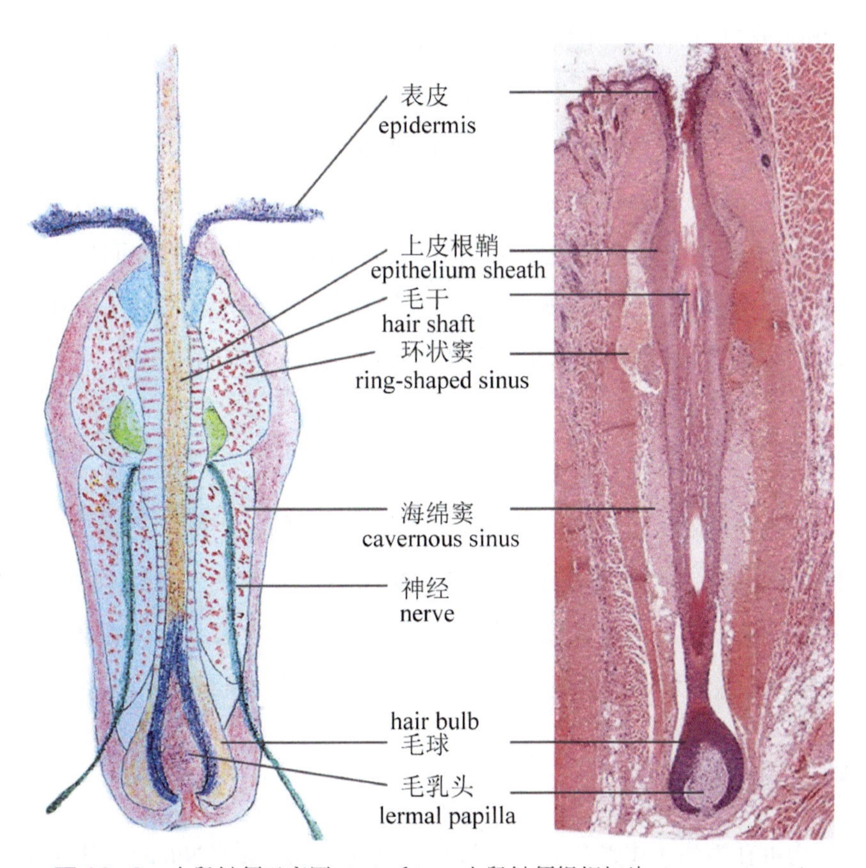

图10-9 大鼠触须示意图（A）和 SD 大鼠触须组织切片（B, HE，25×）

上眼睑以上、唇联合的后端和颏下内侧各有一对触须。此外还有触毛位于眼睑裂隙和耳之间。

触须的毛干粗直，稍弯，尖端钝圆。大鼠触须毛囊长 1 ～ 5mm，直径 0.5 ～ 2mm。根鞘结缔组织的内层与外层间包埋着血窦结构，包括环状窦（ring-shaped sinus）和海绵窦（cavernous sinus）两部分。环状窦在上 1/3 的部位，海绵窦占下 2/3。

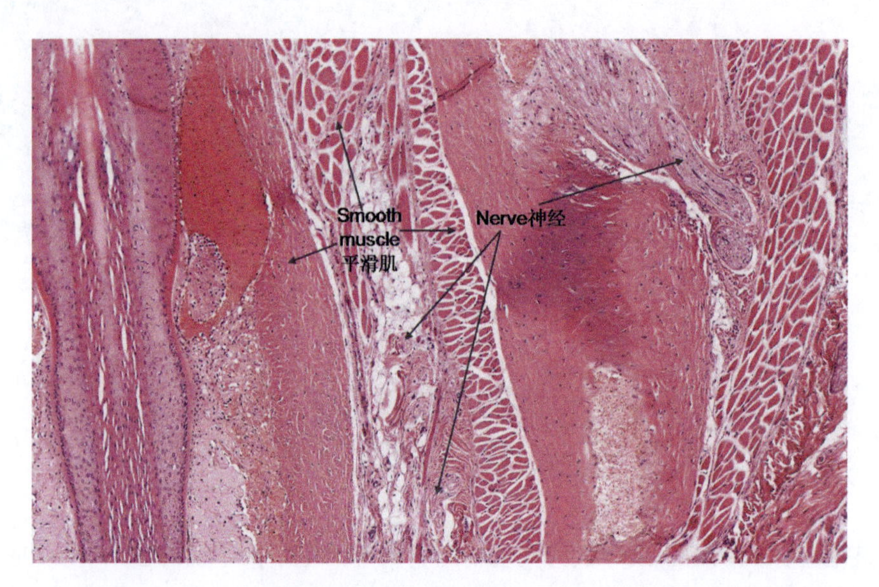

图 10-10 SD 大鼠触须毛囊周围的神经束和平滑肌网（HE，80×）

上皮根鞘（epithelium sheath）除在毛根部形成膨大外，在近颈部环状窦的水平，由于细胞层次增多和体积增大呈现出一个局部膨大。

触须有专门的血液供应和神经支配：主要动脉和部分感觉神经在毛囊的下 1/3 处进入毛囊。动脉分支后，一支供应海绵窦，另几支上行供应环状窦。血窦的两部分间有吻合支相连。上唇和鼻部触须的感受神经来自眶下神经，它与支配毛囊骨骼肌的面神经的一小支吻合。其他触须由局部的三叉神经、面神经或其他相关神经分支支配。触须的毛囊由横纹肌纤维束与深层的皮下组织联系，且横纹肌纤维在毛囊间形成一个复杂的网，使触毛产生连续性的摆动。毛囊颈部的平滑肌可使毛囊孔径扩大和缩小，借以控制触须的运动。触觉硬毛（tactile bristle）除了触须外，遍布全身被毛区的 B 型硬毛也具有触觉感受作用。它们具有才触须的特点，表现在毛囊周围的神经质与血管的特化等。

（六）特殊皮肤区

尾部的皮肤：大鼠和小鼠尾部的皮肤形成边缘朝向尾尖的鳞片，鳞片表面的表皮高度角化，鳞片环状排列，有时排列不规则。据报道，大鼠尾平均有鳞片 190 列（150 ～ 225 列），总数约为 3000 片。

掌皮、蹠皮和垫皮：大鼠和小鼠掌蹠皮肤和爪垫皮肤五毛和皮脂腺，表皮增厚，高度角化，特别是垫皮。垫皮有汗腺，汗腺的弯曲部包埋在沉积于皮下组织的脂肪组织中。

（七）特殊品系鼠皮肤

若干突变基因均可在啮齿类中产生无毛表现型，如无胸腺裸鼠（Nude）、裸鼠（Naked）、无毛鼠

(Hairless)、犀牛鼠(Rhinol)等。其中通常说的裸鼠的特性除无毛外还包括胸腺缺陷表现型。

无毛鼠的大体表型：所有 *hr* 突变小鼠的显著表型就是出生后快速的、完全的、边界清楚的脱毛，且遵循一定的时间程序进行（在 13 ～ 14 日龄从上睑开始发展至眼周，再到前肢，身体背侧面和腹侧面最后全身覆毛完全脱落）。在纯和的犀牛鼠和 Yurlovo 鼠的仔鼠中，褪毛过程较 *hr* 小鼠晚 1 天，且在无毛皮肤和有毛皮肤间没有那么明显的界限。在 3 周龄（Yurlovo 小鼠 4 ～ 5 周龄）小鼠除口鼻部残留有部分触须外，全身的皮肤基本上完全裸露。无毛小鼠褪毛后全裸，直至 5 周龄出现第二次被毛生长，再次长出的毛形态异常、稀疏纤细。犀牛鼠则在出生后 60 日龄前一直保持有一些分散的被毛，此后不再有被毛长出。触须能够持续更替生长，但随着动物的年老形态异常。成年的无毛小鼠的皮肤保持柔软光滑，1 年以上的动物皮肤逐渐增厚。但犀牛鼠，特别是 Yurlovo 纯和小鼠的皮肤会出现渐进性的增厚、松弛，出现皱襞。

无毛鼠的皮肤组织学表现：组织学上，所有无毛等位基因的皮肤有与表面连接的“小囊”，随着年龄增长，小囊会因为残留的角质细胞扩张，特别是犀牛鼠这一现象更加明显。无毛小鼠的小囊与通过非角化的皮脂腺管和正常的皮脂腺相连。犀牛小鼠的皮脂腺迅速变小，在 2 月龄时，只能偶尔见到单独的小囊包裹的皮质存在。与此相反，在无毛的和 Yurlovo 突变的小鼠皮肤中，皮脂腺发达，并在出生后的半年内发育增大。

无胸腺裸鼠是先天性胸腺缺陷的突变小鼠，由于第Ⅶ连锁群（linkage group）内裸体位点的等位基因发生纯合而形成的突变小鼠品种。裸鼠（纯合子 *nu*/*nu* 突变鼠）主要表现为无毛（但组织学证明有被毛滤泡）以及缺乏正常胸腺，杂合子小鼠表型正常。这与其他无毛鼠的区别特征是胸腺缺陷表型。裸鼠主要应用于对胸腺功能的研究，也用于皮肤移植等方面的实验研究。裸大鼠与裸小鼠相似，但并不是完全无毛，而是体毛稀少，有时暂时完全消失后还能复现。由于缺少 T 细胞，裸大鼠能成功地移植异种皮肤和异种肿瘤，包括小鼠肿瘤和人类肿瘤。

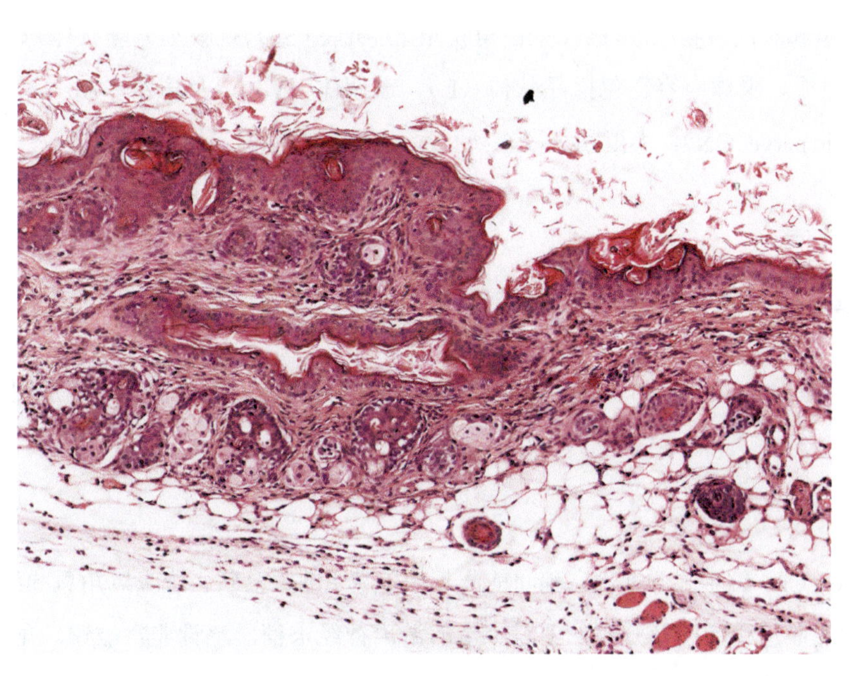

图 10-11 裸鼠皮肤（HE，100×）

第二节 眼

眼（eye）是脊椎动物的视觉器官，由眼球（eyeball）和附属结构（accessory structure）组成，是人及动物的感光器官，具有自动调焦、屈光成像和感光等功能。眼球的主要功能有聚焦、成像和能量转换等;附属结构包括眼睑、泪腺、结膜和眼外肌等，有保护和运动等辅助功能。在附属结构的辅助下，眼球内的视网膜将光能转换成化学能、电能，形成神经冲动传入脑以产生视觉（vision）。

眼球近似球形，大鼠眼球大小与其年龄、脑重成正比例生长，与动物体重无关。眼球是眼的核心结构，由眼球壁和眼内容物组成。眼球壁分三层，由外向内分别为纤维膜（fibrous tunic）、血管膜（vascular tunic）和视网膜（retina），各层从前至后又根据结构功能差异分为几个不同的部分；眼内容物包括晶状体（lens）、玻璃体（vitreous body）和房水（aqueous humor）（图 10-12）。

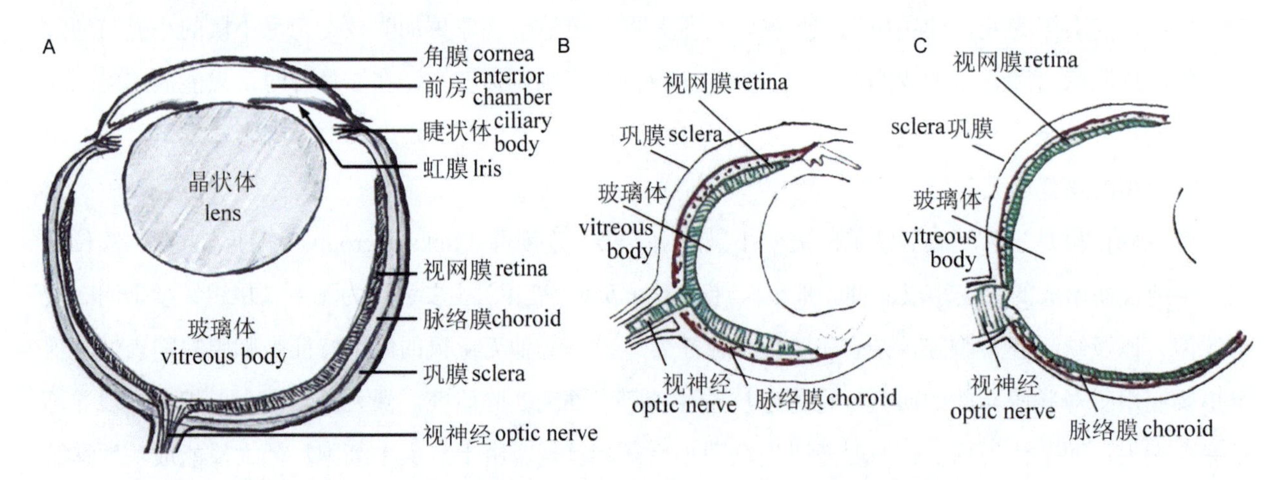

图 10-12 眼球结构模式图（A）及人（B）与大鼠（C）的眼球壁结构对比

眼球由眼球壁和眼内容物组成，眼球壁由角膜（Cr）、巩膜（Sc）、虹膜（I）、睫状体（CB）、脉络膜（Ch）和视网膜（R）组成。眼球内容物包括晶状体（L）、玻璃体（V）以及房水（Ah）。图 10-12B 切面中可见视神经（optic nerve, ON）。大鼠和小鼠在死亡后，眼球视网膜、脉络膜及巩膜之间则存在间隙。

（一）眼球壁

1. 纤维膜

纤维膜（tunica fibrosa）是眼球最外层的一层被膜，可分为前、后两部分，即透明的角膜和不透明的巩膜。

1）角膜

角膜（cornea, Cr）位于眼球前部，稍向前凸起，呈透明的圆盘状，边缘以角巩膜缘与巩膜（sclera, Sc）相连。角膜无血管和淋巴管分布，但有丰富的游离神经末梢，感觉非常敏锐。角膜在组织学上可以自外向内分为 5 层。

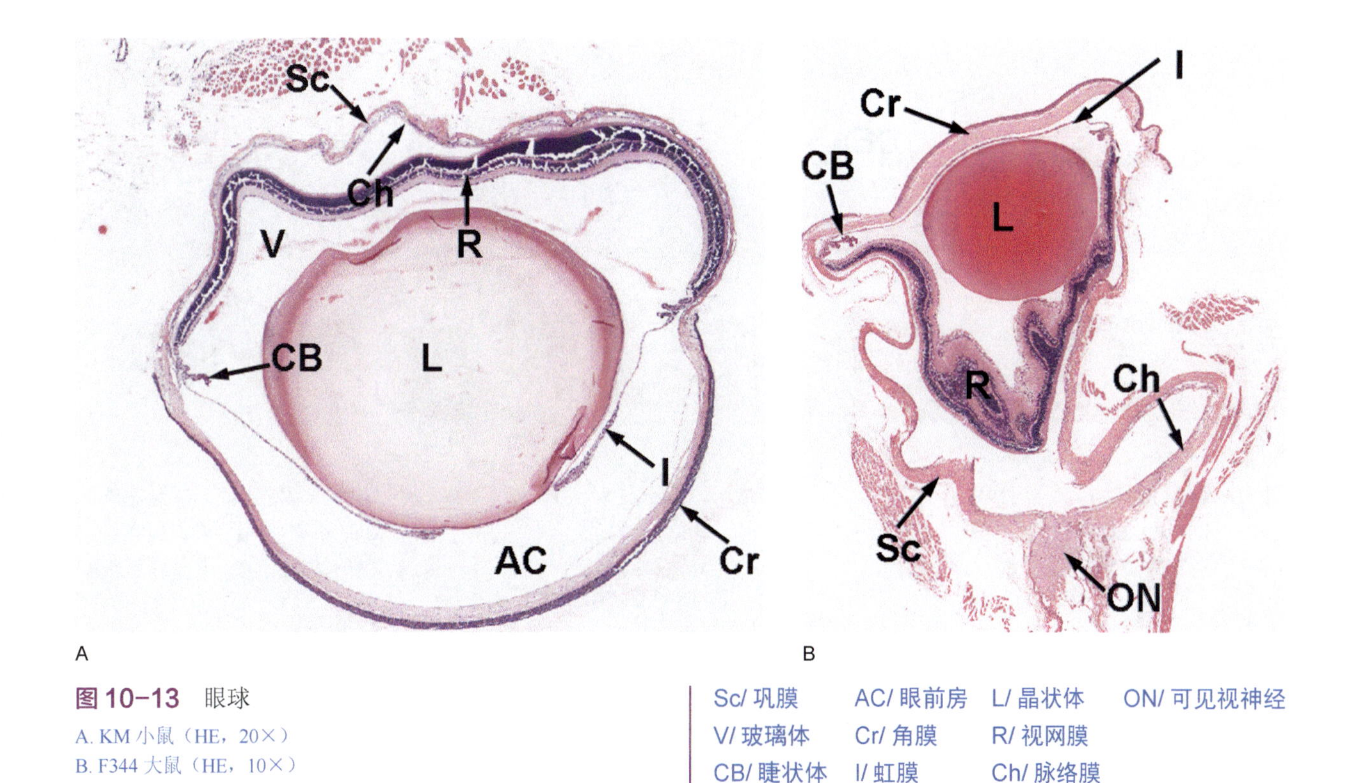

图 10-13 眼球

A. KM 小鼠（HE，20×）
B. F344 大鼠（HE，10×）

Sc/ 巩膜　AC/ 眼前房　L/ 晶状体　ON/ 可见视神经
V/ 玻璃体　Cr/ 角膜　R/ 视网膜
CB/ 睫状体　I/ 虹膜　Ch/ 脉络膜

（1）角膜上皮（corneal endothelium, CEp）：为未角化的复层扁平上皮，与周边的结膜上皮相连续，上皮表面有泪液膜覆盖。

（2）前界层（anterior limiting lamina, ALL）：是一层透明的均质层，由固有层分化而来。

（3）角膜基质（corneal stroma, CS）：又叫固有层，为角膜中最厚的一层，主要由规则的致密结缔组织组成，胶原含量丰富。

（4）后界层（posterior limiting lamina, PLL）：为一层透明的均质膜，由胶原纤维和基质组成。

（5）角膜内皮（corneal endothelium, CEn）：为单层扁平上皮，基底部坐落于后界上，其游离面与前房房水接触，细胞之间连接紧密。

角膜由 5 层构成，但在大鼠和小鼠，前界层和后界层不明显，角膜上皮（corneal endothelium, CEp）为典型的复层扁平上皮，由 5 ～ 6 层细胞构成，分为 3 种类型：基底细胞（Bc）位于上皮基底部，翼状细胞（Pc）为中间多角形细胞，扁平细胞（Fc）位于上皮表面。角膜基质为角膜的主要部分，由胶原纤维和板层组成，板层内含有少量的弹性纤维，其黏合质中由扁平的分支细胞为角膜球。角膜内皮由单层扁平细胞组成，胞核为圆形或卵圆形（图 10-14）。

2）巩膜

巩膜（sclera, Sc）呈瓷白色，质地坚韧不透明，表面有眼外肌的肌腱附着，后极与硬脑膜相延续，巩膜主要用致密结缔组织构成，其中粗大的胶原纤维和弹性纤维交织成网，内含少量血管、神经、成纤维细胞及色素细胞。

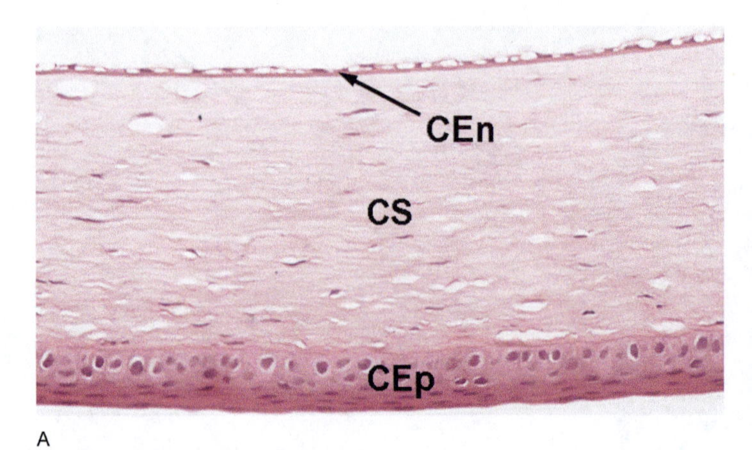

A

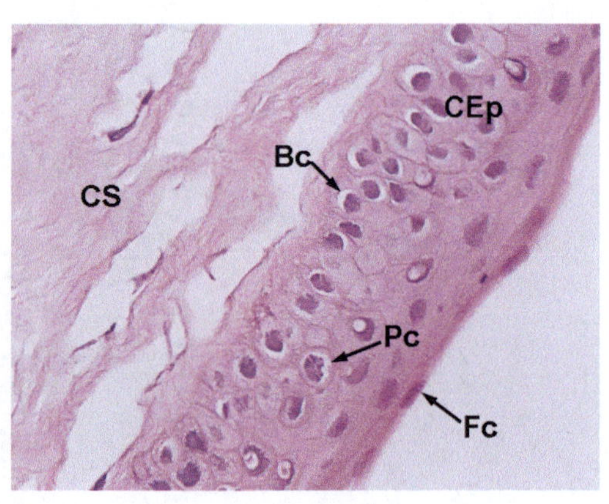

B

图 10-14 角膜

A. SD 大鼠（HE，200×）
B. SD 大鼠（HE，400×）

CEn/ 角膜内皮　Bc/ 基底细胞
CS/ 角膜基质　Pc/ 翼状细胞
CEp/ 角膜上皮　Fc/ 扁平细胞

2. 血管膜

血管膜（vascular tunic, VT）分为三部分，分别为脉络膜（choroids, Ch）、睫状体（ciliary body, CB）和虹膜（iris, I）。脉络膜位于眼球后部，紧贴巩膜内面，富含毛细血管和色素细胞，可分为上脉络膜、血管层、毛细血管和透明层四层结构；它和睫状体与眼外膜相连。大鼠和小鼠的脉络膜较人眼的脉络膜薄。睫状体为脉络膜向前增厚的部分，其内表面光滑，主要由结缔组织构成，内含有睫状肌。睫状体内有很多血管，它的内面为色素上皮。在睫状体的内侧有睫状突（ciliary process, CP），其和晶状体之间由睫状小带相连。人的后睫状突直接连接到巩膜，但前睫状突与虹膜分离，而小鼠的前睫状突与虹膜相融合。虹膜是一肌质环板围在圆形瞳孔的周围，虹膜的肌组织包括瞳孔括约肌和瞳孔开大肌两种。大鼠的瞳孔具有很大的可调节性，且变化可以非常快，从 2mm 收缩到 0.5mm 仅仅用时 0.5s（图 10-15）。

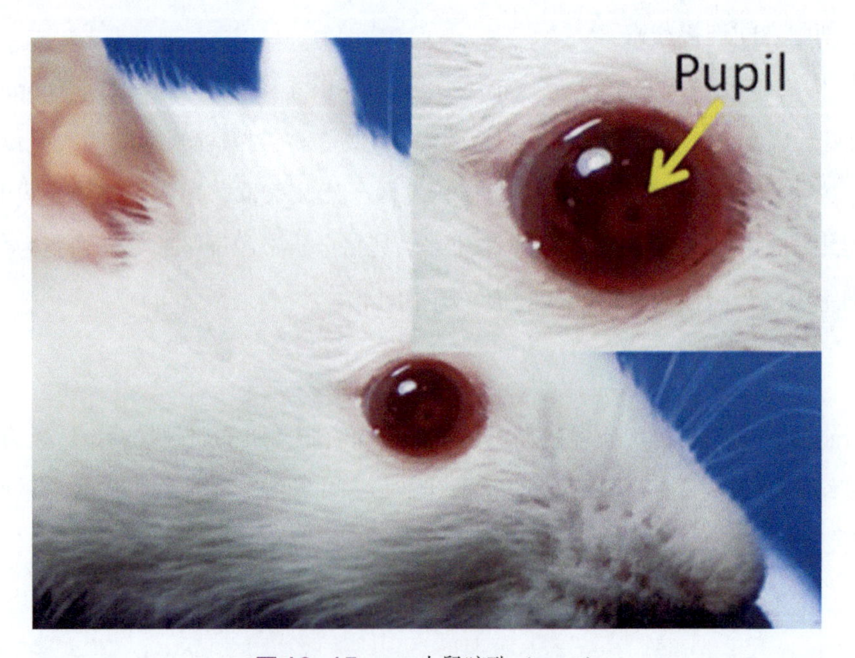

图 10-15 SD 大鼠瞳孔（Pupil）

3. 视网膜

视网膜（retina, R）位于血管膜的内侧，根据有无感光功能，以锯齿缘为界分为盲部和视部。视网膜主要由三层神经元、视杆细胞、双极神经元和色素上皮四层细胞组成。在光学显微镜下由内向外可区分为 10 层结构：内界膜，视神经纤维层，节细胞层，内网膜，内核层，外网层，外核层，外界膜，视锥视杆层，色素上皮层。

人类有三种视锥细胞，分别是绿色、蓝色和红色，而大鼠和小鼠仅有绿色和蓝色两种，所以大鼠和小鼠看不到红色，而且大鼠的蓝色视锥细胞的敏感波长较人类短，这使其可以看到部分紫外波长的范围。人类视网膜的 5% 覆盖有视锥细胞，而大鼠仅有 1% 的视网膜覆盖有视锥细胞。

许多哺乳动物的视网膜有一个挤满了视锥细胞的区域，也就是黄斑（macula lutea）中心凹（central fovea），这一区域在明亮的光线下能够产生非常清晰和色彩敏锐的视觉，而周边的视网膜在弱光下产生模糊单色的视觉。大鼠、小鼠和兔没有发育良好的黄斑中心凹和发达的调节系统。研究发现人类和食蟹猴中央凹的发育可能与其体内存在的一类心肌黄酶（diaphorase）和 NOS 阳性的神经节细胞有关，大鼠和兔体内没有发现这类神经节细胞。

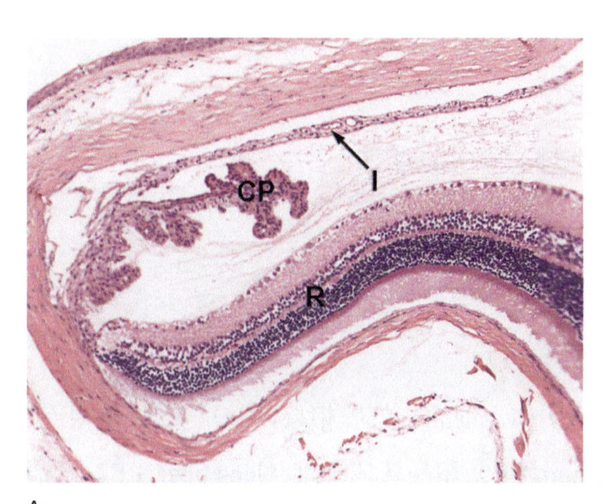

A

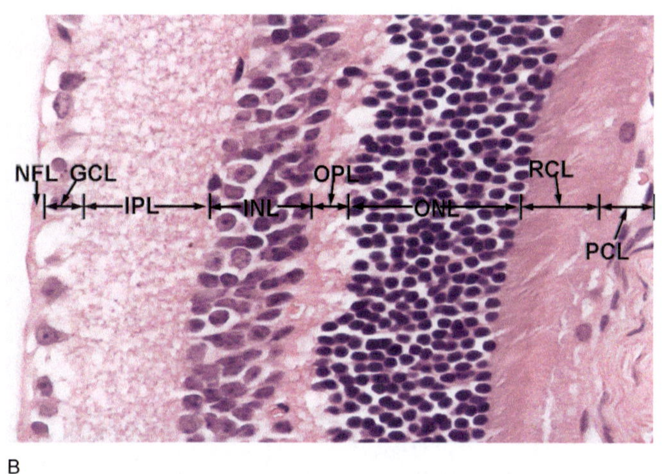

B

图 10-16 视网膜
A. F344 大鼠（HE，100×）
B. F344 大鼠（HE，400×）

CP/ 睫状突 NFL/ 视神经纤维层 INL/ 内核层 RCL/ 视锥视杆层
R/ 视网膜 GCL/ 节细胞层 OPL/ 外网层 PCL/ 色素上皮层
I/ 虹膜 IPL/ 内网层 ONL/ 外核层

视网膜位于眼球的最内层，由内往外由 10 层构成，分别是色素上皮层（pigment cell layer, PCL），由单层上皮细胞组成；视锥视杆层（rod and cone layer, RCL）由感光的视锥和视杆细胞组成；外界膜（outer limiting membrane, OLM）由神经胶质细胞外侧的突起组成；外核层（outer nuclear layer, ONL），由视锥细胞和视杆细胞的胞体部分组成；外网层（outer plexiform layer, OPL）由双极细胞的树突、视锥和视杆细胞的轴突以及横向联合神经元的突起组成；内核层（inner nuclear layer, INL）由双极神经元、神经胶质细胞和一些横向联合神经元的胞体聚集而成；内网层（inner plexiform layer, IPL）主要由节细胞的树突和双极神经元的轴突组成；节细胞层（ganglion cell layer, GCL）主要由节细胞的胞体聚集而成；视神经纤维层（optic nerve fiber layer, NFL），内界膜（inner limiting membrane, ILM）由神经胶质细胞的内侧突起连接形成薄膜。

通过眼底镜观察到的人的视网膜血管从视盘处分为上下乳头支，每支再分为较大的颞支和较小的鼻支，形成血管弓营养整个视网膜。而小鼠的视网膜血管没有血管弓，呈辐射状覆盖整个眼底（图 10-17）。

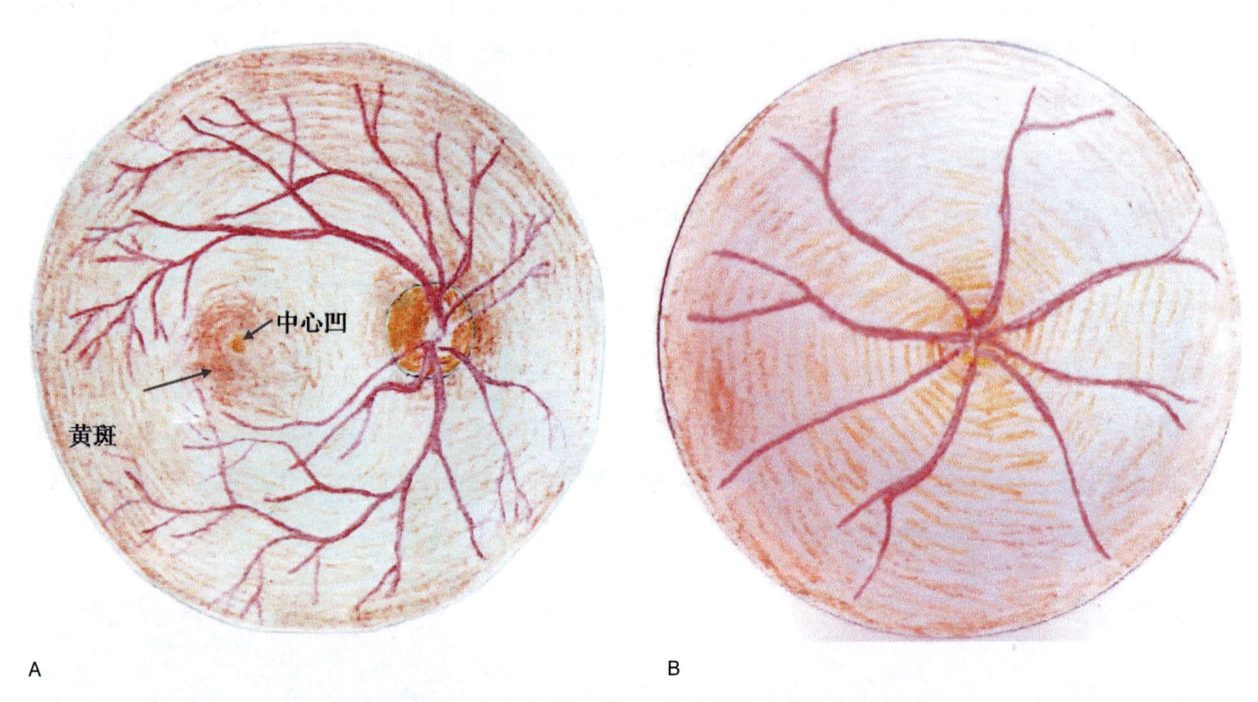

图 10-17 人（A）和小鼠（B）的眼底血管分布示意图

（二）眼内容物

1. 晶状体

晶状体（lens, L）位于虹膜和玻璃体之间，为近球形的透明体。前面与虹膜相接，周缘与睫状体相连，由晶状体囊（lens capsule, LC）、晶状体上皮（lens epithelium, LE）和晶状体纤维（lens fiber, LF）三部分组成。人的晶状体过滤掉几乎所有紫外线，只有可见光通过晶状体进入眼内；而大鼠的晶状体除了允许可见光通过，还有约 50% 的 UVA 通过。人的晶状体受睫状肌的牵引而改变形状，通过改变入射光线的折射屈度从而改变光线聚焦于视网膜上的成像；但大鼠的睫状肌发育不良（Lashley 1932; Woolf 1956），且实验证实阿托品滴眼后不改变大鼠晶状体的聚焦，所以推断大鼠的晶状体在视物过程中不能变形。与人相比，大鼠和小鼠眼球的晶状体占眼球的比例更高。

大鼠晶状体由晶状体囊、晶状体上皮和晶状体纤维三部分构成（图 10-18）。晶状体囊为包在晶状体表面的无结构膜，晶状体上皮由单层方形细胞组成，晶状体纤维为六角棱柱状的纤维。

2. 玻璃体

玻璃体（vitreous body, V）位于晶状体和视网膜之间，为无色透明的胶状物，其中水分占 99%，含少量透明质酸、玻璃蛋白及胶原纤维。

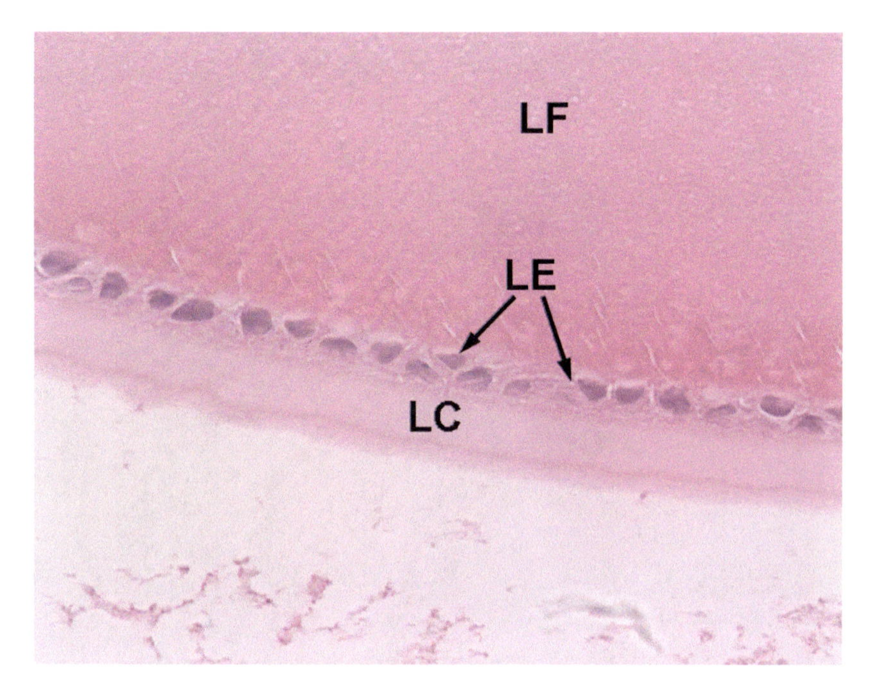

图10-18 F344大鼠晶状体（HE，400×）

LF/ 晶状体纤维
LE/ 晶状体上皮
LC/ 晶状体囊

3．房水

房水（aqueous humor, Ah）充盈于眼房内，主要成分是水，含少量蛋白质，由睫状体血管内的血液渗透及非色素上皮细胞分泌而成。眼前房（anterior chamber, AC）是由角膜、虹膜和晶状体围成的不完整的球状体，眼前房中充满透明的房水。

（三）眼球附属器

1．眼睑

眼睑（eyelid, E）覆盖于眼球前方，有保护作用。大鼠和小鼠的眼睑外有被毛，睑缘的前缘具有睫毛（eyelashes），后缘有睑板腺的开口，大鼠每个眼睑有12～15个睑板腺，分泌物是脂肪和卟啉的混合物，有润滑睑缘和保护角膜的作用。大鼠和小鼠眼内角处有一半月状膜褶，称为第三眼睑（third eyelid），又称瞬膜（nictitating membrane, palpebra tertia）。而人眼仅有一折叠的结膜内眦皱襞，被认为是瞬膜进化的遗迹。另外，大鼠和小鼠眼还有一围绕眼球呈锥体状的腺体——哈氏腺（glandula harderian）。其尖端指向内侧，底部因受到眼球的挤压变得参差不齐，腺体呈小叶状，各小叶的分泌物汇集成单一的腺管，开口到半月襞（plica semilunaris）的外面。

眼睑覆盖于眼球前方，由前向后分为5层：皮肤（skin）；皮下组织（subcutaneous tissue）；肌层（mascular layer, M）；睑板（tarsus）和睑结膜（palpebral conjunctiva, PC）（图10-19）。睑板内有许多睑板腺（tarsal gland, TG），其导管开口于睑缘，分泌物有润滑睑缘和保护角膜的作用。睑结膜为薄层黏膜，上皮为复层柱状，有杯状细胞（goblet cell ）。

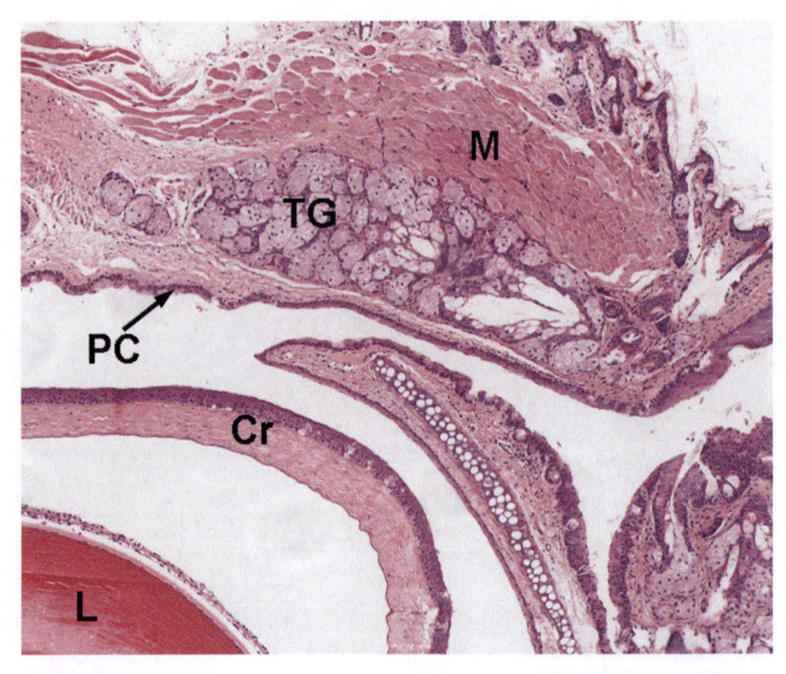

图10-19 BALB/c小鼠眼睑（HE，50×）

TG/睑板腺 L/晶状体
PC/睑结膜 M/肌层
Cr/角膜

2．泪腺

人的泪腺（glandula lacrimalis）位于眼眶上壁前内侧的泪腺窝内，被上睑提肌腱膜分隔为眶叶与睑叶两部分，眶叶较大，两叶的后部相连。大鼠和小鼠的泪腺则由位于眼眶外的眶外泪腺（gl. lacrimalis extraorbitalis）和位于眼眶内的眶内泪腺（gl. lacrimalis infraobitalis）组成，为管泡状腺，由圆锥状浆液腺细胞组成，有双核细胞。鼻泪管（ductus nasolacrimalis）起始于紧靠眼睑边缘的两个椭圆形的泪点，大鼠鼻泪管全长22mm，膜质的鼻泪管穿行于泪骨的外侧，通过眶内隙进入骨质的鼻泪管，在腹部侧越过门齿的齿槽。

3．眼外肌

眼外肌是控制眼球运动的肌肉，人的眼外肌共有6块（4块直肌和2块斜肌），大鼠和小鼠除了这6块眼外肌外，还有1块眼球缩肌（retractor bulbi）。眼球缩肌起于蝶骨体的侧面，止于视神经孔的周围，为视束所穿透；上直肌（rectus superior）、下直肌（rectus inferior）、内直肌（rectus medialis）和外直肌（rectus lateralis）都起于眼眶深处视神经孔的腹侧，向前行分别以短腱附着于眼球巩膜赤道的上、下、内、外侧四个方向；下斜肌（obliquus ventralis）起于眶内侧角，靠近泪骨的边缘，穿过哈氏腺的鼻腹侧边缘，止于眼球的腹外侧部的巩膜上；上斜肌（obliquus dorsalis）起源于眶内侧部，然后沿着眶的鼻侧和背侧前行，在靠近泪骨颞缘以细腱穿过滑车，转向眼球的背外侧，止于巩膜上。

（四）特殊品系鼠眼球差异

白化突变动物（大白鼠和小白鼠）与有正常色素的动物相比，其视觉系统存在差异。简而言之，白化突变造成动物体内缺乏色素，因此它们的虹膜没有色素，外观则呈现毛细血管的红色。除此之外，白化突变鼠的眼内部同样缺乏能吸收光线的色素，导致光线在眼内发生散射，长时间的过度光照会引起视网膜变性。除了眼球本身的问题之外，白化突变的动物的视神经也有一定的缺陷，总之，最终的结果是白化鼠的视力非常差，主要表现在以下几个方面。

缺乏色素使得大白鼠不能控制入射眼球的光线，眼内散射的光线导致视网膜变性和视力减弱。同时视杆细胞的发育需要黑色素的参与，缺乏黑色素使大白鼠约30%的视杆细胞发育不良，因此大白鼠较正常色素大鼠需要更长的时间进行暗适应，而强光下大白鼠可能根本就看不清任何东西。

另外，白化动物的眼脑连接存在结构异常，导致其两眼视觉的协调方面的障碍。正常动物每只眼睛的左侧连接到大脑的右半球，每只眼睛的右侧连接到左大脑半球。白化动物有一个更简单的连接，左眼的大部分神经连接到右半球，而右眼的大部分视力连接到左半球[①]；此外，视觉感受的深层神经结构紊乱[②]。这些结构问题的直接结果就是白化鼠在协调和处理双眼视力的时候会遇到问题。

除了眼球壁的结构变化，大白鼠的晶状体纤维也有异常。电镜下观察晶状体纤维发现正常大鼠晶状体纤维间有许多“球窝”结构，但白化大鼠的晶状体纤维则少有这种连接，而且白化大鼠晶状体纤维的膜往往呈现破裂状态[③]。此外，大白鼠的深度知觉、运动知觉都有一定程度的损伤和弱化，还有视网膜色素变性等眼部问题存在。

第三节　耳

耳（ear）是感受位觉（平衡觉）和听觉的器官。哺乳动物的耳由外耳、中耳和内耳三部分组成。外耳有收集和传送声波的作用。中耳主要是将声波传入内耳。内耳又称迷路，包括骨迷路和膜迷路，膜迷路内感受位觉和听觉的感受器（图10-20）。

（一）外耳

外耳（external ear）分耳廓、外耳道和鼓膜。

1. 耳廓（auricle）

哺乳动物的耳廓一般较大，外形因动物而异，有的能转动。小鼠的耳廓相对人的较薄，褶皱少。耳郭外覆盖有皮肤，内部由弹性软骨作为支持，皮肤和软骨之间少量的薄层结缔组织内有血管、淋巴管和神经。它与外耳道外侧壁的软骨相连续，软骨外面覆盖一层薄的皮肤，它和软骨膜紧密相贴，皮

---

① Silver J, Sapiro J. Axonal guidance during development of the optic nerve: The role of pigmented epithelia and other extrinsic factors. J Comp Neurol. 1981 Nov 10;202(4):521-538

② Creel DJ, Summers CG, King RA. Visual anomalies associated with albinism.Ophthalmic Paediatr Genet.1990 Sep;11(3):193-200

③ Yamada Y, Willekens B, Vrensen GF, Wegener A. Morphological differences between lens fibers in albino and pigmented rats. Dev Ophthalmol.2002;35:135-142

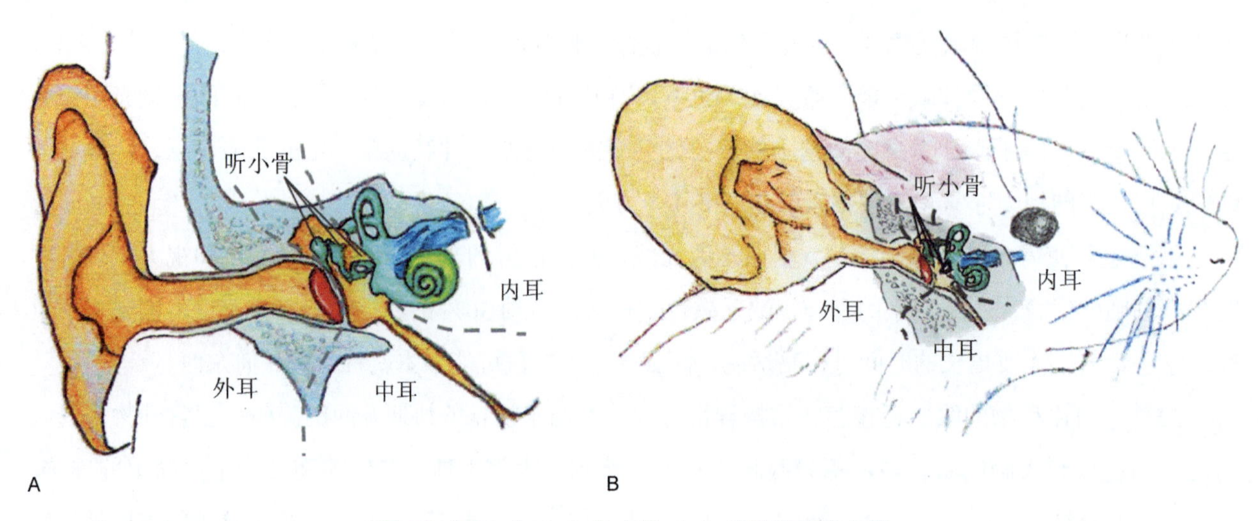

图10-20 人（A）和小鼠（B）的耳结构模式图

下组织很少。皮肤内附有细小的毛和大的皮脂腺，汗腺较少而小。耳廓收集声波，可辨别声音的方向和来源。

2. 外耳道（external auditory meatus）

末端以鼓膜与中耳分隔。成人外耳道长 25 ～ 35mm，管壁的外 1/3 段为软骨部，内 2/3 段为骨部，表面均覆以较薄的皮肤。小鼠外耳道长约 6.25mm。皮肤与软骨膜或骨膜紧贴，皮下结缔组织很少。皮肤内感觉神经末梢丰富。皮肤内有毛囊、皮脂腺和耵聍腺。小鼠的耳廓软骨基部存在一种特化的皮脂腺，称为 Zymbal’s 腺。

3. 鼓膜（tympanic membrane）

鼓膜为卵圆形半透明的薄膜，位于外耳和中耳之间，人的鼓膜面积约为 $9mm^2$，外表面凹；小鼠的鼓膜面积约为 $2.67mm^2$，左侧为较大的紧张部，右侧为较小的松弛部。鼓膜在组织学上分为上皮层（外层）、固有层（中层）和黏膜层（内层）。

（二）中耳

中耳（middle ear）由鼓室、咽鼓管和乳突小房等结构组成。

1. 鼓室（tympanic cavity）

为颞骨内一个不规则的腔室，充满空气。后方与乳突小房相连，前方与咽鼓管相连。鼓室内有 3 块听小骨（auditory ossicle）：锤骨（malleus）、砧骨（incus）和镫骨（stapes），有多条细小的韧带将其附着于鼓室壁上。人的听小骨间形成关节连接，称听骨链；小鼠的听小骨连接与人类不同，锤骨和鼓膜环间的横突位置，锤骨头的圆形隆起与下颌角形成骨性融合，从而导致运动受限。鼓膜振动带动听小骨振动，镫骨底板将振动传给内耳的外淋巴。另外，啮齿类鼓室腔最显著的特点是一个大的鼓室下腔，腔的前段有一个通耳咽管的孔。

2．咽鼓管（pharyngotympanic tube）

开口于鼓室前壁，与鼻咽相通连。

3．乳突小房（mastoid cell）

为颞骨内的蜂窝状气房，内有连续的黏膜覆盖，黏膜为单层扁平或立方上皮，上皮下为薄层固有层。

（三）内耳

内耳（internal ear）有听觉和位觉感受器。

因内耳的形状不规则，结构复杂，又称迷路（labyrinth）。内耳由骨迷路和膜迷路组成。骨迷路的腔隙为外淋巴间隙，腔内充满外淋巴；膜迷路为悬在骨迷路腔内的膜性管囊，通过结缔组织细索与骨迷路的外骨膜相连，腔内充满内淋巴。内、外淋巴互不交通，有营养内耳和传递声波的作用。

1．骨迷路（osseous labyrinth）

主要分为前庭（vestibule）、骨半规管（osseous semicircular canal）及耳蜗（cochlea）三部分。人和小鼠的耳蜗为 2 周半，豚鼠为 4 周。骨蜗管被螺旋板和前庭膜分隔为三部分：上部为前庭阶（scala vestibuli），下部为鼓室阶（scala tympani），中间位一个截面为三角形的膜蜗管，又称中阶（scala media）（图 10-21 和图 10-22）。

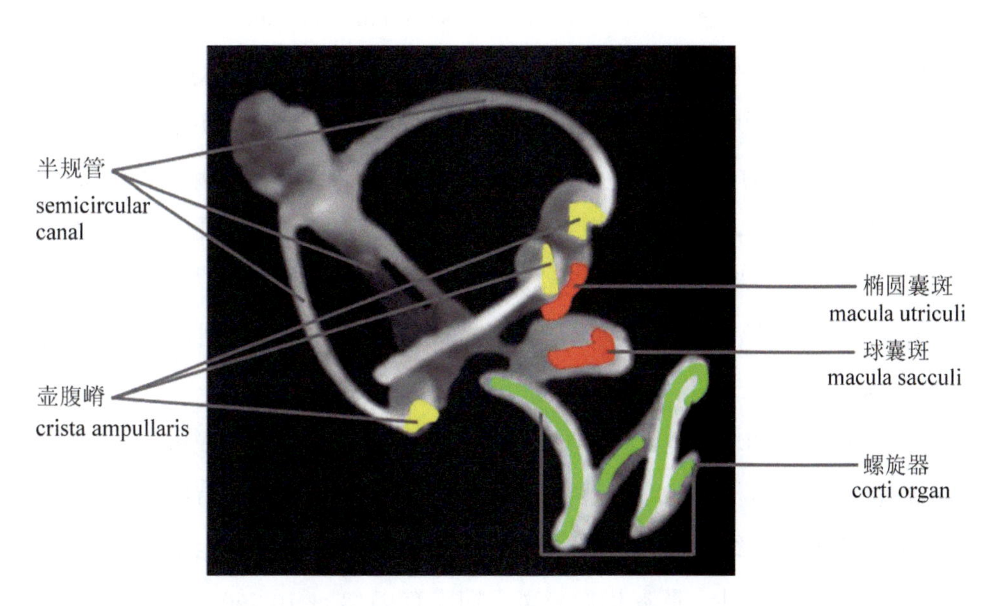

图 10-21 小鼠内耳迷路结构示意图

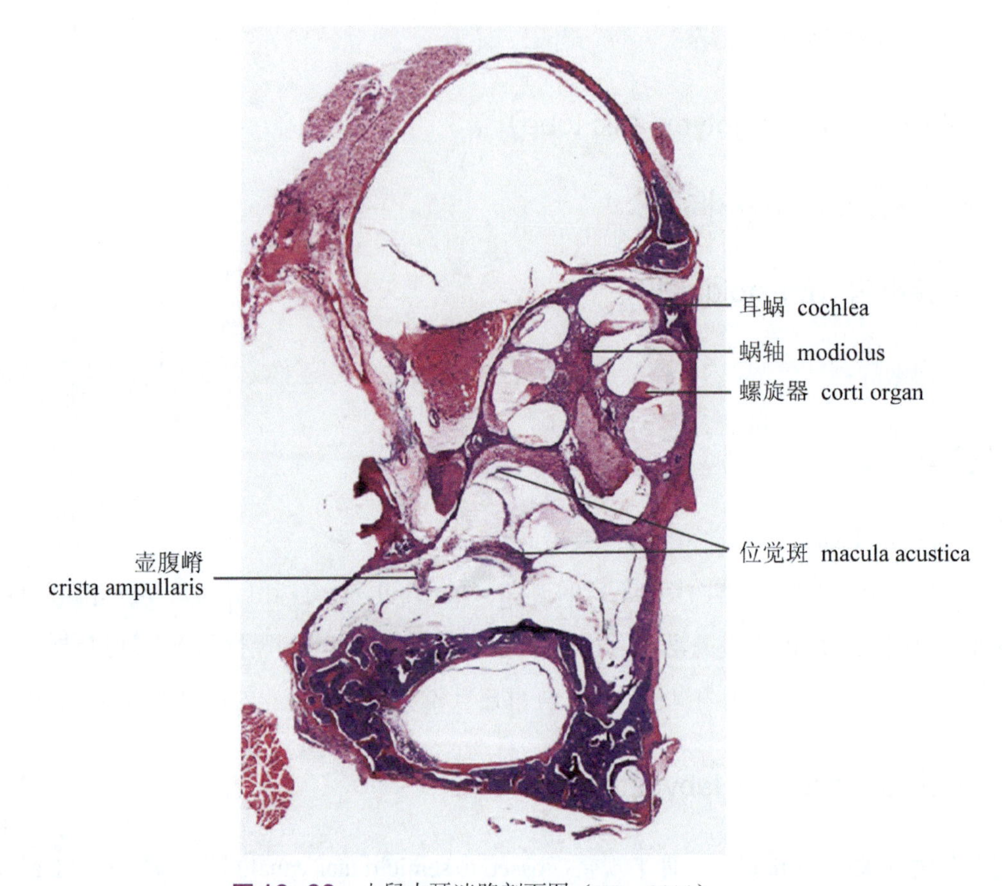

图 10-22 小鼠内耳迷路剖面图（HE，20×）

2. 膜迷路（membranous labyrinth）

膜迷路悬在骨迷路内，由一些互相连通的膜管和囊腔组成，包括前庭内的膜性椭圆囊（utricle）和球囊（saccule），骨半规管内的膜半规管（membranous semicircular canal），耳蜗内的膜蜗管（cochlear duct）三个部分。膜迷路的腔内均含有内淋巴。大鼠的前半规管（canalis semicircularis anterior）的顶端朝向背外侧，其膨大的壶腹嵴朝向背后方；后半规管（canalis seicircularis posterior）的顶端朝向后外侧方，壶腹嵴的游离缘指向背后方；外半规管（canlis semicircularis lateralis）弯向外侧，壶腹朝向后方。大鼠的椭圆囊是一个梭形的囊，和三个半规管与球囊相通，椭圆囊一侧间插在前半规管和外半规管的壶腹之间，另一侧是间插在后半规管的壶腹与总脚之间；球囊则呈扁状，在横断面上呈三角形。

膜迷路内最重要的三个感觉结构分别是位觉斑（macula acustica）、壶腹嵴（crista ampullaris）和膜蜗管（cochlear duct）。

（1）位觉斑：椭圆囊壁和球囊壁上特殊分化的感受器，分别称为椭圆囊斑（macula utriculi）和球囊斑（macula sacculi），两者合称位觉斑，两斑互成 90°。位觉斑上有支持细胞（supporting cell）和毛细胞（hair cell）。成人的毛细胞较多，椭圆囊斑约有 33 100 个，球囊斑约有 18 800 个，随年龄的增长，其毛细胞的数目逐渐减少。豚鼠椭圆囊斑毛细胞有 7118 ～ 10 760 个，球囊斑有 6018 ～ 7983 个。一般将毛细胞分为 **I** 型和 **II** 型两种类型。**I** 型毛细胞呈长颈烧瓶状，颈部较细，基部呈球形；**II** 型毛细胞呈长圆柱型。两种毛细胞的游离面均有静纤毛。位觉斑的黏膜为单层柱状上皮，借基膜与深层固有层结缔组织相连，上皮表面盖有耳石膜（otolith membrane）。耳石膜又称位砂膜（membrana statoconium），是一片均质性蛋白样角质膜，浅部含有极小的结晶体，称耳石（otolith, otoconium）或位砂，由碳酸钙结晶和黏多糖和蛋白质组成。各种动物的耳石大小和形态不同，人的耳石长 3 ～ 15μm，大鼠耳石长 3.5 ～ 35μm，豚鼠耳石长 0.5 ～ 25μm；除此之外，耳石的大小还与分布区域有关。位觉斑感受身体的直线变速运动和静止状态。

（2）壶腹嵴：膜半规管壶腹部的外侧壁黏膜增厚突向腔内形成一个横行长圆脊状隆起，称壶腹嵴，其与半规管的长轴垂直。不同动物的壶腹嵴性状不同，小鼠和大鼠的上、后半规管壶腹嵴中部均有十字隆起（eminentia cruciata），而人、豚鼠和兔的壶腹嵴均未见十字隆起。壶腹嵴黏膜上皮也由支持细胞和毛细胞两种细胞组成，上皮表面覆有圆锥状胶质膜，即终帽（cupula terninalis）或壶腹帽。壶腹嵴感受身体或头部旋转变速运动。

（3）膜蜗管：膜蜗管有上、外、下三个壁，上壁为前庭膜（vestibular membrane），外壁为血管纹（stria vascularis）和螺旋韧带（spiral ligament），下壁为骨螺旋板（osseous spiral lamina）和膜螺旋板（membranous spiral lamina）。膜螺旋板由两侧的上皮及中间的固有层组成，其中膜蜗管面的上皮特殊分化，形成听觉感受器，即螺旋器（spiral organ），又称柯蒂器（Corti organ）（图 10-23）。

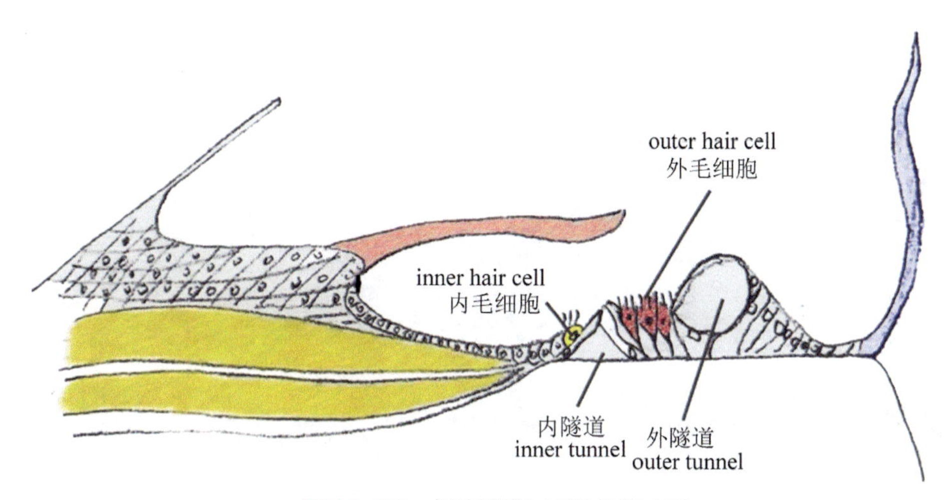

图 10-23 螺旋器横切面结构模式图

螺旋器的组织结构与椭圆囊斑、球囊斑和壶腹嵴的结构相似，也由支持细胞和毛细胞组成，但形态更为复杂，分化更特殊。根据细胞位置和形态的不同，支持细胞又可分为柱细胞、指细胞和边缘细胞等类型，主要起支持和营养毛细胞的作用。

（1）螺旋器的毛细胞分为内毛细胞（inner hair cell）和外毛细胞（outer hair cell），两者的比例依动物的不同而有所差异，人约为 1:4，豚鼠约为 1:3.5。内毛细胞排成 1 列，下方有内指细胞支持，外毛细胞排成 3 ～ 5 列，下方有外指细胞支持。毛细胞游离面的静纤毛又称听毛，其近端细远端粗。内毛细胞感受振动较小的声波刺激，外毛细胞易感受弱声波的振动，也易受机械性损伤，引起外毛细胞形态改变或破坏。

（2）柱细胞又分为内柱细胞（inner pillar cell）和外柱细胞（outer pillar cell），两者顶端以紧密连接相嵌合，中间部相互分离，形成三角形隧道，称内隧道（inner tunnel）。外柱细胞与外毛细胞间的腔隙称为中隧道（middle tunnel），最外一排外柱细胞和外毛细胞与外缘细胞间的腔隙称为外隧道（outer tunnel）。三个隧道互相交通，但不与外淋巴腔和内淋巴腔交通。

（3）指细胞分为内指细胞（inner phalangeal cell）和外指细胞（outer phalangeal cell），均呈高柱状。内指细胞位于内柱细胞和内缘细胞之间，外指细胞位于外柱细胞和外缘细胞之间，各类细胞之间均有紧密连接，细胞间隙内有神经末梢。

（4）边缘细胞（border cell）分为内缘细胞（inner marginal cell）和外缘细胞（outer marginal cell）。内缘细胞位于内指细胞和内沟细胞之间，呈高柱状；外缘细胞又称汉森细胞（Hensen cell），位于外指细胞外侧。外缘细胞外侧还有克劳迪乌斯细胞和伯特歇尔细胞（Boettcher cell）。

（5）盖膜（tectorial membrane）是一片狭长的柔软胶质膜，从前庭唇伸出，悬浮于内螺旋沟和螺旋器上方，末端达外缘细胞。人的盖膜比兔的盖膜窄而稍厚。经固定后盖膜不易保存原来的形态和位置，在活体内盖膜垂于毛细胞区上，与纤毛轻微地接触。

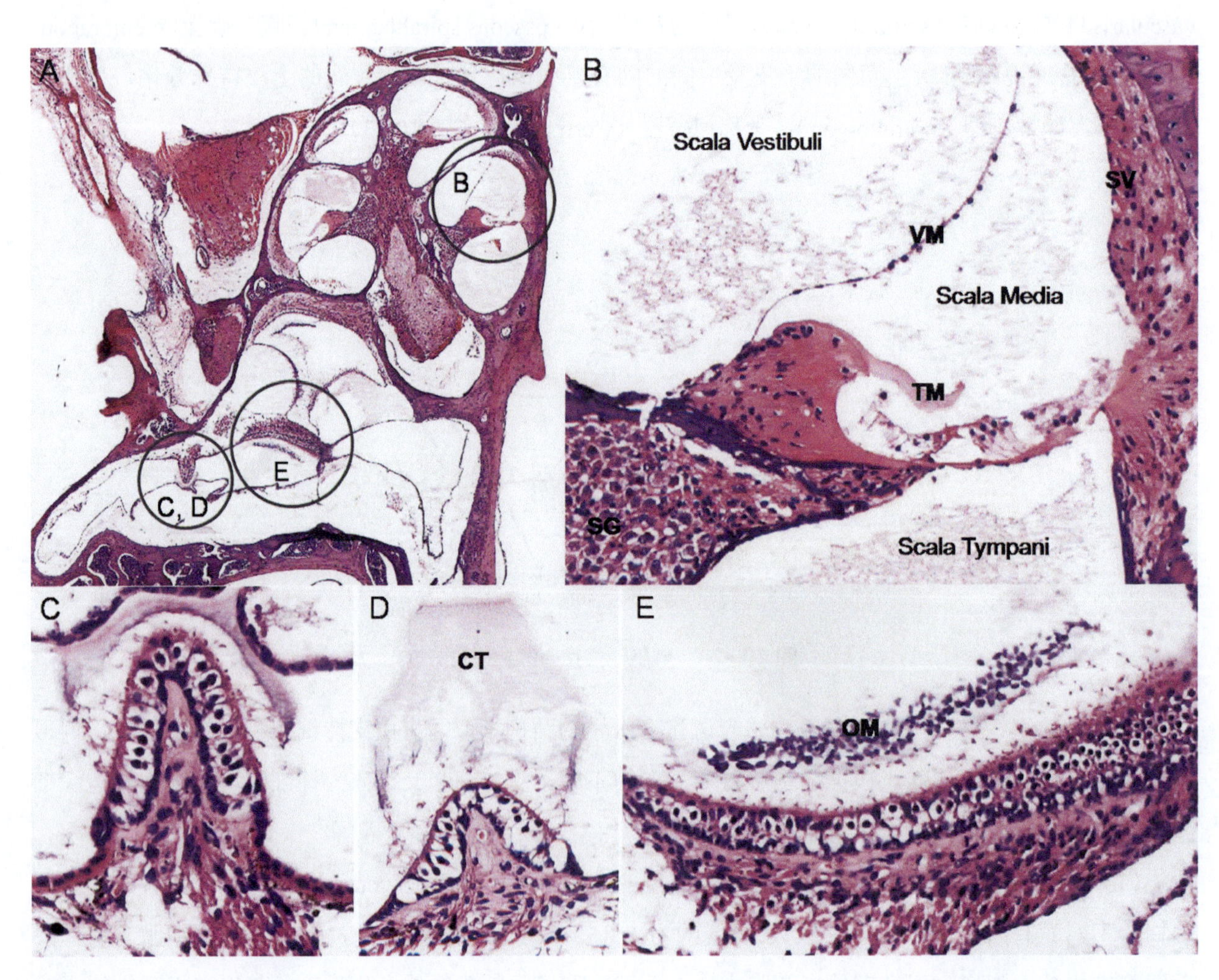

图 10-24 小鼠内耳结构（A, HE，30×）

Scala Vestibuli/ 前庭阶
Scala Media/ 中阶
Scala Tympani/ 鼓室阶

内耳蜗管（B, HE，100×），膜蜗管位于前庭阶和鼓阶之间，上壁为前庭膜（vestibular membrane, VM），外壁为血管纹（stria vascularis, SV）和螺旋韧带；螺旋器的盖膜（tectroial membrane, TM）是一

片胶质膜，悬浮于内螺旋沟和螺旋器的上方；螺旋神经节（spiral ganglion, SG）位于耳蜗内，神经元树突组成耳蜗神经周围支呈辐射状，经神经孔分布于螺旋器的内、外毛细胞基部。壶腹嵴（C/D, HE，200×）是由膜半规管的外侧壁黏膜增厚向内突起形成的横行长圆嵴状隆起，其顶端覆盖有壶腹帽，又称终帽（cupula terminalis, CT）。位觉斑（E, HE，200×）为较扁平的圆锥状隆起，上皮内有支持细胞和毛细胞，被覆表面的是一层均质性蛋白样胶质膜，浅部含有极小的结晶体，称耳石（otolith），聚集形成耳石膜（otolithic membrane, OM）。

（四）内耳的神经

内耳的神经包括传导听觉的耳蜗神经和传导位觉的前庭神经，两者合称为听神经（第Ⅷ对颅神经）位于内耳道。胚胎发育过程中，耳蜗前庭神经节在神经营养因子的作用下，分化为螺旋神经节和前庭神经节。前庭神经节（vestibular ganglion）位于内耳道底，神经元树突组成的前庭神经周围支分为上下两支，神经纤维末梢分布于位觉斑和壶腹嵴。耳蜗轴内分布着几群双极神经细胞（螺旋神经节），它们的周围突穿过螺旋骨板终止于螺旋器的毛细胞，中央突则在蜗轴底部集合成听神经，汇入第Ⅷ对颅神经进入脑干。

—— 比较组织学 ——

（1）小鼠表皮除趾垫处皮肤较厚，有透明层外，其他部位的表皮较人类少了透明层，而幼鼠皮肤常大部分缺少颗粒层。

（2）大鼠和小鼠尾部的皮肤形成边缘朝向尾尖的鳞片，鳞片表面的表皮高度角化。

（3）实验用啮齿类动物全身绝大部分皮肤表面都被覆有毛，只有足掌、口唇等特殊位置没有毛，且不同品系毛色各异；除全身被毛外，啮齿类动物还有一种人没有的触须结构，是一种特化的触觉器官。

（4）大鼠和小鼠仅有绿色和蓝色两种视锥细胞，而人类还有红色视锥细胞，且人类的视网膜覆盖视锥细胞的面积也较大鼠和小鼠大。

（5）大鼠、小鼠和兔没有发育良好的黄斑中心凹和发达的调节系统，大鼠和兔体内没有发现人类和食蟹猴所具有的心肌黄酶（diaphorase）和 NOS 阳性的神经节细胞。

（6）小鼠的视网膜血管分布呈辐射状，而人的视网膜血管分成两支形成血管弓营养整个视网膜。

（7）大鼠和小鼠眼球晶状体占眼球的比例较人要高。

（8）人的耳蜗蜗管为 2 周半，豚鼠为 4 周。人的盖膜比兔的盖膜窄而稍厚。